海洋文明研究

Maritime Civilizations Research

（第九辑）

苏智良 主编

薛理禹 郑宁 执行主编

中西書局

图书在版编目(CIP)数据

海洋文明研究. 第九辑 / 苏智良主编 ; 薛理禹, 郑宁执行主编. -- 上海 : 中西书局, 2024. -- ISBN 978-7-5475-2290-5

Ⅰ. P7-092

中国国家版本馆 CIP 数据核字第 2024131MH4 号

海洋文明研究(第九辑)

苏智良　主编　薛理禹　郑　宁　执行主编

责任编辑　伍珺涵
装帧设计　黄　骏
责任印制　朱人杰
出版发行　上海世纪出版集团
中西書局(www.zxpress.com.cn)
地　　址　上海市闵行区号景路 159 弄 B 座(邮政编码: 201101)
印　　刷　上海商务联西印刷有限公司
开　　本　787 毫米×1092 毫米　1/16
印　　张　15.75
字　　数　383 000
版　　次　2024 年 10 月第 1 版　2024 年 10 月第 1 次印刷
书　　号　ISBN 978-7-5475-2290-5/P・013
定　　价　68.00 元

目　录

刘家港《通番事迹记》比勘研究

沈一民*

摘　要：《通番事迹记》固然是郑和下西洋的直接证据，但由于原石已佚，学者只能通过后世录文加以研究。然而现今学术界大多只是依据嘉靖《太仓州志》、《吴都文粹续集》、《天下郡国利病书》，对于崇祯《太仓州志》、嘉庆《直隶太仓州志》、《颐道堂诗选》所收录文并未给予关注。通过比勘6种文献所收《通番事迹记》可知，嘉靖《太仓州志》、《吴都文粹续集》的录文极为接近《通番事迹记》的碑文内容，而《天下郡国利病书》节录自嘉靖《太仓州志》。崇祯《太仓州志》不仅是节录，而且进行了大幅度的文字改写和缩编，相去《通番事迹记》甚远。但崇祯《太仓州志》却成为源头，被嘉庆《直隶太仓州志》、《颐道堂诗选》抄录。这展示出国家重大历史事件变为地方记忆的演变过程。

关键词：《通番事迹记》；郑和；《太仓州志》

历经百余年的研究历程，郑和研究的相关论著可谓汗牛充栋，郑和下西洋的史实也由此清晰地呈现在世人面前。纵观学者的研究，碑刻文献的发现与解读对郑和下西洋研究的助力作用有目共睹。同样刻于宣德六年（1431）的两块碑刻——江苏省刘家港市天妃宫的《通番事迹记》和福建省长乐县南山寺的《天妃之神灵应记》尤为醒目。正是依托这两块碑刻文献，学者才得以明晰郑和七次下西洋的具体过程，从而纠正了《明史》等传世文献的误记。

然而相对于至今仍然完好保存的《天妃之神灵应记》而言，《通番事迹记》则早已无存，虽经多方寻找，但仍无下落。学者只能依借传世文献所录碑文加以解读。由于传世文献并未完整抄录，加之传承中的误记、错写等，传世文献中的《通番事迹记》多有值得检讨的地方。为了让学者能够更为有效地利用《通番事迹记》，本文在前人研究的基础上，希冀通过对现存传世文献中《通番事迹记》的比勘研究，进一步明确《通番事迹记》的原有文字，也意图发现《通番事迹记》的传抄脉络。

一、学界对《通番事迹记》的发现与解读

《通番事迹记》，原石已佚。郑鹤声在爬梳文献的过程中，无意间从钱谷《吴都文粹续集》中

* 沈一民，兰州大学历史文化学院教授。

发现此碑文。1935年,郑鹤声以“娄东刘家港天妃宫石刻通番事迹记”为题,公布了碑文全文。① 同年,又以“郑和下西洋事之年岁”为题,刊布了自己的有关考证,并且在文末处再次附录了碑文全文。② 正是对《通番事迹记》的发现和研究,开启了郑鹤声对郑和的研究。1931年于福建省长乐县南山寺(三峰塔寺)发现的《天妃之神灵应记》,在1936年由萨兆寅公布全文。③ 两块碑文的相继公布,掀起了一次郑和下西洋研究的小高潮。

在郑鹤声等人的鼓舞下,学者继续深耕传世文献,陆续地又有发现。1943年,刘铭恕在《郑和航海事迹之再探》中首次揭示了顾炎武也节录了《通番事迹记》的文字。④ 1995年,上海师范大学古籍研究所的顾吉辰发现嘉靖《太仓州志》收录了《通番事迹记》的全文,并与《吴都文粹续集》《天下郡国利病书》所收碑文进行了比对。⑤ 2006年,范金民详细校对了三种文献所收《通番事迹记》的异同,尝试还原碑文原文。⑥

除了以上三种传世文献收录了《通番事迹记》的文字外,根据笔者考察,崇祯《太仓州志》、嘉庆《直隶太仓州志》、清人陈文述《颐道堂诗选》同样节录了《通番事迹记》的部分文字。

崇祯《太仓州志》最早开修于崇祯六年(1633)。时任太仓州知州的刘士斗聘张采纂修州志,随着刘士斗被罢官,修志进程中断。崇祯十四年(1641),知州钱肃乐再聘张采修志。最终于崇祯十五年(1642),由钱肃乐捐俸助梓。康熙十七年(1678),有鉴于是书刻版已朽腐不全,知州朱世华命刻工补其脱落,重新印行。现存崇祯《太仓州志》皆为康熙十七年补配本。张采在重修《太仓州志》时,参考了嘉靖《太仓州志》的内容,但在《通番事迹记》的文字上则是多有改动。而且张采还将录文从《寺观志》移置于《琐缀志》之中,即将碑文与天妃宫分离开来,由此,《通番事迹记》前半部分追溯天妃信仰的文字被尽行删去,只留郑和历次下西洋的过程。

嘉庆《直隶太仓州志》的编刊,首倡于于鳌图任职太仓州知州任内,最终完成于嘉庆八年(1803),金石学家王昶(1725—1806)总纂其事。因为崇祯《太仓州志》之后,并未有地方志问世,所以王昶在编修嘉庆《直隶太仓州志》的过程中,参考崇祯《太仓州志》颇多,《通番事迹记》的文字亦以崇祯《太仓州志》为本。

陈文述(1771—1843),原名文杰,号云柏,又号退庵、颐道居士。浙江钱塘人。嘉庆五年(1800)恩科举人。曾任江都等县知县。陈文述有诗名,生平作诗不下万首,著有《碧城仙馆诗钞》《颐道堂集》等诗文集十余种。陈文述还积极推动女性文学,被评为“继袁枚之后,对清代妇女文学推奖最有功者”⑦。《颐道堂诗选》收《刘河天后宫通蕃事迹石刻歌和樊郙》一诗,诗小序中收录《通番事迹记》的部分文字。除此诗外,陈文述还曾在《静海寺》一诗中提及《通番事迹记》。在《静海寺》诗小序中,陈文述写道:静海寺,“在仪凤门外卢龙山西。永乐以海外平服,因建此寺。按:永乐命内监郑和等统舟师,遍历西蕃诸国,借访建文踪迹。今刘河天后宫有通蕃

---

① 郑鹤声:《娄东刘家港天妃宫石刻通番事迹记》,《国风》第7卷第4号,1935年,第30—31页。
② 郑鹤声:《郑和下西洋事之年岁》,《宇宙》第3卷第7期,1935年,第28—36页。
③ 萨兆寅:《考证郑和下西洋年岁之又一史料》,《大公报》(天津)1936年4月10日《史地周刊》;后收入《萨兆寅文存》,厦门:鹭江出版社,2012年,第13—17页。
④ 刘铭恕:《郑和航海事迹之再探》,《中国文化研究汇刊》1943年第3卷,第938—944页。
⑤ 顾吉辰:《刘家港“通蕃事迹碑”新考》,《太仓文史》第11辑《刘家港研究》,北京:中国农业出版社,1995年,第139—149页。
⑥ 范金民:《〈娄东刘家港天妃宫石刻通番事迹记〉校读》,《郑和研究》2006年第4期,第52—58页。
⑦ 钟慧玲:《〈西泠闺咏〉中的女性群像》,《东海中文学报》2005年第17期,第62页。

事迹石刻，此寺其流亚也”①。根据文意，陈文述应曾目睹过《通番事迹记》。

嘉庆朝以后，未再见到有人言及《通番事迹记》。因此前辈学者对《通番事迹记》亡佚的时间进行大胆的推断。刘铭恕认为《通番事迹记》或毁于鸦片战争，或毁于太平天国运动："循此以观，则是碑之湮没或毁灭年代，实当道光二二年（一八四二）至咸丰十年（一八六〇）间之事，甚为明白。"②吴聿明则将亡佚的时间后延至光绪年间："据当地传说，光绪年间浏河天妃宫曾有一场无名大火，正殿即此焚毁，碑石是否就毁于此时。"③由于未有充足的证据，这些推断只能流于猜测。王剑英曾描述过郑鹤声的寻碑过程："后来郑又寻访娄东刘家港天妃宫石刻原碑，但是并未找到。解放后，郑写信给太仓县人民政府，提出要寻找原碑。1959 年 7 月 9 日太仓县人委曾专门复信，信中提到：'该碑情况，我们曾数次调查，并在浏河镇召开当地老年座谈会，并会同粮管所人员一起寻找，未有发现。故该碑至今未能确证其是否存在，碑文也未抄录。'"④依据王剑英的回忆，1959 年当地政府曾发动大量人力寻找过《通番事迹记》，并曾向当地故老进行过专门咨询，据此可以认为民国时期《通番事迹记》已经不见踪影。因此，《通番事迹记》的亡佚时间应为道光朝至光绪朝这段时间。

二、嘉靖《太仓州志》和《吴都文粹续集》所收《通番事迹记》的文字比勘

嘉靖《太仓州志》与《吴都文粹续集》所收同为《通番事迹记》的较早版本，在时间上，嘉靖《太仓州志》还要早于《吴都文粹续集》。⑤ 两者的异同，顾吉辰、范金民的文章已经进行过较为详细的比对，但仍有可补充之处。两者大致有如下 15 处差异，以下分 13 处加以讨论。

两者最大的不同，亦即嘉靖《太仓州志》所收《通番事迹记》的最大贡献，是有完整的立碑人名单。嘉靖《太仓州志》写为："正使太监郑和、王景弘，副使太监朱良、周福、洪保、杨真，左少监张达、吴忠，都指挥朱珍、王衡等立。"⑥《吴都文粹续集》写为："正使太监郑和、王景弘，副使太监朱良、周福、洪保、杨真，左少监张达等立。"⑦除了都明确将郑和、王景弘列为"正使"外，嘉靖《太仓州志》还多出了吴忠、朱珍、王衡 3 人的名字。

除此之外，嘉靖《太仓州志》与《吴都文粹续集》在文字细节上也有多处不同。

（一）"舟门恬然"⑧或"舟师恬然"⑨，范金民以《吴都文粹续集》为优。

---

① 陈文述：《秣陵集》卷六，管军波、欧阳摩一点校，南京：南京出版社，2009 年，第 253—254 页。
② 刘铭恕：《郑和航海事迹之再探》，《中国文化研究汇刊》1943 年第 3 卷，第 943 页。
③ 吴聿明：《有关郑和的碑石及其他》，《文史杂志》1985 年第 2 期，第 42 页。
④ 王剑英：《郑和航海与刘家港天妃宫石刻》，氏著《明中都研究》，北京：中国青年出版社，2005 年，第 632 页。
⑤ 顾吉辰：《刘家港"通蕃事迹碑"新考》，《太仓文史》第 11 辑《刘家港研究》，第 146 页。
⑥ 嘉靖《太仓州志》卷一〇《寺观》，《天一阁藏明代方志选刊续编》第 20 册，上海：上海书店，1990 年，第 729 页。
⑦ 钱谷：《吴都文粹续集》卷二八《道观》，《景印文渊阁四库全书》第 1385 册，台北：台湾商务印书馆，1986 年，第 722 页。
⑧ 嘉靖《太仓州志》卷一〇《寺观》，《天一阁藏明代方志选刊续编》第 20 册，第 730 页。
⑨ 钱谷：《吴都文粹续集》卷二八《道观》，《景印文渊阁四库全书》第 1385 册，第 722 页。

(二)“寇兵之肆暴侵掠者,殄灭之。”①《吴都文粹续集》少一“侵”字。此句乃是上一句“其蛮王之梗化不恭者,生擒之”的对仗,从字数工整的角度看,《吴都文粹续集》为优。

(三)嘉靖《太仓州志》写为:“神之功绩,昔尝奏请于朝,建宫于南京龙江之上,永传祀事。”②《吴都文粹续集》写为:“神之功绩,昔尝奏请于朝廷,宫于南京龙江之上,永传祀事。”③“建”“廷”一字之差,导致句读不同。顾吉辰以《天妃之神灵应记》中有“建宫于南京龙江之上”④之句,认可嘉靖《太仓州志》的录文。此说可为确论。

(四)嘉靖《太仓州志》写为:“宣德五年冬,今复使诸番国。”⑤《吴都文粹续集》写为:“宣德五年冬,复奉使诸番国。”⑥“今复使”与“复奉使”,字数上相同,所指内容一致,仅遣词上有所区别,无从区分优劣。

(五)嘉靖《太仓州志》写为:“官军人等瞻礼勤诚,祀飨络绎。”⑦《吴都文粹续集》写为:“官军等瞻礼勤诚,祀享络绎。”⑧有2处差别:一是嘉靖《太仓州志》在“官军人等”中多出一“人”字,二是“飨”“享”不同。范金民认为“飨”字更为合理。

(六)嘉靖《太仓州志》写为:“官校军民,感乐趋事。”⑨《吴都文粹续集》将“感”字写为“咸”,应为正解。

(七)嘉靖《太仓州志》写为:“非神之功德感于人心而致是乎!”⑩《吴都文粹续集》则省略了“是”字。顾吉辰以嘉靖《太仓州志》为优。⑪

(八)在记录锡兰山国国王的名称时,独独《吴都文粹续集》将之写为“亚列若奈儿”。⑫ 其他文献则都将之写为“亚烈若奈儿”。

(九)在《通番事迹记》中曾先后出现过4次“忽鲁谟斯”的地名。第一次出现于开篇中描述航行之盛时,两者皆将之写为“忽噜谟斯”。此后3次则出现于具体航行之中。《吴都文粹续集》将永乐十二年(1414)、永乐十九年(1421)中的“忽鲁谟斯”写为“忽噜谟斯”。⑬

(十)永乐十二年(1414)满剌加国国王率亲属朝贡。嘉靖《太仓州志》写为:“是年,满敕加国王亲妻子朝贡。”⑭“敕”字显误,《吴都文粹续集》将之改正。

(十一)永乐十五年(1417)纪事中,嘉靖《太仓州志》写为:“十剌哇国进千里骆驼并驼鸡。”⑮“十”显为“卜”字的错刻,因此《吴都文粹续集》径自改为“卜剌哇国”。

---

① 嘉靖《太仓州志》卷一〇《寺观》,《天一阁藏明代方志选刊续编》第20册,第730页。
② 同上。
③ 钱谷:《吴都文粹续集》卷二八《道观》,《景印文渊阁四库全书》第1385册,第723页。
④ 《长乐南山寺天妃之神灵应记》,巩珍著、向达校注《西洋番国志》,北京:中华书局,1961年,第53页。
⑤ 嘉靖《太仓州志》卷一〇《寺观》,《天一阁藏明代方志选刊续编》第20册,第730页。
⑥ 钱谷:《吴都文粹续集》卷二八《道观》,《景印文渊阁四库全书》第1385册,第723页。
⑦ 嘉靖《太仓州志》卷一〇《寺观》,《天一阁藏明代方志选刊续编》第20册,第731页。
⑧ 钱谷:《吴都文粹续集》卷二八《道观》,《景印文渊阁四库全书》第1385册,第723页。
⑨ 嘉靖《太仓州志》卷一〇《寺观》,《天一阁藏明代方志选刊续编》第20册,第731页。
⑩ 同上。
⑪ 顾吉辰:《刘家港“通蕃事迹碑”新考》,《太仓文史》第11辑《刘家港研究》,第144页。
⑫ 钱谷:《吴都文粹续集》卷二八《道观》,《景印文渊阁四库全书》第1385册,第723页。
⑬ 同上。
⑭ 嘉靖《太仓州志》卷一〇《寺观》,《天一阁藏明代方志选刊续编》第20册,第732页。
⑮ 同上。

（十二）永乐十五年（1417）纪事中，描述各国贡物珍罕之时："各进方物，皆古所未闻者。"① 现存的嘉靖《太仓州志》有 2 个字的阙文，即"皆古"二字。

嘉靖《太仓州志》与《吴都文粹续集》所收《通番事迹记》应为碑文全文。但或是由于钱谷的疏漏，或是由于刻板时的疏失，在立碑人名单上，《吴都文粹续集》有所缺漏，从而使得嘉靖《太仓州志》所收《通番事迹记》显得弥足珍贵。嘉靖《太仓州志》的另一贡献是点明了《通番事迹记》的收藏地点，明言道："通蕃事迹石刻，在刘家港天妃宫壁间。"②不过《吴都文粹续集》所收亦有所长，即将碑文名称写为"娄东刘家港天妃宫石刻通番事迹记"。③ 虽然无其他文献可资证实此题目是出于钱谷的自拟，抑或是碑文原本名称，但至少给我们提供了探索碑文名称的另一路径。至于嘉靖《太仓州志》与《吴都文粹续集》所收文字何为正解，亦很难判断。这是因为"太仓碑文多处误书"④。比较两者其他文字的差异，皆有可取之处，但断言何者更为忠实于碑文原貌，尚无确凿证据。幸而这些差别并不影响句意，亦可两存之。

三、嘉靖《太仓州志》和《天下郡国利病书》所收《通番事迹记》的文字比勘

因为刘铭恕未能得见嘉靖《太仓州志》，所以根据内容的差异，极言《天下郡国利病书》所收《通番事迹记》的重要性。但是根据顾吉辰、范金民的比对，《天下郡国利病书》所收乃是抄撮自嘉靖《太仓州志》。顾吉辰写道："由于顾录娄东碑的行书顺序与张寅嘉靖《太仓州志》大致相同，个别文字虽有删削，但基本是抄撮张志的。"⑤范金民也写道："《天下郡国利病书》节录自嘉靖《太仓州志》。"⑥所谓的节录，乃是指《天下郡国利病书》将追溯天妃信仰的文字尽行删去，只留郑和历次下西洋的过程。这种节录方式与崇祯《太仓州志》所收内容一致。虽然《天下郡国利病书》节录自嘉靖《太仓州志》，但文字并非完全一致；然而顾吉辰、范金民皆未详细列举不同之处。

比勘嘉靖《太仓州志》、《天下郡国利病书》所收内容，不同之处凡 10 处，以下分 7 处加以讨论。

（一）开篇的时间。顾炎武将"明宣德六年岁次辛亥春朔"减省为"宣德六年"。

（二）永乐七年（1409）纪事中，"永乐七年，统领舟师往前各国"。顾炎武在"国"之前漏掉了"各"字。⑦ 不过并不影响句意。

（三）永乐七年（1409）擒锡兰山国国王亚烈若奈儿，在交待亚烈若奈儿的结局时，嘉靖《太仓州志》写为："寻蒙恩宥，俾复归国。"⑧《天下郡国利病书》写为："寻蒙恩宥，得复归国。"⑨"俾""得"二字形似，但"俾"字有使、把之意，从而使得前、后两句的主语皆为朱棣，应以"俾"字为是。

---

① 钱谷：《吴都文粹续集》卷二八《道观》，《景印文渊阁四库全书》第 1385 册，第 723 页。
② 嘉靖《太仓州志》卷一〇《寺观》，《天一阁藏明代方志选刊续编》第 20 册，第 729 页。
③ 钱谷：《吴都文粹续集》卷二八《道观》，《景印文渊阁四库全书》第 1385 册，第 722 页。
④ 范金民：《〈娄东刘家港天妃宫石刻通番事迹记〉校读》，《郑和研究》2006 年第 4 期，第 55 页。
⑤ 顾吉辰：《刘家港"通蕃事迹碑"新考》，《太仓文史》第 11 辑《刘家港研究》，第 149 页。
⑥ 范金民：《〈娄东刘家港天妃宫石刻通番事迹记〉校读》，《郑和研究》2006 年第 4 期，第 54 页。
⑦ 顾炎武：《天下郡国利病书·苏州备录下》，上海：上海古籍出版社，2012 年，第 542 页。
⑧ 嘉靖《太仓州志》卷一〇《寺观》，《天一阁藏明代方志选刊续编》第 20 册，第 732 页。
⑨ 顾炎武：《天下郡国利病书·苏州备录下》，第 542 页。

(四) 永乐十二年(1414)出兵苏门答剌国纪事中,异文较多。嘉靖《太仓州志》写为:"其苏门答剌国伪王苏干剌寇侵本国,其王遣使赴阙,陈诉请救,就率官兵剿捕,神功默助,遂生擒伪王。"①《天下郡国利病书》写为:"有苏门答剌国伪王苏干剌寇侵本国,其王遣使赴阙请救,就率官兵剿捕,生擒伪王。"②不同之处有 4 处:一是开篇中的"其""有"的不同,并不影响句意;二是"陈诉请救"被《天下郡国利病书》省略为"请救";三是顾炎武将"神功默助"这一表达天妃显灵之句删除;四是"遂"字亦为顾炎武所不取。

(五) 永乐十二年(1414)满剌加国国王率亲属朝贡纪事。嘉靖《太仓州志》写为:"是年,满敕加国王亲妻子朝贡。"③由于"亲妻子"语义不通,顾炎武径自改为"亲率妻子":"是年,满敕加国王亲率妻子朝贡。"④此外,两者都将"剌"字写为"敕"字。

(六) 永乐十五年(1417)纪事中,嘉靖《太仓州志》写为:"十剌哇国进千里骆驼并驼鸡。"⑤顾炎武如《吴都文粹续集》一样将"十剌哇国"改为"卜剌哇国"。

(七) 永乐十五年(1417)纪事中,描述各国贡物珍罕之时,嘉靖《太仓州志》写为:"各进方物,皆古所未闻者。"⑥顾炎武补文一如《吴都文粹续集》。

通观这 10 处不同,顾炎武主要是对碑文文字进行大幅的删减,对一些明显的错误之处径自修改。但是在文意上并未有明显歧义之处。

四、崇祯《太仓州志》和嘉靖《太仓州志》等书所收《通番事迹记》的文字比勘

除了被学者关注的嘉靖《太仓州志》、《吴都文粹续集》和《天下郡国利病书》外,崇祯《太仓州志》也收录了《通番事迹记》的部分文字。与《天下郡国利病书》一样,崇祯《太仓州志》也删除了追溯天妃信仰的文字。从节录内容上看,两者是一致的。不过,虽然崇祯《太仓州志》的成书早于《天下郡国利病书》,但两者所收《通番事迹记》的文字差异则是显然的。这也是顾吉辰、范金民断言《天下郡国利病书》节录自嘉靖《太仓州志》的一个旁证。

通过比勘,崇祯《太仓州志》所收《通番事迹记》与嘉靖《太仓州志》所收在文字上的差异处多达 20 余处,以下分 14 处记录。

(一) 碑刻的时间上,崇祯志记载极为简练,只标注为"宣德六年"。这与《天下郡国利病书》的书写一致。

(二) 立碑人名单,崇祯志也进行了大幅的缩减,只记录为"正使太监郑和,副使太监朱良,都指挥朱珍等"⑦。

---

① 嘉靖《太仓州志》卷一〇《寺观》,《天一阁藏明代方志选刊续编》第 20 册,第 732 页。
② 顾炎武:《天下郡国利病书·苏州备录下》,第 542 页。
③ 嘉靖《太仓州志》卷一〇《寺观》,《天一阁藏明代方志选刊续编》第 20 册,第 732 页。
④ 顾炎武:《天下郡国利病书·苏州备录下》,第 542 页。
⑤ 嘉靖《太仓州志》卷一〇《寺观》,《天一阁藏明代方志选刊续编》第 20 册,第 732 页。
⑥ 顾炎武:《天下郡国利病书·苏州备录下》,第 542 页。
⑦ 崇祯《太仓州志》卷一五《琐缀志·逸事》,明崇祯十五年(1642)刻、清康熙十七年(1678)补刻本,中国国家图书馆藏。

(三) 崇祯志中记录的六次下西洋,都将"统领"省略为"统"。

(四) "其国王各以方物、珍禽兽贡献"一句,崇祯志省略了开头的"其"字。

(五) "永乐七年,统领舟师,往前各国"一句,崇祯志减省为"永乐七年,统舟师"①。

(六) "其王亚烈若奈儿负固不恭,谋害舟师,赖神明显应知觉"一句,崇祯志被减省为"王亚烈若奈儿负固谋加害,赖神显应得备"②。

(七) "寻蒙恩宥,俾复归国"一句,崇祯志减省为"寻蒙宥归国" ③。

(八) "其苏门答剌国伪王苏干剌寇侵本国,其王遣使赴阙,陈诉请救,就率官兵剿捕,神功默助,遂生擒伪王。"如此长的一句,崇祯志减省为"有苏门答剌国伪王苏干剌寇侵,王遣使赴阙请救,就率兵剿,生擒伪王"④。

(九) "是年,满敕加国王亲妻子朝贡。"由于崇祯志觉得此句不通,遂将"亲"改为"率",两字字形相近,很有可能确实为刻工笔误。崇祯志为我们提供了另一种思路。

(十) 永乐十五年(1417)纪事中,"其忽鲁谟斯国"中的"其"被崇祯志省略。

(十一) "各进方物,皆古所未闻者"一句,崇祯志改写为"方物,皆前古未闻"⑤。这是为了减省文字而进行的改动。

(十二) "及遣王男王弟捧金叶表文朝贡"一句,崇祯志减省为"王各遣男弟捧金叶表文朝贡"⑥。

(十三) "其各国王贡献方物,视前益加"一句,崇祯志减省为"各国王贡献,视前益加" ⑦。

(十四) "舟师泊于祠下"中的"于"字,崇祯志省略。

纵观这些差异处,崇祯《太仓州志》在不伤害原意的前提下,对嘉靖《太仓州志》的文字进行必要的缩编,这很可能与刊刻费用的紧张有着密切的关系。经过这一系列修改,崇祯《太仓州志》所收《通番事迹记》已与原碑文字大相径庭。

尽管崇祯《太仓州志》对《通番事迹记》的文字进行了大幅度修改,但后世文字却多以之为本而进行抄录。如嘉庆《直隶太仓州志》所收大体与崇祯《太仓州志》相同,最大的不同之处在于:嘉庆《直隶太仓州志》根据粤语文字,对其中涉及的国名、地名进行重新译写。如忽鲁谟斯写为"呼噜穆思",苏门答剌写为"苏门塔喇",西马阿丹写为"锡玛阿坦",木骨都束写为"穆古都苏",卜剌哇写为"什喇阿",等等,此种改写方式仅见于嘉庆《直隶太仓州志》。其他文字微有小异,如"时海寇陈祖义等聚众于三佛齐国"一句无"于"字;"其国王各以方物"一句无"其"字;"方物,皆前古未闻。王各遣男弟捧金叶表文朝贡"一句,嘉庆《直隶太仓州志》多出"古""王"二字。⑧

《颐道堂诗选》所收大体亦同于崇祯《太仓州志》,但文字也有差异。如开篇的时间记载不同,崇祯《太仓州志》写为"宣德六年"⑨,《颐道堂诗选》则为"明宣德六年" ⑩,这应是陈文述为了

---

① 崇祯《太仓州志》卷一五《琐缀志・逸事》。

② 同上。

③ 同上。

④ 同上。

⑤ 同上。

⑥ 同上。

⑦ 同上。

⑧ 嘉靖《太仓州志》卷一〇《寺观》,《天一阁藏明代方志选刊续编》第20册,第729—733页。

⑨ 崇祯《太仓州志》卷一五《琐缀志・逸事》。

⑩ 陈文述:《颐道堂诗选》卷一三《古今体诗》,《续修四库全书》第1505册,上海:上海古籍出版社,2002年,第52页。

区别清朝和明朝纪年而进行的改写。其他处则是一两个文字的增减。如“统舟师往古里等国”一句,《颐道堂诗选》多一“统”字。“时海寇陈祖义等聚众于三佛齐国,抄掠番商”一句,《颐道堂诗选》无“于”字,“抄”字则异写为“钞”字。“方物,皆前古未闻。王各遣男弟捧金叶表文朝贡”一句,《颐道堂诗选》多出“古”“王”二字。①

不过,陈文述此诗的题名为“刘河天后宫通蕃事迹石刻歌和樊郙”,加之前引《静海寺》的诗小序也可为印证,由此可知,陈文述曾到访过刘家港天妃宫,也曾目睹《通番事迹记》。但或是由于时间不够充裕,或是由于碑文残泐,或是出于其他原因,陈文述并未拓下石碑,也未完整记录石碑文字,而是取材于地方志记录碑文。

从文字的一致性上看,嘉庆《直隶太仓州志》和《颐道堂诗选》所收《通番事迹记》乃是抄录自崇祯《太仓州志》。

结　语

通过以上梳理,尽管《通番事迹记》原碑已佚,但是它却作为地方记忆深留于地方文献。从嘉靖时期的嘉靖《太仓州志》、《吴都文粹续集》,到明末清初的崇祯《太仓州志》、《天下郡国利病书》,以至于嘉庆时期的嘉庆《直隶太仓州志》、《颐道堂诗选》,都对这块碑的碑文加以记录。然而由于文献的性质、文献的容量、著录者的目的等方面的不同,《通番事迹记》的内容逐渐被减省,以至于面目全非。

根据6种文献的比勘可知,嘉靖《太仓州志》、《吴都文粹续集》的录文极为接近《通番事迹记》的碑文内容;但是由于原碑多有舛误之处,很难确知嘉靖《太仓州志》、《吴都文粹续集》的录文孰为正解。另一方面,由于张采在将《通番事迹记》收录入崇祯《太仓州志》时进行了大量的改动,使得崇祯《太仓州志》以及与之一脉相承的嘉庆《直隶太仓州志》、《颐道堂诗选》,在《通番事迹记》的碑文录文上与原碑差距较大。

文献改动背后的意义也值得深思。郑和书写《通番事迹记》的最初目的是酬神,因而开篇时书写有大量与天妃信仰相关的文字。然而《通番事迹记》以录文的形式进入地方文献之后,文献记录的立足点发生了转变。嘉靖《太仓州志》、《吴都文粹续集》全文收录《通番事迹记》,既是对文献整体性的尊重,也是对刘家港天妃宫在当地信仰中的重要性的一次确认。然而到了崇祯年间,随着刘家港港口的淤塞,刘家港天妃宫的地位大不如前,故此,崇祯《太仓州志》将碑文与天妃宫分离,录文也将与天妃信仰有关的部分全部删除,只存留郑和下西洋的过程。经过崇祯《太仓州志》的这番操作,《通番事迹记》变成追溯刘家港历史辉煌的重要文献佐证,《天下郡国利病书》、嘉庆《直隶太仓州志》、《颐道堂诗选》录文的目的皆在于此。通过《通番事迹记》录文的变化,我们可以管窥国家重大历史事件变为地方记忆的演变过程。尽管郑和下西洋的过程始终是地方文献记录的焦点,但是地方文献更多是将之视为刘家港历史辉煌的重要文献佐证。

① 陈文述:《颐道堂诗选》卷一三《古今体诗》,《续修四库全书》第1505册,上海:上海古籍出版社,2002年,第52—53页。

表 1　碑文异同表

序号＼文献名	嘉靖《太仓州志》	《吴都文粹续集》	《天下郡国利病书》	崇祯《太仓州志》	《颐道堂诗选》
1	明宣德六年岁次辛亥春朔	明宣德六年岁次辛亥春朔	宣德六年	宣德六年	明宣德六年
2	正使太监郑和、王景弘，副使太监朱良、周福、洪保、杨真，左少监张达、吴忠，都指挥朱珍、王衡等立。	正使太监郑和、王景弘，副使太监朱良、周福、洪保、杨真，左少监张达等立。	正使太监郑和、王景弘，副使太监朱良、周福、洪保、杨真，左少监张达、吴忠，都指挥朱珎、王衡等立。	正使太监郑和，副使太监朱良，都指挥朱珍等立。	正使太监郑和，副使太监朱良，都指挥朱珍等立。
3	舟门恬然。	舟师恬然。			
4	寇兵之肆暴侵掠者，殄灭之。	寇兵之肆暴掠者，殄灭之。			
5	神之功绩，昔尝奏请于朝，建宫于南京龙江之上，永传祀事。	神之功绩，昔尝奏请于朝廷，宫于南京龙江之上，永传祀事。			
6	宣德五年冬，今复使诸番国。	宣德五年冬，复奉使诸番国。			
7	官军人等瞻礼勤诚，祀飨络绎。	官军等瞻礼勤诚，祀享络绎。			
8	官校军民，感乐趋事。	官校军民，咸乐趋事。			
9	非神之功德感于人心而致是乎！	非神之功德感于人心而致乎！			
10	永乐三年，统领舟师往古里等国。	永乐三年，统领舟师往古里等国。	永乐三年，统领舟师往古里等国。	永乐三年，舟师往古里等国。	永乐三年，统舟师往古里等国。
11	时海寇陈祖义等聚众于三佛齐国，抄掠番商。	时海寇陈祖义等聚众于三佛齐国，抄掠番商。	时海寇陈祖义等聚众于三佛齐国，抄掠番商。	时海寇陈祖义等聚众于三佛齐国，抄掠番商。	时海寇陈祖义等聚众三佛齐国，钞掠番商。
12	其国王各以方物、珍禽兽贡献。	其国王各以方物、珍禽兽贡献。	其国王各以方物、珍禽兽贡献。	国王各以方物、珍禽兽贡。	国王各以方物、珍禽兽贡。
13	永乐七年，统领舟师，往前各国。道经锡兰山国。	永乐七年，统领舟师，往前各国。道经锡兰山国。	永乐七年，统领舟师往前国。道经锡兰山国。	永乐七年，统舟师，道经锡兰山国。	永乐七年，统舟师，道经锡兰山国。
14	其王亚烈若奈儿负固不恭，谋害舟师，赖神明显应知觉。	其王亚列若奈儿负固不恭，谋害舟师，赖神灵显应知觉。	其王亚烈若奈儿负固不恭，谋害舟师，赖神明显应知觉。	王亚烈若奈儿负固谋加害，赖神显应得备。	王亚烈若奈儿负固谋加害，赖神显应得备。

续 表

序号 \ 文献名	嘉靖《太仓州志》	《吴都文粹续集》	《天下郡国利病书》	崇祯《太仓州志》	《颐道堂诗选》
15	寻蒙恩宥,俾复归国。	寻蒙恩宥,俾复归国。	寻蒙恩宥,得复归国。	寻蒙宥归国。	寻蒙宥归国。
16	永乐十二年,统领舟师往忽鲁谟斯等国。	永乐十二年,统领舟师往忽噜谟斯等国。	永乐十二年,统领舟师往忽鲁谟斯等国。	永乐十二年,统舟师往忽鲁谟斯等国。	永乐十二年,统舟师往忽鲁谟斯等国。
17	其苏门答剌国伪王苏干剌寇侵本国,其王遣使赴阙,陈诉请救,就率官兵剿捕,神功默助,遂生擒伪王。	其苏门答剌国伪王苏干剌寇侵本国,其王遣使赴阙,陈诉请救,就率官兵剿捕,神功默助,遂生擒伪王。	有苏门答剌国伪王苏干剌寇侵本国,其王遣使赴阙请救,就率官兵剿捕,生擒伪王。	有苏门答剌国伪王苏干剌寇侵,王遣使赴阙请救,就率兵剿,生擒伪王。	有苏门答剌国伪王苏干剌寇侵,王遣使赴阙请救。就率兵剿,生擒伪王。
18	是年,满敕加国王亲妻子朝贡。	是年,满剌加国王亲妻子朝贡。	是年,满敕加国王亲率妻子朝贡。	是年,满敕加国王率妻子朝贡。	是年,满敕加国王率妻子朝贡。
19	永乐十五年,统领舟师往西域。其忽鲁谟斯国进狮子、金钱豹。	永乐十五年,统领舟师往西域。其忽鲁谟斯国进狮子、金钱豹。	永乐十五年,统领舟师往西域。其忽鲁谟斯国进狮子、金钱豹。	永乐十五年,统舟师往西域。忽鲁谟斯国进狮子、金钱豹。	永乐十五年,统舟师往西域。忽鲁谟斯国进狮子、金钱豹。
20	十剌哇国进千里骆驼并驼鸡。	卜剌哇国进千里骆驼并驼鸡。	卜剌哇国进千里骆驼并驼鸡。	十剌哇国进千里骆驼并驼鸡。	十剌哇国进千里骆驼并驼鸡。
21	各进方物,□□所未闻者。	各进方物,皆古所未闻者。	各进方物,皆古所未闻者。	方物,皆前古未闻。	方物,皆前古未闻。
22	及遣王男王弟捧金叶表文朝贡。	及遣王男王弟捧金叶表文朝贡。	及遣王男王弟捧金叶表文朝贡。	王各遣男弟捧金叶表文朝贡。	王各遣男弟捧金叶表文朝贡。
23	永乐十九年,统领舟师,遣忽鲁谟斯等各国使臣久侍京师者悉还本国。	永乐十九年,统领舟师,遣忽噜谟斯等各国使臣久侍京师者悉还本国。	永乐十九年,统领舟师,遣忽鲁谟斯等各国使臣久侍京师者悉还本国。	永乐十九年,统舟师,遣忽鲁谟斯等各国使臣久侍京师者悉还本国。	永乐十九年,统舟师,遣忽鲁谟斯等各国使臣久侍京师者悉还本国。
24	其各国王贡献方物,视前益加。	其各国王贡献方物,视前益加。	其各国王贡献方物,视前益加。	各国王贡献,视前益加。	各国王贡献,视前益加。
25	宣德五年,仍往诸番开诏。舟师泊于祠下。	宣德五年,仍往诸番开诏。舟师泊于祠下。	宣德五年,仍往诸番开诏。舟师泊于祠下。	宣德五年,仍往诸番开诏。舟师泊祠下。	宣德五年,仍往诸蕃开诏。舟师泊祠下。

沙浦刘氏与明清黄海航运豪族兴衰

周运中*

摘　要： 南宋黄淮入海口出现军事豪强，元末再起。明初灶籍移民中出现豪强沙浦刘氏，经商致富，官员刘衮的子孙有很多沙田和海船，其曾孙刘可树为辽东毛文龙运粮。明末黄淮口很多人靠辽东贸易致富，或去辽东投军做官，还有辽东和山东人前来贸易、避难。弘治时李氏去山东经商定居，刘家也在成弘变革期致富，隆庆恢复海运建立在民间贸易基础上。崇明沈氏发家也是从商到官，也为辽东海运粮食。很多江淮人因辽东友人而降清，有些则抗清败亡。杭州人毛文龙海上抗清依靠江浙海运家族，闽浙海岛抗清是江浙海上抗清的延续。

关键词： 庙湾；海运；辽东；黄淮口；黄海

宋高宗建炎二年(1128)，东京(今开封)留守杜充掘开黄河大堤，阻挡金兵，导致黄河南流，自淮入海，到清咸丰五年(1855)黄河方回山东入海。黄河南流727年，使江苏海岸线大幅东扩，造就广阔滩涂，也造就了黄海和沙船。黄淮入海口的渔民描述海上险境的谚语说："北有霸王鞭，南有黄河尖。"①元明地图和晚清沙船航海图《江海全图》都画出黄海沙洲群，②宋代有楚州山阳县(今淮安)人去泉州贸易，③元代至元二十七年(1290)海运粮船遇风，次年立碑感谢北沙龙王。④ 元代朱晞颜记载海运的《鲸背吟集》，《盐城》下一首是《凑沙》："万斛龙骧一叶轻，逆风寸步不能行。如今阁在沙滩上，正是橙黄橘绿时。"⑤北沙在今阜宁县和滨海县交界处，是古代淮河口的重镇。建炎三年(1129)，韩世忠在沭阳溃败，从北沙逃往盐城，再航海到苏州，⑥北沙、庙湾是南宋边防重地。⑦ 明万历二十三年(1595)为防倭，设庙湾营，划入山阳县23图、盐城县12图，清雍正九年(1731)改为阜宁县。庙湾城在今阜宁县城阜城镇，本文讲述的沙浦刘氏就住

---

* 周运中，南京大学海洋文化研究中心特约研究员。

① 李志勇：《遇险黄河尖》，《扬子晚报》(南京)1998年9月7日，第10版。

② 周运中：《清代最好的沙船航海全图》，《海洋文明研究》第2辑，上海：中西书局，2017年。

③ 洪迈《夷坚志·支甲》卷一〇："今山阳海王三者亦似之……王之父贾于泉南。航巨浸……乃得归楚，儿既长，楚人目为海王三，绍兴间犹存。"见洪迈《夷坚志》，何卓点校，北京：中华书局，1981年，第787页。

④ 吴槐孙：《北沙龙神显佑庙碑记》，光绪《阜宁县志》卷二《坛庙》，江苏省地方志编纂委员会编《江苏历代方志全书·淮安府部》第30册，南京：凤凰出版社，2018年，第69页。本文参考该版本，下文不注。

⑤ 朱晞颜：《鲸背吟》，陶宗仪等编《说郛三种》，上海：上海古籍出版社，2012年，第859页。

⑥ 徐梦梓：《三朝北盟会编》卷一二〇，《四部丛刊四编》第24册，北京：中国书店，2016年，第3443页。

⑦ 周运中：《滨海史考》，南京：凤凰科学技术出版社，2016年，第51—82页。

在庙湾城对面的射阳河南岸。

1941年,阜东县从阜宁县分出,1949年改名滨海县。十多年前,我研究家乡滨海县历史时,查阅了很多族谱,首次发现沙浦刘氏族谱的资料印证了地方志所说刘氏在明末运粮接济辽东毛文龙,并将之写入我的专著《滨海史考》。我将这本书送给了一些人,告诉他们这段历史,还向他们提供多种地方志和族谱。但是他们看到我的《滨海史考》在市面上不多,就未在后续所写的相关文章中提及我的先前成果。近年我又发现不少相关史料,所以写出这篇文章。

一、从灶户到土豪

庙湾镇在射阳河口,射阳河是里下河洼地的重要出水通道,吴王夫差北上中原,利用天然河道,修成邗沟,从广陵(今扬州)向东北到射阳城,再向西北到淮河。刘邦为感谢项伯在鸿门宴搭救,封项伯为射阳侯,当时的射阳县城在今宝应县东部的射阳湖镇。里下河原来是海湾,东部形成天然沙冈,从淮河口到长江口,南北绵延数百里,北沙在沙冈的最北头。

我曾指出,元末最大的民间武装朱元璋、张士诚、徐寿辉都来自江淮,因为南宋江淮全面军事化,元末重要的山水寨都是南宋时建立的,中间仅有70多年,所以元末江淮延续了南宋上百年的军事传统。黄淮口南岸的羊寨、庙湾、北沙在南宋就有强大的民间武装,曾出兵海州(今连云港),元末自然再次崛起。《元史》卷一八八《董抟霄传》记载,他跟丞相脱脱征高邮,戍盐城、兴化,平定大纵、德胜两湖十二水寨。张士诚水军渡淮北,据安东(今涟水县),董抟霄招善水战者五百人,在大湖(今涟水、灌南间)大败之。至正十六年(1356),平北沙、庙湾、沙浦等寨。进兵泗州(今盱眙县),不利。义军东下,断官军粮道,董抟霄回屯北沙,死战七昼夜,夺七十余船,渡淮,保泗州。①

朱元璋打败张士诚,朱元璋、张士诚手下大量江淮士兵戍守全国各地,江淮空虚,朱元璋便迁移了很多江南人到江淮。沙浦刘氏的祖先很可能就是因此从江西迁来,光绪《阜宁县志》卷十二《人物》记载:刘衮(1501—1581),号十峰,祖先是江西人,元末居盐城,洪武初迁庙湾,隶灶籍。刘衮在嘉靖戊子年(1528)中举,历任江西新喻(今新余)知县,浙江绍兴府学教授,山阴(今绍兴)、萧山、上虞知县,参与主持广西的乡试。后告老还乡,八十而卒。庙湾场多人有冤,刘衮请求官府,使之得以释放。庙湾南岸的晏公庙、北岸的真武庙,是刘衮的祖父刘盛、伯父刘翰创建的。刘衮的父亲刘翥建通济桥,便利商民。

沙浦在庙湾以南五里,乾隆《阜宁县志》卷一《铺递》记载南路:"由县至沙浦铺五里。"因为靠近庙湾场,条件相对优越,所以刘氏在此兴起。这个沙浦正是元末大败官军的沙浦,刘氏迁居此处,不知是否因为很多元末沙浦士兵外出征战。阜宁县的陈氏族谱记载其祖先是陈友谅的同族,明初从江西来到庙湾,编为灶户,或许刘氏也是因为同样原因前来。

地方志的刘衮资料来自族谱,我从《沙浦刘氏宗谱》中发现,刘九三迁居沙浦庄,煮盐为业,六世孙刘遇写有《溯迁》,说前代世系不详,南宋末盐城有进士刘幼发,和陆秀夫同登文天祥榜,事迹湮没。他声称刘氏是土著,并非移民,应该是为了抬高祖先的地位,毕竟灶户移民的地位太低了。

---

① 周运中:《元末大起义与南宋两淮民间武装》,《元史及民族与边疆研究集刊》第20辑,上海:上海古籍出版社,2008年。

刘九三的曾孙刘翔，传说是神灵敕封的使节，因公务死于海上，屡次显灵，海船人遇到危难，呼喊他的名字就可以转危为安。刘氏宗祠有他的金身塑像，射阳河支流匣子港也有人供奉他。刘氏势力壮大，注重风水，在《沙浦刘氏宗谱》里能看到本地宗谱中最翔实的祖茔图。刘九三的十五世孙刘学官在清末所写的《重修真武庙记》说：

> 真武庙为刘氏公所，每遇祭祀，族众恒寓焉。四世祖文林公悯邑多火患，城南建水庙压之。南岸下流晏公庙，为三世祖敬祖公建，今天香庵是其遗址也。两庙镇锁湖湾，庙湾名昉此……门左有木，为海舶收口，今五百余年。修志书者，妄云庙湾，宋时即有。有云正统，或者其重建耳。不知本城是唐顺之造于明嘉靖乙未年，城南门有石可考。宋时无城，安得有庙？庙载《运志》、庙湾本志，不屑与辩。恐讹传妄信。

该文所附的《公禀稿》又说刘氏四世祖刘文林（刘翰）在正统年间始建真武庙，所谓庙湾地名来自刘家之说不实。光绪《阜宁县志》指出，庙湾在南宋书籍已有，绝非刘氏始创。宗谱辩称唐顺之首建庙湾城，这是强词夺理，唐顺之是修城墙而已。刘九三的曾孙刘衮首创刘氏族谱，刘衮与唐顺之是乡试同年，所以请唐顺之作序。刘衮是嘉靖七年（1528）举人，刘氏宗谱续修的世系图竟记为进士，但是卷首刘衮之子刘世观所写的《文林郎十峰公行略》说刘衮戊戌年（十七年，1538）考进士名落孙山，乙未（三十八年，1559）下第，当时刘衮已经58岁。刘衮借助朋友关系出仕，得以出任知县。①

刘翰热衷风水，修建水神庙，他的父亲刘盛（敬祖）建晏公庙，宗谱的《懿行录》说刘翰："任侠，多豪举，举资建真武、五圣（后为里人改为文昌宫）、关帝三大刹。"说明刘氏家产富饶，很可能出自经商。真武庙、晏公庙都是水神庙，晏公是来自刘氏的祖籍地江西的水神。

刘翰是刘翔的亲弟，是刘衮伯父，三弟刘翥是刘衮之父，《懿行录》说："嘉靖癸未饥，公出粟赈粥，全活盛众，又施地建刹及会龙桥，俱载《运志》。"他的资产很多，所以刘衮中举为官。刘翔很可能是因在海口经营海船丧生，因为刘衮的幼子也经营海船。

刘衮的哥哥刘里东迁到当时更靠近海口的地方，在今滨海县境内。1996年，刘氏已有族人四万多。② 不过其中也有攀附的支系。这种联宗产生的家族在黄淮口新成陆的地方很多，我在此前的《滨海史考》书中，从族谱中发现很多例证。③ 民间传说也有不少，比如攀附的蔡氏被俗称为"赖蔡"。当代联宗之事仍在进行，比如我的家族，始迁祖有两个儿子，近年来新修族谱则变成四个儿子，多出的两个是联宗的同姓家族。

二、刘衮和吴承恩、唐顺之

光绪《阜宁县志》卷二二《艺文》抄录清初庙湾镇人陈一舜的《庙湾镇志》，有李春芳《送刘十峰衮令新喻》。扬州府兴化县人李春芳任内阁首辅，刘家早年和李相识，李春芳的好友吴承恩就

---

① 1996年真武庙改名为兴国寺的典礼上，刘氏家族仍然宣传真武庙原为刘氏家庙，还称庙湾原名刘家湾，刘学官在光绪年间都没有这样大胆。

② 滨海县《沙浦刘氏宗谱》，1996年，第143、186—188、205—206页。

③ 周运中：《滨海史考》，第91—97页。

是依靠李春芳得以任浙江长兴县丞和湖北蕲州(今蕲春县)荆王府纪善。

吴承恩来过庙湾,《阜宁县志》卷二二引《庙湾镇志》,吴承恩、刘衮各有诗《题郭郊墓》。郭郊是庙湾人,我在多年前就发现《沙浦刘氏宗谱》卷一有署名射阳居士吴承恩拜题的《十峰公像赞》:“雍乎其度,坦乎其衷。襟期洒落,海阔天空。祥云瑞日,甘露和风。谁叹思补,德基温恭。”①该谱还有万历八年(1580)的山阳知县鲁锦的序及唐顺之的《九三公像赞》。唐顺之来庙湾抗倭,自然要拉拢刘氏这样的土豪。刘氏宗谱还有宝应县人吴敏道的《寿十峰刘老先生幛词》,吴敏道是吴承恩和刘衮的晚辈朋友。吴承恩来庙湾场,住在刘家,受到热情接待,写下刘衮的像赞。刘衮结交的吴承恩、吴敏道,官位更低,但都是本地著名文人,他们为刘衮在地方营造名声。

刘衮的官位不大,但在庙湾已经很高,他与山阳知县和抗倭名将唐顺之等人交往。唐顺之是常州人,嘉靖八年(1529)进士;三十六年(1557)经同年赵文华举荐,任南京兵部主事。三十八年(1559)在崇明打败倭寇,升任太仆少卿、右通政使。倭寇从通州(今南通)北犯庙湾,唐顺之在庙湾和淮安之间的姚家荡(今淮安顺河镇丁姚村)大败倭寇。倭寇残军逃到庙湾城,试图利用盐商囤积的粮食坚守,凤阳巡抚李遂督兵攻克庙湾城,倭寇逃奔外海。唐顺之升任右佥都御史、凤阳巡抚,次年病死。光绪《阜宁县志》卷二说万历二十三年(1595)漕运总督李戴在唐顺之的基础上建城,似乎是说唐顺之最早修建庙湾城,其实不是。明代冯时可为唐顺之写的传记说:“贼达淮者,方据庙湾。庙湾,故商城以御盗,延袤数里,称金汤。”②可见庙湾城最早是商人为御盗而建,很可能就是盐商,庙湾城原来就很坚固,唐顺之不过是加以修整。

潘季驯主张筑堤束水,导致黄河有更多泥沙淤在海口,滩涂快速增长,引发豪绅与居民争地。景泰到成化时(1450—1487),河口南岸的辛家荡东部变成陆地,淮安豪绅争夺。辛氏诉讼多年,最终重新划定田产。2007年,我在滨海县辛荡村找到万历丁未(1607)的《山阳县树根套丈明滩田记》残碑,《辛氏族谱》有碑文和诉讼文件。碑文说:“客岁新领者,与土著搬造具陈,蜂起而讼。”③刘衮家族在晚明获得很多洲田,少不了依靠刘衮的官位。

三、明代黄海贸易的兴起

黄淮口和胶东的贸易很早就有,我发现滨海县李氏族谱《陇西李氏宗谱》卷一记载李贤:“弘治二年,由桑台寺徙沃家营,有牛百犉,沃二麻诬牛不辨。再徙北沙,元配季氏,无出。次配明氏,子二。长,贵。次,早。(贵)同母徙居山东登州府莱阳县鸭岛村,又名回龙岛。后世传居莱阳县行村寨口,北去八里庶村庄。次子早,于正德二年复迁庙湾,遂卜居焉。”④李贤妻子姓明,明是山东大姓,李贤去山东经商,李贤和儿子李贵迁居山东莱阳县鸭岛(在今山东海阳),地当海口,应是在此停船贸易。后李贵定居莱阳县行村(在今海阳),李贤次子李早回老家。⑤

---

① 蔡铁鹰笺校《吴承恩集》(北京:中国社会科学出版社,2014年)第292页误刘衮的字思补为崇补,又误新喻县为新俞县。

② 冯时可:《冯元成选集》,《四库禁毁书丛刊补编》第63册,北京:北京出版社,2005年,第91页。

③ 周运中:《滨海史考》,第120—123页。

④ 滨海县《陇西李氏宗谱》,1994年,第2页。

⑤ 周运中:《滨海史考》,第136—139页。

光绪《阜宁县志》卷十五记载万历乙卯年(1615)举人戴华的祖父在登州、莱州经商,则其祖父应该是在嘉靖时出海。

明代方孔炤的《全边略记》卷十记载嘉靖四十年(1561),山东巡抚朱冲奏,因为辽东饥荒,暂时放开海禁,富民商人从海路到苏杭、淮扬贸易,交接海岛亡命之徒。①

隆庆四年(1570)徽州休宁县人黄汴编撰的商业指南《一统路程图记》卷五《海州安东卫飘海至淮安府》说黄淮口:"云梯关有军防海,鱼客因省船费,而由此道。鱼船水手,即爬儿手,包撑盐徒也,家住六套、七套。胶州飘海亦由此来,海风不定,遇风虽易亦险。无风难期,客当别路可也。盐徒捉客,许以米赎。夏疫宜避。亦有飘至太仓,收刘家河者。安命之客,此路勿行。"②因为明中期已有黄淮口到胶东的贸易,所以有官员提倡恢复海运。江淮和山东的航路,向南通往长江口的浏河镇。

隆庆初,因黄河水灾冲击运河,很多人主张重开胶莱河,隆庆五年(1571),山东巡抚梁梦龙上书重开海运获批,他详细规划。同年冬,梁梦龙改河南巡抚,海运由王宗沐督行。梁梦龙《海运新考》的《海道新图》画出从淮安府到天津的航路图。隆庆六年(1572)三月,王宗沐运米十二万石,从黄淮口入海,五月抵天津。万历元年(1573),运船在即墨县福山岛遇风,坏船七艘,漂米数千石,溺军丁十五人,海运遂罢。

万历六年(1578),即墨知县许铤在《地方事宜议》的《通商》中提出:"今淮海通舟,天所以为登、莱赤子,开一线生路……本县淮子口、董家湾诸海口,系淮舟必由之路。而阴岛、会海等社,则海口切近之乡。嘉靖十八年,本县城阳社民牛稼等,告允行海舟,自淮安觅船,两昼夜直抵城阳之西金家口,通贸易。是岁大饥,沿海之命,赖以不死。行之数年,牛氏以富,附舟者咸利。此即其明验大效也。厥后倭夷称乱,其乎遂止。隆庆壬申,议行海运,胶之民,因而造舟达淮安。淮商之舟,亦因而入胶。胶之民,以腌腊米豆,往博淮之货。而淮之商,亦以其货,往易胶之腌腊米豆,胶西由此,稍称殷富。每船输桩木银三两于州,以为常。今虽有防海之禁,而船之往来固自若也。独本县则拘守厉禁,而无敢通商。然淮海之船,亦不能越县之淮子口等处,而径达州也。但本县地方不得停泊,而胶州地方任其交易,何防海之禁行于墨,而不行于胶耶?"不久即墨开放海禁。同治十年(1871)的女姑口《重整旧规》碑文记载:"我即(墨)邑,自前明许公,奏青岛、女姑等口,准行海运。于是百物鳞集,千艘云屯。南北之货既通,农商之利益普。洪纤之度,盖至今赖之云。"③胶州湾的贸易主要通往淮河,所以胶州湾有淮子口。无独有偶,因为南唐的前身是淮南节度使,所以南唐扩建泉州城,东南靠海的城门名为通淮门。淮字地名出现在山东和闽南,反映了淮海航路通往南北。

很多山东船到庙湾贸易,光绪《阜宁县志》卷八记载万历三十八年到四十年(1610—1612)的庙湾海防同知刘复初:"尤勤于恤民,凡山东小船,沿海懋迁,税原薄,嗣以军兴增益,事平不减,复初为之汰苛征。"

明代苏州人周玄玮在万历年间写成的笔记记载:有苏州人被陷害,发配辽东,出入山海关必

---

① 方孔炤:《全边略记》,《四库禁毁书丛刊》史部第11册,北京:北京出版社,1997年,第357页。

② 杨正泰:《明代驿站考》,上海:上海古籍出版社,2006年,第247页。

③ 李玉尚:《行政区划与明代青岛"走私港"的形成》,靳润成主编《走向世界的中国历史地理学:2012年中国历史地理国际学术研讨会论文集》,北京:中国社会科学出版社,2014年,第418—427页。

须有照引,邻居老军人说他初到辽东,也很想逃回,打听多年,听说可以渡海到登莱、淮扬;苏州人给老军人钱财,得到地图,标出从羊皮渡出海;后来这苏州人得到羊皮渡居民帮助,乘坐羊皮筏渡海,到达莱阳县,乞讨半年,回到苏州。① 这幅航海图显然来自民间,证明海上一直有航路。

万历四十七年(1619),明朝在萨尔浒之战中失败。泰昌元年(1620),因为淮安运米经天津转往辽东,故设立淮津海运道;天启二年(1622),裁归督饷道。② 崇祯年间,有崇明人沈廷扬(1594—1647)从庙湾海运粮食接济辽东。据《沈氏宗谱》,沈廷扬父亲沈镛经营沙船致富,家财百万,沙田千顷。万历四十七年(1619),沈家海运接济明军,开到辽东三岔河。③ 沈廷扬由国子生任内阁中书舍人。崇祯十二年(1639),沈廷扬上《请倡先小试海运疏》,建议恢复元代朱清、张瑄所开创的海上漕运,并将《海运书》五卷和《海运图》进呈崇祯帝朱由检。朱由检命造海舟试验,沈廷扬乘舟,载米数百石,于崇祯十三年(1640)六月朔,由淮安的黄河口(今滨海县境内)出海,望日抵天津。守风者五日,实际行船仅一旬。④

四、刘氏运粮给辽东毛文龙

崇祯年间长洲县人陈元素为刘衮之孙刘见吾所写的《贺刘见吾先生七十华诞》说:

> 先生之翁曰十峰公,以《毛诗》魁南榜。令严邑祖曰南湖公,以才雄郡诸生间,而洲田、海舶之产亦雄视闾里。⑤

刘见吾的父亲刘世遇(南湖公)是郡庠生,是刘衮第五子。刘衮任官多年,刘世遇有海船和大片沙田(洲田)。刘世遇幼子是刘效蕴(见吾),刘效蕴的长子是刘可楫,次子是刘可竹,幼子即是可澍。从其兄长的名字来看,应是刘可树。因为刘世遇经营海船发财,所以他的孙子的名字是楫、竹、树,楫是船桨,竹、树是木材。刘可树的独子叫刘曰瀛,寓意开往远洋。刘衮另有曾孙刘可渤,其子是刘曰梯、刘曰杭,也源自航海。

辽东失陷,杭州人毛文龙在皮岛(今朝鲜椴岛)和辽宁南部海岛抗清,建立东江镇。毛文龙需要大量粮食和军备,这些多来自海上补给,其中很多来自南方,沙浦刘氏此时积极运粮到辽东。旅顺博物馆藏有崇祯六年(1633)正月二十七日东江总兵黄龙给朝鲜国王的咨文,2013 年秋厦门华侨博物院展览了该咨文。我看到咨文说,在登州(今山东蓬莱)叛乱的毛文龙故将孔有德计划"截杀旅顺一路,招集各岛将家眷,行李卸下皮岛,竟往朝鲜要粮接应。如有不从,先行洗戮,再要他二三百号辽船,抢掠淮安等处"。因为此前粮食来自淮安,所以孔有德将淮安作为退路。不久孔有德攻下旅顺,投降清朝,黄龙自杀。顺治五年(1648),清朝封孔有德为镇南王;九

① 周玄暐:《泾林续记》,《续修四库全书》第 1124 册,上海:上海古籍出版社,2002 年,第 177 页。
② 齐创业:《明代淮扬地区兵备道的建置与职能考述》,《海洋文明研究》第 5 辑,上海:中西书局,2020 年,第 76、77 页。
③ 苏月秋:《明代沈廷扬的海运思想及实践:以海运疏为中心》,《中国海洋大学学报(哲学社会科学版)》2016 年第 6 期。
④ 周运中:《滨海史考》,第 140—149 页。
⑤ 滨海县《沙浦刘氏宗谱》上卷,第 1—2、22—24、201 页。

年(1652),孔有德被向南明投降的李自成下属李定国困在桂林,兵败自杀。①

1932年《阜宁县新志》卷十四《商业志》引清初陈一舜《货殖传》说:

吾湾初以海载获资者,陈其衷为国学生,而戴同春观我,亦皆为之。渤海独否曰:"吾昆季求富于风涛,吾宁解典而安居焉!"继而渤海中式,而观我子卣亦成名,见推儒林。杨允达父号十六,以海艘之数得称。其一小艘曰青龙,取钱祀大王。大王,明洪武所封神也。累资巨万,为园城内,选妓征歌,允达借以自娱,老而弗替。刘可恕以海运济辽饷,致知毛帅……湖之南,戴、陈诸大姓,率以煮海成家。

杨允达的父亲有海船十六艘,外号杨十六,资产数万。刘可恕(刘可树)运粮到辽东,接济毛文龙。射阳湖(射阳河)新出海口的南岸,戴、陈等大姓因为盐业致富。渤海是上文说过的举人戴华,他的祖父和兄弟都在山东经商,所以他字渤海,他的儿子戴时选由贡生任川东道。戴同春出海经商,儿子戴卣有学问,戴家的商业和功名互济,正如沙浦刘氏。

山东诸城县大村人丁耀亢,②写有《出劫纪略》,记载他于崇祯十五年(1642)躲避清军,渡海到海州(今连云港)的云台山岛,次年因饥荒,投奔庙湾故人戴子厚、陈谦自、戴小异,得到资助回乡。崇祯十七年(1644),他再到云台山避难,内阁大学士范复粹从登州,侍御苏京、给谏丁允元从日照,渡海前来,巨室百余家,很多人又投奔弘光帝。云台山归刘泽清的部将青州人王遵坦,丁耀亢去淮安拜见刘泽清,次年三人都降清。据光绪《阜宁县志》卷十七的戴卣传,戴小异就是戴卣,戴家因为长年在山东经商,所以很早就结交了丁家。丁耀亢的《逍遥游》收有他与戴、陈等人的和诗,和诗者尚有杨允实。③ 杨允实显然是陈一舜说的大海商杨允达的兄弟,可见丁耀亢在庙湾交往的都是海商。我从《沙浦刘氏宗谱》中发现,刘衮的曾孙,四个娶了陈氏,三个娶了戴氏,可见这些海商相互联姻。

光绪《阜宁县志》卷八记载崇祯庚辰年(1640)的海防同知余犹龙德政碑文,文中说:"庙湾之设海防,所以监戎马,督赋税,淮东诸营,咸仰给焉……庙湾向号富庶,尔因河决,恒苦水患。"可见庙湾的商税富足,供养淮安军队。庙湾去辽东贸易的海船运回大量东北亚的商品,如人参、貂皮,销往江南,得到丰厚利润。丁耀亢的诗歌说他在庙湾得到热情接待,酒席丰盛,可见庙湾海商在东江镇消失后仍很富裕。

五、黄海航运势力的衰落

除了刘氏,还有很多庙湾人参与了明末的辽东贸易,光绪《阜宁县志》卷十四《宦迹》:

金永顺,字在和,旧字在吾,庙湾场灶籍,有勇力,喜谈兵,家贫,屑麦为业,负侠气有人伦鉴。辽阳张士元,勇士也。隶祖大寿麾下,祖材之,给营总兵告身。时朝廷用中书沈廷扬

---

① 周运中:《滨海史考》,第140—149页。

② 1943年从诸城县析置藏马县,大村镇改属藏马县,1946年并入新成立的胶南县,1990年改为胶南市,2001年胶南市并入青岛市黄岛区。

③ 丁耀亢:《逍遥游》,《四库禁毁书丛刊》集部第186册,第23、24页。

议,由庙湾海运,遣大臣监督辽粮。士元以祖大寿荐,随来庙湾。遇永顺,如旧识。深相结纳,以中原寇乱日炽,阴讲求兵家言。无何,明社屋运。事溃散,士元落魄无聊,赖寄食永顺家……灶侠徐俭居九灶,与陈其衷侄户瞻,均士元通往来者……大清豫王兵已自濠州南下,士元乃弃杨帅,驰诣豫王营……进秩总兵,乃念庙湾故人金永顺夙谊……荐永顺,仁勇可信。任下兵部,擢受湖州守备。

辽阳人张士元被祖大寿推荐,到庙湾监督海运,明末住在灶户金永顺家,后投奔清军,推荐金永顺。张士元交好陈其衷侄儿和灶侠,上文引陈一舜的《庙湾镇志》记载,陈其衷是大海商。灶侠就是灶户中的豪强,也即黄汴《一统路程图记》说的捉客盐徒之类。

光绪《阜宁县志》卷十八《武材》:

陈幼学,字献可,英勇有壮志,明天启甲子,佐运辽粮,岛帅毛文龙嘉之。荐授参军,与尚可喜善。顺治间,可喜封靖南王,挈幼学南征,积功至骠骑将军。

庙湾人陈幼学参与运粮到辽东,被毛文龙任命为参军,他交好尚可喜,清初投奔尚可喜。

光绪《阜宁县志》卷十九《侨寓》:

张梦凤,字凤灵,秦邮人。久居庙湾,尝懋迁毛文龙军幕,识耿仲明、尚可喜,订莫逆交。国初,耿、尚贵,统师南征,而邵伯阎毅公,以义侠杀人,缧绁待决。张素重毅公,谒耿、尚,力言之,即降,令提毅公军前推问,得以免死。

高邮人张梦凤久居庙湾,任毛文龙幕僚,随耿仲明投清。张梦凤很可能也是因为经商到辽东。我的曾祖父在滨海县东坎镇开六陈行,用淮北杂粮(即六陈)贸易扬州等地的大米,高邮邵伯镇的小船会开到我家门口。明末很可能已有这种贸易,辽东军粮来自扬州和江南。

光绪《阜宁县志》卷十九《侨寓》:

项睿,字视庵,徽籍,从季大父为辽左参将。张嵋之季父镳,佐睿军司旗鼓。国初,睿隐庙湾,卖药于市,和光混俗,以诗文自娱。

徽州人项睿的叔公任辽东参将,或许就是跟随粮船去辽东的。清初徽州人项起忠有诗《寓庙湾》,①不知项起忠是不是项睿的亲戚。王振忠先生发现歙县《绵潭汪氏家庙谱牒》记载:

八十代德贵公,字良夫,生于万历二十一年壬辰八月廿一日申时。因辽帅毛文龙驻皮岛,招商贾米,由淮出海,至皮岛上,与毛帅江票,未得领价,稽延五载,后由登州府复去,海舟至旅顺口陈家湾,遭飓风坏船而卒,年卅九岁,未得获葬。②

所谓由淮出海,就是从淮河口出海。另有学者指出,杨嗣昌云:"苏杭商贾之走江东(应作东江)贩丽货者,岁时寓书沈太爷(指沈世魁)不绝。"沈世魁是毛文龙的亲家,毛文龙在天启三年(1623)奏请在山东、南直隶招商。③ 江浙商人运粮给毛文龙,运回辽东和高丽商品。

光绪《阜宁县志》卷十九《侨寓》记载山东黄县(今龙口市)人范复粹到庙湾避乱:

---

① 卓尔堪编:《遗民诗》,《四库禁毁书丛刊》集部第21册,第629页。

② 王振忠:《徽商·毛文龙·辽阳海神——歙县芳坑茶商江氏先世经商地"平岛"之地望考辨》,《江南社会历史评论》第6期,北京:商务印书馆,2014年,第1—16页。

③ 赵世瑜、杜洪涛:《重观东江:明清易代时期的辽东与海上贸易》,《中国史研究》2016年第3期。

范复粹，山东黄县人，崇祯末年，以相予归，值流寇犯阙，异变汹闻。谓（庙）湾滨大洋，地可寄居，于博士弟子陈其衷托焉。对门邻有刘曰笃者，其宅为新君总戎张鹏翼第，寓署鼓乐声喧，范曰："国毁君亡，何忍闻此。"张闻，昆季踵门谢，弗见。时刘泽清驻淮，使具金币，请仪兴复，范心鄙之，辞弗纳。买海中山房，设崇祯像，朝夕侍奉而已。

刘曰笃就是沙浦刘氏，宅邸改属张鹏翼，或许原来就有来往，其对门是大海商陈其衷。张鹏翼是祖籍浙江的辽东人，原属毛文龙，改属孙元化、吴三桂。吴三桂降清，张鹏翼率水军南下，驻在庙湾。光绪《阜宁县志》卷十五顾国桢传："明季庙湾可避兵，冠盖纷临，总镇张鹏翼与国桢弟交。"

弘光覆灭，淮安巡抚田仰、淮河镇总兵张士仪、淮海镇总兵张鹏翼从庙湾航海到崇明，联合沈廷扬，推义阳王朱朝埠为监国。十月，兵败浏河，张士仪降清，众人奔浙。沈廷扬去舟山，投奔黄斌卿。鲁监国元年（1645），张鹏翼在衢州战死。永历元年（1647），张名振、沈廷扬、张煌言率水军去苏州，接应想反正的清朝苏松提督吴胜兆，在崇明遇风，沈廷扬被俘，死在南京，从此黄海的水军消磨殆尽。

顺治二年（1645），清朝的海防同知已到庙湾，盐城人厉豫仍在组织军队。三年（1646），因为平定海寇而任京口副总兵的庙湾人张应龙从崇明东江回庙湾投清。四年（1647），厉豫攻下庙湾，想进攻淮安，不久被清军镇压。厉豫是盐城人，他先攻庙湾，可能是看中庙湾的水军基础。

康熙再开海禁，庙湾又出现海商，陈一舜《货殖传》说："顺治中，禁海废舟，人乃裹足。迨洋禁弛，沈濬、戴瓒仿而造之，克绳厥武……至网舟采捕，搜港开洋，尝达赣榆青口，捆载而归，亦时得志焉。"戴家在嘉靖时就去胶东经商，还是丁耀亢的老友，此时复出。还有庙湾人跟船到海外各国。1932年《阜宁县新志》卷十七记载钱士龙："肆志于四方，中土名胜，足迹既遍。会海禁弛，则又附贾船，泛大海。东历日本、琉球，折而南，遍游南洋诸岛，西达安南、暹罗，眺占城，北望葱岭雪山，诹咨风土，扼塞流连。景物咸载笔，置奚囊。凡二十余载，比归逾六旬矣。"可惜他的游记失传，所谓雪山可能指云南。

刘氏经商致富在成化、弘治年间，即所谓"成弘之变"时。黄河口的李氏此时去山东海岛贸易。此前大家注意到华南沿海在明中期的海外贸易复兴，而没有注意黄海贸易也在此时复兴，可见海洋是不可分割的整体。

有人引用明代孙承泽《畿辅人物志》卷九，说梁梦龙"亲诣登、莱二府地方，委官通踏湾泊程次，逐一明白，及访得沿海官民，俱称二十年前，傍海横道，尚未之通。今二十年来，土人、淮人以及岛人，做贩鱼虾、芩豆，往来不绝，其道遂通"。认为是官府海运为民间海运提供基础，淮安海商在逆境寻找机会。① 我认为这是颠倒因果，明中期黄海民间贸易兴起是官府重开海运的基础。淮安海商不存在所谓逆境，官方海运停止时，民间贸易仍在。明朝在建立时就畏惧海洋，实行前所未有的严格海禁，搬空海岛居民。明中期，沿海不少卫所持续内迁，大量官军被商人收买，战力低下，导致所谓倭寇横行，其实当时人就指出倭寇多数是国内民间武装。明朝从未完全平定海上的民间武装，郑芝龙名为受抚，实则取代官军。明朝从建立到灭亡，都是民间海洋力量在牵引官方海洋力量活动。

梁梦龙派人查勘海路，称二十年前不通，则嘉靖中期才有黄海南北贸易？其实不是，嘉靖十

① 王日根、陶仁义：《明中后期淮安海商的逆境转机》，《厦门大学学报（哲学社会科学版）》2018年第1期。

九年(1540),漕运总兵万表认为可试行海运,说:“今浙江海船,虽极远番国,皆能通之。松江与太仓、通、泰州,俱有沙船,淮安有海雕船,尝由海至山东宁海县买米。”①可见嘉靖前期就有黄海贸易,我从上引李氏族谱发现,弘治已有黄海贸易,有可能更早。官府海运之前,黄海民间贸易已有近百年。梁梦龙派人去问:任务是不是层层分包?调查是否全面?这些都是官府无法解决的痼疾,所以结论自然不能完全可信。如果我们误信这些片面的史料,就会得出官府海运促进民间贸易的错误认识。

有人认为可能因毛文龙招到淮兵,得以接触淮商。② 我认为不能成立,江淮的海商长期在山东贸易,毛文龙是杭州人,祖父在山西经商致富,毛文龙年轻时游历四方,他还需要通过淮兵来接触到南方商人吗?毛文龙要求官方组织招商,正是因为他此前熟悉海商情况。其实万历四十六年(1618)开放登辽海运不久,王在晋就提出:“多雇造往胶籴贩之船,多招募淮、胶习海之人,厚其价值,领运驾船……且淮船之轻捷,愈于遮洋之迟钝……乞敕部转行总漕衙门,募造淮船,装载辽饷,照青、莱船帮,径渡成山,抵辽交纳施行。”③可见在毛文龙建立东江镇之前,已有淮船到辽东运粮。

明末崇明县人沈廷扬的父亲经营沙船致富,沈家海运接济辽东明军,沈廷扬任内阁中书舍人。沈氏发家的历史类似沙浦刘氏,当时各地有很多这样的家族。海岛抗清源自杭州人毛文龙,而不是郑成功。毛文龙靠的是江浙海运家族支持,可惜袁崇焕杀毛文龙,导致毛文龙手下大将孔有德、耿仲明、尚可喜投清,带去先进的西洋火炮,加速了明朝灭亡。明朝从建立到灭亡,总体上没有善用海洋资源,明朝灭亡也导致沿海的势力集团衰败。

庙湾的刘家、戴家都是从商到官,再靠官位赚更多钱。万历时,管一德的《常熟文献志》卷一《市镇志》说:“外又有双凤市、直塘市、璜泾市、陆河市,科第甚多,贸易亦甚繁……外又有张家市、周家市、陆家市,俱在海滨,今俱寥落,大都科第鲜少处则易废。”同卷在多处市镇的内容中都提到科第,④管一德指出明清江南市镇的兴衰,根本还是靠科举做官。这也是全国市镇的共性,这也导致商人最高理想是做官。但是很多官商家族因朝代更迭而破败,他们是否想到正是他们过多攫取,加速了王朝的覆灭?那些海商出没在波涛中时,是否想到自己不过是在历史周期律的洪潮之中?

北方的海岛太小,所以北方人不能长期在海上抗清。也有庙湾人因为很早就在辽东经商,认识尚可喜、耿仲明,所以投靠清军。现在很多人知晓浙闽海上抗清的张煌言、郑成功,而忘记了江苏沿海的这些人,其实浙闽海上抗清是江浙海上抗清的延续。沈廷扬家族靠黄海贸易兴起,辽东、淮安和崇明的水军残部投奔浙东,浙东又有很多人投奔郑成功。郑成功手下的北兵其实以江浙人为主,⑤越往南,朝廷力量越弱,民间力量越强。郑氏家族原来是明朝的死敌,最终为明朝续命四十年。朱元璋如果得知明朝是靠他残酷打击的对象续命,不知是否还要去打击?郑成功如果回想明朝历代皇帝对沿海居民的所作所为,是不是应该思考他自己为什么要去延续这四十年?

---

① 万表:《玩鹿亭稿》,《四库全书存目丛书》集部第76册,济南:齐鲁书社,1997年,第84页。“买米”应是“卖米”之误。

② 王日根、陶仁义:《从“盐徒惯海”到“营谋运粮”:明末淮安水兵与东江集团关系探析》,《学术研究》2018年第4期。

③ 王在晋:《三朝辽事实录》,《续修四库全书》史部第437册,第86页。

④ 管一德:《常熟文献志》,《北京师范大学图书馆藏稀见方志丛刊》第6册,北京:北京图书馆出版社,2008年,第67—74页。

⑤ 吴伟业《鹿樵纪闻》“郑成功之乱”:“其部下分南郎、北郎,南郎多闽广海盗,芝龙旧部曲,北郎则江浙人及所招中原剧盗、旗下逃丁也。”

明代《武职选簿》与郑和研究

时　平*

摘　要：明代《武职选簿》中发现的180名参加郑和下西洋军人的档案，为研究郑和下西洋史实提供了第一手史料。不仅能了解这些军人的籍贯、经历和隶属卫所，而且可以掌握以往郑和研究中未知的旧港外洋、绵花屿、阿鲁洋打击海盗的战事，表明郑和下西洋对东西方航路安全的治理及其维护的态度。其中一些记录，厘清了锡兰山、苏门答剌战事发生的时间、次数、战场环境和一些战况，以及部分军人伤亡、晋升的情况。这些史料补充了下西洋海外战事的历史，推动了郑和研究的深入。

关键词：新史料；新战事；新认识

明代兵部《武职选簿》（以下简称"《选簿》"）是记录明朝京内各卫所武职官员袭授替补的簿册，又称"军职黄簿"。从《选簿》所记时间看，自明隆庆四年（1570）修竣后，一直续修至崇祯年间。现存《选簿》多为万历二十一年（1593）重修。2001年，广西师范大学出版社出版《中国明朝档案总汇》，收录中国第一历史档案馆88册、辽宁省档案馆13册，计101册档案，为明史研究提供迄今最全面的明代档案史料。其中第二编档册类《选簿》为大宗，涉及第49—76册、第77册大部及第101册部分，近30册，占该套书总册数约30%。①《选簿》档案序列按《大明会典》卷一二四《都司卫所》亲军指挥使司、在京五军都督府、南京五军都督府所辖卫所序列编录。迄今，学者从这些档案中先后发现180余名参加郑和下西洋军人的档案。②

一、《武职选簿》记载的参加郑和下西洋人员研究

从20世纪30年代起，《选簿》逐渐受到中外学者的注意，但并不普遍。随着发现和研究的深入，有学者开始采用《选簿》资料进行专题性研究，并取得显著的学术成果。自20世纪90年

* 时平，上海海事大学海洋文化研究所教授。

① 郑朝彬、孟凡松：《明朝武职选簿利用刍议》，《安顺学院学报》2020年第6期，第6页。此前学者都采用《武职选簿》"第49—74册"的说法。

② 范金民：《〈卫所武职选簿〉所反映的郑和下西洋史事》，《明代研究》第13期，2009年，第33页。

代初以来,学者陆续在《选簿》档案中发现参加郑和下西洋的军人档案。这些档案记录了这些军人的简历,包括他们祖辈的姓名、年龄、籍贯、从军经历、袭替时间和原因、征战地方、功次赏罚、升授职官、调守卫所及卒亡记录等具体信息,还包括一些战事状况记录,为研究郑和下西洋官兵来源和战事活动等提供了第一手原始史料。

1992 年,福建师范大学徐恭生教授在中国第一历史档案馆发现《锦衣卫武职选簿》中参加郑和下西洋人员档案,于 1995 年发表《郑和下西洋与〈卫所武职选簿〉》一文。① 文中辑录 33 名随郑和下西洋人员名录,在与明人何乔远《闽书・武军志》中查找到的“下西洋”人员名录比较后,提出《武军志》中有关永乐时期福建卫所晋升军人,均可视为参加过郑和下西洋。② 据此“标准”,从中辑录福建 15 卫 45 所 118 名下西洋人员。③ 有关选取“标准”,在下文进行讨论。徐恭生教授在文中讨论郑和舟师兵源问题,提出的两个观点引起了当时郑和研究界关注:一是认为郑和下西洋官兵主要来自江苏和福建卫所,主力由南京和直隶卫所抽调,当中福建官兵“占一半”,强调福建卫所官兵在郑和舟师中占重要地位;④二是根据发现的《选簿》,对当时郑和研究界争鸣热烈的刘大夏销毁郑和下西洋档案一说,提出有必要进行讨论。在 20 世纪 80 年代末 90 年代初的郑和研究中,王宏凯、苏万祥等人的文章质疑刘大夏销毁郑和出使档案。徐恭生教授提供的档案史料及观点拓宽了当时郑和研究的视野。同时,他还提出郑和舟师兵源不局限于南京及直隶卫所运粮官军和水军右卫的观点。⑤ 徐恭生对《选簿》的研究,引起了一些学者的注意。

随后,日本松浦章教授于 1995—1998 年在中国第一历史档案馆新发现一些《选簿》记载的下西洋军人档案,并结合天启四年(1624)《海盐县图经》中发现的海宁卫参加下西洋官兵的记录,于 1998 年发表《郑和“下西洋”の随行员の事迹》,该文被译成中文《关于郑和下西洋随行人员事迹》,刊登在《郑和研究》。⑥ 从郑和研究史考察,松浦章教授的研究具有承前启后的学术作用。一方面,文中考察《选簿》研究历史,除徐恭生研究外,还介绍了日本和我国台湾收藏《选簿》的情况,使学界知道日本东洋文库藏有 13 本誊抄自故宫博物院的《选簿》,了解台湾“中研院”历史语言研究所明清档案室整理《选簿》的情况。他指出这些档案“与北京中国第一历史档案馆的是相同的”,日本和美国学者的研究“大多数是根据东洋文库所收藏的《选簿》为依据”。⑦ 另一方面,松浦章教授把发现的参加郑和下西洋人员的档案与《海盐县图经・官师篇》中发现的 11 位海宁卫随郑和出使人员一起,共辑录出 72 名参加郑和下西洋卫所人员,比徐恭生发现的人数增加了 39 人。

比较徐恭生教授与松浦章教授从《选簿》中发现的下西洋人员,徐文依据《选簿》第 86 册《锦

① 徐恭生:《郑和下西洋与〈卫所武职选簿〉》,《郑和研究》总第 24 期,1995 年,第 14—21 页。

② 同上,第 18—19 页。

③ 同上,第 19—21 页。

④ 徐恭生:《明初福建卫所与郑和下西洋》,《海交史研究》1995 年第 2 期,第 20 页。

⑤ 张铁牛:《组织严密装备精良的海上劲旅》,《郑和研究》总第 12 期,1991 年,第 24 页。

⑥ [日]松浦章:《郑和“下西洋”の随行员の事迹》,《东西学术研究纪要》第 31 辑,1998 年,第 35—51 页;[日]松浦章撰,王海燕、时平译:《关于郑和下西洋随行人员事迹》,《郑和研究》总第 48 期,2002 年。

⑦ 据梁志胜教授研究,日本东洋文库收藏 13 册《选簿》抄本,美国威丁堡大学汤玛斯图书馆藏有日本影印《选簿》,台湾“中研院”历史语言研究所有少量《选簿》残本。见梁志胜《明代卫所武官世袭制度研究》,北京:中国社会科学文献出版社,2012 年,第 3 页。

衣卫选簿》辑录 33 人；松浦文依据《选簿》编号“02 之一”《锦衣卫选簿》辑录 2 人，据“086”《锦衣卫选簿》辑录 39 人。① 两人共同采用的第 86 册相差 6 人：徐文中有 3 人在松浦文中未见，均为外国人，即三保（暹罗人）、徐庆（爪哇人）、沙班（古里人）；松浦文中有 9 人徐文中未收录；两人收录相同人员 30 人。另，松浦章教授还发现《高邮卫选簿》2 人、《苏州卫选簿》2 人、《金山卫选簿》2 人、《福建右卫选簿》11 人、《天津卫选簿》1 人、《羽林右卫选簿》2 人。显然松浦章教授从新查阅的 6 部卫籍档案中新发现 22 人，加上之前辑录第 86 册多出的 6 人，新增 28 人。他还指出《选簿》中还有未发现的下西洋人员。松浦章教授的研究为郑和研究掀开一个令人期待的研究空间。

在方志文献部分，徐文在《闽书·武军志》等福建方志中辑录 85 人。选录标准是永乐时期福建卫所中“因功”晋升的军人，认为“均可视为他们参与郑和下西洋的活动”②。仔细辨识《武军志》中相关记载，这个“因功”晋升的标准值得推敲。如选录的镇海卫试百户“李赤，莆田人，永乐中功升今袭”③，并未写明所立功项的种类，却被一视同仁地作为下西洋功项。相似的记载在文中还有一些。考察永乐时期卫所因功晋升军人，包括靖难功、征蛮功、平寇功、海运功、开屯功等奖励，并非都是下西洋功。《海盐县图经》卷十《官师篇》也记载明初武职军官“有开国功、靖难功、征蛮功、平寇功、下西洋功、海运功、开屯功”④。《明史·职官志》中记载：“首功四等：迤北为大，辽东次之，西番、苗蛮又次之，内地反寇又次之。”⑤从《选簿》及相关地方志中的记录可以发现，永乐朝因其他功绩晋升军官调往福建卫所任职并不属个别现象。如上海《金山县志》就记载明初金山卫“建卫初期，守城兵每年有朝廷向江南各卫调拨，流动性颇大”⑥，其中就包括福建卫所。关于这种现象可以参见武慧《〈武职选簿〉档案中武官调卫现象初探》一文。⑦ 因此，不加区分地认定 85 名晋升军官都属于参加下西洋人员，结论过于武断。松浦章教授在《海盐县图经》中发现 11 名海宁卫参加下西洋人员，⑧而《选簿》中没有收录《海宁卫武职选簿》簿册，表明方志对于研究郑和下西洋官兵来源有重要补充作用。但是，松浦章教授在引用《海盐县图经》时，对辑录的下西洋人员的身份和职务的理解存在两方面误写。一是《卫职黄志》记载的卫所官员名字，10 个之中有 9 个为下西洋人员的祖父辈名字，只有范兴 1 人是真正参加下西洋人员，这 9 人不应作为下西洋人员，应辑录他们档案中记录的参加下西洋的子孙辈。南京大学陈波副教授也指出其中几人存在同样问题。⑨ 二是松浦章教授把担任所镇抚职务的官员标注为千户，显然不准确。据《明史·职官志》记载：“明初置千户所，设正千户、副千户、镇抚、百户。”“千户所，正千户一人（正五品）、副千户二人（从五品），镇抚二人（从六品）。”所镇抚是千户所一级军官，非千户。

---

① ［日］松浦章：《关于郑和下西洋随行人员事迹》，《郑和研究》总第 48 期，第 54、55 页。
② 徐恭生：《郑和下西洋与〈卫所武职选簿〉》，《郑和研究》总第 24 期，第 19 页。
③ 何乔远：《闽书》卷七一《武军志》，福建巡抚采进本，第 21 页。
④ 樊维城修，胡震亨、姚士粦纂：《海盐县图经》卷一〇《官师篇第五之下》，杭州：西泠印社出版社，2014 年，第 2—3 页。
⑤ 《明史》卷七二《职官志》，北京：中华书局，1974 年，第 1752 页。
⑥ 上海市金山县县志编纂委员会编：《金山县志》，上海：上海古籍出版社，2017 年，第 703 页。
⑦ 武慧：《〈武职选簿〉档案中武官调卫现象初探》，《绵阳师范学院学报》2018 年第 12 期，第 137—142 页。
⑧ 时平：《明天启〈海盐县图经〉记载的海宁卫下西洋官兵》，《海洋文明研究》第 6 辑，上海：中西书局，2021 年，第 1—11 页。
⑨ 陈波：《试论明初海运之“运军”》，《中国边疆史地研究》2009 年第 3 期，第 128—129 页。

2001年《中国明朝档案总汇》出版,公布了更多的《选簿》档案,有力地推进了郑和研究。学者们从中陆续发现越来越多参加下西洋军人的档案资料,挖掘出更多郑和研究史料,从而使得对《选簿》中郑和下西洋史料的研究更加系统而深入。北京师范大学徐凯教授从《选簿》中发现117名下西洋军人的档案,发表《郑和下西洋卫所人事补正》一文。他开启量化研究模式,通过对下西洋军人的统计、分类、量化和综合分析,提出下西洋官兵主要来自京师南京及附近卫所,还有福州地区卫所。认为船队官兵的这种来源形式便于集中管理和节省财力。他还发现卫所百户以下军官是下西洋重点人选,同时也指出档案史料存在"记录不一"的现象,而且档案中没有发现参加第六次下西洋人员的记载,认为明朝档案佚失很多。① 随后,福建师范大学徐恭生教授发表《〈卫所武职选簿〉资料摘录与郑和下西洋中的相关问题》《再谈郑和下西洋与〈卫所武职选簿〉》两文,从《选簿》辑录出169名(实为168名)参加下西洋的军人,据此补充并修正郑和下西洋研究中一些重要史实。尤其值得关注的是,发现169名军人中死亡67人,比例高达39%,而且病故居多。② 这个统计数据,意味着长期以来学界似成定论的郑和下西洋时期人船损失较小的观点受到质疑,并表明有必要对郑和下西洋过程中的人员损失进行重新研究和评估。南京大学范金民教授继徐凯、徐恭生之后,从《选簿》中辑录出181名参加郑和下西洋人员,发表《〈卫所武职选簿〉所反映的郑和下西洋史事》《〈卫所武职选簿〉中的郑和下西洋资料》。③ 这是目前学界从《选簿》中检索出人数最多的成果,被广泛采用。中国科学院陈晓珊副研究员认为范金民辑录的181人中,南京锦衣卫的钟二、萧汝贵、李存荆3人系旧港诏谕而来,因此"不将其视为下西洋官军",认定178人为下西洋军官。④ 事实上,《中国明朝档案总汇》只保存了大部分《选簿》,并未包含《选簿》全部档案。徐凯、徐恭生、范金民分别检索出不同人数的现象,表明仍存在下西洋人员被遗漏的可能。郑朝彬、孟凡松在《明代武职选簿利用刍议》中指出,档案记录存在普遍的错、漏、缺现象,⑤有些记载表述不明确,直接影响到对参加下西洋人数、次数和人员身份的认定,导致统计人数和解读中存在不准确内容。所以范金民教授提出《选簿》下西洋人数"至少"180余名的判断。⑥ 这种推进式的研究,逐步查阅到了更多的下西洋人员。范金民在徐凯对117人所作的统计分类研究的基础上,进一步对181人身份进行分类统计及分析,发现他们涉及8个都督府、15个都司、33个卫、92个所,"三分之二来自南京及周围地区",主要是担任京畿保卫的安全部队,其次是来自出海地福州及邻近卫所,不是前人所说"用于野战的精锐部队"。研究表明,郑和下西洋官兵涉及的范围更广,与徐凯、徐恭生研究所指出的部队来自南京及周边、福建地区的结论基本一致;不同的是,强调参加郑和下西洋部队成员主要来自保卫京畿的安全部队,不是野战的部队。时平在《郑和研究中的〈武职选簿〉问题》一文中提出不同的看法,依据《金山卫选簿》记载的下西洋军人档案,发现他们主要参加第四次下西洋,指

---

① 徐凯:《郑和下西洋卫所人事补正》,《明清论丛》第7辑,北京:紫禁城出版社,2006年,第16—47页。

② 徐恭生:《〈卫所武职选簿〉资料摘录与郑和下西洋中的相关问题》,《郑和研究》总第75期,2009年,第17—28页;《再谈郑和下西洋与〈卫所武职选簿〉》,《海交史研究》2009年第2期,第31—47页。

③ 范金民:《〈卫所武职选簿〉所反映的郑和下西洋史事》,《明代研究》第13期,第33—80页;《〈卫所武职选簿〉中的郑和下西洋资料》,《郑和研究》总第77期,2010年,第51—62页。

④ 陈晓珊:《长风破浪——郑和下西洋航海技术研究》,济南:山东教育出版社,2020年,第250页。

⑤ 郑朝彬、孟凡松:《明代武职选簿利用刍议》,《安顺学院学报》2020年第6期,第8页。

⑥ 范金民:《〈卫所武职选簿〉所反映的郑和下西洋史事》,《明代研究》第13期,第33页。

出这一现象说明经过前三次下西洋，特别是经过锡兰山战事，郑和船队基层军官损失较多，开始从邻近沿海的金山卫、海宁卫等抽调军人，他们属于海防一线作战部队。①

上述研究相继从《选簿》中最大限度地查找到下西洋军人，通过量化研究的方法，对这些人员的籍贯和分布特点进行分析。徐凯、范金民发现他们主要来自南北直隶和浙江地区，这些军人主要隶属南京及周边地区的卫所。② 徐恭生依据统计的169名下西洋军人中死亡人数占比达39%，其中写明“病故”的占据半数，提出以往有学者揣测郑和船队没有像欧洲大航海时那样发生大量病亡的观点值得推敲。范金民据徐恭生这项统计，认为按照这样的比例推断，下西洋士兵的死亡率“恐怕更高了”，以往郑和下西洋官兵没有发生传染病或败血病的观点是学者一种臆测，并无根据。③ 显然，这些新发现的下西洋人员和量化研究方法，使学界对郑和下西洋的评价有了新的认知，朝更加符合历史真相的方向接近。同时，从这些档案资料现状看，还有进一步查找参加郑和下西洋人员的必要，并且需对记录不明确、下西洋次数不清的人员，依据《选簿》内的《内黄》《外黄》《旧选簿》《诰命》及相关方志等文献相互印证，逐步厘清档案中参加下西洋的人员和人数。

二、《武职选簿》史料补充了郑和下西洋作战史实

《选簿》档案记录卫所军官的简历，尤其是作战时间、地点、表现和晋升等情况，保留了一些下西洋时间、战事时间、地点、对象及部分战况记载。这些内容对于研究郑和下西洋的军事活动有重要史料价值和历史价值。

以往郑和研究都认为，郑和下西洋期间在海外发生了三次战事，即永乐五年(1407)剿灭旧港陈祖义海盗集团，永乐九年(1411)第三次下西洋发生锡兰山战事，永乐十二年(1414)第四次下西洋在苏门答剌平定苏干剌内乱。通过《选簿》中发现的10多名军人档案记载，第一次下西洋时，郑和船队在马六甲海峡还发生了另外三次打击海盗的军事行动，这些新史料补充并丰富了郑和下西洋过程中发生的作战史实，表明郑和下西洋期间至少发生六次战事，改变了长期以来的认知，厘清了不少郑和研究中比较模糊的问题。

(一) 搞清郑和打击马六甲海峡海盗的历史

关于郑和剿灭马六甲海峡海盗的军事行动，以往史籍中仅能看到永乐五年剿灭旧港陈祖义海盗集团的记录。

《明太宗实录》记载：

> 永乐五年九月壬子(初二日)，太监郑和使西洋诸国还，械至海贼陈祖义等。初，和至旧港，遇祖义等，遣人招谕之，祖义等诈降，而潜谋要劫官军，和等觉之，整兵提备。祖义率众

---

① 时平：《郑和研究中的〈武职选簿〉问题——以〈武职选簿〉记载的金山卫下西洋官兵研究为中心》，《史林》2022年第4期，第51—59页。

② 范金民：《〈卫所武职选簿〉所反映的郑和下西洋史事》，《明代研究》第13期，第43页。

③ 同上，第44—45页。

来劫,和出兵与战,祖义大败,杀贼党五千余人,烧贼舡十艘,获其七艘,及伪铜印二颗,生擒祖义等三人。既至京,命悉斩之。①

《明史·郑和传》记载:

五年九月,和等还,诸国使者随和朝见。和献所俘旧港酋长。帝大悦,爵赏有差。旧港者,故三佛齐国也,其酋陈祖义,剽掠商旅。和使使招谕,祖义诈降,而潜谋邀劫。和大败其众,擒祖义,献俘,戮于都市。

马欢《瀛涯胜览》、费信《星槎胜览》、巩珍《西洋番国志》等文献以及郑和等人亲立的《天妃灵应之记碑》都有记载,记录永乐五年返回旧港时发生此战。《选簿》中发现的档案史料,如"李隆成"条记载:"永乐三年西洋公干。四年,旧港外洋杀获功,升小旗。"②"李荣"条记载:"永乐四年旧港杀败贼众,七月绵花屿洋杀获贼船,八月阿鲁洋剿杀贼人,永乐五年升小旗。"③"哈只"条记载:"先于永乐三年西洋等处公干,四年旧港、绵花与阿鲁洋等处杀获贼舡,五年升指挥佥事。"④根据这些可以知道第一次下西洋时期,郑和船队于永乐四年(1406)先在马六甲海峡旧港外洋、七月在棉花屿洋、八月在阿鲁洋,以及永乐五年回航旧港,发生四次打击海盗的战事行动。

徐恭生教授依据"永乐四年,在旧港外洋杀获功"的记载,提出郑和船队剿灭陈祖义海盗应发生在永乐四年五六月,而不是《明实录》等文献记载的永乐五年。⑤ 事实上,这是一种误读。2005年,笔者曾经专门考察郑和下西洋在旧港及穆西河的地理环境。从地理上看,旧港外洋与消灭陈祖义的旧港地区是两个地方。郑和永乐四年消灭的是盘踞在马六甲海峡航道南段邦加海峡中的海盗,属于旧港外洋。陈祖义集团盘踞的中心地区位于穆西河流域,马欢描述为:"入海彭家门(指邦加海峡)里系船……用小船入港则至其国。"⑥即要由邦加海峡进入通往内陆的穆西河。穆西河全长520多千米,由西往东,流经巨港后折而往北,注入南海,下游沿岸是旧港的政治经济中心。根据《明史·外国传》记录,永乐元年(1403)十月,宦官尹庆奉旨出使,访问爪哇、满剌加、苏门答剌、柯枝、古里等五国,于永乐三年(1405)九月携其中三国朝贡使者返京。此行目的是为随后的郑和大规模出使西洋打前站,所行正是第一次下西洋大䑸所走的航线和访问的国家,即占城—爪哇—满剌加—苏门答剌—柯枝—古里。其中所访爪哇是指旧港。《明史·爪哇传》记载旧港"为爪哇侵据者",马欢《瀛涯胜览·旧港国》也记载旧港"属爪哇国管辖"。《明史·三佛齐传》中记录洪武至永乐初年旧港失控的情形:"爪哇已破三佛齐,据其国,改其名曰旧港,三佛齐遂亡。国中大乱,爪哇亦不能尽有其地,华人流寓者往往起而据之。"尹庆之行了解到马六甲海峡海盗分布情况,为郑和船队第一次下西洋扫清海盗的行动提供了信息。⑦ 永乐三年

① 《明太宗实录》卷七一"永乐五年九月壬子"条。
② 中国第一历史档案馆等编:《中国明朝档案总汇》第64册,桂林:广西师范大学出版社,2001年,第310页。
③ 中国第一历史档案馆等编:《中国明朝档案总汇》第73册,第275页。
④ 中国第一历史档案馆等编:《中国明朝档案总汇》第74册,第246页。
⑤ 徐恭生:《再谈郑和下西洋与〈卫所武职选簿〉》,《海交史研究》2009年第2期,第33页。
⑥ 马欢著、万明校注:《明本〈瀛涯胜览〉校注》,广州:广东人民出版社,2018年,第25页。
⑦ 时平:《尹庆与满剌加官厂关系初步研究》,陈达生、李培峰编《三佛齐、龙牙门与郑和官厂》,马来西亚国际郑和研究院、马六甲郑和文化馆、国际郑和学会,2022年,第175—184页。

十二月，郑和船队从福建长乐扬帆启航；永乐四年初，船队抵达马六甲海峡，郑和根据掌握的海盗信息，指挥船队大䑸自东向西剿抚海盗。《南京静海寺残碑》记载："永乐四年，大䑸船驻于旧港海口。"①郑和船队于永乐四年消灭旧港外洋海盗，七月消灭棉花洋海盗，八月消灭阿鲁洋海盗，基本扫清了通往西洋的障碍。

旧港外洋的海盗与陈祖义海盗集团之间的关系，还没有发现文献记载。从旧港疆域范围看，《瀛涯胜览·旧港国》记载该国疆域"东接爪哇界，西抵满剌加国界，南邻大山，北邻大海"。从消灭的陈祖义海盗势力看，盘踞在旧港外洋的海盗很有可能隶属陈祖义海盗集团。郑和船队在旧港两次打击海盗的作战行动分别发生在永乐四年去程的旧港外洋和永乐五年返程时的旧港。《明史·三佛齐国》记载："（永乐）五年，郑和自西洋还，遣人招谕之。祖义诈降，潜谋邀劫。有施进卿者，告于和。祖义来袭被擒，献于朝，伏诛。"时间发生在五月至七月间。所以，不应将郑和在旧港外洋和旧港打击海盗解读为一次战事，郑和采用的是先招抚后用兵的策略。

为了稳定马六甲海峡航路安全，明朝政府派遣使者前往旧港。《明太宗实录》《明史》中有记录。永乐五年九月，明朝在旧港成立了宣慰司，管理当地华人，保持海峡要枢之地的稳定。这一举措，从一个侧面反映了郑和下西洋维护马六甲海峡海上通道安全和治理海峡秩序的努力。

（二）厘清锡兰山战事一些重要历史细节

锡兰山战事是郑和第三次下西洋中发生的重要事件。《选簿》中发现了 27 名参加锡兰山战事军人档案，②引起学界的关注。徐恭生、范金民、刘迎胜和时平等在文章中先后进行了讨论，其中包括刘迎胜教授《郑和船队锡兰山之战史料研究——中国海军的首次大规模远洋登陆作战》、时平《郑和船队在锡兰山战事起因及经过》两篇专门研究文章。

关于档案中记载的参加锡兰山战事人员的人数。刘迎胜教授依据范金民《〈卫所武职选簿〉中的郑和下西洋资料》辑录的 181 名下西洋军人档案，从中检索出 20 份与锡兰山战事有关的档案文献，分为"直接提及"和"间接提及"两种类型，各为 10 人。③ 上海郑和研究中心苏月秋博士从中检出 27 人，包括刘迎胜教授所列 20 名。时平又据明天启《海盐县图经》收录的卫所武职选簿（此选簿没有收录在《中国明朝档案总汇》的《武职选簿》中），检出有 12 名卫所官兵参加了郑和下西洋，有 4 人参加了第三次下西洋锡兰山战事。以上总计检出参加锡兰山战事人员 31 名。

关于锡兰山战事的起因和爆发时间。范金民教授把史籍中相关文献记载与《选簿》有关军人档案记录进行比较，据档案"刘学颜"条所记刘移住"永乐七年选下西洋公干，八年至锡兰山国，给赐。九年为国王亚烈苦奈儿悖逆，杀夺官军钱粮，就行征剿，擒国王，杀败番贼"等多名参战军人档案记载的时间，表明郑和船队于永乐九年返回途中在停靠锡兰山时爆发战事。档案记载的锡兰山战事起因"国王亚列苦奈儿悖逆，杀夺官军钱粮"，与《明太宗实录》记载的"和等初使诸番，至锡兰山，亚烈苦奈儿侮慢不敬，欲害和，和觉而去。亚烈苦奈儿又不辑睦邻国，屡邀劫其往来使臣，诸番皆苦之。及和归，复经锡兰山，遂诱和至国中，令其子纳颜索金银宝物，不与，潜

① 郑鹤声、郑一钧编：《郑和下西洋资料汇编》上册，济南：齐鲁书社，1980 年，第 202 页。

② 时平：《郑和船队在锡兰山战事起因及经过》，《海洋文明研究》第 7 辑，上海：中西书局，2022 年，第 166 页。

③ 刘迎胜：《郑和船队锡兰山之战史料研究——中国海军的首次大规模远洋登陆作战》，《元史及北方民族研究集刊》第 23 辑，上海：上海古籍出版社，2011 年，第 78—100 页。

发番兵五万余劫和舟，而伐木拒险，绝和归路，使不得相援。和等觉之，即拥众回船，路已阻绝”，原因是一致的。刘迎胜教授也指出此战是锡兰王“首先启衅”，引起流血冲突。时平据“李辅”条记载的李让参加“永乐九年正月攻城杀贼，退番贼有功”，指出“这是以往文献中所未见的”战事发生的时间记录。明确这次战事发生在永乐九年正月（1411 年 1 月 24 日至 2 月 22 日）间。此时距离每年 4 月中旬印度洋西南季风生成还有一两个月的时间，郑和船队在锡兰山停泊进行访问和贸易，处理相关事务，然后可以乘 4 月的西南季风驶往苏门答剌。可见《选簿》中记载的信息弥足珍贵，准确记录了战事爆发的时间、地点和部分起因等内容，对还原锡兰山战事有重要的历史价值。

关于锡兰山战事经过。学者之间存在不同看法。刘迎胜、范金民认为永乐九年第三次下西洋返程途经锡兰山时爆发战事。时平依据“田永”条档案记载“曾祖田资……永乐七年，锡兰山杀贼。九年杀退番贼功”和上文提及的“刘移住”条记载内容，提出第三次下西洋时发生永乐七年（1409）“杀贼”和永乐九年“杀退”两次战事。第一次发生在永乐八年（1410）一二月间，是郑和船队去程时经过锡兰山，率领使团前往王城和佛寺布施宣诏。费信在《星槎胜览・锡兰山国》记载了“郑和等赍捧诏敕、金银供器、彩妆、织金宝幡，布施于寺，及建石碑以崇皇图之治，赏赐国王头目”的活动。在此期间，双方发生矛盾，刘迎胜教授推断有可能是阿烈苦奈儿索要更多的布施财宝遭到拒绝。《明太宗实录》、《明史》、《大唐西域记》（明嘉兴藏本）都记载阿烈苦奈儿“不敬，欲害和，和觉而去”。美国 Louise Levathes 认为双方曾发生一场短暂的战斗，把中国人赶回船上。① 具体是否发生冲突、规模如何，不见直接记录。仅有“田永”条的“杀贼”记载。这次军事行动很可能是郑和一行在向船上撤退过程中发生的小规模武装冲突，郑和船队迅速脱离，登船后继续前往古里等国交往。第二次战事发生在永乐九年正月，如前所述。刘迎胜教授将严从简《殊域周咨录》中所记锡兰山战事与《选簿》档案的记录结合起来，把此次锡兰山战役的过程分为七个阶段，时平把此战经过分为三个作战阶段，详情不展开详述，可以参阅注释中提到的两人文章。学者还通过《选簿》发现的资料，发现明朝重视锡兰山战事善后工作，而且延续几代人。如刘和“永乐九年擒番王，升锦衣卫左所试百户。刘全系刘和嫡长男。父永乐十三年下西洋回还，升实授百户，复下西洋。病故，全十八年袭世袭百户”。又如郑忠，“永乐九年征剿，破贼池，擒番王，杀番贼，升锦衣卫中所试百户。郑亨，年十六岁，系郑忠亲侄，叔下西洋亡故，无儿，伯郑继弘年老，有男郑广，幼小，亨借职。宣德元年钦准袭授本卫所，实授世袭百户，待堂弟长成还与职掌”。这样的记载，档案中还有一些。而《明太宗实录》记载的明成祖陆续颁布一些奖赏可以印证这一史实。如永乐九年冬十月壬辰，“论锡兰山战功，升锦衣卫指挥佥事李实、何义宗俱为本卫指挥同知。正千户彭以胜、旗手卫正、千户林全俱为本卫指挥佥事”；永乐十四年（1416）九月己亥，“命锦衣卫故千户杨真子荣袭升本卫指挥佥事”。从奖赏抚恤内容和范围观察，反映出锡兰山战事规模较大，对明朝皇威和建立天下秩序有重要的影响。所以永乐皇帝非常重视这项工作，体现了积极经略西洋的态度。

这些对锡兰山战事史实的研究，学者们把史籍文献和《选簿》发现的档案资料结合起来相互印证，并结合季风航海规律进行综合性分析，由此可以进一步完善锡兰山战事经过和史实细节，

---

① Louise Levathes, *When China Ruled the Seas: The Treasure Fleet of the Dragon Hrone*, *1405 - 1433*, New York, 1994, p.114.

使得该战事的历史真相呈现出更加清晰的面貌。

（三）补充了苏门答剌战事重要史实

苏门答剌战事起因国内的王位之争，国王与苏干剌发生长时间武装冲突。郑和第七次下西洋前夕在太仓刘家港所立《通番事迹碑》和长乐《天妃之神灵应记碑》均记载了此战。《明太宗实录》《明史》《瀛涯胜览》《星槎胜览》等史籍也都有记录。

《明太宗实录》卷一六八记载：

> 永乐十三年九月壬寅，苏门答剌国王宰奴里阿必丁遣王子剌查加那因等贡方物，太监郑和献所获苏门答剌贼首苏干剌等。初，和奉使至苏门答剌赐其王宰奴里阿必丁彩币等物，苏干剌乃前伪王弟，方谋弑宰奴阿必丁，以夺其位。且怒使臣赐不及己，领兵数万邀杀官军。和率众及其国兵与战，苏干剌败走。追至喃渤利国，并其妻子俘以归。至是献于行在。兵部尚书方宾言：苏干剌大逆不道，宜付法司正其罪。遂命刑部按法诛之。

《明史·郑和传》记载：

> （永乐）十年十一月，复命和等往使，至苏门答剌。其前伪王子苏干剌者，方谋弑主自立，怒和赐不及己，率兵邀击官军。和力战，追擒之喃渤利，并俘其妻子，以十三年七月还朝。

《明史·苏门答剌》记载：

> 先是，其王之父与邻国花面王战，中矢死。王子年幼，王妻号于众曰："孰能为我报仇者，我以为夫，与共国事。"有渔翁闻之，率国人往击，馘其王而还。王妻遂与之合，称为老王。既而王子年长，潜与部领谋，杀老王而袭其位。老王弟苏干剌逃山中，连年率众侵扰。十三年，和复至其国，苏干剌以颁赐不及己，怒，统数万人邀击。和勒部卒及国人御之，大破贼众，追至南渤利国，俘以归。其王遣使入谢。

有关这次战事，长期以来，对作战时间、战场地点、战况等具体细节并不了解。《选簿》中发现的一批参战人员档案，记录了一些具体细节，字数虽有限，但史料价值却很重要。结合史籍记录，基本可以了解这次战事脉络和部分历史真相，推进了苏门答剌战事的研究。徐恭生、范金民的研究都指出这一点。依据"刘学颜"条记载刘移住"（永乐）十年复下西洋公干。十二年至苏门答剌，闰九月，白沙岸与苏干剌对敌厮杀，回还"，可以知道郑和船队在苏门答剌国作战的时间为"永乐十二年闰九月"。彭旺"因下西洋于白沙岸与苏干剌对敌"、陈全保"因下西洋公干，于白沙岸与苏干剌对敌"、韩大"因下西洋于白沙峰与苏干剌对敌"等记载，表明作战地点在苏门答剌国以西的白沙峰和白沙岸一带，最后追击至南巫里俘获苏干剌。据马欢《瀛涯胜览》记载，苏门答剌国"西边海山连小国二处：先至那孤儿王界，后至黎代王界"，然后达南巫里。从苏门答剌到南巫里有六百里，费信《星槎胜览》（纪录汇编本）记载："自苏门答剌国往正西，连山，好风船行三昼夜可到。"[①]可见此次战事空间很大。《武备志》卷二四〇《郑和航海图》第53页海图上绘制了苏门答腊岛岸线，在西北部沿岸，自东而西分别标注甘杯港、巴碌头、急水湾、苏门答剌、南巫里

① 马欢著、万明校注：《明本〈瀛涯胜览〉校注》，第45页。

地名,在苏门答剌国入海口往西沿岸绘制了三座山体,其中靠近南巫里的山体标注屏风山。从史籍记录可知,苏干剌因郑和支持苏门答剌国王而不册封他,遂率数万人"邀杀官军"。① 据马欢、巩珍记载,郑和船队驻泊苏门答剌国王城西北十余里的答鲁蛮沿海。费信在《星槎胜览》"花面国"(即那孤儿国)②条中说:"那姑儿一山产硫磺。我朝海船驻扎苏门答剌,差人船于其山采取硫磺。"③《瀛涯胜览》"那孤儿国"条记载,那孤儿与苏门答剌国"地相连",事务"皆羁事于苏门"。④ 白沙岸、白沙峰应在此一带,因海岸沙子呈白色而得名。档案所收许兴、韩大等多人档案都描述了"与苏干剌对敌斯杀"的局面,⑤范金民评论此战是郑和下西洋军事行动中"最为激烈"的战事。⑥ 从《选簿》中发现的史料,可以知道苏门答剌之战时间长、作战地域大,杨敏率领的分腙官兵也支援投入战斗。《选簿》记录的对"斯杀有功"人员的擢升,补充了战事史实,还原了部分战事的真相。

三、依据《武职选簿》档案资料进行的专题研究

学界把《选簿》中发现的有关人员档案与地方志结合起来进行专题研究,这成为郑和研究中出现的新趋向,在一定程度上也深化了对《选簿》档案资料的考证和研究。

(一) 对王景弘籍贯及后裔的考证

张金红、徐斌《明代卫所〈武职选簿〉发现王景弘后裔的新史料》一文,⑦依据《锦衣卫选簿》"王心"条所载其祖辈王真于永乐十二年随王景弘等下西洋,永乐二十二年(1424)升锦衣卫左所正千户的记录,⑧对比康熙《宁洋县志》、乾隆《龙岩县志》中记录王景弘"嗣子王祯世袭南京锦衣卫正千户"。经考证,两人实为同一人,并梳理出王景弘之后九代世系。对于王景弘研究来说,发现"王心"档案与1992年徐晓望研究员发现王景弘为福建漳平人、2012年在南京发现"王景弘地券"一起,成为王景弘研究中的三个重要发现,足以反映《选簿》档案有重要的学术价值。

(二) 对上海金山卫下西洋官兵的研究

时平在《郑和研究中的〈武职选簿〉问题——以〈武职选簿〉记载的金山卫下西洋官兵研究为中心》一文中,发现6名参加郑和下西洋的金山卫籍军人。以往郑和研究发现了上海地区有陈

---

① 《明太宗实录》卷一六八"永乐十三年九月壬寅"条。
② 马欢著、万明校注:《明本〈瀛涯胜览〉校注》,第44页。
③ 费信著、冯承钧校注:《星槎胜览校注》,北京:华文出版社,2019年,第40页。
④ 马欢著、万明校注:《明本〈瀛涯胜览〉校注》,第44页;黄省曾著、谢方校注:《西洋朝贡典录校注》,北京:中华书局,2000年,第69页。
⑤ 中国第一历史档案馆等编:《中国明朝档案总汇》第61册,第114页;第64册,第307页。
⑥ 范金民:《〈卫所武职选簿〉所反映的郑和下西洋史事》,《明代研究》第13期,第56页。
⑦ 张金红、徐斌:《明代卫所〈武职选簿〉发现王景弘后裔的新史料》,《福建史地》2005年第5期,第52—56页。另见张金红、徐斌《王景弘及其后裔新探——以明代卫所〈武职选簿〉档案为中心》,《海交史研究》2005年第2期,第44—54页。
⑧ 中国第一历史档案馆等编:《中国明朝档案总汇》第73册,第97页。

常、陈以诚、吴仲德、智渊和张璇等5位医士或宗教人士随郑和船队出使，①尚未发现本地卫所军人参加下西洋活动。根据所记载的金山卫的6人中有5名基层军官参加第四次下西洋，作者提出金山卫是郑和第四次下西洋船队基层军官的来源之一。这一现象表明经过前三次下西洋，特别经过锡兰山战事，郑和舟师基层军官损失较多。范金民教授统计分析了67名死亡军人身份，包括指挥使1人、指挥佥事1人、正千户6人、副千户9人、百户12人、试百户32人、总旗5人、小旗1人。② 可以看到"百户"职级军官死亡率几近60%，是死亡最多的。而从金山卫抽调参加第四次下西洋的军官均为总旗和百户军职，邻近的海宁卫参加下西洋人员也多为总旗和试百户身份。③ 从调派卫所地区和人员身份看，第四次下西洋时开始向杭州湾北岸的金山卫、海宁卫抽调基层军官，他们属于海防一线作战部队。这或许说明经过前三次下西洋的损失，南京附近卫所，特别是作战部队兵源受限，调派兵源范围开始转向周边地区。而金山卫这6人除班碇手出身的孙闰参加了第五次下西洋，有关金山卫的文献中再没有参加之后下西洋人员的记录，这应与金山卫地区"永乐十四年、十六年，连被倭患"有直接关系；④此时正逢郑和第五次下西洋时期，倭寇大举入侵杭州湾地区，导致不能再从金山卫继续抽调官军参加下西洋船队。

（三）对参加下西洋河南籍军人的研究

刘涛在《黄河之子济沧海：参与郑和下西洋的河南籍将领》一文中，依据《选簿》档案资料，对河南籍下西洋军人康用、甄凯、李成进行了考证。其中康用参加了郑和第一、第三次下西洋，甄凯参加郑和第一次下西洋，李成参加了第一、第四次下西洋。三人都立功晋升，是迄今能见的参与郑和下西洋的河南籍军官。⑤

结　语

《选簿》档案中发现的第一手文献，很大程度上丰富了郑和下西洋史料。首先，厘清了部分下西洋军人的身份，如所属卫所、籍贯、参加下西洋的时间和次数，尤其是搞清了永乐四年郑和船队在马六甲海峡剿灭三股海盗势力，锡兰山战事爆发的时间、作战主要过程，以及苏门答剌战事时间、地点和战况等历史真相。同时，这些档案史料可与《明实录》《明史》《瀛涯胜览》《星槎胜览》《西洋番国志》及相关碑刻、地方志、谱牒资料互补互证，为郑和研究提供更多的线索和深化研究的方向。其次，从发现的180余名下西洋军人，可以了解到他们当中因病而亡的比例很高，反映了郑和下西洋航海活动的艰辛和东南亚—印度洋环境对北方人身体健康造成的重要影响，

① 上海郑和研究中心课题组：《上海郑和下西洋史料整理》，时平、朱鉴秋主编《上海与郑和研究》，北京：海洋出版社，2016年，第64—68页；张鼎：《宝日堂初集》卷一三《金堂世本》，明崇祯二年刊本，中国国家图书馆藏，第8—10页。

② 范金民：《〈卫所武职选簿〉所反映的郑和下西洋史事》，《明代研究》第13期，第44页。

③ 时平：《明天启〈海盐县图经〉记载的海宁卫下西洋官兵》，《海洋文明研究》第6辑，第6—7页。

④ 明正德《金山卫志》上卷之一《建设·卫所》，上海市地方志办公室等编《金山县卷》，上海：上海古籍出版社，2014年，第16页。

⑤ 河南博物院编：《河南博物院院刊》第6辑，郑州：大象出版社，2022年，第150—152页。

颠覆了以往学术评价。关于有些文献记载的明成化年间刘大夏对郑和下西洋的评价:"三保下西洋费钱粮数十万,军民死且万计,纵得奇宝而归,于国家何益!此特一时敝政。"①需要从远航环境背景下展开深入讨论。第三,从郑和第一次下西洋就直接清剿马六甲海峡地区海盗势力来看,郑和下西洋船队是有备而来,目标明确。结合这一时期大力扶植满剌加立国,建立旧港宣慰司,在满剌加和苏门答剌设立官厂,明显体现对马六甲海峡进行治理和管控的目的,意图治理天下秩序。

同时,从《选簿》档案也可以发现记录存在不少问题。一是有一簿数出者现象,大致分为两种情况:(一)某年远事故或辈数未全的残缺选簿,被另作为《选簿》的一部分;(二)嘉靖、隆庆年间已有选簿档案的武职,在万历后被另立新簿。二是《选簿》原档中常见讹误记录现象。《选簿》是明朝兵部武选司等部门组织官吏从多种武选文档中抄誊而成,有基于嘉靖、隆庆间原抄誊者而续补者,也有万历、崇祯间重立新簿者。经过众手和朝代更迭,年代久远,所以《选簿》原档存在不少讹误,如人名、地名差异,事件时间错记,衍文、缺文、倒文之讹,还有俗字、异体字、数字大小写等情形。三是《选簿》中有一些人员的记录不明确,如出使"西洋公干"等表述,难以判断是否属于郑和船队成员、参加第几次下西洋等情况,给统计参加郑和下西洋人数带来不确定性。范金民、徐凯的研究也指出存在类似问题。所以,使用《选簿》档案资料,需要进行必要的考辨。对档案史料的分析,表明有必要对《选簿》中记录的参加郑和下西洋人员的人数和相关文献再作进一步爬梳、整理和考证,寻求更完整、更准确的史料,从而深化郑和研究。

---

① 严从简:《殊域周咨录》卷八《琐里、古里》,余思黎点校,北京:中华书局,2000年,第307页。

明代中后叶的海运、海防论争

——读《广志绎》卷三《江北四省》“山东”条札记

程　涛*

摘　要：晚明王士性所撰《广志绎》作为传统人文地理学的重要著作，其中对明初以来海运与海防的论述，反映出有明一代漕运政策随经济、军政形势变化而不断调适更革的过程。王士性本人对于海运、海防的认识，既是元代以来不断积累的海运知识之反映，更受到自丘濬以降众多奉行经世实务的官僚及其著述之影响。此种经世致用色彩的学术传统，也是王士性人文地理学的重要渊源。

关键词：王士性；《广志绎》；海运；海防；经世主义

晚明王士性在人文地理学上的成就，经谢国桢①、谭其骧②、周振鹤③等前贤的表彰与介绍，已广受学界的关注。王士性的地理学著述，前期以《五岳游草》为代表，该书是其吟咏记述各地山水的诗文合集，未脱传统文人游记之窠臼；而后期著述自《广游志》开始，已有意识地将自然地理与人文现象结合起来考察，并试图从中抽绎出理论性的内在规律，其独特的人文地理研究已初具雏形；而在《广游志》的基础之上进一步充实而成的《广志绎》，则是其地理学研究的最高结晶。王氏于此书中对各地人文现象的考察，往往结合自身的仕宦经历，将军政形势之见解融汇于地理现象的记述中，具有鲜明的经世致用色彩。《广志绎》对明清之际的学术，尤其是舆地之学影响深巨，广为当日学人所征引，如顾炎武在其所撰《天下郡国利病书》《肇域志》等书中，即大量存录《广志绎》之章节。管见所及，《四库全书》中收录的署名黄淳耀所著《山左笔谈》一卷，更是全文剿袭《广志绎》卷三《江北四省》中的“山东”部分，仅在个别字句上稍有差异，应属伪托之作。④

---

* 程涛，海南师范大学历史文化学院讲师。

① 谢国桢：《明清野史笔记概述》，《明史研究论丛》第1辑，南京：江苏人民出版社，1982年，第50页。

② 谭其骧：《与徐霞客差相同时的杰出的地理学家——王士性》，氏著《长水集续编》，北京：人民出版社，2011年，第198—210页。

③ 周振鹤：《王士性的地理学思想及其影响》，《东南文化》1994年第2期，第225—229页；《从明人文集看晚明旅游风气及其与地理学的关系》，《复旦学报(社会科学版)》2005年第1期，第72—78页。

④ 《四库全书总目提要》于此书条目下云：“淳耀字蕴生，号陶庵，嘉定人。崇祯癸未进士。南都破后，殉节死。事迹具《明史・儒林传》。是编所记，皆山东风土、形势、山川、古迹，及海运备倭诸事宜。征引拉杂，殊鲜伦理。案：淳耀生平未尝游山东，所著《陶庵集》内亦无此书名，此本见曹溶《学海类编》中，疑亦出伪托也。”所疑诚是。

明人笔记往往辗转抄袭,将一书之某卷单独析出,改换名目作为新书刊刻者亦不在少数,而此段内容被单独拈出成书,可见时人对其内容之重视。《广志绎》卷三对山东一地之记述仅三千余字,其内容则涉及"山东风土、形势、山川、古迹,及海运备倭诸事宜",其中海运与备倭之内容即占据其泰半篇幅。迄今学界有关明代海运的代表性研究成果中,樊铧的论著将海运置于明代政治决策的宏观背景下加以探讨,结合了政治史与历史地理学的视角,颇具新意,不过他对《广志绎》中的海运之论并未予以足够重视;①既往研究明代山东海防的学者,对《广志绎》虽也多有征引,②更有学者据此撰文讨论王士性的山东海防思想,③但都未将王士性的海运、海防主张结合起来加以考察,进而探求其形成的背景及学术渊源。缘此,本文拟以《广志绎》的记载为中心,并结合相关史料,就此问题略陈己见。

一、海运兴废与明中后叶的胶莱河议案

就内容而言,《广志绎》卷三先叙明初至万历间海运之兴废,再论胶莱河与海运之关系,后及于山东倭患与海防,其叙海运:

> 海运,洪武十三年,粮七十万石给辽东。永乐五年,因都北平,部议粮运事宜未决。九年,以济宁州别驾潘叔正言,命宋司空礼发山东丁夫十六万,浚元会通河济宁至临清三百八十里以漕,然犹海陆兼运。十二年,议于淮、徐、德、通搬递为支运,继乃为兑运,又为改兑。其后河塞决不常,先司寇督漕,疏请试海运,其试海运者,非遂以海代漕,云必无漂流也,二三丈之河,风水不无损失,况大海乎?不过欲为国家另寻一路,以为漕河之副,如丘文庄所云者。行之二年,竟格于文网而止。只今朝鲜多事,恐此海道他日为倭夷占用,而中国不敢行。④

有明一代,自太祖开国至明成祖永乐十三年(1415)的五十余年间,一直将海运作为南北间运输的重要方式。不过洪武、永乐两朝,因内外局势的变化,海运的性质与意义也有所不同,这

---

① 樊铧:《政治决策与明代海运》,北京:社会科学文献出版社,2009 年。此前的研究成果尚可举出:吴缉华《明代海运及运河的研究》,台北:台湾"中研院"历史语言研究所,1965 年;[日] 星斌夫《明代漕运の研究》,东京:日本学术振兴会,1963 年;[美] 黄仁宇《明代的漕运》,北京:新星出版社,2005 年。

② 王赛时:《明代山东的海防体系与军事部署》,《明史研究》总第 9 辑,2005 年;赵红:《论明初洪武时期的山东海防》,《烟台大学学报(哲学社会科学版)》2005 年第 4 期;邵晴:《明代山东半岛海防建置研究》,中国海洋大学硕士学位论文,2007 年;赵红:《明清时期的山东海防》,山东大学博士学位论文,2007 年;赵红:《论明成祖的海防政策在山东的实践》,《鲁东大学学报(哲学社会科学版)》2009 年第 4 期;赵红:《论明代山东海防与山东沿海社会的发展》,《泰山学院学报》2009 年第 5 期;张玉强:《明代山东海防的"营、卫、所"体制》,《春秋》2010 年第 6 期;赵红:《论明代山东海防的特点与得失》,《东方论坛》2011 年第 5 期;董健:《明代海防政策与登州海防建设》,中国海洋大学硕士学位论文,2013 年;薛广平:《明代山东沿海卫所与区域社会发展研究》,中国海洋大学硕士学位论文,2013 年;赵红:《论明成祖的海防政策在山东的实践》,《鲁东大学学报(哲学社会科学版)》2009 年第 4 期。

③ 吴宏岐、闫希娟:《从〈广志绎〉看王士性的军事地理思想》,《天水师范学院学报》2000 年第 4 期;张一泉、梁秋莉:《浅谈王士性的山东海防思想》,《考试周刊》2009 年第 20 期;彭勇:《从〈广志绎〉看王士性对于山东海防的思考》,《怀化学院学报》2008 年第 12 期。

④ 王士性:《广志绎》卷三《江北四省》,周振鹤点校,北京:中华书局,2012 年,第 243 页。

对于弘治以后的复兴海运之议实有深远的影响。简言之，洪武年间的海运，多出于军事战略上的需求；步入永乐时期，海运则兼有国防与经济的双重目的。而山东一地在这一转变的过程中又据有特出的地位，以下钩稽相关史料，对此略作分析。据明初所修《元史·食货志》一"海运"条：

初，海运之道，自平江刘家港入海，经扬州路通州海门县黄连沙头、万里长滩开洋，沿山而行，抵淮安路盐城县，历西海州、海宁府东海县、密州、胶州界，放灵山洋投东北，路多浅沙，行月余始抵成山。计其水程，自上海至扬[杨]村马头，凡一万三千三百五十里。至元二十九年，朱清等言其路险恶，复开生道。自刘家港开洋，至撑脚沙转沙嘴，至三沙、洋子江，过匾担沙、大洪，又过万里长滩，放大洋至青水洋，又经黑水洋至成山，过刘岛，至芝罘、沙门二岛，放莱州大洋，抵界河口，其道差为径直。明年，千户殷明略又开新道，从刘家港入海，至崇明州三沙放洋，向东行，入黑水大洋，取成山转西至刘家岛，又至登州沙门岛，于莱州大洋入界河。当舟行风信有时，自浙西至京师，不过旬日而已，视前二道为最便云。①

除了这条为人所熟知的海运路线之外，尚有另一条由山东半岛经渤海湾向今河北省的短途海运线路，《明太祖实录》"三年正月甲午"条载：

命中书省符下山东行省，招募水工，于莱州洋海仓运粮以饷永平卫。时永平军储所用数多，道途劳于挽运，故有是命。②

合上所述，明初有两条海运路线：一条自太仓刘家港出发，线路虽有改易，但始终须环山东半岛而行，途经山东，至直沽口上岸；一条则以山东为起点。而在前者废止之后，后者仍持续至嘉靖年间才一度停罢，所以永乐十三年的停罢海运，实质上是针对前者而言。但无论是《明史》还是其他明人著述，并未对后者有所详论，各书中所论之"海运"，皆专指前者而言。王士性在论述明前期海运之前，也提及"登州三面负海，止西南接莱阳出海。出海西北五六十里为沙门岛，与鼍机、牵牛、大竹、小竹五岛相为联……海舟度辽者，必泊诸岛避风"，可见其对山东半岛与辽东之间的海道相当熟稔。但此处只是在记述登州海市蜃楼景观时附带言及，而对登辽间的海道运输之史实则未置一词，究其原因，不仅因为前者路程辽远，所经海况复杂而需详加记述，更与其所担负的战略性质密切相关。

明初为防范张士诚、方国珍等残余势力与倭寇相勾结而厉行海禁政策，至于由官方所主导的海运，在此形势下则承担着明王朝巡抚海境、剿灭倭寇的战略任务，③总督海运者皆为武将，这是学人熟知的史实。洪武年间，倭寇多次至沿海劫掠，山东因地近日本之故，被害尤深。对于明初海运而言，洪武十五年(1382)是一个关键的转折年份，自这一年开始，不仅山东一地，东南浙、闽、粤地区的沿海州府也大量增置卫所，明代的海防由主动巡防征讨向被动的沿海工事防御转变。《明史·兵志三》"海防江防条"载：

十七年命信国公汤和巡视海上，筑山东、江南北、浙东西沿海诸城。后三年命江夏侯周

---

① 《元史》卷九三《食货一》，北京：中华书局，1973年，第2365—2366页。

② 《明太祖实录》卷四八"三年正月甲午"条，上海：上海书店出版社，2015年，第949页。

③ 吴缉华：《明代海运及运河的研究》，第25—31页。不过吴氏过于强调明初海运的基础是建立在武将之上，似有偏颇。

德兴抽福建福、兴、漳、泉四府三丁之一,为沿海戍兵,得万五千人。移置卫所于要害处,筑城十六。……二十三年从卫卒陈仁言,造苏州太仓卫海舟。旋令滨海卫所,每百户及巡检司皆置船二,巡海上盗贼。后从山东都司周彦言,建五总寨于宁海卫,与莱州卫八总寨,共辖小寨四十八。已,复命重臣勋戚魏国公徐辉祖等分巡沿海。帝素厌日本诡谲,绝其贡使,故终洪武、建文世不为患。①

又《明太祖实录》卷一四五"洪武十五年五月四日"条:

士卒馈运渡海有溺死者。上闻之,命群臣议屯田之法。谕之曰:"昔辽左之地,在元为富庶。即朕即位之二年,元臣来归,因时任之。其时有劝复辽阳行省者。朕以其地早寒,土旷人稀。不欲建置劳民,但立卫以兵戍之。其粮饷岁输海上,每闻一夫有航海之行,家人怀诀别之意。然事非获已,忧在朕心,至其复命,士卒无虞,心乃释然。近闻有溺死者,朕终夕不寐。尔等其议屯田之法,以图长久之利。"②

可见洪武中期,明太祖已鉴于海运的劳民伤财及风险而有以屯田取代的想法,关于此点,吴缉华已有论及,③此不赘述。海运对于明初实为权宜之举,这可从终太祖之世并未设置专门执掌海运的机构窥知,洪武末年更诏罢海运;但据朝鲜史料,建文帝即位后,靖难役起,南北交战,海运又予以恢复,④而就整个明帝国的南北物资运输而言,这是一段短暂的"海陆兼运"时期。随着明成祖即位后政治中心的北移、新都的营建,北边的战事皆仰赖于南方江淮流域的供给,尤其是大量漕粮的运输,使得"海陆兼运"面临巨大的压力,《通漕类编》卷二载:

成祖迁都于燕,百官卫士仰给江南。于是始议立运法,派为二道,一由江入海,出直沽口,由白河运至通州,谓之海运;一由江入淮黄河至阳武县,陆运至卫辉府,由卫河运至蓟州,谓之河运。⑤

在此形势下,开辟一条便捷的新运道成为当务之急,于是便有了在宋礼、潘叔正等官员的倡议下对元代大运河徐州至临清段,即会通河的疏浚。会通河本为"转漕故道也,元末已废不用"⑥。永乐九年(1411),会通河正式告竣:

河以汶泗为源。汶水出宁阳县,泗水出兖州府,至济宁州而合,置天井闸以分其流。南流达于淮而河自其西北流也,由开河至东昌府,入临清县,计三百八十五里,深二丈三尺,广三丈二尺。⑦

永乐十三年,在陈瑄主持下连通江淮的清江浦修浚,漕船可直接入淮,南北漕运全线贯通,

---

① 《明史》卷九一《兵志三》,北京:中华书局,1974年,第2243—2244页。
② 《明太祖实录》卷一四五"洪武十五年五月"条,第2283—2284页。
③ 吴缉华:《元朝与明初的海运》,氏著《明代社会经济史论丛》,台北:学生书局,1970年,第149—151页。
④ 吴晗:《朝鲜李朝实录中的中国史料》上编卷二,北京:中华书局,1980年,第158页。其所引述李朝文宗元年(明建文三年)五月戊戌条云:"有船一艘,来泊全罗道长沙县。船中人六十余,自言以帝命运粮于辽东,因风到此。命给粮厚慰以送之。"
⑤ 王在晋:《通漕类编》卷二《漕运》,明启祯间刊本,中国国家图书馆藏,第45页。
⑥ 《明史》卷八五《河渠三·运河上》,第2080页。
⑦ 《明太宗实录》卷一一六"永乐九年六月乙卯"条,第1482页。

“自是漕运直达通州，而海陆运俱废”①。明初洪武以降的大规模海运真正宣告停罢，明王朝也由此步入漕运独兴的时代，重回唐宋时代以运河系统为主的运输体系。而位于山东境内的会通河成为南北间的咽喉要道，地处运道两端的临清、济宁则作为漕运交通枢纽而乘势崛起。②《广志绎》卷一《方舆崖略》在谈及“天下码头，物所出聚处”时，便举出“临清、济宁之货”。不过，海运虽罢，但承袭自元代的海运经验及明初海运与备倭紧密相系的战略思想却深植于明代朝野士人的思想中，永乐以后成为倡议重开海运者的最为重要的理论渊源。而论明代复兴海运的先驱，则不得不提丘濬及其所著之《大学衍义补》。《大学衍义补》中的《漕挽之宜》上、下两篇，实开明代中叶以降海运议案之滥觞，在其身后被广为征引。其上篇钩稽排比元代海运史实，从元代的经验中找寻海运制度的合理性，并陈漕运之弊；下篇则以一长篇按语，详述海运之策，并主张：

> 今国朝都燕，盖极北之地，而财赋之入皆自东南而来，会通一河譬则人身之咽喉也，一日食不下咽立有死亡之祸，况自古皆是转般而以盐为佣直，今则专役军夫长运而加以兑支之费，岁岁常运，储积之粮虽多而征戍之卒日少，食固足矣，如兵之不足何？迂儒过为远虑，请于无事之秋，寻元人海运之故道，别通海运一路，与河漕并行。江西、湖广、江东之粟照旧河运，而以浙西东濒海一带由海通运，使人习知海道，一旦漕渠少有滞塞，此不来而彼来，是亦思患豫防之先计也。③

《大学衍义补》于成化二十三年(1487)进呈御览，弘治初年刊行。其时，漕运问题已逐步显现，丘濬的海运议案，强调海运之便，可谓有其先见之明，虽然他在世时并未得行，但对成弘以后的海运论争影响深巨。前引《广志绎》之文便指出以海运为“漕河之副”的理念，即源于丘濬。不过丘濬力主恢复元代及明初海运故道，在成化年间响应者寥寥，及至嘉靖时代，朝野内外开始不断涌现恢复海运之声，由此催生出了所谓的“胶莱河议案”，《广志绎》卷三于此特别有述：

> 胶莱河与海运相表里，若从淮口起运，至麻湾而径度海仓口，则免开洋转登、莱一千五六百里，其间田横岛、青岛、黄岛、玄真岛、竹岛、宫家岛、青鸡岛、刘公岛、之罘岛、八角岛、长山岛、沙门岛、三山岛，此皆礁石如戟，白浪滔天，其余小岛尚不可数计，于此得避，岂不为佳？奈胶莱浅涩，开凿之难，盖自元至元阿合马集议以来，佣费不赀，十载而罢。及今徐司空栻、胡给事槚屡举屡废，或谓下有礓砂数十里，斧凿不入；或谓凿时可入，凿后旋涨；或又谓开凿原不难，第当事者筑舍道傍。余观唐、宋漕政，皆代经六七更，水陆不常，舟车相禅，若可以此例举，则南北用舟，于中以车辆接之，亦可存其说以备临渴之一策也。余观黑龙江，岩石廉利，陟峻寻丈，汉张汤尚欲于此通漕于渭，其与胶莱又奚啻十倍。④

据《明史·河渠志五》载：

> 胶莱河，在山东平度州东南，胶州东北。源出高密县，分南北流。南流自胶州麻湾口入海，北流经平度州至掖县海仓口入海。议海运者所必讲也。元至元十七年，莱人姚演献议

---

① 《明史》卷八五《河渠三·运河上》，第2082页。

② 关于济宁、临清两地在明代因运河而崛起为商品流通枢纽的史实，参看许檀《明清时期山东商品经济的发展》，北京：中国社会科学出版社，1998年，第171—172页。

③ 邱濬：《大学衍义补》卷三四《漕挽之宜下》，林冠群、周济夫校点，北京：京华出版社，1999年，第309页。

④ 王士性：《广志绎》卷三《江北四省》，第244页。

开新河，凿地三百余里，起胶西县东陈村海口，西北达胶河，出海仓口，谓之胶莱新河。寻以劳费难成而罢。①

又据《明史·河渠志四》"海运"条：

山东副使于仕廉复言："饷辽莫如海运，海运莫如登、莱。盖登、莱度金州六七百里，至旅顺口仅五百余里，顺风扬帆一二日可至。……惟登、莱济辽，势便而事易。"②

胶莱河作为元代故道，明初以来寂寂无闻，却在嘉靖以后成为朝野热议的焦点。樊铧曾统计《明史·河渠志》中所记有明一代开浚胶莱运河的议案，记有九次之多。③ 其始于正统六年（1441），而终于崇祯十六年（1643），对于一项地方公共工程而言，其受关注程度之高、持续时间之久，可谓罕有。尤其是王士性所处的嘉万时期，主政山东的地方官员更多次提出胶莱河海联运的议案，而倡议最力者即是《广志绎》中提及的徐栻与胡檟。胶莱运河之议，实是一种较为折中的海运方案，它切中了当日漕患所带来的南北运输困局，又在理论上较好地规避了海道的风险。简而言之，海运的复兴之议，实因漕河水患而来，而漕河水患，又因黄河下游的泛滥问题而起。弘治七年（1494），刘大夏为杜绝黄河北泛，自直河出邳州泛滥的问题，于张秋加以堵截，自后黄河开始南泛。而地处济宁以南、徐州以北的会通河段，正处于黄河泛滥之区域，黄河害运成为嘉万之际的一大政治难题。在王士性早年所撰《题为祖陵当护运道可虞淮民百万危在旦夕乞求复黄河故道以图水利疏》中，他即借由保护淮安明祖陵之名，提出修复黄河故道以维护运河通畅的议案。④ 而在《广志绎》中，他更指出："清河不修，则东民之水利不举。恐田野荒芜，终无殷富之日。"⑤又云：

山东东、兖二郡水患不尽由本地，本地水乃汶、泗也，流漕河南北则已。惟中州黑洋山水（按：即黄河支流），经澶渊坡而东奔曹、濮之间，以一堤限之，堤西人常窃决堤，兼以黑龙潭诸水泙湃汪洋，其初咸自范县竹口出五空桥，而入漕河，迩来桥口淤塞，河臣不许浚之出，恐伤漕水，遂缩回浸诸邑，而濮尤甚。癸巳，余参藩行荒至其地，为民讲求，止开州永固铺，一路可开之以达漳河，而开民不肯让道，筑舍无成。乃奏记舒司空，谓河臣止论国计，不恤民生。司空甚衔余，竟格之。然东不开五空桥，西不开永固铺，濮上左右，岁为沮洳之场矣。⑥

此处之舒司空，系指万历二十年（1592）任工部尚书的舒应龙。由上亦可知会通河道之通畅，于明帝国南北运输之重要性。故而河臣宁愿任河水泛滥，亦不行疏浚，无怪王士性有重国计而不计民生之论。漕河因黄河泛滥而淤塞的现象在嘉靖以后愈演愈烈，但海运本身的风险又成为漕臣反对的重要原因，与王士性差相同时的郑若曾在其所撰《筹海图编》中有述："永乐以来，会通河成，海运遂废，运者皆由漕河，所以避开洋之险也。然海险莫甚于成山以东白蓬头等处，危礁

① 《明史》卷八七《河渠志五·胶莱河》，第 2139 页。

② 《明史》卷八六《河渠志四·海运》，第 2116 页。

③ 樊铧：《政治决策与明代海运》，第 149 页。

④ 王士性：《吏隐堂集·掖垣稿》下《题为祖陵当护运道可虞淮民百万危在旦夕乞求复黄河故道以图水利疏》，朱汝略点校，杭州：浙江古籍出版社，2013 年，第 391—396 页。

⑤ 王士性：《广志绎》卷三《江北四省》，第 244 页。

⑥ 同上，第 241 页。

乱矶，湍流伏沙不可胜纪，非熟识水洪则不敢行……是海运之罢端为山东之险也。”郑氏将海运之罢尽归咎于山东海道之险，自然有失全面，但山东沿海航路之难行，确是时人的共识。《广志绎》便特别详录山东登州至直沽口之海道，此段海路共一千六百余里，分七程，而须回避之处计有二十七处，①其航程之复杂，确实能授反对海运者以柄。而相较之下，胶莱新河之开浚虽一时劳民伤财，但较之全程海运的风险，仍不失为可取之策。王士性认为胶莱河与海运相表里，并引西汉张汤之故事作比，也隐含对胶莱新河议案的认可。但合观《广志绎》对海运及胶莱河之记述，王士性并未对两种海运方案加以明确的臧否取舍，而仅是以一种较为中立客观的态度评骘它们各自的合理之处。另值得注意的是他在记述山东至直沽海道之后所发的议论：

此运船与倭船所同，谓大船湾泊避风也。若倭得志朝鲜，用小渔船、号船，偷风破浪而来，则旅顺口一朝夕绝流抵登，溯游三夕而抵天津矣。②

在此段之后，王士性又以一段答问体的详尽论述作为对当日海防(备倭)的整体见解，并以此为对山东一省的记述作结。鉴于“癸巳、甲午间，倭方得志朝鲜，东人设备往往于是”的海防形势，他指出劫掠漕船并非倭人之志：“此非倭所欲也。据临清以绝粮道，丘文庄为中原不逞者言。倭隔海，止利在掠金耳。”③

由此可见，王士性海运之论的最终着眼点仍在于当日引起朝野瞩目的倭患海防问题。其实从《广志绎》全书的写作体例上即可洞悉此点，其卷首的《方舆崖略》作为全书的总论，提纲挈领地一一指出以下各章所记之重点，其对当日山东海防形势已有列论：

前代都关中，则边备在萧关、玉门急，而渔阳、辽左为缓。本朝都燕，则边备在蓟门、宣府急，而甘、固、庄、凉为缓。本朝土木后，也先驻牧，吉囊、俺答驻牧，皆在松、庆、丰、胜左右，则宣、大急。今互市定，则宣、大为缓。边备无定，第在随时为张弛，视虏为盛衰。惟山东腹内向称安静之地，近乃有朝鲜之变，若倭得志朝鲜，则国家又于登、莱增一大边也。谭东事者，止言辽阳剥肤，而无一语及登、莱，不知辽阳虽逼，然旧边地，辽宿重兵，一时不能得志，且陆行，千里寇至，声息时日得闻，更有山海关之限；登、莱与朝鲜止隔二百里之水，风帆倏忽，烽燧四时，非秋防，非春汛其难守比诸边为甚。惟近为“平壤屯田”之疏者得之。夫疏谓：“屯田平壤是因粮于敌之议也，原为省饷，非专为蔽山左，然实暗伐敌谋。平壤与登、莱正对，我师屯平壤，则正蔽登、莱，烽燧无能相及矣。”④

嘉靖晚期至万历中叶正值倭寇为患最烈之际，万历二十年爆发的壬辰倭祸，朝鲜举国焦土，尤其是平壤的沦陷，更引起明廷震动，也使与朝鲜半岛隔海对望的山东面临严峻的海防新局面。以往倭寇历次扰掠山东，仅止于劫掠沿海人口及钱货，并未深入山东腹地，山东的沿海防御，其战略意图也不在山东本身，而在于作为京师之门户。王士性认识到此点，并指出这种海防战略应当要有所转变，而他以海运之论引出对山东海防的忧思，恐怕与明初的历史经验之影响有关。

---

① 王士性：《广志绎》卷三《江北四省》，第 243—244 页。
② 同上，第 244 页。
③ 同上，第 245 页。
④ 同上，第 244 页。

二、明代经世主义思想与《广志绎》的海运观

如前所述,明初之海运兼有巡海捕倭之职能,这种海运与海防紧密相系的历史经验深植于明代士人的思想中。嘉靖时代倭患的威胁,更唤起人们对明初史实的回顾与借鉴,而与海运的复兴思潮相契合。万历初年成书的严从简《殊域周咨录》卷二“东夷”条引嘉靖间陈建之语:

> 国初海运之行,不独便于漕纲,实令将士习于海道,以防倭寇。自会通河成而海运废。近日倭寇纵横,海兵脆怯,莫之敢撄,亦以运道不习之故耳。此则言海运之当复者也。①

这种以海防之需复兴海运的看法,是嘉万时代众多士大夫官僚的共识。又如同时代的著名布衣学者郑若曾在其《山东事宜》中所论:

> 山东关系大要尤在海运。……漕河自王家闸以北至于德州,有千余里,乃国家咽喉命脉,其通其塞所系匪轻。况黄河渐徙而南,或冲而北,易为漕患。及今承平,修复海运以备不虞,岂非国家之大计哉?今上初年,庙堂尝议及此,或建议欲于胶州凿山浚土以达海仓,以避洋险,山东巡抚病其烦难而止。惜小害大,可慨也。夫会通河也、胶莱新河也、登莱海险也,皆山东所辖之处,今之论山东海患者但知备倭,而不知备运,愚故及之。②

作为被后世认为具有早期海防意识的学者,郑氏此论颇具代表性。他指出对于明王朝而言,山东最重要的战略意义在于其漕运枢纽的地位,而当日严峻的海防形势下,人们则更多地关注山东的海防备倭形势,则王士性对海防的留意并非特例。不过他对倭患的认识也有不足:此时明王朝所面临的“倭患”已非明初以降劫掠沿海的海盗流氓集团,而是掌握日本国家实权的太阁丰臣秀吉,丰臣氏的野心也非仅止“掠金”,而有吞并中华之志。对此,曾主持山东军政的宋应昌的认识就较王士性更为深刻,其在《报三相公并石司马书》中有述:

> 釜山镇偏在东南隅,与对马岛正面,故日本兵马易于入侵朝鲜。若全罗一道,直吐正南与中国苏、常相对。如日本欲犯登莱、天津,必须乘东北风湾转此嘴,又候东南风,然而能达大海巨洋。波涛险恶,安能如意?若不至朝鲜,登莱、天津,实未易犯。……关白雄奸,熟察此故,舍浙、直、闽、广,竟图朝鲜,盖朝鲜与蓟保、山东相距,止是西南一海,并无旱路间隔。……陆行则有辽左一路,以抵山海。……此故奴一得朝鲜,据为巢穴,分投入犯,特易易尔。吾御于陆而水路难支,吾御于水而陆路不免。三境动摇,京辅振慑,其患有不可胜言者。故关白之图朝鲜,实所以图中国。而我兵之救朝鲜,实所以保中国。③

由上所述,可知王士性对山东海运、海防及与之相关的漕运、水利的认识,乃立足于当日的国防形势与明初以降的御倭政策。就此言之,《广志绎》不仅反映出王士性本人自出机杼的地理

---

① 严从简:《殊域周咨录》卷二《东夷》,余思黎点校,北京:中华书局,第51页。
② 郑若曾:《筹海图编》卷七《山东事宜》,北京:中华书局,2007年,第456页。
③ 陈子龙辑:《明经世文编》卷四〇二《报三相公并石司马书》,北京:中华书局,1962年,第4363页。

思想，也体现出他对当日明王朝所面临的地缘战略局势的独到认识。而这又与晚明时代一批重视实务的官僚群体及其学风之浸染密切相关。

表1　元、明两代海运相关著述略表

书　目	著　者	成书年代
《大元海运记》	赵世延、揭傒斯等	元末
《海运以远就近则例之图》	佚名	元
《元海运志》	危素	元末
《江浙行省兴复海道漕运记》	刘仁本	元末
《海道经》	佚名	明初
《海运摘抄》	佚名	明
《大学衍义补》	丘濬	明成化二十三年
《广舆图》	罗洪先	明嘉靖二十一年前后
《海运编》	崔旦	明嘉靖三十三年
《筹海图编》	郑若曾	明嘉靖三十五年
《海运图说》	郑若曾	明嘉靖年间
《海运详考》	王宗沐	明隆庆六年
《海运志》	王宗沐	明隆庆六年
《海运新考》	梁梦龙	明万历年间
《海运筹略》	于仕廉	明万历年间
《漕书》	张鸣凤	明万历年间
《通漕类编》	王在晋	明万历年间
《海防总论》	周弘祖	明天启年间
《海运书》	沈廷扬	明崇祯十二年
《知畏堂集》	张采	明崇祯年间
《海运说》	华乾龙	明崇祯年间

检之上表所列海运相关书目的著者，如王宗沐、于仕廉、王在晋、沈廷扬等，或曾主政山东地方，或曾参与漕政，亲掌海运，不难获知其有关海运的论述应当包含着对个人施政经验的总结与体悟。其中，王宗沐更是王士性之叔父，前引《广志绎》中提到“先司寇”督漕、请试海运，即指王

宗沐于隆庆五年(1571)至万历元年(1573)的试行海运之事。康熙《台州府志》载:"王士性,字恒叔,号太初,刑部侍郎襄裕公宗沐从子也。幼贫而好学,襄裕爱之如己子。"王宗沐的著述及思想应是触发王士性海运之思的重要源头,有关海运的两书仅是王氏著述之一端。而从王宗沐主持纂修的《江西省大志》中更可窥知其学术思想之要旨,该书在体例上明显区分于同时代成书的众多方志,对于一般方志中十分看重的乡贤传等内容略而不载,而分《赋书》《均书》《藩书》《溉书》《实书》《险书》《陶书》七卷,详叙江西之赋役、水利、工农商业及交通形胜,就其体例而论,已颇为接近现代经济志之面貌,其实学理念于此显露无遗。王宗沐之著述及其主持漕政的成就,足以使他跻身有明一代的经世名臣之列,王士性作为他视如己出的从子,应当参阅过他的相关著述。正是在其学术理念的濡染之下,王氏日后学问旨趣及其著述,才有经世之学的深刻烙印。万斯同《明史列传稿·王士性传》云:

> 士性,字恒叔,由确山知县征授礼科给事中。首陈天下大计,言朝廷要务二,曰亲章奏,节财用;官司要务三,曰有司文网,督学科条,王官考核;兵戎要务四,曰中州武备,晋地要害,北寇机宜,辽左战功。疏凡数千言,深切时弊,多议行。①

再从明代社会风尚变迁的整体视野考察,随着明中后叶士大夫阶层心性的解放,旅游风气因之兴起,以娱山乐水为志业的文人日益涌现,大量的游记之作遂应运而生。周振鹤认为,明代地理学迅速兴起并且成为一门独立的学科,实赖此风气之推动,诚为卓见,但未免强调过甚,仅得一端。游记之作由山水景观的记述升华到人文现象的考察与解析,其背后当更有时代学术潮流之影响。樊铧指出明代儒学在注重心性思辨的主流之外,尚有另一条经世致用的实学线索,②而这一线索的源头,或可追溯至丘濬及其《大学衍义补》。细绎上表所列著者之相关事迹,不难获知其大多服膺于此种实学之风,而《广志绎》也正是这种学风影响下的产物。

结　语

合上所论,《广志绎》中关于海运的论述,既有回望前代史迹、总结经验的内容,又融汇了当日一部分士大夫官僚的施政理念。约而言之,前者是自丘濬以降对元代海运经验的继承与总结反思,并涵括了明中后叶官僚群体所积累的丰富海运知识;后者则催生于嘉靖以后内有漕运、海运痼疾,外有倭患逼迫的严峻形势。历史的经验与现实政治局面相契合,促成了当时士大夫官僚对这一问题的关注与研究,大量有关海运的著述因之涌现,这些著述连同元代的相关著述一起,构成了王士性海运、海防之论的知识背景,由此背景出发,才能对王士性人文地理学的诞生及其内核有更深刻全面的理解。

---

① 万斯同:《明史列传稿·王士性传》,转引自王士性《广志绎》附录,第356页。

② 樊铧:《政治决策与明代海运》,第292页。

明清泉州晋东平原的海疆治理与滨海社会变迁

倪世林*

摘　要：明清时期东南沿海的海疆政策历经数次变动，海疆治理状况亦是风云变幻，而晋东平原作为泉州的一块海疆地带，其民众的生计方式又常常受其制约，由此形成了独特的具有海洋特征的多元滨海经济开发模式。明清时期的沿海荡地开发趋于饱和，借助闽海关开放的政策，沿海民众转向远洋捕捞以及海上贸易。而沿海平原的开发过程中，众多水利设施改变了当地沿海的自然环境，逐渐形成了能够供船舶停靠的小港湾，为海洋开发产业提供庇护，推动了海洋经济开发活动的进一步深化。

关键词：晋东平原；迁界；滨海社会；海疆治理

海洋文明是人类文明的有机组成部分，一部海洋文明史，构成了人类与自然和谐共生的历史图景。我国是一个海洋大国，而海疆则是连接陆地与海洋的重要节点。改革开放以来，我国持续性的对外交流推动了社会经济的不断发展，然而一些海洋问题愈发凸显，越来越复杂，当前对海疆问题的认识已迫在眉睫。而党的十八大以来的海洋强国战略亦引起了学术界的广泛关注与思考。早在 21 世纪初，深耕于海洋文明研究的杨国桢就曾呼吁，中国历史研究需要走出迷失海洋的误区，尝试将海洋文明纳入中国历史研究的视野。因此中国海疆史的研究不仅仅是中国边疆史研究的重要组成部分，也是中国海洋史研究的重要内容。建设海疆史学科，不仅有重要的学术价值，更具有现实意义。侯毅、李国强、刘永连等海疆史学者开始针对前人海疆史研究进行整理，并专论海疆史理论，以期增进对建设海疆史学科的思考。侯毅认为，海疆史作为历史学的一个专门领域开启体系性研究是在中华人民共和国建立以后，经过 70 多年的发展，海疆史研究取得了显著的成绩，特别是进入 21 世纪之后，海疆史成为边疆史研究中的显学。当今世界正处于大变局的时代，我国在东南海疆上面临的风险挑战与不确定性因素显著增多，时代呼唤海疆史研究能够回应时代关切，更好地助力海洋强国建设。① 刘永连认为当前的中国海疆史领域研究出现了区域性与专题性这一明显的界限，需要进行系统性的一体化

* 倪世林，湖北省社会科学院硕士研究生。

① 侯毅：《海疆史学科建设刍议》，《史学集刊》2023 年第 4 期。

研究。①

目前中国海疆史的研究包括历代海洋疆域史、历代海洋政策、历代海洋思想史、历代海防、历代海上贸易、近当代中国海上边界等几个主要领域，其中海疆开发史和建设史领域的讨论尚未深入。王日根在《对清代海疆政策与开发研究的回顾与展望》中谈到了杨国桢、黄国信、谢湜、杨培娜、刘淼等学者关于滨海地带盐业、农业、渔业等海疆产业开发的研究。②

福建沿海居民以海为田，犁波耕海，海耕牧渔，我们可以看到，滨海地带区域经济开发模式是人、环境、海疆政策三者互动的结果，海疆治理往往包含了地方与国家、民间与官方双重视角，处在海疆的地方政府往往代表着官方的意志执行其对海疆的认识去参与到区域海疆的管理与建设当中，同时海疆开发建设的主体力量又是农民、渔民、海商等身份的人群。由此，笔者将试图以泉州晋东平原作为一个场域，结合地方志书与民间文献去探讨明清时期海疆政策影响下的区域经济开发与社会状况，进行个案分析，从而理解海疆地区生产方式中的行政力量与基层社会力量的关系，理解其区域经济开发模式的海洋特性。

一、明清泉州晋东平原的经济开发

晋东平原位于晋江县东部，地处晋江下游南岸，东北连泉州湾，东、南濒临台湾海峡，西南临围头湾，北和泉州城区毗邻，东北和西南与惠安县、金门岛隔海相望。晋江县的滨海地带大多在海拔 20 米以下，海岸曲折，多港湾，泉州湾、深沪湾、围头湾、安海湾等，“为山海要地”。“晋邑之水，以大海为归”③，县域内河流分布众多；受地势影响，县境溪河除晋江、九十九溪、九溪外，其余的溪流均独流入海。“其不由洛江、晋江而自入海者，有陈埭港、玉澜浦、植璧港、陈坑港、安海港等水。”④港湾众多，岛礁多而紧靠大陆，滩涂面积大，浅海水域广阔。

晋东平原属于堆积地貌中的海积和冲积平原。流水作用是其地貌形成的主要外力。该类型主要分布于滨海地带和海湾内，海拔高度多在 10 米以下，地势平坦宽广，土层深厚，河汊密布，组成物质为海积的细沙、粉沙、淤泥、黏土及海贝壳等；亦有溪河夹带泥沙参与海成平原的堆积。晋东平原则主要由于江河冲积和海潮运动所带大量泥沙淤积而成。晋江含沙量大，在河口形成各种堆积形式，参与了晋东平原的堆积。晋江携带的泥沙也是海岸风沙地貌的主要物质来源。晋江以及县域内的溪流每年都冲积下大量泥沙，在海潮的作用下形成河口冲积平原，平原不断向海扩展，“县境，凡诸港、浦、塘，皆古人填海而成，所谓闽在岐海中也”⑤。受此影响，晋东平原的土地面积是不断扩张的，因而其又成为晋江县域内最大的可耕平原。

---

① 刘永连：《如何加强中国海疆史研究》，《社会科学文摘》2023 年第 8 期。

② 王日根：《对清代海疆政策与开发研究的回顾与展望》，《华中师范大学学报(人文社会科学版)》2014 年第 3 期。

③ 周学曾：《晋江县志》卷四《山川志》，《中国地方志集成 · 福建府县志辑》第 25 册，上海：上海书店出版社，2000 年，第 21 页。

④ 同上，第 61 页。

⑤ 孙尔准修、陈寿祺纂、程祖洛续修、魏敬中续纂：《重纂福建通志》卷五六《风俗》，《中国地方志集成 · 省志辑 · 福建》第 4 册，上海：上海书店出版社，2000 年，第 353 页。

(一) 晋东平原水利建设与围海造田

由于晋地斥卤而瘠，当地居民很早就意识到了利用溪水改良各地土壤环境的重要性，采取蓄水、引水的办法调解因为气候降水不均引发的各种水资源状况。晋江县的资源条件决定了晋东平原的农业开发方式，即以水稻种植为主，并且水利灌溉占据重要地位。自古以来，农业开发便与水利息息相关。唐宋时期，泉州的官民便针对水源问题修筑了一系列水利设施，力求做到“引之不竭，疏之有归”①。唐大和三年(829)刺史赵棨在登瀛里开凿三十六条沟渠，设三十六涵，引筍、浯二水淡化高洋滨海盐碱田，灌溉一百八十顷田，后被称为天水淮。② 贞元年间，泉州刺史席相倡修的东湖，乃是泉州最早的湖塘；其后继者赵昌亦在城东北开凿尚书塘；元和年间，泉州刺史马总在城北开凿仆射塘，灌田数百顷。宋时，随着农业经济的不断发展，水利修建成为该地区地方官治理工作的重中之重。此外，大量的水利设施源自该地区民众因地制宜，是民众在长期与晋江自然环境的斗争中逐步完善而成的。晋东平原地处亚热带季风气候区，雨水充足，可利用的水资源丰富；除开晋江，众多河、溪奔涌入海。一方面沿溪、沿岸的民众需要使用大量提水工具，如龙骨车、水筒车引水灌溉；另一方面，又需要为应对缺水季节而修筑蓄水工程，为远离岸边的田地建设引水工程。该流域的水利设施多被冠以“埭、湖、塘、陂”等名称，《说文》云“畜水曰陂”，“湖，大陂也”；《正韵》云“埭，以土堰水也”，“筑土堰水曰塘”。关于晋东平原的水利开发，目前已知是始于唐宋时期，根据地方志统计的大型陂埭如下：

表 1　唐宋晋东平原水利统计

名　称	时　间	修筑者	备　注
烟浦埭	后唐间(923—936)	乡人吴公	烟浦三十六埭，古为海滩，昔有吴公筑浦为埭，以捍海潮，罄其资而功不就，饮恨溺水，乡人为之立庙。③
陈埭	后周显德七年(960)	陈洪进	
龟湖塘	嘉祐间(1056—1063)	泉州知州蔡襄	
陂洋陂(青洋陂)	熙宁间(1068—1077)	晋江县令危雍	
洑田塘	乾道四年至五年(1168—1169)	泉州知州王十朋	嘉定十年至十二年(1217—1219)知州真德秀续建。

资料来源：方鼎修、朱升元纂《晋江县志》卷一《舆地志》，清乾隆三十年刊本，第 66 页 b。

从上表可知，唐、五代、宋时，历代地方官均重视筑堤、埭以捍海潮，围滩涂以造田，凿沟渠以

① 乾隆《泉州府志》卷九《气候》，《中国地方志集成·福建府县志辑》第 22 册，上海：上海书店出版社，2000 年，第 163 页。

② 淮，泉州方言称为“围”。

③ 方鼎修、朱升元纂：《晋江县志》卷一《舆地志》，《中国方志丛书》第 82 号，台北：成文出版社，1967 年，第 35 页。

引溪河之水灌溉,改良滨海盐碱田。

沿海围垦土地由于含盐量过高,往往需要进一步处理才能种植。晋江改良盐碱地的办法历来有以下几种:其一为洗泄法,引进淡水,将土壤中之盐分冲洗掉,因此需要修筑海埭,防捍海潮,并且开沟引水养淡;①其二为抑止法,开挖深沟,降低卤地之潜水面;其三是种植耐盐植物,吸收一部分盐分,即王祯《农书》记载的"初种水稗,斥卤既尽"。通过用多种手段进行"斥卤",晋东平原围海造田运动得以有效开展,取得一系列成果。

首先是耕地面积的增加与粮食产量的上升。水利设施百年间不间断地捍海养淡,使得可耕面积不断增加。人们种植的农作物种类以水稻为主,并且人们掌握了较成熟的"再熟稻"生产模式,即双季稻,"再熟稻,春夏收讫,其株又苗生至秋薄熟"②。早稻有赤、白二种,春种夏收;晚稻亦有赤、白二种,秋种冬收。另兼种麦、黍、菽、豆之属。这一时期"民安土乐业,川源浸灌,田畴膏沃,无凶年之忧"③。水利的兴修,使得大规模经济作物种植成为可能,以茶、甘蔗、荔枝、棉花尤为突出。宋元时期,闽通海舶,棉花从海路传入闽省。北宋同安人苏颂的《图经本草》便指出,甘蔗,"泉、福、吉、广多作之";北宋士大夫蔡襄著有《荔枝谱》,对福建沿海四个地区的荔枝质量评价颇高;闽人称棉花为"吉贝",根据清代赵翼考证,"迨宋末元初,(棉花)其种传入江南而布之,利遂衣被天下耳。谢枋得有《谢刘纯父惠木棉》诗云:嘉树种木棉,天何厚八闽"④,由此可见棉花种植的记录大约在11世纪下半叶出现。

从水利设施在明清时期的壅塞,可以看出晋东平原土地面积的变化。晋东平原的(大)砂塘、小砂塘与古塘、盈塘、洑田塘、象畔塘、龟湖塘在明代并称为"七首塘",皆是滨海地带天然的蓄水设施;后经修缮,逐渐成为平原南部重要的灌溉水源,俗语有"七塘不干,南乡加餐"⑤。然而到了道光年间的方志中,砂塘、小砂糖已是"多填为田矣"。《水利志》中提到"浅淤""填为田"的设施不下十处。宋代蔡襄的《龟湖塘规》中记载了该塘原可"灌注洋田种子七百六十石七斗",其灌溉辐射范围包括"东至隔林圳为界,西至洑田洋新塘沟上为界,南至塘岸及塘西下渎浦为界,北至海潮宫大路为界"。到明代重新修订时,《续议塘规》记载:"本都龟湖乡一万七百余家,本洋田一千七百余石。上无溪涧源流,惟赖古设龟湖塘一首,周围筑岸二千五百二十三丈,蓄水以资灌溉。"其灌溉范围在原有基础上扩大到了十九都湖边、前坑以及二十四都塘后、塘边等乡民耕种的地区,农业收成大大增加。此外,原有的湖塘由于泥沙淤积以及豪强侵占,逐渐被废为田。如晋东平原的沙塘、烟浦埭"多为豪家垦田"⑥,吟啸、陈翁诸港及盈塘、洑田、象畔、龟湖等,"率岁久淤,浅不可储蓄"。烟浦三十六埭之洋埭,古为海滩,自南唐观察使陈洪进围海筑埭,至宋初已形成洋埭村聚落,有潘、谢、李、陈、屈、洪诸姓杂居。明永乐以后,林氏在洋埭村聚族而居,衍成大姓巨族。⑦ 可见,历经数百年围海造田,晋东平原的海岸线从洋埭村向外海扩张了约五公里。

---

① [荷]费梅儿、林仁川:《泉州农业经济史》,厦门:厦门大学出版社,1998年,第36页。

② 乐史:《太平寰宇记》卷一〇二,北京:中华书局,2007年,第2031页。

③ 脱脱:《宋史》卷八九《地理志五》,北京:中华书局,2000年,第1485页。

④ 赵翼:《陔馀丛考》卷三〇,北京:中华书局,2006年,第641页。

⑤ 何乔远编撰:《闽书》第1册,福州:福建人民出版社,1994年,第189页。

⑥ 阳思谦修:《万历泉州府志》第2册,泉州:泉州市地方志编纂委员会重印,1985年,第13页。

⑦ 晋江《洋埭林氏族谱》,手抄本。另见《莆田前埭林氏大宗谱》。

(二)"耕海牧渔":海洋水产资源开发

晋江县地处东南沿海,"并海而东,与浙通波,遵海而南,与广接壤,其间彼有此",东临台湾海峡,为台湾暖流(黑潮支流)、闽浙沿岸水和粤东沿岸水等三个水系的交汇区。气候温和,日照充足,多海湾,河流多独流入海,给沿岸水域带来了大量的有机物和无机盐类,因此沿海水域水质肥沃,有利于浮游生物的大量繁殖,为鱼类提供了丰富的饵料。加上福建地处亚热带,水文、盐度适宜,形成了宜于多种经济鱼虾类产卵、索饵和越冬的良好场所。

因此,晋东平原沿岸是海洋系统与陆地系统的交界面。由于海水和淡水在此交汇,生物多样性尤为突出,水产资源繁多。将晋江县的滨海水文环境以水域划分,海洋资源大致可以划分为沿岸近海外海水域与浅海滩涂两部分。考古人员在晋江下游海滨地区发现数处新石器时代人类留下的贝壳堆,已经可见当地沿海居民从事渔猎工作之早。明代《闽书》便有记载,泉州"沿海之民,鱼虾蠃蛤,多于羹稻"①。晋江县的水产业可追溯到原始社会,金门岛和南安县大盈发现的"原始贝丘"遗址中的贝斧、网坠等可为证物,②惠安蚁山遗址、南安丰州镇后田村遗址等三十余处贝丘遗址均展现了远古时期福建沿海先民的渔猎生活。"耕海牧渔"大致可分为三类,即海洋渔业、海洋养殖业和以海洋水资源开发为基础的潮田、盐田。

海洋渔业,其作业范围主要集中在沿海、近海、沿溪,并且明清时期随着水利技术的革新,众多沿海围湖亦成为捕捞作业的场所,官方设置河泊所,用以征收"渔课"。《明季北略》中记载,福建"钓带鱼船"在浙海作业,"闽之莆田、福清县人善钓,每到八、九月,联船入钓,动经数百,蚁结蜂聚,正月方归",说明明代福建渔民已能远赴浙江渔场捕鱼。《中国江海险要图志》中曾提到晋江深沪澳"鱼梁众多,网罟相接"。光绪年间郭柏苍著的《海错百一录》则记载了福建沿海四百多种水产动植物,其中鱼类有一百七十余种;该书亦谈到了贝类、腔肠动物、棘皮动物的分类、习性、捕捞方法、加工利用等经验。而根据民国时期渔业调查对渔村的统计,③该地区的渔村大致有陈埭村、石湖村、浔埔村,均为滨海之乡村,多以捕鱼为业,可称为水产村。从事渔业人口,仅仅陈埭村一村,便有千余家,一千六七百人。此时的渔业种类包括:流网渔业、围网渔业、花蟹流网渔业、勾钓渔业、淡水渔业、蛏渔业、蚝渔业。

并且,随着渔具、渔法的进步,渔业知识得到系统性的出版传播。清代《海错百一录》详细介绍了近海捕捞的工具与手段,捕捞工具有网、缯、緄、缣、笼、篓等。另外,福建传统的造船技术也为远洋渔业提供了物质条件。据民国二十一年《晋江县渔业》的调查,④晋东平原近海有大片渔场,渔期在六月至八月,渔夫们驾驶刺网渔船,顺潮出海,行驶在泉州湾港口,寻找水质佳、泥沙丰富的天然渔场进行捕捞,其所获多为鲳鱼、黄花鱼。六里陂由晋东平原陈埭沿多闸陡门汇众溪入海,其溪深四五尺,底部有丰富的泥土,渔夫在此使用抄网、竹篮等渔法,所获多为鲈、鲤、鲢、虾等。直至晚清民国,晋东平原陈埭村仍有从事渔业的渔户千余家,渔夫一千六七百人。

---

① 何乔远编撰:《闽书》第1册,第942页。

② 晋江市地方志编纂委员会编:《晋江市志》,上海:生活·读书·新知三联书店上海分店,1994年,第22页。

③ 《晋江县渔业》,《中国建设(上海1930)》第10卷第6期,1934年,第77—89页。

④ 《晋江县渔业》,《中国建设(上海1930)》第10卷第6期。

表 2　晋东平原部分渔业概括表

渔　村	渔业类型	渔 货 物	渔　船	渔　场	渔　期
陈埭	淡水渔业	鲤、鲈、鳥、鳗、虾、什鱼		各处淡水河	全年
石湖	钩钓渔业	鳗鱼、黄花鱼、鳓	竹排	泉州湾港口	全年
陈埭	蛏渔业	蛏		泉州港口	三月至八月
浔埔	固定渔船 刺网渔业	鲳、黄花鱼、鳓	刺网渔船	祥芝与石湖间海中	六月至八月

数据来源:《中国建设(上海 1930)》第 10 卷第 6 期,1934 年。

海洋养殖业和海洋水资源开发,在古代作业的范围主要在滩涂和近海。明清时期,福建沿海各县的养殖业已经相当兴盛。而晋东平原东南海边最为兴盛的水产养殖业便是蛏渔业,该地区是闽南有名的蛏苗和大蛏产地。蛏,《闽书》是这样描述的:"耘海泥若田亩然,夹杂咸淡水,乃湿生,如苗移种之他处,乃大。长二三寸,壳苍白,头有两巾出壳外。所种者之亩名蛏田,或曰蛏埕,或曰蛏荡。"①蛏产卵期在春冬间,孵化后,常随海潮漂至他处,聚于浅海之岸。② 因此,养殖蛏的时间一般在二月至七月,渔夫用木质锄掘平蛏田,使得蛏苗容易积聚;待到九月,渔夫需要在潮流中掘开蛏田,使蛏苗发育;隔年二月,便取出售卖,另做他地养殖。《闽产志》亦载有当时福建养蛏的规模和技术。顾炎武《天下郡国利病书》曾载:"海跨邑之东南,弥望无际。潮至而网取鲜物者,谓之网门……潮涸而手取物者,谓之泊。网门之下即泊也。有泥泊,有沙泊,泥泊产鲜盛,沙泊次之……滨海民以力自疆界为己业。"③可见,滨海地带的民众,一方面进行渔场的捕捞作业,另一方面则在滩涂地进行水产养殖。早在宋代便存在石蛎养殖技术:"蔡襄至和及嘉祐中两知州事。州有万安渡,绝海而济,往来畏其险。襄立石为梁,其长三百六十丈,种蛎于础,以为固。"有学者则将沿海县份滨海田地距海十五公里以内的地带划为"荡地"区,超出十五公里则视作"内地"。④ 自古以来,人们对该区域的称呼不一,有荡、涂、埕、丘、壕等,渔民往往采取滩涂养殖水产技术对其进行开发。

地方宗族如何获得荡地,以祥芝半岛芝山刘氏为例。其先祖据称"值宋末游宦",侨居祥芝半岛滨海,以开发荡地为生,既"仿伏羲网罟之制,度海浅深,绝流而取鱼虾",从事近海捕捞;又"其礁石湿生、蠔蛆、紫菜、石花者取之",从事水产养殖。⑤ 刘氏在元代就入官造册,占据了大片荡地海界,并分利于乡里,依靠这些手段迅速成为该地大族。

而陈江丁氏则在明代通过占籍掌握了晋东平原的大量荡地。阿拉伯后裔丁氏于元明之际避乱居于陈江,其四世祖仁庵公为改变其商人身份,迅速融入陈江的族群当中,让其三子各占军、民、盐籍。并且意识到了滨海荡地开发之利,"环江居负海,而潮所往来处,其地卤泻,宜生海

① 何乔远编撰:《闽书》第 5 册,第 4482 页。
② 徐珂编撰:《清稗类钞》第 12 册,北京:中华书局,1984 年,第 5498 页。
③ 顾炎武:《天下郡国利病书(五)》,《顾炎武全集》第 16 册,上海:上海古籍出版社,2011 年,第 3117 页。
④ 刘淼:《明清荡地开发研究》,汕头:汕头大学出版社,1996 年,第 9 页。
⑤ 晋江市政协文史资料委员会编,粘良图、陈聪艺编注:《晋江碑刻集》,北京:九州出版社,2012 年,第 94 页。

错诸鲜，居民受其产以为业，谓之海荡。沿海弥漫，一望数千顷，大约产以什计，公有七八”①，因此借助其妻泉南大族庄氏的力量全力开发海荡。通过民国时期的丁氏《海荡图》可以看出，历经多代人的努力，丁氏已长期控制了陈埭周边的大片荡地。此外丁氏荡地亦有种植咸草的草坪，咸草是一种长期生长于滨海地带，既可以淡化盐碱地，又具有经济价值的作物。“咸草，人编以为箔席，多生水湄”②，可编织为草帽、草席售卖。由此，海荡产业成为陈江丁氏维持生计、宗族繁衍的重要产业。

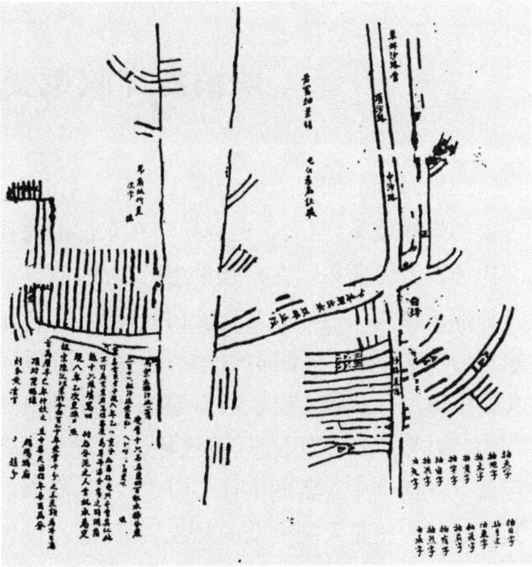

图 1　敦朴海荡抽分图(二)

图片来源：庄景辉编《陈江丁氏回族宗谱》，香港：绿叶教育出版社，1996 年，第 377 页。

渔课荡米自古以来就是历代王朝的税收项目之一，福建地区早在五代时期便对江湖河海产鱼之所，皆征其课；宋代亦有舟船捕捞之征。明洪武初，将“天下田地山林海塘海荡等悉书其名数于籍”③，于地方设置河泊所。《惠安县志》记录惠安河泊所下辖八澳，澳设总甲以催督课米，杨培娜据此认为其实际上类似于里甲甲首；并且比对叶春及在《惠安政书》中所记“渔课……原额入澳，澳有甲，当书某澳、某甲、某户，有某处某业米若干”，由此推断明初河泊所下辖的渔户有里甲之制，而在实施过程中，可能正是以渔户所集中栖息的港澳作为里图催课单位。④ 根据绘制于万历年间的《明代府城舆图》⑤可见，在晋东平原亦存在着陈埭澳，作为官方管理该地区渔户赋税的场所。清代亦有“荡税”，晋江县的荡地同平原田地一样，“荡以亩科”。“海滨之民，皆以海为田，如潮至而采捕鱼鲑，则有鱼课；如土现而种植蛏苗，则有荡米，其界限原自截然也。”⑥潮汐季节性涨落造成滩涂的季节性生产，涨潮时捕鱼，潮落时养殖海蛏；因此，沿海河泊所涨潮时征渔课，退潮时征荡米。由此可以看出，晋东沿岸渔课荡米所采取的征收理念实际上仍然是陆地上的“以田系人”，由于沿岸生产者是“以海为田”，采用这种“以海系人”的方法则可以实现对沿岸淡水域以及边海的管理。

综上，受制于贫瘠的土壤条件，晋东平原的先民在进行农业种植过程中，对水资源的利用是不可或缺的，“水无涓滴不为用”，农业生产得以持续进行。而丰富的海洋资源则为该区域的民众创造了多元的生计形式，煮海捕捞抑或造舟通异域已成为滨海先民必备的生计手段。

① 庄景辉编：《陈江丁氏回族宗谱》，香港：绿叶教育出版社，1996 年，第 305 页。
② 《香山乡土志》志十四《植物》，“中国哲学书电子化计划”。
③ 顾炎武：《天下郡国利病书(五)》，《顾炎武全集》第 16 册，第 3049 页。
④ 杨培娜：《滨海生计与王朝秩序——明清闽粤沿海地方社会研究》，中山大学博士学位论文，2009 年，第 76 页。
⑤ 《泉州府舆地图说》，明万历三十年(1602)绘制，绘制者不详。该图册包括泉州府及所辖二十七个县、卫所、巡检司的舆图及图说。
⑥ 《丁保告岸兜五姓劫荡审语》，庄景辉编《陈江丁氏回族宗谱》，第 305 页。

二、明清海洋政策变动与滨海社会的应对

明清时期的国家力量始终注视着东南沿海,“倭乱”“海盗”是其绕不开的问题。海禁是明代主要的海洋政策,然而走私贸易却在东部沿海如火如荼地进行。明清鼎革之际,南明、清军和以郑氏为首的海商集团在福建沿海的混战,以及清廷推行的迁界政策,对晋东平原的滨海社会经济造成了巨大的破坏。在这动荡的局势下,晋东平原的民众在夹缝中生存,一些宗族面对国破家亡的现实,采取了不同的手段,维持着宗族的正常运转。《青阳乡约记》中提到,青阳乡绅庄用宾在团练乡兵抗倭,主持乡约,建构“以礼相轨”“以法相检”“以睦相守”的基层社会秩序中发挥作用。时至今日,庄氏仍是该区域的大族。此外,私人贸易始终是明清时期晋东平原民众海洋经济开发活动中必备的生计手段之一,然而明清时期的海洋政策无论是海禁、迁界,还是开海,其首要目的便是限制民众的私人贸易,通过设置在沿海的国家机构,对沿海民众的经济活动进行控制。明清易代下的晋东平原民众有着各种抉择,可谓“播迁荡析,浪迹江湖”①。

(一)明代的海禁与晋东滨海私人海洋贸易

明代的海禁自明初便已开始,虽然建朝早期朱元璋曾利用沿海开放通商的政策谋求市舶之利来扩充财源,然而维持政权统治稳定的需求远远大于开海谋利的需求。一方面为切断逃亡海上的方国珍余部与陆地的联系,另一方面因元末明初出现的“倭寇”问题,明太祖朱元璋下令“濒海民不得私出海”②。在禁止沿海居民下海的诸多手段中,主要是采取严禁双桅船下海。并且明成祖朱棣更是因为福建濒海私通外国,要求“原有海船者悉改为平头船”③,要求官员严防船只出入。

明初亦在沿海设置卫所,明太祖命周德兴在沿海抽丁筑城,设置卫所。《明太祖实录》载:

> 戊子,命江夏侯周德兴往福建,以福、兴、漳、泉四府民户三丁取一为缘海卫所戍兵,以防倭寇。其原置军卫非要害之所,即移置之。德兴至福建,按籍抽兵,相视要害可为城守之处具图以进,凡选丁壮万五千余人,筑城一十六,增置巡检司四十有五,分隶诸卫以为防御。④

关于卫所之外的布置,明曹学佺《海防志》载:

> 闽有海防以御倭也。国初设卫、所,沿海地方自福宁至清漳南北浙粤之界,为卫凡五,为所凡十有四。仍于要害之处,立墩台、斥堠,守以军,余督以弁职,传报警息。凡以防倭于陆,又于外洋设立寨、游。

加上滨海的巡检司,由此构建起一套以沿海卫所为核心,以水寨、营堡、烽候为前沿阵地,陆上关

① 陈聪艺、林铅海选编:《晋江族谱类钞》,厦门:厦门大学出版社,2010年,第67页。
② 《明太祖实录》卷七〇“洪武四年十二月丙戌”条。
③ 《明成祖实录》卷一〇上“洪武三十五年秋七月壬午”条。
④ 《明太祖实录》卷一八一“洪武二十年四月戊子”条。

隘之地设巡检司加以把截缉私的防卫系统。① 明代巡检司多继承自宋元。巡检司，作为官职出现在中晚唐，历经五代，在宋代发展完备，成为一种基层治安制度："国家设巡检、县尉，所以佐郡邑，制奸盗也。"②元代在地方基层推行捕盗职能巡检司，明代福建的巡检司的设置方式多为一县多司。晋江县最初设置有祥芝、深沪、围头，乌浔四巡检司。四司均有建城，各有巡检一人、弓兵一百名。从四个巡检司设置的位置可以看出，其功能主要是在各个港湾进行巡捕，防止倭寇入侵："洪武二十三年，令滨海卫所每百户及巡检司皆置船二，巡海上盗贼。"③众多港澳成为海防演练的场所，如万历《泉州府城舆图》所载，陈埭澳作为"北风浯屿寨兵船抛泊在此"④，大大压缩了沿海居民的生计空间。

在这内防下海、外防侵入的高压下，沿海居民不得不转换其经济开发手段，除开近海捕捞与养殖，一部分渔民选择了下海走私经商，更有甚者，转换身份，成了海盗。嘉靖后期巡视浙江的福建都御史王忬呈奏《条处海防事宜仰祈速赐施行疏》，⑤谈到漳州、泉州海澳民众的生活状况已今非昔比，由于"僻处海隅，俗如化外"，使得"豪数姓人家又从而把持之，以故羽翼众多、番船联络"，每到"捕黄鱼之月，巨艘数千"，于是"遂贻东南莫大之害"。

明代后期，随着抗倭形势的严峻，越来越多有识之士意识到，海禁不开，倭寇问题无法得到彻底解决。时任福建巡抚的谭纶提出了宽海禁的建议，他认为，"闽人滨海而居"，海禁以来，"海洋鱼贩一切不通"，由此"民贫而盗念起"。于是，隆庆元年(1567)，福建巡抚都御史涂泽民成功奏请开海禁，在漳州月港部分开放，准许私人贸易，准贩东西洋。贩洋货物关口一开，沿海私人贸易与官方相互勾结、迅速发展，出现了一大批海商群体，其中最为突出的便是郑芝龙、郑成功父子的海商集团。

值得注意的是，一些学者认为，基于明中后期泉州区域社会自身的发展逻辑和倭乱造成的短暂的科举人数空缺，依靠走私发家的闽商需要新的身份，越来越多的商人在致富以后从事科举，或与地方士绅相联系，使其社会地位得到提升。⑥ 例如钱屿洪氏，其先祖自宋移居吟啸桥西沙塘里钱屿堡，以农耕为业，至五世祖洪贺以商贾发家，使其子孙得以有条件从事科举活动：

> 洪贺，字世旺，号松峰，晋江人，性质实，能治生，平日崇信义，重然诺，凡商货远至，必借司平。与人贸易，无不倚重敬信者，自奉俭约，服取蔽体，食取充饥，居室取完。固用能铢积寸累，有中人之产。⑦

其子洪富于明嘉靖八年(1529)中第二甲第三十五名，赐进士出身，初授刑部主事，后官至四川参政。他与晋江青阳乡科举世家庄用宾同期同乡，为其撰写《青阳乡约记》。观《青阳乡约记》，其署名者，不乏政坛人物，如李叔元、张瑞图等。如此以同乡为纽带，在政治上相通，钱屿洪氏由此

---

① 相关海防著作有：黄中青《明代福建海防的水寨与游兵》，《中国海洋发展史论文集》第7辑，台北：台湾"中研院"中山人文社会科学研究所，1999年。

② 徐松辑：《宋会要辑稿》卷五七《职官》，《续修四库全书》第780册，上海：上海古籍出版社，2002年，第3654页。

③ 周学曾：《晋江县志》卷五《海防志》，《中国地方志集成·福建府县志辑》第25册，第64页。

④ 《泉州府舆地图说》。

⑤ 王忬：《条处海防事宜仰祈速赐施行疏》，《明经世文编》卷二八三《王马奏疏》，北京：中华书局，1962年，第2993—2997页。

⑥ 杨园章：《晚明泉州科举兴盛的原因及其社会影响》，《福建史志》2022年第5期。

⑦ 《松峰公府志传》，《钱屿洪氏图谱》，晋江市图书馆馆藏复印本。

名宦乡贤辈出。

(二)清代的迁海、复界与地方宗族的应对

明末,郑芝龙、郑成功父子垄断东南沿海的商贸,其商船来往于日本、中国、东南亚之间,形成了“独有南海之利”①的局面。郑芝龙降清之后,郑成功通过一系列手段夺得了东南海上贸易以及近海岛屿的控制权,继续与清廷对抗,由此拉开了近四十年拉锯战,“由小桥折而东,则自陈埭、青阳、蚶江、石湖等处,古陵铺折而南,则沙溪、金厝寮等处,皆逆贼出没之要路”②。在此背景下,清廷为断绝东南沿海民众与郑成功等海上抗清势力的联系,解决明中期以来东南沿海地区的长期动乱,加强对当地的控制,实行了迁界禁海政策。③

据统计,泉州一带经历了两次迁界,第一次始于顺治十八年(1661)八月,“朝命户部尚书苏纳海至闽,迁海边居民之内地;离海三十里村社田宅,悉皆焚弃”④;其间虽然稍有展界,但是随着局势变化而又再次迁界。康熙十八年(1679),“命沿海二三十里量地险要,各筑小寨防守,限以界墙”⑤,直至康熙二十三年(1684)全部展界。⑥ 而根据杜臻的《粤闽巡视纪略》,晋江县的迁界情况如下:

> 元年画界,自大盈历龙源山鹧鸪寨后渚澳至洛阳桥,为晋江边……共豁田地一千二百五十二顷有奇。于观树、塔山因界设守。八年展界。⑦

显然,界线的规定更多从自然地势上考虑,晋东平原南部的港湾半岛,向内迁移的距离与海岸线长短有关,海岸线越长,向内陆迁移越多。对于晋东平原,官方一方面下令迁界,另一方面则在沿岸要冲之所新设水寨,布置兵汛:“浯埭汛,兵五名。溪边汛,兵五名。溜石汛,兵五名。”并且将原有明朝设置的围头巡检司的驻地移至晋东平原北部“二十七都洋埭庵上”⑧,邻近晋江入海口,更名庵上巡检司。

迁界给滨海民众带来了巨大的灾难,据统计,迁界导致的荒田顷数多达 1 252 顷,⑨造成了严重的经济损失;另外迁移过程中,官吏大肆破坏沿海的屋舍坛庙,迫使民众迁移,导致大量居民流离失所。如居十一都的东皋吴氏,内迁散落各地,“或在荆门,或居剑津,或还河南故地,或入百粤之郊”,待复界时,回迁时“十仅得其二三”。⑩

明清之际,滨海动荡的局势下,作为地方大族的陈江丁氏内部作出了多种抉择。掌管晋东平原沿岸大量荡地的丁氏在明清鼎革之际,为求自保,团结乡里,组成民间军事组织以保卫其生

---

① 邵廷采:《东南纪事》卷一一,《台湾文献史料丛刊》第 5 辑第 97 册,第 131 页。
② 杨捷:《海氛不靖咨两院》,《平闽纪》卷五,《台湾文献史料丛刊》第 6 辑,台北:台湾大通书局,1987 年,第148 页。
③ 叶锦花:《宗族势力与清初迁界线的画定——以福建漳泉地区为中心》,《福建师范大学学报(哲学社会科学版)》2015 年第 1 期。
④ 彭孙贻撰、李延昰补:《靖海志》卷三,《续修四库全书》第 390 册,第 504 页。
⑤ 周学曾:《晋江县志》卷五《海防志》,第 125 页 b。
⑥ 《广东新语》《海上见闻录》《莆变小乘》等记载的迁界距离均不相同。
⑦ 杜臻:《粤闽巡视纪略》卷四,《景印文渊阁四库全书》第 460 册,台北:台湾商务印书馆,1986 年,第 1058 页。
⑧ 怀荫布修、黄任纂:《泉州府志》卷一二,《中国地方志集成·福建府县志辑》第 22 册,第 251 页。
⑨ 朱维幹:《福建史稿》下册,福州:福建教育出版社,1986 年,第 396 页。
⑩ 陈聪艺、林铅海选编:《晋江族谱类钞》,第 42 页。

计，作为地方宗族势力，游走于清廷与郑成功集团之间。如其十二世祖丁良：

> 甲申春，国变，海内鼎沸，聚党劫掠，所在蜂起。公充里长，为乡族所推，鸠众固御，几陷不测……郑藩破漳，进据泉之六邑，公坐困无生活计，遂因萧镇旧友，募兵归岛。初授伪水镇将军，寻调伪镇标中协，管理陆路。时天意人心，俱归我朝。①

此外，历代多出士子的陈江丁氏宗族内部亦有为明守节之人。如十二世祖丁楠，崇祯年间应武举，后调粤东潮州府西营守备，因不受郑芝龙私利，受其排挤。甲申之变后，丁楠在地方组织义军，与清兵战于泉南陈翁桥，最终殉节。其弟丁祚面对国破家毁的情形，努力维持宗族的状况，稳定族里秩序。严峻的海禁政策与宗族"以海为田"的生计冲突时，丁祚利用其乡里名望，"躬自呼唬当道，为人请命"②，因此得以在内港采捕。而十三世丁烨则在顺治十三年(1656)简亲王克复漳州时，以人才举授漳平教谕；康熙八年(1669)，内调为户部主事。当时，清廷议论征福建盐税，丁烨以迁界未复，盐田大都荒废，力争不可，遂停止施行。

而自康熙年间统一台湾之后，闽台之间的商贸悄然复苏，在设置了闽海关之后，官方控制下的转口贸易重新焕发生机：

> 国朝康熙二十二年，自台湾入版图后，靖海将军施琅请设海关。是年始设命户部司官一员，榷征闽海关税，一年一更。③

康乾期间的开海措施中，强化了闽台之间的海上贸易，晋东平原南部的蚶江口作为泉州总口，增设了台湾彰化的鹿仔港作为其对渡口岸，"大小商渔往来利涉，其视鹿仔港直户庭耳"④。因此，晋江有实力的地方宗族贩于海上，于江浙粤台往返，逐渐组成商帮、郊商，形成了一批庞大的闽商群体。晋江地方宗族，秉持着"士农工商，人之分内事也"的观念，其族人多幼时便学贾，泛舟海上。以陈江丁氏为例，该族多有"自少读书识大义，弃儒学商于南粤，年方三旬余"⑤、"少时学贾东瓯，壮岁经营台郡"⑥的事例；清末军事家丁拱辰之弟丁君梯，"复赴粤东，甲午冬遂克树立，自置生理。粤之人嘉其老成，许以才德兼备"⑦；甚至有的族人由于长期在外而自成一家，"嘉庆年间，贾于福鼎，因肇基于桐北，娶泉郡蒋公之女"⑧。

从事商贸的族人往往会加入商帮，从事同种大宗货物的转运，由此形成固定的郊商行会。据现今留存的海光堂钟铭可见：

> 道光岁次丙午年孟夏蒲月建铸，泉郊南关外二十七都雁江境众姓弟子喜捐敬奉海光堂钟一口。
>
> 同治岁次庚午年桂月吉日，众洋药帮丁姓弟子重新建铸。今将各号名字开列于左：
>
> 合源号弟子丁光灿。干源号弟子丁日新。合茂号弟子丁光麻。

---

① 庄景辉编：《陈江丁氏回族宗谱》，第 316 页。

② 同上，第 223 页。

③ 周学曾等纂修、晋江县地方志编纂委员会整理：《晋江县志》，福州：福建人民出版社，1990 年，第 512 页。

④ 晋江市政协文史资料委员会编，粘良图、陈聪艺编注：《晋江碑刻集》，第 342 页。

⑤ 庄景辉编：《陈江丁氏回族宗谱》，第 10 页。

⑥ 同上，第 186 页。

⑦ 同上，第 116 页。

⑧ 同上，第 107 页。

广兴号弟子丁雅言。全茂号弟子丁即鱼。生源号弟子丁鳅先。
茂胜号弟子丁子琴。合和号弟子丁正海。协昌号弟子丁乌牛。
德胜号弟子丁锦炎。复宝号弟子丁呵鸡。增利号弟子丁九坚。
协记号弟子丁呵研。合泰号弟子丁逊时。德祥号弟子丁少水。
成美号弟子丁文滔。广成号弟子丁逢元。协春号弟子丁呵送。
顺成号弟子丁汝烈。泉益号弟子丁和狮。和利号弟子丁理洁。
源成号弟子丁光恰。协盛号弟子丁光笨。和发号弟子郭和尚。
浙宁甬江单顺得官厂铸造①

正是越来越多的转口贸易,使得官方必须强化对从事贸易人员的管控。在明代海防体系的基础上,清代沿海的海防措施得到了加强,其水师营制、防守汛地等更为完善。安海镇现今留存的清代告示,展现了地方运用军事行政手段对来往的沿海商船进行管理。在东南沿海数千里,皆有协营水师巡护内外港湾,用以维持滨海社会的安定:

……本年六月又蒙转奉札准格奉督宪牌:据瑞安、玉环、温中左各协营合禀,温属洋面闽船往来不遵书烙,私带枪炮,人船与照不符,在洋为盗。请饬闽属守口文武一体书烙等情。牌道行县移营,如过石湖等澳商渔船只,着命照章报验书烙……②

此外,根据社区老人回忆,③民国时期位于晋东平原东部的陈埭街(俗称为“陈内街”),呈南北走向,横穿四境社区密集的民居建筑群,长约五百米,宽约三至四米,路面由石板铺砌而成,街两侧的铺面大多是单层砖石木结构,插槽式木门板、瓦筒屋面。街的中、南段以西是前、后社,有社南巷、后社巷从街中分出,向西经湄源桥(旧称“陈埭桥”,现称“双慈桥”)跨过前社沟再经湖中村可达青阳街道(俗称“五店市”,地方志中记作“吴店市”);另外东、西、北三面环沟的地理位置,使得四境社区占有水运之便,九十九溪上穿行的沟船运来建材、杂货,运走稻谷、海蛏和草编等土产。而且在距陈埭街东南方向约一公里的江头村有通海的西斗门(水闸)码头,海船运来的各色货物上岸后也都是在陈埭街转手批发。在霞沟巷尾(通泉州东海方向),至 20 世纪 80 年代,仍有一跨巷砖石木拱门,俗称“海关”。关于该区域内的“海关”问题,方志载:

至雍正七年,议归巡抚兼管泉州海关,越后巡抚转委道府权征,今复归镇闽将军辖理。关设在南门外等处,凡商船越省贸易出入者,官司征税。

……

陈埭哨一所。④

可见,伴随着清中期台海局势稳定之下加强贸易管理的需要,清廷逐步在闽南沿海设置大小不一的关口用以催征商税,最迟在道光年间,晋江县南部的海关已经发展起来,陈埭海岸存在国家管理的口岸,用以征收进出口船舶之税。

---

① 《海光堂钟铭》,[美] 丁荷生、郑振满编《福建宗教碑铭汇编・泉州府分册上》,福州:福建人民出版社,2008 年,第 406 页。

② 晋江市政协文史资料委员会编,粘良图、陈聪艺编注:《晋江碑刻集》,第 97 页。

③ 根据四境社区文史工作者丁茂博先生文章《陈埭街的古往今来》整理。

④ 周学曾等纂修、晋江县地方志编纂委员会整理:《晋江县志》,第 512 页。

在陈埭街街尾的土地公宫，祀土地公。在其原址边有古建筑石经幢一座(后迁至佛祖宫边)，于1991年4月获晋江县政府颁定为第二批县级文物，据所立石碑背书刻记：陈埭石经幢建于宋天圣三年(1025)，明万历乙亥年(1575)重修。而现存陈埭石经幢上则阴刻有"万历乙亥埕上陈氏募缘重建"字样。石经幢是一种糅合了旌幡、塔、石柱等的结构而创造出来的新的建筑形式，是佛教供养物之一，佛教信徒们在石经幢上刻写经文，避难消灾以求福报；随着与中国传统文化的不断融合，石经幢的功能逐渐增加，从最早的除罪作用，发展出祈福、消灾、安定土地、维护和平等诸多功能，亦具有风水塔的一些功能。① 结合海陆变迁与陡门位置，可以推测当年海湾更加靠近陈埭街，高五米多的石经幢在其河海交接的岸口，有着镇水的功用，并且在周边低矮的民房群中特别明显，兼有航标功用，海船可直达位于霞沟巷尾(东头)的海关。

由于陈埭港"间有船只出入"的特性，地方大族往往利用其势力进行走私贸易。道光十九年(1839)，陕西道监察御史杜彦士对英国鸦片烟土在福建省各海口销售的批评就指出，在地方官的一味隐忍下，"漳、泉各处有夷船往来寄泊"，在晋东平原，则"以泉州言之，如衙口施姓、深沪陈姓、陈埭丁姓，素皆恃鸦片为生业；夷船一到彼处，则盈千累万交水师哨船代为交易"。② 由此可见，走私贸易依然是晚清滨海宗族的生计手段之一。

综上，明初至清中期，由于福建沿海地区客观形势在不同时期发生了深刻的变化，国家对晋东平原滨海社会的控制出现不同程度的消长，滨海地区的海防体系成为国家控制滨海社会运转的重要手段，其海防实力的增减影响了官方对待该区域海上贸易的态度，影响了官方海洋政策的制定。然而围绕海洋开展的经济开发活动始终是滨海社会群体主要的生计手段，地方民众往往会采用多种手段谋求生存的利益。明清易代之后，原有的社会秩序被打破，晋东平原的地方宗族多适时转变其社会身份，以保证其在地方社会中的利益，在始终处于变动的海洋政策环境下，向海而生。

三、争讼：晋东平原人地紧张背景下的滨海社会秩序建构

明清时期，晋东平原以陈江丁氏为主力对沿海荡地的围垦使得晋东平原的面积不断扩大，并且可以供养更多的人口。与此同时，一些滨海的聚落亦逐渐出现，如丁衍夏的《聚族说》所述：

> 吾高祖之父诚斋府君者，仁祖之中子，妈保之弟，福保之兄也，讳观保，今隶盐籍即其名。诚祖有子四人，长曰恭，次曰宽，三曰信，四曰敏。恭之居名新舍，在雁沟之前而西顾，诚祖祀焉。宽之子三，则居仁祖肇基之宅，名曰下舍。其长子居隔壁后之左，名曰屿头，以其娶于屿头女也。信之居名上舍，在隔壁后之前。敏，乃吾高祖毅斋府君也，吾曾祖颐隐府君之父，吾大父汾溪府君之祖，居曰汾头，处上舍之间，别为一村……吾诚祖而下，此四宗者，其子孙呼于族，称于乡，亦名以居系，犹夫二大宗矣。③

① 孙群：《福建遗存古塔形制与审美文化研究》，北京：九州出版社，2018年，第54—68页。

② 文庆等辑：《筹办夷务始末选辑》卷九，《台湾文献史料丛刊》第4辑第74册，第10页。

③ 庄景辉编：《陈江丁氏回族宗谱》，第28页。

明嘉靖年间的晋东平原滨海地带已经形成了新舍、下舍、屿头、汾头等单一姓自然村,由此展开村落之间的互动,这其中既存在地方人群经济上的冲突,亦存在其生活中共同的"信仰圈"。

明清时期,人口快速增长,而地理环境的资源有限,资源的争夺和保护问题日益突出。宗族或者海澳的实际掌管者因争夺围湖、海澳、近海网位而起的诉讼以及械斗不断。

首先以康雍时期围绕龙湖展开的军功勋贵浔海施氏宗族与龙湖周边民众的诉讼为例。根据方志,龙湖自明初便受河泊所管控,有五姓渔户承担:

> 周十余里,旧系官湖。明初始征鱼税,米四石二斗六升,折银一两五钱零,隶河泊所征解,有渔户许、留、翁、林、吴五姓承纳。湖中产水藻,环湖田亩,资以灌溉。①

然而进入清朝以后,龙湖却"后为势宦占踞,凡乡民水面营生者,皆令受税。国初,势家奄为己业,年收税银三十余两"②。这里的势宦实际上指的是浔海施氏,也就是施琅的宗族。

施琅是龙湖周边衙口乡浔海施氏宗族成员,他原是郑成功集团的部将,后归降清廷,在其主持下,清军克复台湾,结束了明郑政权。施琅于康熙十七年(1678)撰写的《重建施氏碑记》中清楚记述了明清易代给施氏宗族造成的损失:"值海寇为乱",其建于崇祯年间的宗祠因为迁界毁于一旦。而后随着军事局势的变化,施琅的政治地位不断上升,"复建是祠于祖里"③的愿望始终没有忘记,最终在康熙十七年的春天,宗祠落成。由此,在施琅的支持下,浔海施氏宗族开始全面复兴发展,至施琅去世时,浔海施氏宗族已全面掌控龙湖的生计活动。这点从施琅之子在其去世后撰写的《施氏大宗祠祀典租额碑记》中可以看出:

> 呜呼!我先公太傅襄壮公身受祖宗之庇,世膺茅土之封,其于敬修祀典,诒厥孙谋,创有供祭租额享祀不忒,可谓至矣尽矣!顾租额虽有簿籍登载,恐岁久或致遗亡。兹特将租粟、草税、湖税、海税、店税五项岁所收入额数详开,勒石置之大宗之庙,昭示来兹,以垂永远。凡我孙子,以似以续,岁时轮番直祭,其敬守之毋忽。
>
> 祀业额数计开:
>
> 一、衙口、许婆庄等乡园租每年壹万柒千零伍拾肆斤。
>
> 一、西周、埔宅等乡每年草税银壹百肆拾叁两。
>
> 一、翁厝、龙湖等乡每年湖税旧额叁拾叁两捌钱。
>
> 一、浔美、鲁东、埔头等处每年海税银叁拾两。
>
> 一、衙口店屋每年税银贰拾肆两零贰分伍厘。
>
> 康熙三十八年己卯仲夏谷旦
>
> 十七世孙世纶记④

该文谈到施琅"创有供祭租额享祀",并有"翁厝、龙湖等乡每年湖税旧额叁拾叁两捌钱",所谓的湖税,与沿湖五姓状告"年收税银三十余两"一致。可见在施家如日中天时,龙湖周边的村落实际上受强宗大族控制。而地方官府往往慑于施琅父子两代的军功,对于施氏宗族横征暴敛的行

---

① 周学曾等纂修、晋江县地方志编纂委员会整理:《晋江县志》,第139页。

② 同上。

③ 《重建施氏大宗祠碑记》,[美]丁荷生、郑振满编《福建宗教碑铭汇编・泉州府分册上》,第221页。

④ 《施氏大宗祠祀典租额碑记》,[美]丁荷生、郑振满编《福建宗教碑铭汇编・泉州府分册上》,第221页。

为只能视而不见。康熙四十五年(1706)，福建提督梁鼐、兴泉道分守佟沛年、知府时腾蛟、知县王士因连月不雨而率众到龙湖祈雨，后立碑，亦由赋闲在家的施琅堂侄施世騄撰文。

待到雍正三年(1725)，晋江知县叶祖烈“留心民瘼，凡有害于民者，执法诛锄，奸宄敛迹。听断明敏，庭无冤民”，因而龙湖附近居民才求告有门，控诉“施府势炎，强占代纳湖米，设签横征，民遭酷剥，惨难尽言”。①最终在两任知县以及时任福建总督刘世明等人的决断下，龙湖收归公有，“此湖官输课米，应任听小民钩藻、捕取湿生，共受其利，嗣后永不得私相买卖并□绅侵占”②，事端方平息。

顾炎武摘录的《漳浦志》中有这样的记载：

> 海跨邑之东南，弥望无际，潮至而网取鲜物者，谓之网门，有深水网，有浅水网；潮涸而手取鲜物者，谓之泊门。门之下即泊也。有泥泊，有沙泊，泥泊产鲜盛，沙泊次之。网泊以水涨涸为限，各有主者。往百年滨海民以力自疆界为己业有之，于今必以资值转相鬻质，非可徒手搏之矣。顾其为值一而利十之，明年利辙盈其值。环海之利岁收不啻四五千金，其所输官课未及五十分之一也。利广，故争辙起，往往斗夺，以必得为快，其势必归于巨室。彼附海之奸民窥其利也，亦时乘间群而驾舟，逞干戈以强捕其所有之物。诘于官，非缩首而窜，则聚党而噪，官亦莫谁何也。③

这段记载显示的正是明代中期渔课定额折征之后，漳南濒海滩涂海界的圈占和争夺。濒海滩涂官课所输甚少，环海获利却极大，是故各民纷纷自划疆界，彼此争相斗夺。在此过程中，豪强大族必定占据优势。濒海纷争不断，官府介入亦处于下风，往往要数次官司才可解决。

以二十七都岸兜乡五姓劫荡为例，据其宗谱载：

丁保告岸兜五姓劫荡审语

> 哲初伯谢世后，岸兜乡五姓复厥，借张谱于霞行二水老先生，遂党殴下厝房福天官，伊房莫敢护之，赶至长沟桥头，汾溪房伯叔方喝护之，就桥头大打一场，续上厝房众亦至，五姓方散去。下厝房无一人敢出片言，而汾溪房始赴泉州府孙讳朝让老爷控之，渠捏控本族多人。审语附志。④

最终官府出面划分具体界限以及经营活动：“在丁，而以粮荡为业，不得越而问修渔；在林、张五姓，各以渔为业，鼓棹大海，扳网所至，不得稍入丁家荡界。”⑤对非法扰民、混淆视听的岸兜五姓予以惩戒。官府在处理劫荡时，清楚地感受到了双方豪强大族的压力：“审得滨海洋荡，素为势宦管业。”此外还有涵口陈家与陈江丁氏争溪边港泥；岸兜乡陈琛后人趁时任刑部侍郎丁启濬过世，借青阳乡曾任大学士的张瑞图的威望争夺海荡。这两姓产权纠纷背后，还存在两种经营方式的竞争。

郑振满指出，明中叶以降，陈江丁氏内部两极分化日益加深，士绅阶层逐渐获得对宗族事物

① 晋江市政协文史资料委员会编，粘良图、陈聪艺编注：《晋江碑刻集》，第 67 页。
② 同上，第 69 页。
③ 顾炎武：《天下郡国利病书(五)》，《顾炎武全集》第 16 册，第 3118—3119 页。
④ 庄景辉编：《陈江丁氏回族宗谱》，第 305 页。
⑤ 同上。

的支配权。① 这一时期的陈江丁氏,已经从按房分享权益的“继承式”宗族演变为按等级分配权益的“依附式”宗族,出现了内部的权利从属。反映在经济活动上,海荡的经营采取小宗持有政策,族人共同拥有;然而在主持荡地的抽分、祭祀时,“主舍”作为分荡活动组织者,有权保留荡地肥沃的“主舍坛”。因此海荡虽然名义上归族人共同所有,实际上并不是每个人都平等地拥有对其产权的支配权。对于新增荡地,丁氏宗族亦要求“一通海所有新浮海荡,俱应通族合贌,不得私贌,致启争端”②,将海荡的经营权牢牢掌握在族内。

荡地本身具有水流波动的特性,其边界时常变动,这便极易产生界址不清的争端。更有甚者,地方强宗霸占弱姓荡地,引起数年荡地界址官司。针对此类争端,加上为维护各种渔政活动的进行、保障渔课荡米的征收,地方官府往往会在各个港口、庙宇竖立碑刻,颁布乡约告示禁令,约束不法行为。

陈埭西陡门外原有《泉州府示禁碑》:

泉州府示:该里渔贩等船,不许万波斗门石墙,致有蹋坏取罪。③

另有《公禁岸途碑记》:

一禁:龙头官岸建修,以后倘被水冲崩,不准挖起……处,如违罚戏壹台。
一禁:杨枝岸自重修两次,日后倘被水冲崩,不……掘别置,如违罚戏壹台。
一禁:鲤鱼洲途次一带务须照顾,不得蹧跶谨……

丁曜图
道光乙酉年葭月吉日④

此外,晋东平原南部的深沪湾亦有对靠岸停泊渔船的规定,用以保护湾内的海洋资源:

不许沿东垵□□打屿石、□违者□□。

道光二十一年九月　日公立⑤

又有:

官仔口系泊船之所,凡□□石块不许丢弃澳内,诚恐船只出入有碍。违者罚戏壹台。
嘉庆己卯年花月三乡公禁⑥

以上规定,展现了海疆地方的民间社会运用各乡权利,共同维护湾澳的环境,保障周边民众的生计。

综上,晋东平原随着向海扩展,其聚落数目不断增加,海疆开发也不断成熟。围绕着宗族占地、争讼械斗,碑刻警示,显示出了晋东平原这一海疆地带的基础社会运行秩序,其逐渐形成的独特的社会关系网络的存在以及演变,往往具有较强的延续性,时至今日仍然在东南地区随处可见。

---

① 郑振满:《明代陈江丁氏回族的宗族组织与汉化过程》,《厦门大学学报(哲学社会科学版)》1990 年第 4 期。
② 庄景辉编:《陈江丁氏回族宗谱》,第 197 页。
③ 晋江市政协文史资料委员会编,粘良图、陈聪艺编注:《晋江碑刻集》,第 6 页。
④ 同上,第 8 页。
⑤ 同上,第 84 页。
⑥ 同上,第 82 页。

结论

通过以上各个章节的分析，我们不难发现，晋东平原的地理环境为其开发提供了基础，而海疆政策下的社会的变动造就了该区域“以海为田”的经济开发模式。在明清时期，晋东平原的社会并未随着刺桐港的衰弱而沉寂，而是从民间向海逐步进发，海洋开发的脚步从未因海禁而中断，反而形成独特的生存空间。

在不同的海疆政策下，滨海地带的生产方式与社会状态发生明显的改变。在动荡的社会局势下，人的身份具有多重性，在各个群体阶层中摇摆，具有“水一般的流动性”①。明清鼎革之际，晋东平原地方社会的显著特征是“不清不明”，风雨飘摇的隆武政权下，地方人士对其个人身份的认知往往是暧昧的，以至于在清代族谱中，存在着担忧国破家亡，“虏警显闻，戎马生郊”“隆武乙酉冬郡庠生承缨顿首拜撰”②的记录。这再次说明，所谓“天下可传檄而定”的说法，是基于基层社会中实现实际控制的地方势力的抉择，以泉州地区为战场，南明、清军和以郑成功为代表的各种地方武装的混战，这使得因时变幻身份成为该区域群体的一种集体心态，而当下的身份并不代表认同，而是为了“保境安民”。

沿海平原的开发亦是一个动态的过程，在围垦养淡的推进下，原先的滩涂成为可耕地，加之入海口泥沙在各个历史时期的堆积，新的滩涂亦在不断生成。沿海民众对于近海的土地进行了分类标识，采用不同的上地利用方式，所谓的“海田”“洲田”“洋田”的称谓，反映的正是沿海荡地的开发状态。沿海民众向海持续扩展，利用海洋滩涂资源、海洋水资源、海洋动植物资源，发展海水稻种植、咸草种植、海蛏等养殖、海洋贸易运输、海盐晒制等多种产业。明清时期的沿海荡地开发趋于饱和，不同宗族掌握的荡地大小不一，常常出现互相越界霸占的情况，可以看出沿海平原的人地矛盾在明清演变得更加激烈。加之海禁的压力，沿海民众不得不转向远洋捕捞、海上贸易、海外贸易。而沿海平原开发过程中的众多水利设施亦改变了当地沿海的自然环境，逐渐形成了能够供船舶停靠的小港湾，为海洋开发产业提供庇护，推动了海洋经济开发活动的进一步深化。

---

① [法]布罗代尔：《15至18世纪的物质文明、经济和资本主义》第2卷，北京：生活·读书·新知三联书店，2002年，第502页。

② 《陈江倪氏陈厝房桐城倪氏族谱(清同治、光绪)》，晋江市图书馆藏复印件。

福建方志文献中的“海丝”书写及其文化交流意涵

吴巍巍*

摘　要：地处东南沿海一隅的闽台地区自古及今都是东西方经贸文化往来的最重要的前沿窗口之一。从宋元至明清，闽台区域社会逐渐完成一体化的历史发展进程。而东西方文明在闽台海域如缕不绝地相遇与碰撞，激起了阵阵浪花与回响。在闽台区域参与到中外“海上丝绸之路”历史进程的境遇中，大量福建地方志的书写与记载，为我们提供了丰富的文献资料证据和生动的图文内涵。通过福建地方志文献的记录，可以探索出历史上“海上丝绸之路”中外物质和精神文明交流互动的时代内容和发展规律。

关键词：福建；地方志；“海上丝绸之路”；中外文化交流

当前，“丝绸之路经济带”和“21 世纪海上丝绸之路”(简称“一带一路”)的合作倡议正积极开展与推进。这是借用古代丝绸之路的历史符号，在中外友好关系的历史基础之上，积极发展与沿线国家的经济合作伙伴关系，共同打造政治互信、经济融合、文化包容的利益共同体、命运共同体和责任共同体。鉴古知今，以史为鉴，我国地方志文献资料中有关中国与相关国家友好往来的记载，无疑对“一带一路”的建设具有重要的现实借鉴意义。闽台海域是“海上丝绸之路”重要的东方起点，大量福建地方志文献书写和记载了各类相关事象，反映了在古代“海丝”交流交往与交融通道中，中外物质和精神文明交往互动的时代内容和发展规律。这对于当下重建 21 世纪“海上丝绸之路”的宏伟目标，无疑有着一定的历史启示作用。

一、从福建方志文献记载看中外政治交往与对外关系

历史上，海上丝绸之路沟通、连接着中国与沿线各国。通过海上丝绸之路，中国与世界愈益融合，建构了一个庞大的政治、经贸、文化交流的关系网。在这张巨大的关系网中，政治的交往是中外往来的互信基础，因此，非常具有战略发展的价值和意义。

因各地区身处其间参与了历史发展的进程，方志文献以其特殊的视野，记录保存了许多这

* 吴巍巍，福建师范大学闽台区域研究中心研究员、副主任，图书馆馆长。

方面的资料。例如，宋元祐二年(1087)，政府在泉州增置市舶司，管理海外贸易；南宋时，福建市舶司“依广南市舶司体例，每年于遣发蕃舶之际，支破官钱三百贯文，排办筵宴，犒设诸国蕃商等”①。绍兴二十一年(1151)，李庄在升任提举后言：“提举市舶司委寄非轻，若用非其人，则措置失当，海商不至矣。”②市舶司直接关系王朝的海外贸易，重要性不言而喻。海外蕃客追波逐浪，从事与中国的贸易，为海上丝绸之路的繁荣立下了汗马功劳。历史上兴盛一时的广州、泉州的蕃坊，留存至今的泉州蕃客墓和具有波斯人、阿拉伯人血统的村民部落，都在倾诉着蕃客们为构建历史上的海上丝绸之路所作的贡献。这一事实告诉我们，构建21世纪海上丝绸之路，海外诸国的参与和支持是多么重要、不可或缺。再如，郑和下西洋的壮举，彰显了明王朝的强大硬实力和文化软实力。福建的地方志文献如《长乐县志》《泉州府志》等皆有不少这方面的相关记载。据《长乐县志》记载，永乐十年(1412)三宝太监驻军十洋街，人物辏集如市。③《闽书》中记有“郑和下海通西洋，驻军十洋街，是科邑人马铎应之，戊戌又鸣”的热闹盛景。④《泉州府志》中亦有郑和下西洋后，“胡贾航海踵至，其富者资累巨万，列据城南”的记录。⑤

福建也为郑和下西洋提供了大量的人员。除了一般的航海人员外，福建都司和福建行都司所辖的十六个卫，绝大部分都选派了官兵参与郑和下西洋活动。明代所存的《卫所武职选簿》(仅有福建十六个卫，十二个守御千户所的四个卫)记载了跟随郑和下西洋而以功升任的各路军士。客观地说，郑和船队下西洋，在福建造船，在福建招募航海人员，调派卫所的军士，在福建集结船队、补充给养、购置海外贸易的货物。闽中大刹雪峰寺殿前的两座瓦塔，即为三宝太监自西洋携来置此。⑥ 郑和下西洋为21世纪海上丝绸之路的建设提供了弥足珍贵的历史启迪。

我国台湾曾是西方国家在东业海域竞逐的重要场域，在这里，中外武力军事冲突和政治交涉表现也十分显著。

二、从福建方志文献记录看中外经济往来与贸易互动

海上丝绸之路，首要发生作用的因素即商品的交换，也就是说，经济利益是推动海上丝绸之路贸易往来的基本动力。在“海丝”视阈下重新思考方志文献的价值，我们应重视中国与丝路沿线国家互惠互利的经济贸易往来。这些经贸活动为今天中国对外经济活动提供历史借鉴。

宋元之际，泉州港海外交通的发达冠全国之首。泉州与世界上许多国家和地区都有经济贸易往来——东起日本，南至南洋，西至印度、阿拉伯、东非海岸40余国。此时来往泉州的商舶不胜其数，马可·波罗在他的游记中，对元代的泉州港有过客观的描述，他说：泉州港“以船舶往

① 徐松辑：《宋会要辑稿》职官四四，上海：上海古籍出版社，2014年，第12226页。

② 黄仲昭修纂：《八闽通志》卷二七《秩官》，福建省地方志编纂委员会编，福州：福建人民出版社，2006年，第796—797页。

③ 李驹主纂：《长乐县志》上册，福州：福建人民出版社，1993年，第56页。

④ 何乔远编撰：《闽书》卷四《方城志》，厦门大学古籍整理研究所、历史系古籍整理研究室编，福州：福建人民出版社，1995年，第1册，第95页。

⑤ 怀荫布、黄任、郭赓武纂修：《乾隆泉州府志》卷二五《海防》，上海：上海书店，2000年，第589页。

⑥ 徐𤇾纂辑：《雪峰志》卷二《纪刱立》，清乾隆二十年重刻本，第19—20页。

来如梭而出名。船舶装载商品后,运到蛮子省各地销售。运到那里的胡椒,数量非常可观。但运往亚历山大供应西方世界各地需要的胡椒,就相形见绌,恐怕不过它的百分之一吧。刺桐(泉州)是世界上最大的港口之一,大批商人云集这里,货物堆积如山,的确难以想象"①。摩洛哥旅行家伊本·白图泰在泉州看到大舶百数、小船不计其数后,断言:"泉州为世界最大港之一,实则可云惟一之最大港。"②

明清之际是中国向海洋发展的重要转折时期,也是东南海上交通的鼎盛时期。号称"明初盛事"的郑和下西洋;以福建为活动舞台盛极一时的中琉海上活动;连接福建—马尼拉—拉丁美洲的大帆船贸易;《闽书》记载,成化八年(1472),"市舶司移置福州,而北岁人民往往入蕃商吕宋国矣,其税则在漳之海澄,海防同知掌之。民初贩吕宋,得利数倍,其后四方贾客业集,不得厚利,然往者不绝也"③;福建漳州月港的私人贸易;《八闽通志》记载,漳州府的"月溪桥在九都,路通镇海潮汐,往来商贾贸易,皆萃于此"④;以及郑成功时代的海外贸易,等等,都发生在这一时期。这都是在宋、元航海事业的雄厚基础上继续发展的。

"海者,闽人之田也",这句名言出自明末清初思想家顾炎武的《天下郡国利病书》。顾炎武精辟地概括了福建人与海的关系。海为福建经济的发展、为福建沿海居民的生计带来了无限的生机。事实上,也有一些人对这句话有不同的看法,认为中国人经营海洋,把海当作陆地,当作耕田来对待,具有很大的局限性,这是农耕国家、以陆地为主的国家必然形成的观念,顾炎武的这句话,正是以农业为主的大陆国家看待海洋最具代表性的表现。顾炎武的这句名言明明白白地告诉我们,海洋经济有多么重要。海,能够像肥沃的良田,给人们带来丰收,带来收获,带来希望。今天,我们建设21世纪的海上丝绸之路,就是要辛勤地耕耘,默默地播种,高度重视海洋经济的发展。

三、从福建方志文献印证看中外文化交流与文明互鉴

我国的方志文献非常重视不同国家、不同地区之间的文化交流和联系。在许多方志中,都有专门的卷次记录这些相关的内容,对于我们了解古代中国与外部世界的联系,有非常重要的参考价值。福建是海上丝绸之路的重要节点,曾经造就了中国人古代航海技术和航海探索的伟大成就。在这一过程中,也遗留下了非常丰富的有关中外文化交流的文献资料。

以东西方文化交流为例,明清之际,以海上丝绸之路的开拓发展为契机,在西方殖民主义国家殖民扩张的背景下,东西方文化交流开始了新一轮的进程。地处东南沿海的福建,在此一时期成为双方碰撞的重要交汇点。西方人借着殖民者扩张的"东风",在福建沿海地区积极开展文化探察工作,这些活动对于西方人了解和认识中国,无疑有着十分重要的作用。西方世界借此获得东方的种种知识,如拉达在福建购置的大批中国经典书籍成为西人认知中国儒学文化的重

① 《马可波罗游记》,陈开俊等合译,福州:福建科学技术出版社,1981年,第192页。

② 《伊本·白图泰游记》,马金鹏译,银川:宁夏人民出版社,1985年,第551页;也见张星烺编注《中西交通史料汇编》第2册《拔都他游历中国记》,北京:中华书局,1977年,第75页。

③ 何乔远编撰:《闽书》卷三九《版籍志》,第1册,第976—977页。

④ 黄仲昭修纂:《八闽通志》卷一八《桥梁》,第501页。

要来源。这些都为日后欧洲的“中国热”奠定了一定的基础，为西方人前期的文化活动与西方天主教再次传入中国打探了先路。

自明中后叶至清初，天主教传教士络绎不绝来到中国，开展了较大规模的传教活动。在传播宗教的同时，他们也将西方的科技文化和思想学说传至中国社会。传教士最早接触的中国士大夫中不乏福建文人，他们是较早触动中西文化交流的先贤。著名耶稣会士利玛窦就结交了闽人陈仪、叶向高、李贽、曹学佺、谢肇淛等人。例如，谢肇淛在《五杂组》中即对天主教作了记载："天主国，更在佛国之西，其人通文理，儒雅与中国无别。有利玛窦者，自其国来，经佛国而东，四年方至广东界。其教崇奉天主，亦犹儒之孔子，释之释迦也。"①以艾儒略为代表的天主教传教士更是开创了在福建传教的局面，同时，也积极践行着“学术传教”的适应性策略和路线。著名中外关系史研究学者林金水教授根据梳理的大量的福建地方志等文献考证出，当时与艾儒略结交的福建士大夫达 200 余人。② 西方传教士将西学传播至福建的同时，也以这里为窗口，将福建文化的精华以及中国文化诸方面的知识信息（如朱熹理学思想等）传播至西方，成为沟通东西方思想文化交流的桥梁。礼仪之争的战火在福建点燃，引发了东西方世界旷日持久的大争论和大讨论，此过程本身也正处于东西方知识文化相互传递的时期，尤其是此时欧洲关于中国礼仪的激烈讨论，极大地促进了中国经典古籍在欧洲的传播。③ 礼仪之争最终导致天主教在福建乃至在中国之传教被禁，也间接导致了东西方文化平等双向往来的管道被切断。

通过历史的经验可知，古代中外海上丝绸之路乃是中国与各国平等对话、互惠共赢的通道，遵循的是开放包容、和谐共处的理念，传递的是兼收并蓄的开放胸襟和多元共生的文化性格，而非西方那种自“大航海时代”以来以殖民扩张为特征的武力征服与经济掠夺。历史经验告诉我们，中国建设 21 世纪海上丝绸之路也应当秉持这种和谐交往、互惠共赢、平等对话、共存共荣的“海丝精神”，以积极应对愈益显明的全球化发展趋势。再次，应当加强自身的文化建设，提升我国的文化软实力。历史上，中国输出到世界的，除了丝绸、陶瓷、茶叶、纸张、药材等受热捧的商品货物外，还有“Made in China”的精神文化，例如朱熹理学、儒家文化、文学戏曲、园林建筑等，这些也都是当时西方人十分推崇的对象。这种外国人对中华文化的向往，与当时中国文化处于世界领先水平息息相关。西方人来到中国，本欲推销他们的基督教文化，但却发现中国早已是个成熟的礼仪之邦和文化大国，倾慕、赞叹不已，故而不遗余力向西方世界引介和传递中华文化，甚至学习中国文化。同样，今天在重建 21 世纪海上丝绸之路时，我们也应当要有能够让外国人感兴趣和愿学习的文化软实力，比如儒家文化、中华文化创意产业等，只有自身文化建设好，再塑起文化大邦的形象，才能够更好地让世界来理解和学习中国文化。

历史上发生的事象告诉我们，今天的人们应该充分吸取古人的经验和智慧，重视对那些文化交流事象的记录和书写，比如可以将艾儒略与福建士大夫互动交流的事迹体现在方志文献中。艾儒略足迹遍及八闽，广交文人，被誉为“西来孔子”，极大推动了中外文化交流的发展。今天，艾儒略的墓地还在福州莲花峰天主教公墓中，供后人凭吊。这是非常有益的文化资产，是中

---

① 谢肇淛：《五杂组》卷四《地部二》“天主国”条。

② 林金水：《艾儒略与福建士大夫交游表》，《中外关系史论丛》第 5 辑，北京：书目文献出版社，1996 年。

③ 可参见［比利时］钟鸣旦《礼仪之争中的中国声音》，陈妍蓉译，上海：上海人民出版社，2021 年。英文版见 Nicolas Standaert, *Chinese Voices in the Rites Controversy: Travelling Books, Community Networks, Intercultural Arguments*, Rome: Institutum Historicum Societatis Iesu, 2012。

外文化交流中为人津津乐道的话题,是西方人非常感兴趣的文化现象,有助于中国树立文化形象;同时也反映了当下境遇中方志文献可待开拓的资料价值和现实意义。

四、从福建方志文献书写看中外科技工艺交流及其影响

宋人徐梦莘在《三朝北盟会编》中说道:"海舟以福建为上。"宋元泉州港的海上繁荣代表着古代福建海上丝绸之路的辉煌,而宋代"海舟以福建为上"的评说,揭示了这一历史辉煌呈现的实质。这一评说告诉世人,宋元福建航海贸易能够达到登峰造极的程度,其中福建人拥有世界一流的造船技术是一个不可忽视的因素。

众多福建地方志中都记载了福建造船技术的发达成就,其中享誉全球的"福船",是中国古代标志性的高科技产品。福船首狭底尖,吃水深,稳定性能高,在海中不畏风涛,可以破浪而行;船尾部上方下窄,首、尾两端向外伸展,起了减少纵摇的作用;船底板和舷侧板分别以三至二重板叠合而成,多重外壳板的构造比较科学,是一个创造。《泉州府志》记载:"福船势力雄大,最便冲犁,所以扼贼船于外洋。"①这样的海船经得起疾风巨浪冲击,坚固无比,既容易施工,又便于维修,适合远洋航行。1974 年在福建泉州后渚港出土的宋船,展示了福船的特点。该船以 12 道隔板将船分隔成 13 舱,采用水密舱壁建造,不仅可避免海船在航行中受损沉没,而且在加强船体横向的承压力、便于货物装卸方面都起了很大的作用。正如道光《厦门志》所记:"其大者上下八层,最下一层镇以沙石,借此不致倾侧震荡。二、三层载以货物食物,海中最难得水,必贮淡水以足千人一年之用。其上近地平板一层,则中下人居之,或装细软切用诸物。地平板之外,中有甬道可通首尾,虚中百步以为扬帆习武游戏作剧之地。前后各建屋四层,为尊贵者之居。"②

水密舱壁的创设是我国劳动人民在造船技术上的一项重大发明。在造船工艺方面,福船还有许多独到之处。船板的接合应用搭接和平接等方法,在榫联的同时,还于板缝间塞以麻丝、竹茹和桐油捣成的捻合物,以防漏水。这种捻缝方法,对保证木质船壳的水密性十分有效,一直被沿用至今。在福船各部船板的连接处,还以铁钉钉合加固,使整个船体更为坚实牢靠。这些技术乃一流的创举。

福建地方志中还保存了古代沿海民众造船航海的记录。据黄仲昭在《八闽通志》中的记述,早在元代,政府便在福州弥勒院以北设置了专造东征战船的官营造船场所。③ 明朝初年,为防范倭寇,政府在福州设有三卫所,并在庙前、象桥、河口均设有造船厂。④ 据此可知,明初为了加强海防,政府大力发展造船业。强大的航海实力,造就了郑和七下西洋的旷世壮举。郑和船队

---

① 阳思谦修:《泉州府志》卷一一《武卫志上》,明万历刻本,第 68 页。

② 周凯修纂:道光《厦门志》卷八《番市略》,厦门市地方志编纂委员会办公室编,厦门:鹭江出版社,1996 年,第 216 页。

③ 黄仲昭修纂:《八闽通志》卷八〇《古迹》,第 1250 页。

④ 王德、叶溥、张孟敬纂修:《福州府志》卷一八《官政志·武备》,福州:海风出版社,2001 年,第 538 页。

出访西洋，发展并加强了明朝与海外诸国的友好关系，从而奠定了明朝"圣化之所及，非前代之可比"①的宗主国地位。从永乐三年(1405)至宣德八年(1433)，郑和率领庞大的舰队七次下西洋，先后出访了东南亚、南亚、西亚及东非的30多个国家和地区。《重纂福建通志》记有"太监郑和自福建航海通西夷，造巨舰于长乐"②。史载，郑和下西洋所遗留下的造船起重装置——鹰架，均由上好的木材组成，中央政府曾令福建官府将"鹰架"的木料运至南京修宫殿，后担心木料在运载过程中损坏，故留在福建作修建仓库货栈的用料。中央政府调用鹰架木料的这件事说明，福建造船所需木材数量相当巨大，否则不会考虑运到南京修建宫殿。而数量众多的鹰架也反映了郑和为下西洋在福建造船规模的巨大。

通过地方志记载，我们可知古代造船技术的高超成就及其带来的航海活动的发达、海外贸易的兴盛等现象。这些成就给予今人的深刻启示是：中国要构建21世纪海上丝绸之路，要成为海洋大国、海洋强国，必须拥有超一流的科学技术作支撑。同样，今天在从事方志编修工作事业时，也应注意搜集、归纳和整理这些官方或非官方(民间)的资料，使其更为系统完善，丰富这方面的内涵。

结　　语

纵观历史上"海上丝绸之路"的发展进程，从代表"中国好声音"的福建地域与外部世界交流、交往的轨迹看，这段历史反映的是中国与世界上不同文明和文化形态之代表，在各个层面、各个领域不断接触、沟通和互动，进而演变、发展、趋新之结果，从而缔造了以"海上丝绸之路"为载体和平台的中外海上交通史辉煌灿烂的不朽诗篇。过去发生的历史告诉我们："海上丝绸之路"总体上看是一条平等往来和积极对话的双向交流通道(虽然历史上也不乏中西武力冲突和军事战争，但和平的历程确是主流)。这样的历史发展大势对于今天重建21世纪海上丝绸之路不无借鉴启示意义。今天，我们应继续秉持古人那种海纳百川、博大精深的聪明和智慧，掌握先进的科学文化技术，依靠强大的国家硬实力和文化软实力，积极推进政治、经济、文化"走出去"，在与世界各族人民友好平等往来的基础上，互惠共赢、求同存异，造福广大人民群众，为世界和人类永续和平发展的大格局作出应有的贡献。

① 费信撰、冯承钧校注：《瀛涯胜览校注》，北京：中华书局，1955年，第20页。
② 陈寿祺总纂：《重纂福建通志》卷二七一《祥异》。

清前中期我国南方沿海港口格局的演变

茅伯科*

摘　要： 清前中期200余年，我国沿海贸易港口时禁时开，官方主导的对外贸易主要集中于广州港，对外主要通过澳门港与西方贸易实现对接。厦门、福州、宁波、上海间隙而上，但终不成大气候。民间贸易散见于粤、闽、浙诸多中小港口，并出现移民潮，与东南亚国家形成密切交往。由于便捷的沿海航运贸易受到抑制，从广州至北京的内河贡道取代了南方沿海航贸通道的主流地位，导致中国与世界交往的延滞，工业文明传播受阻。

关键词： 中外交往；航运贸易；港口格局

清朝前中期，随着商品经济的发展，受刚刚兴起的世界资本主义经济的影响，面对中国封建社会商品经济自身发展的必然要求，一些地区如江南、珠江三角洲等地出现了一种既不同于旧的传统的商品经济，又区别于资本主义经济的商品性农业和手工业。如江南一些地区的民间纺织业坊主，已雇工达数十人之多，他们"以机杼起家致富"，"富至数万金"，有的甚至达"百万金"。①为平民百姓所消费的产品，日益成为商品结构的重要组成部分，进入广阔的流通领域。这一时期，清政府一方面对内推行有利于生产力发展的政策，另一方面又采取坚壁清野、"禁海迁界"的关闭锁国政策，使航海事业受到了打击。

这一时期，我国南方沿海地区一直纷扰不断。港口发展面临的形势十分复杂，有三股力量交错影响着清前中期南方沿海港口格局的演变，即：清政府的对外贸易政策及朝贡贸易，民间海外贸易（包括走私贸易），欧洲殖民势力的入侵骚扰及其对华贸易。三股力量相互影响、较量，决定了南方沿海主要港口的布局，以及各港的地位、作用的变化。

一、清政府的对外贸易政策及朝贡贸易影响下的主要港口地位变化

清前中期，清政府的对外贸易政策对港口格局演变的影响最大。大致可以划分为三个阶

---

* 茅伯科，中国港口协会《中国港口史（综合卷）》主编。

① 张瀚：《松窗梦语》卷六《异闻纪》；沈德符：《万历野获编》卷二八。

段：第一个阶段是1655—1684年，严格海禁时期，广州港一枝独秀；第二个阶段是1684—1757年，以广州港为主，沿海多口通商的有限开放时期；第三个阶段，1757—1842年，西洋商人只准广州一口通商时期。

清初实行“海禁”和“迁海”，制定了非常严苛的律令。顺治十三年(1656)，清廷宣布：“海船除给有执照许令出洋外，若官民人等擅造两桅以上大船，将违禁货物出洋贩卖番国，并潜通海贼，同谋结聚，及为向导，劫掠良民者。或造大船，图利卖与番国，或将大船赁与出洋之人，分取番人货物者，皆交刑部分别治罪。至单桅小船，准民人领给执照，于沿海附近处捕鱼取薪，营汛官兵不许扰累。”①“今后凡有商民船只私自下海，将粮食货物等项与逆贼贸易者，不论官民，俱奏闻处斩，货物没官，本犯家产，尽给告发之人。”②顺治十八年(1661)，清廷正式下令：“迁沿海居民，以恒为界，三十里以外，悉墟其地。”③康熙三年(1664)，“令再徙内地五十里”④。康熙十八年(1679)，又在“福建上自福宁，下至诏安，赶逐百姓重入内地，或十里或二十里”⑤。上述三次强制性的“迁海”，涉及北起山东半岛、南至珠江三角洲的广大沿海。

清朝初期，南方沿海虽实行海禁，但中外贸易并未完全中断，清政府仍保留朝贡贸易，只是海丝之路与内陆水运通道连接基本不再沿着海岸上行，而是从广州经内河至北京。清代梁廷枏在《粤道贡国说》中记载了荷兰、葡萄牙、意大利、英吉利等欧洲使团访华的过程。根据该书记载，凡是要前往北京觐见皇帝的外国使臣，需要在广州等待朝廷的批文，获准后方可启程入京。入京路线受到朝廷的严格规限，正常情况下必须沿所谓“粤道”入京，即坐船经由珠江水系的北江到粤北的南雄，翻越梅岭进入江西境内，继续乘船经赣江进入长江，再通过京杭大运河直抵北京。除了《粤道贡国说》提到的4个国家外，法国商船首次来华，以及明、清两代许许多多的入华传教士，也基本上是通过这条“粤道”进入中国，他们所带来的西洋器物、科技文化也都是通过这条路线向中国内地进行辐射。因此，在17—18世纪西方人绘制的有关中国的地图当中，就有关于“粤道贡国”线路的绘制。如1665年出版的约翰·尼霍夫(John Nieuhof, 1618—1672)《荷使初访中国记》所载的中国地图，详细标记出从澳门到广州，再沿珠江三大支流之一的北江溯游而上抵达南雄，之后翻越大庾岭抵达赣江支流的章水，进入长江水系，随后入赣江、鄱阳湖，入长江顺流而下，过南京、下扬州，转入京杭运河，再驶经淮河，横渡黄河，纵穿山东和北直隶，最终抵达北京的内河航路。这是清政府指定各国贡使入华前往北京的唯一合法路线。除西洋各国入华使团外，大量的入华传教士，也是沿着这条内河航线入京或深入中国内陆腹地。传教士带来的西方科技、文化和宗教沿着这条路线向内地辐射。

广州港的地位再度雄踞各港之首。实际上不止是广州自身客商云集，而且带动了广州附近的一批市镇，佛山、肇庆市镇颇为繁华。新兴的佛山“天下商贾皆聚焉”⑥，其繁盛一度超过广州。

因此，清初在康熙开海禁之前，只有广州港贸易繁忙，南方沿海其余主要港口已经繁华褪

① 光绪《钦定大清会典事例》卷六二九。
② 江日昇：《台湾外纪》卷一一。
③ 阮元：《广东通志·边防篇》。
④ 江日昇：《台湾外纪》卷二二。
⑤ 施琅：《靖海纪事》序。
⑥ 吴震方：《岭南杂记》，清刻本。

尽,尤其是“漳、泉二府,负海居民专以给引通夷为生,往回道经澎湖。今格于红夷,内不敢出,外不敢归。洋贩不通,海运梗塞,漳、泉诸郡已坐困久矣”①。宁波港由于长期海禁,合法的民间贸易事实上不可能存在和发展,官方贸易也只限于宁波与日本通商。所以宁波港内除屈指可数的日本贡船外,几乎没有别的商船靠泊。其宋元时期千帆万樯的盛况不再,宁波港呈现出一派萧条景象。②

康熙二十三年(1684)三月,朝廷议允浙、闽、粤的百姓进行海上贸易与捕鱼。同年九月,康熙皇帝发布谕令,正式宣告“开禁”。次年,清廷“置江、浙、闽、粤四海关,江之云台山,浙之宁波,闽之厦门,粤之黄埔,并为市地,各设监督,司榷政”③。此后真正落地的是在广州设立粤海关,在福州、厦门设立闽海关,在宁波设立浙海关,在上海设立江海关。经雍正至乾隆年间,北方沿海又增加山海关、津海关等,专门管理航运贸易事务。在长江口以南的四大海关中,广州港仍为西洋贸易总口,福州港主要是茶叶出口贸易,厦门港是对台贸易的门户,宁波和上海两港主要是东洋贸易进出口。就当时整个对外贸易而言,东洋贸易数量很少,所以广州港在全国沿海港口中的地位仍首屈一指。当时的外国使团和商人大多继续从广州经内河到达北京。如1670—1753年葡萄牙先后派遣4位使臣玛讷·撒尔达聂(Manuel de Saldanha)、白垒拉(Bento Pereira de Faria)、麦德乐(Alexander Metelo de Sousa Meneses)、巴哲格(Francisco Xavier Assis Pacheco de Sampaio)访华,1698年和1703年法国商船“安菲特利特”号两次访华,也都是在广州换乘内河船经粤道入京。

从康熙二十三年至乾隆二十二年(1684—1757)间,清政府在海外贸易方面虽然执行“开禁”政策,但在其中的康熙五十六年至雍正五年(1717—1727),又有10年对南洋实施海禁。康熙开禁后,兴贩南洋的势头得到复苏,厦门港成为远航南洋贸易的主要港口。当时,厦门港“服贾者以贩海为利薮,视汪洋巨浸如衽席”,除北上浙、苏、鲁、冀、辽及对渡台湾外,“外至吕宋、苏禄、实力、噶喇吧,冬去夏回,一年一次。初则获利数倍至数十倍不等”,“舵水人等借此为活者以万计”。④潮州、澄海等地的“富商大估[贾],挟奇赢兴贩四方者”,也是“重洋绝岛,万里无阻”。⑤但康熙五十六年(1717)起,又下令“其南洋吕宋、噶喇吧等处不许前往贸易”⑥。才复兴不久的对南洋航业又遭重大打击,致使闽、粤沿海“产不敷食用”。康熙六十一年(1722),沿海地区闹粮荒,清政府先后允许暹罗(泰国)官运大米30万石到闽、粤等地贩卖,批准沿海各省商民往暹罗运输稻米回国出售。从此,潮汕地区与曼谷之间形成长期贸易的下南洋运米航线。雍正五年(1727)又“例准往南洋贸易”。由此,清朝对东南亚的航运业渐臻盛期。厦门在这方面依旧先声夺人,成为“骎骎乎可比一大都会”。⑦此外,朝廷还多次限制民众出海自由贸易,限制商品出口,以及对部分出海船只予以限制。如康熙五十九年(1720),当康熙帝获悉“每年造船出海贸易者,多至千余,回来者不过十之五六,其余悉卖在海外,赍银而归”时,即下令“其南洋自吕

① 南京湖广道御史陆凤翔上奏,《明清史料》乙编第7本,上海:商务印书馆,1936年。
② 郑绍昌:《宁波港史》,北京:人民交通出版社,1989年。
③ 梁廷枏:《夷氛闻记》卷一。
④ 周凯:《厦门志》卷一五《风俗》。
⑤ 乾隆《澄海县志》序。
⑥ 《皇朝文献通考》卷三三。
⑦ 周凯:《厦门志》卷二《分域略》。

宋、噶喇巴(今爪哇)等处,不许前往贸易"。①因此,这一时期南方沿海各港的发展仍然受到制约。

乾隆二十二年至道光二十二年(1757—1842),朝廷只准西洋商人在广州一口通商。广州港进出口商船数量和总吨位不断增加,据粤海关统计,乾隆二十三年到道光十八年(1758—1838),来广州港贸易的外国商船共5 107艘,平均每年为63.8艘。其历年来船的趋势是逐年增多。从嘉庆二十二年至道光十三年(1817—1833)的16年间,广州进口商品货值总额累计达到634 781 261银元,出口商品货值总额累计达到387 962 583银元,其数量是十分巨大的。②与此同时,宁波和上海两港仍有少量东洋商船进出,但因没有了西洋船舶,两港地位明显下降。其间,外国使团和西洋商人虽然再度全部集中于广州经内河入京,但也有特殊个例。如1793年英国马戛尔尼使团和1815年阿美士德使团两次出使中国,都在清廷的破例优待下从澳门乘船由海路直抵天津入京,但回程时仍然大致沿运河南下,经粤道返回广州,转澳门登船回国。不同之处在于,马戛尔尼使团返回时通过京杭运河抵达扬州后,没有转入长江,而是继续沿运河经瓜洲、镇江府、丹阳县、常州府、无锡县、苏州府,进入浙江省嘉兴府;随后经石门抵达杭州府,沿钱塘江、富春江,途经富阳县、桐庐县、严州府,向南入兰江,在兰溪县转西入衢江(信安江);随后经过衢州府,到常山县后改由陆路,经草坪关进入江西省广信府(今上饶)玉山县,再转水路,沿信江经贵溪县、安仁县,到达鄱阳湖东南岸的余干县,进入赣江,回到原路。

由于西洋贸易在广州进出口的商品大致沿着这条"粤道贡国"路线流通,以至于设置在赣州的赣关税额大增,江西竟成为贸易大省。

二、民间海外贸易(包括走私贸易)影响下的次要港口布局

尽管清初实行海禁政策,乾隆二十二年(1757)以后再度实行西洋商人广州一口通商,但事实上,南方沿海民间海外贸易始终没有停止。由于海上贸易与沿海百姓生活密不可分,在严苛的"海禁"政策下出现空前盛行的走私贸易。民间海上贸易以集团走私、武装走私的形式长期存在,其船队规模庞大,活动的港口包括泉州、澳门、双屿、月港、南澳等港。《圣祖仁皇帝实录》中记录:"向虽严海禁,其私自贸易者,何尝断绝。"③

广东沿海居民长期享食高额的商舶利润,形成了世代习贯的风气。一旦禁海,便剥夺了他们的生计,必然会引起他们的种种抵制。在清初禁海期间,他们不惜冒着"海盗""通叛"等杀头之罪而下海贸易。如顺治十二年(1655)有3艘广东帆船前往日本长崎贸易,载去不少生丝、丝织品和其他货物。④顺治十八年(1661)又有3名广东商人搭乘1艘私自渡海前往日本的商船,

① 《清朝文献通考》卷三三。

② 《中国近代对外贸易史资料》第1册,北京:中华书局,1962年,第254—257页表统计。

③ 《清实录》第5册《圣祖实录》卷一一六,北京:中华书局,1985年。

④ [日]岩生成一:《近世日支贸易に关する数量的考察》,《史学杂志》第62编第11号。

分别携带了绉纱50匹、细毛毡45条以及价值510两的其他货物。① 康熙年间,广州羊城长寿院长老徐汕俗(又称石濂和尚)"大修洋船出海,货通外国,贩贱卖贵,往来如织,于是长寿院富甲一时"②。从乾隆五十一年(1786)以后,粤闽沿海商民人等"挟资赴外洋粜济及自行专载米石"的势头又得以恢复。南方沿海港湾、岛屿众多,官方难以管控,由此,南方沿海一些次要港口的民间海外贸易得以继续发展。

在广东沿海,东部潮惠地区和西部高雷琼地区的中小贸易港口的数量增加迅速,中部港口的数量虽然没有增加,但其发展的规模也有所扩大。在广东东部沿海港口中,较大的海外贸易港有东陇、南关、樟林、庵埠、柘林、深澳、神泉、靖海、汕尾、达濠、后溪和海门(属潮阳县)等。其中东陇港"为海船出入要隘,木筏、盐船、货物总汇之地"③。柘林港地居广东与福建交界之处,为"商渔船停泊之所"④,从明代起就是广东沿海一大港口。清代前中期,南澳岛由于地处闽广要冲,是南北通航海船必经之地,史称"南澳一镇,为天南第一重地,闽、粤两省门户"⑤。在道光年间,南澳成为粤东最好的商港。深澳港在南澳岛北部,港口条件好,"一门通舟,中容千艘。番舶寇舟多泊焉"⑥。海丰县的汕尾港也在清初兴起,有省城、浙闽、潮惠等地往来的商船进出该港,也有本县内河沿岸各乡的船只来往,官方已在此港设巡检一员、吏一人进行管理。据《粤海关志》记载:清前中期,广东中部沿海较大的贸易港口有广州、澳门和江门。西部沿海较大的贸易港口有梅菉、芷口、赤坎、海安、雷州和海口。其中,芷口港在清初十分热闹,为"市船所集。每岁正月后,福潮商艘咸泊于此",粤海关在此设立挂号口。⑦海口港是广东西部沿海贸易港口中最重要的一个。清康熙开海禁后,粤海关在海口设立正税口,管辖海南岛9个小港。上述可见,在民间贸易的推动下,广东(包括海南岛)的中小贸易港口仍在继续发展,尤其是处于海运要道上的港口,担当着海外贸易的主要角色。

在清朝,浙江沿海人民为了求取生计,"走险窃出"时有发生,有些还贿通地方官出海贸易。康熙开海禁后,在民间海上贸易带动下,江苏、浙江、福建沿海涌现出许多港口市镇。其中如浙江平湖县的乍浦,海盐县的白塔山、澉浦,海宁县的石墩山、赭山,会稽县的三江口、蛏浦,慈谿县的古窑,余姚县的临山、泗门、胜山,镇海县的岑港、烈港、大浃、小浃、东港,定海县的黄崎、梅山、大嵩,象山县的鄞港、北港、八排门、三门、牛栏基、下湾门、洞下门、竿门、青门,临海县的海门(又名椒江),宁海县的松门、中州、桃渚、健跳、新河,太平县的楚门、山门、灵门,瑞安县的东山,乐清县的清港、白龙,位于甬江口佛渡岛与六横岛之间的双屿岛等,都是海船停泊的港口。

这一时期,民间商帮在海外贸易中发挥了主要作用。如闽商、潮商掌握了海外贸易;广州的行商(又称"十三行")则是在清廷外贸政策背景之下新兴的商帮,通过代替政府经营对外贸易赚取了巨额利润。

---

① 韩振华:《一六五〇—一六六二年郑成功时代的海外贸易和海外贸易商的性质》,厦门大学历史系编《郑成功研究论文选》,福州:福建人民出版社,1982年。

② 《粤屑》卷二。

③ 乾隆《潮州府志》卷三四《关隘》。

④ 同上。

⑤ 乾隆《潮州府志》卷五、卷一四、卷四〇。

⑥ 《南澳小记》,顺治《潮州府志》卷一一《山川部》。

⑦ 光绪《高州府志》卷六《舆地六・风俗》引雍正旧志。

三、欧洲殖民势力入侵及其对华贸易港口

明清时期，欧洲殖民势力加紧对中国沿海地区的入侵，如西班牙、荷兰对台湾的入侵，葡萄牙对澳门的逐步侵占。

明天启四年(1624)，荷兰人登陆台湾后开始控制台湾南部的嘉南平原一带。崇祯十五年(1642)，荷兰殖民者驱逐了盘踞在台湾北部的西班牙人，全面控制台湾。清顺治七年(1650)左右，荷兰东印度公司在台湾每年净收入约价值4吨黄金。顺治十八年(1661)，民族英雄郑成功从荷兰殖民者手中收复台湾。康熙年间设立四大海关，其中唯独闽海关分设福州和厦门，厦门为对台总口。自清以后，台湾一直是影响我国南方沿海航运和港口的重要因素。

至清初，澳门港成为欧洲列强对华贸易的主要窗口。明嘉靖十四年(1535)，葡萄牙人通过贿赂明朝地方官员，得以在澳门沿岸停泊船只，就岸进行贸易。广东当局遂将市舶司泊口迁移至香山境内的濠镜澳，澳门从此“开埠”。万历十五年(1587)，首艘葡萄牙商船自澳门抵达马尼拉，开辟马尼拉贸易航线。澳门从一个小渔村和外国船只的简单泊口，逐渐成为沟通欧、亚、美三大洲贸易的中继港口。成书于万历二十五年(1597)的王士性《广志绎》卷四说:“香山屿乃诸番旅泊之处。”16世纪80年代至17世纪30年代，是澳门港早期转口贸易的鼎盛时期，该港被葡萄牙人作为与中国内地、日本、菲律宾甚至美洲贸易的转口港。葡萄牙人使用600—1 600吨的远洋大帆船，行驶于以澳门港为枢纽的澳门—印度果阿—里斯本、澳门—长崎、澳门—马尼拉—墨西哥3条主要航线上，将中国出产的生丝、绸缎、棉布、黄金、黄铜、瓷器、药材、手工艺品等，经澳门港转运至东南亚和欧美等地。清初著名诗人屈大均在《澳门诗》中称:“广州渚泊口，最是澳门雄。”

清顺治四年(1647)，广东官府批准华商载货到澳门贸易。澳门成为广州的外港，垄断对外贸易。康熙十二年(1673)，清廷批准澳门葡人商船启航出洋。当时澳门已有洋船25艘。康熙十七年(1678)，葡萄牙使臣佩雷尔抵京，请求康熙帝允准开放澳门对外贸易，获准。康熙二十五年(1686)，清官府仿照华商船税，对澳门葡萄牙商船征收优惠的船钞、货税。康熙二十七年(1688)，澳门设立正税总口，由广州将军衙门选派旗员供职，下设澳门大码头、南环、关闸、妈阁4处税口，监视船只进出和管理税收。康熙三十七年(1698)，清廷规定对各港口船舶的抽税标准，对在澳门登记的船舶给予优惠，只抽收与中国商船相同标准的船钞，约为其他西洋商船船钞的三成。翌年，清廷规定：英、法等国商船须先在澳门总口领取牌照后，才能进泊黄埔港，同广州进行贸易。康熙四十五年(1706)，澳门与里斯本之间开始有直达航船。康熙五十七年(1718)12月，在澳门注册的葡萄牙商船从原来的9艘增至23艘。雍正三年(1725)，广州官府奉旨将澳门葡萄牙商船用“香”字编号，共25艘，船名、船主等都经广州官府注册在案，发给执照，出入检验，不得增加。这一时期，欧洲多国使团和传教士，大都先到澳门，再从澳门转道广州，再从内河到达北京，因此，澳门港的地位十分重要：既是欧洲对华贸易的枢纽港，也是马尼拉—澳门—横滨的亚洲航运干线上的重要中继港。

18世纪中叶，欧洲的船舶实现长足的进步，“夹板船”船坚炮利，在海上亦商亦盗，成为对华贸易及航运的主角。尤其是英、葡、西、荷的商船队，实力占优。面对西方商船队的侵扰，雍正十

三年(1735)，清官府曾有意将澳门开放为各国来华商船贸易港，却遭澳葡当局拒绝。乾隆初年(1736)，瑞典夹板船"哥德堡"号从哥德堡港直达广州港，进行远洋贸易。

乾隆四十八年(1783)2月20日，澳门有14艘帆船及单帆船前往亚洲各港口贸易；前往澳门贸易的有西班牙船只1—4艘。翌年8月24日，美国商船"中国皇后"号抵达澳门，翻开中美通商的第一页。清道光二十一年(1841)，英国强占香港之后，推行自由港政策，从此，澳门先前享有的远东重要转口贸易港地位便因其水浅港窄，逐渐被香港所取代。

四、大运河对南方沿海港口起伏的影响

从秦始皇统一中国起，至隋唐以前，海上丝绸之路与首都的连接，主要通过西线水运大通道。秦开灵渠，沟通西江与湘江后，海丝贸易货物先是从交趾、合浦、徐闻港，后是从番禺港(今广州)入境，经西江水系、湘江、长江、汉江至黄河到咸阳。因此，这一时期南方沿海港口的重心在广东沿海。隋唐大运河开通后，海上丝绸之路与首都的连接线路发生大的变化，开始转向东线水运大通道。隋唐大运河的运输条件远远超过汉江。位于大运河与长江交汇点的扬州，当时地处长江喇叭口的喉端，控江襟海。货物通过南方沿海运输至扬州再转入大运河，显然比西线大通道更具优势。因此，海丝贸易(包括朝贡贸易)船舶开始沿着福建和浙江沿海进入长江，在扬州与大运河对接。自此，宁波、温州、福州和泉州等南方沿海港口开始崛起。到南宋，朝廷偏安临安(今杭州)，宁波港作为杭州的外港，其地位更显重要；上海的青龙镇港，浙江的嘉兴港、温州港，福建的泉州港均成为重要的外贸港口。尤其是泉州港，外贸船舶可以根据季风条件直接放洋，不必再绕道广州和北部湾，距离临安比广州更近，因此港口地位后来居上。这两年温州考古发掘的朔门古港宋代码头，也是温州港口贸易地位提升的实物证据。元代开通京杭大运河，南北水运距离缩短近千公里，这不仅使得经济重心进一步东移，而且极大地促进了南方沿海航运与大运河的对接。泉州(刺桐)港的优势更为明显，繁华程度盖过其他港口，曾被誉为世界第一大港。至郑和下西洋时，江苏太仓港及福建长乐港、泉州港成为启航港和中继港。因此，大运河的开通，对浙、闽港口，尤其是福建港口的发展影响极大。

清前中期海禁—开海禁—广州一口通商，使自隋唐以来的南方沿海航运与大运河的对接时断时续。清政府不惜花费重金疏通运河，保证漕运，每年花在治河上的费用相当可观，如道光二十五年(1845)，河工费为536万两，占该年国家总收入4 061万两的13%。即使这样，运河还是通行不畅。因此道光六年(1826)开始海运漕粮，从上海至天津。这一变革，使得江浙港口格局再度发生变化。南方的江船、河船所运漕粮均在上海港换装沙船北上，南方物产也在上海换装，由此，上海港的航运地位大幅度提升，上海港超越宁波港成为长江口最主要的港口。

几点结论

一、在清前中期，由于清政府、民间航商和西方殖民势力三股力量在对外贸易和交往方面的交错影响，我国南方沿海呈现四个层次的港口布局。第一层次为贯穿全时期的核心贸易

港——广州港；第二个层次为康熙开海禁之后的沿海重要港口——厦门、福州、宁波、上海等港；第三个层次是民间贸易(包括走私贸易)带动下的粤、闽、浙众多中小港口；第四个层次是欧洲殖民势力侵占下的对外贸易港口——澳门港。清前中期200余年，我国沿海贸易港口时禁时开，官方主导的对外贸易主要集中于广州港，对外主要通过澳门港与西方贸易实现对接。因此，广州港与澳门港，共同形成中外官方贸易和文化往来的对接枢纽。

四个层次的港口在航运线路、贸易方式、港口管理制度等诸多方面各有不同，值得深入研究和探讨。

二、康熙开海禁之后，南方沿海的重要港口还有福建的厦门港、福州港，浙江的宁波港，江苏的上海港。厦门、福州、宁波、上海间隙而上，但终不成大气候。民间贸易则散见于粤、闽、浙诸多中小港口，绵延而长久。

三、受海禁影响，也受清政府指定外国贡使赴京路线的制约，我国贸易港口布局主要受到北京—内河—广州—澳门及海南岛—西洋贸易轴线的影响。从广州至北京的内河贡道取代了南方沿海航贸通道的主流地位。凡是坐落在这条贸易轴线上的主要港口及城市，均呈现繁忙景象。这一时期进入中国的西方传教士，也主要沿着这条路线传播西方宗教及文化知识。

四、从广州至北京的内河贡道主要依赖内河段长途跋涉，还要翻越大庾岭，不仅路途遥远，而且部分河段时常淤堵，船舶运输不便，耗时很长。便捷的沿海航运贸易受到抑制，导致中国与世界交往的延滞，工业文明传播受阻，严重阻碍了中国融入世界经济体系和发展海外贸易。我认为，这也是这一时期中国与西方工业文明差距拉大的原因之一。

五、从广州至北京的内河贡道走向也改变了一些出口货物的产地。以瓷器为例，唐以前，中国出口至南洋和西洋的主要是长沙窑，印尼海域打捞起来的千年沉船"黑石"号，其中来自唐朝的瓷器多为长沙窑烧制，表明当时国内的交通贸易线路是经湘江至西江流域从广州出口。宋元时期出口的瓷器主要是产自丽水并经温州港出口的龙泉窑瓷器。而到了明清时期，交通贸易线路从南方沿海内缩到东江—大庾岭—赣江一线，由此带动了景德镇瓷器大量外销。

六、从明代嘉靖年间起，海禁政策阻断了闽粤船商的经商生路。福建泉漳地区和广东潮汕地区开始出现早期移民潮，在暹罗、菲律宾、印尼、越南等地均有早期移民的踪迹。进入清代，尽管清政府一再严令禁止百姓移民海外，但闽粤人口的快速增长和农业耕作条件的不断恶化，促使众多商民移居东南亚国家，在乾隆年间形成一波移民高潮。由此，闽粤港口与东南亚地区的海上客运曾长期繁忙。一直到近代，厦门和汕头仍是与东南亚往来的最重要的客运港口。

七、清前中期依托中小港口的民间贸易，造就了粤、闽、浙沿海地区广大商民敢于突破限制、敢于闯荡大海、善于经营贸易、互相帮扶提携的民风民俗。再加上广泛的海外关系，使得粤、闽、浙沿海地区在中国当代改革开放时期成为发展外向型经济的最佳舞台。

八、清代前中期的港口格局演变表明，一旦中国的外部环境受到巨大不确定性的影响，沿海航运贸易通道就会自觉地向内倾斜，内河承担起航运贸易大通道的功能。总结这一历史现象，对今天以内循环为主的双循环格局建设仍有指导意义。

略论康熙收复台湾后清政府对广东沿海的对外贸易管理

——以两次来华的法国商船“安菲特利特”号个案为例*

阮　锋**

摘　要： 今年(2023年)是康熙统一台湾340周年。清康熙二十二年(1683)，清廷收复台湾；康熙二十三年(1684)，海禁解除，开海贸易；康熙二十四年(1685)，清政府相继设置闽海关、粤海关、浙海关、江海关，专门负责对海运进出口船舶和货物、人员监管的事务。康熙皇帝在统一台湾的前后，经历了开放海禁、展界复业、创设海关等对外贸易管理的重大转变。目前史料显示，西洋商船基本上尽泊广州口岸，开展对华商业、文化、外交等活动，接受粤海关监管。本文拟以两次来华的法国商船“安菲特利特”号作为切入点，结合相关档案史料，研究清政府对广东沿海的对外贸易管理，并进一步发掘清代前期粤海关的重要地位及作用。

关键词： 对外贸易管理；清代前期；粤海关；“安菲特利特”号

“在厦门还有三艘英国船只，而在两个月前，从孟买驶来的第四艘——也是英国船只——失事，这艘船在台湾海岸失事。法国耶稣会士阿弗里尔神父和船上的主要货物因鲁莽的自救而被淹没。”①在340年前，清政府统一了台湾，康熙皇帝开始集中精力考虑东南沿海地区的战后重建、发展经济和解决民生的事务。清政府参照户关(钞关)机构设置，创立了闽、粤、浙、江四个海关，来自世界各国的贸易商船逐渐增多。上文提及的就是法国商船“安菲特利特”(L’Amphitrite)号②航行日志中记录的英国东印度公司商船停泊厦门港口的一些情况。

---

* 本文系广东省哲学社会科学规划岭南文化项目“近代岭南海关关区文化遗产体系与保护研究”(GD21LN04)的阶段性成果。

** 阮锋，广州海关教育处博物馆管理科科长。

① S. Bannister, *A Journal of the First French Embassy to China, 1698－1700*, London: Thomas Cautley Newby, 1859, p.119.

② “安菲特利特”(L’Amphitrite)号，以希腊神话中的海洋女神Amphitrite命名，传说她可以令大海平静并且能够保佑人们安然穿过风浪。该商船在不同研究论文中有多个中文译名——“安菲特里忒”号、“安菲德里特”号、“海后”号、“海神”号等，为便于阅读，除研究论文题目保留原译名外，本文统一使用“安菲特利特”号。

前　言

清顺治十七年(1660),为严防台湾的明郑抗清势力,清政府在部分地区实行海禁,将居民迁往内地,史称"迁界"。顺治十八年(1661),清政府议定全面迁界,并于次年开始执行。规定"片板不许下水,粒货不许越疆"。康熙二十二年(1683),台湾纳入清朝版图,吴兴祚请开六省海禁,"听民采捕,以资生计,洋贩船只照例通行,税宜从重,禁宜从宽。使六省沿海数百万生灵均沾再造,而外国各岛之货殖金帛入资富强,庶几国用充足,富乐丰饶"。其后康熙皇帝分别派遣杜臻、石柱等到广东、福建勘展沿海边界,派遣金世鉴、雅思哈等往江南、浙江勘展沿海边界。康熙二十四年(1685)起,闽、粤、浙、江海关相继设置,管理沿海口岸的对外贸易。自古以来,广州一直就是沿海对外贸易的重要商埠,粤海关作为当时中国官方的一个监管机构,在清代前期管理广东沿海对外贸易事务中扮演重要角色。康熙皇帝很重视广东口岸,希望利用这个窗口更好地与西洋各国交往,现尚存其询问是否有西洋人到来的朱批及诏令其入京的朱批。① 康熙三十七年(1698)起,法国商船"安菲特利特"号两次来华,留下了宝贵的航海日志和西方入华耶稣会士发自中国的书信等档案史料。这些档案史料从外国人的视角记录了清政府对外贸易管理的一些政策和措施,虽然并不全面或准确,但也有一定可读性。若结合官方编撰的《粤海关志》内里一些明确的规定(如海关人员、监管场所、税费征收等)作对比分析,或会产生更为有趣和容易理解的效果。本文将以两次来华的法国商船"安菲特利特"号作为研究切入点,结合相关档案史料,探讨以粤海关为具体执行部门的清政府如何开展对广东沿海的对外贸易管理。

一、"安菲特利特"号来华及相关研究

康熙二十四年(1685),法国国王路易十四出资遣派洪若翰(Jean de Fontaney)、白晋(Joachim Bouvet)等 6 名耶稣会士前往中国,其中 5 位辗转到达北京,他们精通天文数理,受到康熙皇帝的信任。为了招募更多的欧洲科技、工艺人才,康熙三十二年(1693),康熙皇帝命白晋以特使的身份出使法国,并赠送路易十四许多礼物,同时邀请法国商船来华经商。在传教与商业利益的共同作用,以及当时清政府开放海上通商口岸和自由传教等便利条件的推动下,路易十四特别批准建造"安菲特利特"号来华贸易。商船于康熙三十七年(1698)11 月初抵达广州,开始了两次来华贸易之旅。Nicolas Lenglet du Fresnoy②、英国皇家地理学会(Royal Geographical Society)③、

---

① 中国第一历史档案馆编:《清宫粤港澳商贸档案全集》第 1 卷,北京:中国书店,2002 年,第 70、82、93、97、102、104 页。

② Nicolas Lenglet du Fresnoy, *Méthode pour étudier l'histoire: avec un catalogue des principaux historiens: accompagné de remarques sur la bonté de leurs ouvrages, & sur le choix des meilleures éditions*, chez Debure... [et] N. M. Tilliard, Paris, 1772, p. 124.

③ Royal Geographical Society (Great Britain), *The Geographical Journal*, Vol. 19, London: Royal Geographical Society, 1908, p. 652.

Donald F. Lach[①]、Clare Le Corbeiller[②]、Heawood、Edward[③] 等作者或机构指出,"安非特利特"号首航时间是 1698 年。法国学者伯希和(Paul Pelliot)对事情缘由及其船上人员、所载货物、在华贸易情况进行了系统考察。[④] 法国学者梅谦立(Thierry Meynard)[⑤]基于大量关于"安非特利特"号商船的法文文献,介绍并分析了在广州贸易体制形成初期,总督石琳、粤海关及法国耶稣会士与商人各方势力的博弈。另一位法国学者布里吉特·尼古拉(Brigitte Nicolas)[⑥]探讨了 18 世纪初"安非特利特"号贸易首航返欧带回的中国商品首次在法国拍卖,如何推高法国社会的"中国器物热"风潮,成就以"定制品"为特征的各式"中国风"。国内研究方面,耿昇[⑦]从商船远航缘起、人员及货物分析看 17—18 世纪的海上丝绸之路。Joel Montague、肖丹[⑧]研究商船的兴衰史并涉足剥削,人性堕落,以及船主罔顾道德从事奴隶买卖从而变成那个时代的罪犯。严锴、吴敏[⑨]通过商船两次中国之行,指出贸易与宗教同行有利于法国人将商品、教义及文化输入遥远的中华帝国。伍玉西、张若兰[⑩]通过商船来华贸易的细节,得出对传教士而言,宗教利益永远高于商业利益的结论。沈洋[⑪]认为古代海上丝绸之路是 1840 年鸦片战争之前中国与海外国家之间的政治、经济和文化交往的通道,考察与分析了法国在中欧海上丝绸之路中的历史地位。汪聂才[⑫]重点分析两次航行日志中对于中国祭孔礼仪的记述和考察,从而探讨"安非特利特"号航行中国在 17 世纪末 18 世纪初中西文化交流中发挥的作用和引起的思考;文章提到了一本由萨克斯·班尼斯特(Saxe Bannister)于 1859 年在伦敦编译出版的图书 *A Journal of the First French Embassy to China, 1689 -1700*,该书由班尼斯特从一份未出版的手稿翻译缩写而来。《耶稣会士中国书简——中国回忆录》收录了明清间西方入华耶稣会士发自中国的 152 封书信,包含传教士对当时中国政治体制、社会风俗、自然地理、天文仪象、工艺技术的观察和理

---

① Donald F. Lach, Edwin J. Van Kley, *Asia in the Making of Europe*, Volume Ⅲ: *A Century of Advance*, Book 1: *Trade, Missions, Literature*, Chicago: University of Chicago Press, 1998, p. 104.

② Clare Le Corbeiller, John Goldsmith Phillips, *China Trade Porcelain: Patterns of Exchange: Additions to the Helena Woolworth McCann Collection in the Metropolitan Museum of Art*, New York: Metropolitan Museum of Art, 1974, pp. 2 - 3.

③ Heawood, Edward, *A History of Geographical Discovery: In the Seventeenth and Eighteenth Centuries*, London: Cambridge University Press, 2012, pp. 205 - 206.

④ Paul Pelliot, *Le premier voyage de l'Amphitrite en Chine*, Create Space Independent Publishing Platform, 2018. 该书 2018 年再版,用法文撰写,目前尚无中译本。

⑤ [法] 梅谦立:《康熙年间两广总督石琳与法国船"安非特利特号"的广州之行》,《学术研究》2020 年第 4 期。

⑥ [法] 布里吉特·尼古拉撰、郭丽娜译注:《"安非特利特号"与 18 世纪法国的"中国器物热"和"中国风"》,《中山大学学报(社会科学版)》2020 年第 6 期。

⑦ 耿昇:《从法国安非特利特号船远航中国看 17—18 世纪的海上丝绸之路》,《西北第二民族学院学报(哲学社会科学版)》2001 年第 2 期。

⑧ Joel Montague、肖丹:《首航中国的法国商船"安非特利特号"兴衰史——兼论"安非特利特号"与广州湾之关系》,《岭南师范学院学报》2018 年第 1 期。

⑨ 严锴、吴敏:《贸易与宗教同行——以"安非特里忒"号中国之行为中心》,《法国研究》2013 年第 3 期。

⑩ 伍玉西、张若兰:《宗教利益至上:传教史视野下的"安非特利特号"首航中国若干问题考察》,《海交史研究》2012 年第 2 期。

⑪ 沈洋:《法国在中欧海上丝绸之路中的历史地位——以"海后"号两航广州为线索的考察》,《南海学刊》2016 年第 1 期。

⑫ 汪聂才:《法国商船"安非特利特号"航行中国与中西文化交流——以祭孔礼仪为中心的考察》,《学术研究》2020 年第 4 期。

解，其中有不少记录了“安菲特利特”号商船两次来华的所见所闻，为研究明清史、宗教史、中外交流史提供了珍贵的文献史料。以上研究或史料或多或少都提及了粤海关对广东沿海的对外贸易管理等方面的情况，结合这些叙述，配合官修志书《粤海关志》和清宫档案，可以更好地相互印证解读，进行分析。

二、粤海关对广东沿海的对外贸易管理分析

（一）粤海关的官员

班尼斯特一书提到“安菲特利特”号首次来到广州前，白晋已知悉，粤海关的官员根据朝廷的旨意，对商船作出指派引水以及减免税费的安排：

> His intelligence from Canton respecting the business of the ship was, that a courier had been sent to Pekin on the 14th of October with despatches, and orders to make all speed; that the Hoppo, the head of the customs department of the province of Canton, had given him pilots, and had assured him we should be passed at all the custom houses without search, and not pay any duty till express orders were received from Pekin.①

这位粤海关内最高级的官员，称为粤海关监督。“海关”为朝廷户部设关之一种。《粤海关志》记载：“凡户关之属二十四，粤海关居其一焉。”②清政府开放海洋贸易，管理机构随之划分了“关务”“税务”等职能。关务由地方督抚负责，专责海防兵卫、军事炮台、沿海渡口、设关口岸等相关事务。沿袭明代惯例，广东在开放海洋贸易后被定为西洋诸国来华指定口岸，户部在广东设立“督理广东省沿海等处贸易税务户部分司”，可简称“户部分司”，从地理关系衍生又称“粤海关”。粤海关监督则是由皇帝钦命督理“税务”的专员，负责监督管理课税收入来源的合规、汇总、保管、造册、上解、存留、行政开支等事务。这些被称为“粤海关监督”的税务专员，来自内阁、内务府、六部等。其中“粤海关监督一员，康熙二十四年设”③。

对于这位来自户部的官员，西洋人很多时候也会将其尊称为“户部”，英文是“Houpou”“hoppo”等。粤海关监督是“户部分司”，是北京户部派出驻在广东省负责收税的司员，而粤海关衙门便是户部的派出衙门；用本衙门的名称来称呼派出的衙门或其负责人，借以提高官员的地位，这在清代官场中很普遍。④《耶稣会士中国书简——中国回忆录》记录了一例：

> 这时，“户部”（Houpou）官员（中国海关的官员）为了他的利益从广州来到电白，他告诉我们，我们广州修道院的院长宋若翰神父和他同时从海上出发，代表洪若翰神父来取给皇帝的礼品，在他还没到之前，我们可以派人和他商谈商品的关税事宜。我们感到惊奇的是，

① S. Bannister, *A Journal of the First French Embassy to China*, *1698 - 1700*, p. 109.
② 梁廷枏：《粤海关志》卷一四《奏课一》，袁钟仁点校，广州：广东人民出版社，2014 年，第 286 页。
③ 梁廷枏：《粤海关志》卷七《设官》，第 119 页。
④ 陈国栋：《清代前期的粤海关与十三行》，广州：广东人民出版社，2014 年，第 4 页。

给我们添麻烦的人总比寻找我们给我们带来好处的人来得勤快。①

白晋首次来到广州时,其实粤海关监督对白晋给予了很好的礼遇:

Among the numerous visitors on that occasion, was the chief of the customs, and he abruptly presented to Father Bouvet his commission to board every foreign ship passing. The good Father, who had no notice of the steps, and who had been promised by the hoppo that it should not happen, was much surprised at his man's want of consideration. He asked him if he knew to whom he was speaking. The Chinese officer replied firmly that he did; whereupon Father Bouvet ordered him to be sent to his boat, telling him to learn better manners. He was very near being caned.②

此次商船来华,由于涉及贸易管理上的关务、税务,因此在档案中经常看到地方督抚和粤海关监督共同参与的工作。如:

我(白晋)在广州用了三天时间接待和拜会省里主要官员,他们都恭贺我迅速顺利地回到了中国。我从总督和海关总管③处获准,安菲特利特号可沿珠江上溯行驶,距离不限,它还享有免受海关官员检查和计量的荣誉,不必缴纳任何税款甚至可免缴计量费和锚地费——这两笔款项是任何船只均须向皇帝缴纳的。

1899 年 11 月 10 日,另一艘船就运来了白晋神父剩下的包裹以及给总督、粤海关监督的礼物:

The 10th, another boat came down for the remainder of the packages belonging to Father Bouvet, for the presents to the Isontea, the viceroy, and the mandarins of the custom house.④

当然,清代前期督抚兼任粤海关监督的情况也不罕见。根据《广东通志》记载:康熙二十四年(1685),开禁南洋,始设粤海关监督。雍正二年(1724),改归巡抚;七年(1729),复设监督;八年(1730)八月归总督,九月归广州城守,并设副监督;十三年(1735),专归副监督。乾隆七年(1742),归督粮道;八年(1743),又放监督,是年四月归将军;十年(1745),归巡抚;十二年(1747),归总督;十三年(1748),又归至巡抚;十四年(1749),归总督;十五年(1750)三月,归巡抚,是年四月归总督;嗣后专设监督,仍归督抚稽查,外夷向化,蕃舶日多。⑤ 如雍正三年(1725)二月,有兼任粤海关监督的广东巡抚年希尧⑥奏报解送粤海关羡余银两的奏折;⑦乾隆十二年(1747)十一

① [法]杜赫德编:《耶稣会士中国书简集 Ⅰ》,郑德弟、吕一民、沈坚译,郑州:大象出版社,2005 年,第 189 页。

② S. Bannister, *A Journal of the First French Embassy to China, 1698 - 1700*, pp. 115 - 116.

③ 应该为粤海关监督——论文作者注。

④ S. Bannister, *A Journal of the First French Embassy to China, 1698 - 1700*, pp. 123 - 124.

⑤ 阮元:《广东通志》卷一八〇《经政略二十三·市舶》,清道光刻本。

⑥ 梁廷枏:《粤海关志》卷七《设官》,第 131 页。

⑦ 《广东巡抚年希尧报解送粤海关羡余银两折》(雍正三年二月初三日),中国第一历史档案馆、澳门基金会、暨南大学古籍研究所编《明清时期澳门问题档案文献汇编》,北京:人民出版社,1999 年,第 238—240 页。

月，有兼任粤海关监督的两广总督策楞①奏报粤海关关税盈余数目的奏折；②等等。结合《粤海关志》推断，班尼斯特一书提到的"总督和海关总管"，在"安菲特利特"号首次来到广州时，分别是石琳和舒恕。③

（二）粤海关监督的办公处所

粤海关辖下有七个总口，分别是大关总口、澳门总口、乌坎总口、庵埠总口、梅菉总口、海安总口以及海口总口；④每个总口下辖多个子口，由地方委派委员管理关务。《粤海关志》："天下海关在福建者，辖以将军；在浙江、江苏者，辖以巡抚；惟广东粤海专设监督，诚重其任也。"⑤大关与粤海关监督署为同一衙署，国外的材料记载了粤海关监督多在广州（大关总口所在地）办理公务的情况。如"安菲特利特"号大班在白晋不知情的情况下，在广州向粤海关监督缴交了税金：

> The 29th, the directors presented six hundred taels to the hoppo, on account of Custom dues to him on the goods at Canton. They did this without consulting Father Bouvet, and might well have saved the Company that sum, the hoppo having already received three hundred taels in merchandize. ⑥

前文也提到，粤海关监督有可能是由广州的粤海关监督衙署赶来电白。⑦ 康熙二十四年(1685)，吏部郎中宜尔格图被钦命为首任粤海关监督。海关监督署与大关署合一，又称"海关衙门"。"海关衙门设有承舍等七班人役，听候差遣，并备各税口换班之用，共二百余名。"⑧根据相关史料记载，粤海关"先建署(广州)新城靖海门内"，"(康熙)五十九年改于新城五仙门"。⑨《粤海关志》也记载：大关总口署址在广州城五仙门内，由原旧盐署改建，"监督至则居此，银库、吏舍并在焉"⑩。可以推断，康熙二十四年(1685)，粤海关监督署是在靖海门内，地方督抚官员改建五仙门内的盐署为"大关"，内设八房，给商人提供缴税窗口，也是此前为缴市舶税所在地。

粤海关管辖范围涵盖多个府，基本是在粤海之地各府各设一个总口；但由于广州府为中心，因此独设大关、澳门两个总口。此外粤海关监督另有一所廨舍设在香山县澳门，《粤海关志》记载："监督时出稽查，则居之。"⑪为何特别在澳门为粤海关监督设立行廨，其中一个重要原因是"各国夷船进口出口货物，以澳门为夷人聚集重地。稽查进澳夷船往回贸易，盘诘奸宄出没，均

---

① 梁廷枏：《粤海关志》卷七《设官》，第 134 页。
② 《两广总督策楞奏报粤海关关税盈余数目折》(乾隆十二年十一月十六日)，中国第一历史档案馆、澳门基金会、暨南大学古籍研究所编《明清时期澳门问题档案文献汇编》，第 1082—1085 页。
③ 梁廷枏：《粤海关志》卷七《设官》，第 128 页。
④ 梁廷枏：《粤海关志》卷五《口岸一》，第 63 页。
⑤ 梁廷枏：《粤海关志》卷七《设官》，第 119 页。
⑥ S. Bannister, *A Journal of the First French Embassy to China, 1698 -1700*, p. 135.
⑦ [法] 杜赫德编：《耶稣会士中国书简集Ⅰ》，第 189 页。
⑧ 梁廷枏：《粤海关志》卷八《税则一》，第 166 页。
⑨ 张嗣衍：《广州府志》卷八《关津》。
⑩ 梁廷枏：《粤海关志》卷五《口岸一》，第 65 页。
⑪ 梁廷枏：《粤海关志》卷七《设官》，第 120 页。

关紧要”①。在“安菲特利特”号首次到达澳门的时候,船上人员就记录了粤海关监督来到澳门监管在澳门造册登记的葡萄牙商船,并在 1699 年 1 月返回了广州:“The 18th, the hoppo returned from Macao. ”②

(三)粤海关对西洋贸易的管理

明《续文献通考》:“(明洪武初)寻复设市舶司于浙江、福建、广东。浙江通日本,福建通琉球,广东通占城、暹罗、西洋诸国。”沿袭明代惯例,开放海洋贸易后,广东被定为西洋诸国来华指定口岸。清前中期,户部设二十四关,只有山海、江海、浙海、闽海、粤海等沿海地区设海关。中国历史上的多口通商,包括明清“浙江通日本,福建通琉球,广东通西洋诸国”,华商在广东的浪白滘、电白、澳门与诸蕃互市。对口通商的情况在清代一直持续,康熙二十四年(1685)粤海关设立后,西洋贸易船只统一在澳门入境:“向来西洋各国及尔国夷商,赴天朝贸易,悉于澳门互市,历久相沿。”③各种贸易亦按照清政府制定的律法和规定有序进行。

在清代,政府十分重视对船舶和货物、人员实施监管,希望通过严密有效的监管制度保障国家安全和稳定。粤海关作为清政府最重要的口岸监管机构,需要履行发牌、引水、押船、验照、丈量、开仓、放洋等监管职责。虽然白晋提到的一位清代官员曾在广州多次见过他,但根据清代对外贸易出入境管理的规定,这位官员对于法国商船仍要“当着我的面命令军官挑选广海最好的引水,随同其战船和我们的小艇一起把我们的三桅船领到澳门”④。《粤海关志》记载:“各国船只来粤贸易,均有原领各国批照可据,是以船至万山,须用引水看过船只实有货物,问明来历,始赴澳门挂号。挂号后,引至虎门报验,方始引进黄埔,旧例相循已久。”⑤指的就是,西洋诸国(葡萄牙除外)商船来华抵达澳门,停泊十字门,由水师监管。粤海关澳门总口办理外洋船注册发牌,派关员押船,香山同知衙门指派官方的引水员带引商船。商船途经指定路线上的虎门时,粤海关虎门挂号口实施中途监管,核对申报内容,并要求商船卸下火炮。

清政府开辟了黄埔口岸作为专门停泊对外贸易船舶的锚地,粤海关在广州府番禺县黄埔村南边的酱园码头(今广州市海珠区琶洲街道黄埔村)设立黄埔挂号口。当商船抵达指定路线上的黄埔时,粤海关在此实施口岸锚地监管。“安菲特利特”号商船进入中国后,被官派的引水员带至黄埔锚地(现新洲一带)停泊,他们见到距离锚地四分之一海里处有一个人口众多的村庄(黄埔村),村里有一个海关(粤海关黄埔挂号口),专门为往来于广州的单桅帆船和其他小船提供服务:

> A quarter of a league from the anchorage there is a populous village, called Hoang-poa, with a custom house for sloops and other small craft, going to and coming from Canton.⑥

因为至此,西洋商船不可再行深入中国的内陆,包括广州省城。商船上的大班可乘交通艇往来

---

① 梁廷枏:《粤海关志》卷七《设官》,第 121 页。

② S. Bannister, *A Journal of the First French Embassy to China*, *1698 -1700*, p. 133.

③ 梁廷枏:《粤海关志》卷二三《贡舶三》,第 463 页。

④ [法]杜赫德编:《耶稣会士中国书简集Ⅰ》,第 145 页。

⑤ 梁廷枏:《粤海关志》卷二九《夷商四》,第 562 页。

⑥ S. Bannister, *A Journal of the First French Embassy to China*, *1698 -1700*, p. 120.

省城，自择代理洋货贸易的“洋货行”行商，销售、采购、税钞费缴纳等事项由这些行商一应代理。粤海关黄埔口主要职能为锚地接驳转运船舷监管。粤海关会对停泊在锚地的西洋贸易商船进行严密的全程监管：“在黄埔泊船，往来出入，俱由该管官给票照验，不容任意行走。”①白晋神父虽然尝试靠近商船，但有官兵监视以防止未完税或者不法物品流入，故未能成功：

> Father Bouvet sent two boats to the ship; but as they passed, the custom house put a guard on board each of them, so that they could take nothing, but returned empty. Next day two more came down with an order from the hoppo, and took on board part of the articles destined for Pekin. ②

可以看到，像法国“安菲特利特”号商船这样的西洋来华贸易商船，必须按照有关航线行驶，即使因为风浪或其他不同的原因停靠过电白、广海等港口，但仅可以进行一些维修和补给，并不能在这些非通商口岸进行贸易等行为。白晋的记载亦印证了这些管理要求——包括指派官方引水、商船需先停泊澳门等：“然后，我搭乘总督提供的船只立即返回，以便向安菲特利特号报喜；两名最能干的中国引水随我同行。我原以为可在珠江口遇见它，但我却一直寻到了上川岛（因此在沙勿略墓地前又来回经过了两次）。其实我不必走那么远，因为当我们穿行于岛屿之间时，安菲特利特号已由外海驶至澳门停泊；我们从上川岛回来时在那里找到了它。”③

（四）海难救助

康熙二十四年（1685）开放海洋贸易，各国与清政府建立贸易关系，以派使来华、呈递国书为准。康熙五十七年（1718）两广总督杨琳疏言中提到，西洋诸国有“英圭黎（英国）、干丝蜡（西班牙）、和兰西（法国）、荷兰，大小西洋各国”④。随着各省人民出海增加，中外往来增多，海难事件时有发生。对于海难商民的救助和管理，清政府希望通过实施救助以体现“怀柔远人”的外交思路。早在康熙朝，清政府就发布旨谕，令礼部移咨海外国王收养解送漂到之中国船只，同时赏赐该国解还之官员。不过这仅是针对送还漂到国外朝贡国之中国难民，对漂到中国之外国难民的救助则未有明确规定。粤海关与水师、地方部门一同在海难商民救助中发挥积极的作用，是协助国家经略海洋、落实外交政策、完善对外监管的主力。如雍正六年（1728）五月，就有兼任粤海关监督的广东巡抚杨文乾⑤奏报苏禄国贡使阿石丹座船被风漂至香山县；该使获救后，清政府“每日给发口粮银米，备办薪蔬，加意优待”，对受损船只“委员监修，等候北风信发，即当另资糗粮，俾其速于归国”⑥。乾隆十年七月二十八日⑦，两广总督兼任粤海关监督策楞奏报荷兰等国

---

① 梁廷枏：《粤海关志》卷二三《贡舶三》，第 464 页。

② S. Bannister, *A Journal of the First French Embassy to China, 1698 - 1700*, p. 124.

③ ［法］杜赫德编：《耶稣会士中国书简集 Ⅰ》，第 145 页。

④ 梁廷枏：《粤海关志》卷二四《市舶》，第 473 页。

⑤ 梁廷枏：《粤海关志》卷七《设官》，第 131 页。

⑥ 《广东巡抚杨文乾奏报苏禄国贡使阿石丹座船被风飘至香山澳已加安顿给修船桅情形片》（雍正六年五月二十四日），中国第一历史档案馆、澳门基金会、暨南大学古籍研究所编《明清时期澳门问题档案文献汇编》，第 156 页。

⑦ 根据《香山明清档案辑录》，时间为乾隆十年七月二十八日，核对《清宫粤港澳商贸档案全集》档案扫描件，时间应为乾隆十年九月初六日。中山市档案局编：《香山明清档案辑录》，上海：上海古籍出版社，2006 年，第 420 页；中国第一历史档案馆编：《清宫粤港澳商贸档案全集》第 2 卷，第 657 页。

船只按例接济水米时,指出"今贺兰(荷兰)之船,既因趁洋前往日本,遭风至此,自应准其买备水米,以昭天朝柔远之仁"。道光九年七月,两广总督兼任粤海关监督李鸿宾、广东巡抚卢坤奏报澳门额船运来"日本国难夷"十三人,此次"日本国难夷"遭风经吕宋船拯救到粤,"事同一律,自应查照向办成案,即为资送回国,以仰副圣主怀柔远人至意"。①

1701年法国"安菲特利特"号第二次来华时,遭遇了多次暴风雨的侵袭:

> 从来也没有一艘船为进入中国遭遇到这么多的困难,因为四个月以来,我们竭尽人力所能,但无法到达我们船准备过冬的港口——广州。在这期间,遭遇了多次风暴,从一个小岛晃荡到另一个小岛,前面等待着的是连续不断的翻船危险。②

到达广东电白(明代曾经的对西洋互市之地)时,他们由于没有小船和小艇,无法靠岸,只能用旧的桅杆和破损的桨扎成木筏一样的东西。正当他们对木筏进行试验,看它能否抵挡得过礁石和海浪的险阻的时候,他们获得了几艘中国船(的帮助)。③ 后来他们得以停泊在电白(Tien-Paï)的锚地,并得知前面落脚过的小岛叫"放鸡山"(Fanki-Chan)。④ 由于商船载有白晋和一众朝见康熙帝的神父,以及进贡朝廷的物品,清政府救助他们之后,他们按朝贡贸易的路径行走,督、抚委送官三员随同伴送。《粤海关志》记载了行走贡道出粤的要求:将进京贡使人员禀给口粮、夫船数目,填注勘合内;经过沿途州县,按日办应。⑤ 所以商船"到达十分美丽的小城阳春县(Yan-chu-yen)时,我们相信全城居民都来到我们面前,因为道路两旁到处是人"⑥,又"从阳春县出发我们到达河州(Ho-tcheou),途中我们看到十分奇特的景象"⑦,再"到达肇庆(Chao-kin),这是大城市,总督就住在那里……港口十分宽敞,三条河流或运河在此汇合,其中一条通向河州;另一条通往三水(Chan-si);第三条河在距肇庆一法里的地方流向广州……从肇庆至广州,两岸尽是大村庄"⑧,最后"看着江门(Kian-men)在左岸离我们远去"⑨。以上文献中第一次出现的"河州"为江门广海河洲;"三条河流或运河在此汇合",为北江、西江、珠江汇合的三水思贤滘;第二次出现的"河州"为广西贺州,秦汉为中原—岭南驿道(潇贺古道)地名;"一法里的地方",应是思贤滘以东河道(西江)至三水城河口(珠江)的距离(四公里);"从肇庆至广州……看着江门远去",应解读为"肇庆府阳江—广州府三水"。来广上京朝贡贸易路径中,三水是一个枢纽,后沿北江过梅关出粤,即"自韶州府南雄州度岭"⑩。由于"安菲特利特"号在电白海面遭遇风暴,船只损坏,因此,其路线为广东官方护送下的一次特殊水路路程——"电白—阳江—崖门—逢江(江门水道)—西江—三水—南雄"。

---

① 中山市档案局编:《香山明清档案辑录》,第491页。
② [法]杜赫德编:《耶稣会士中国书简集Ⅰ》,第168页。
③ 同上,第186页。
④ 同上。
⑤ 梁廷枏:《粤海关志》卷二一《贡舶一》,第427页。
⑥ [法]杜赫德编:《耶稣会士中国书简集Ⅰ》,第192页。
⑦ 同上。
⑧ 同上,第193页。
⑨ 同上。
⑩ 梁廷枏:《粤海关志》卷二一《贡舶一》,第428页。

（五）税费征收

首任粤海关监督宜尔格图酌定《开海征税则例》，为粤海关税则雏形。设关课税对象确定为“海上出入船载贸易货物”①。粤海关设立之初，为对进出口贸易进行管理，广东政府颁布“分别住行货税”，确立贸易分类管理、商户分类注册管理、分类口岸进出、分类运输工具管理等。清代粤海地区贸易管理方式多样，涵盖了沿海贸易（粤海、闽海、浙海、江海、渤海之间的民船贸易）、朝贡贸易（“本港行”经营）、海外贸易（中国民船出洋）、边境贸易（澳门陆路贸易）、国内贸易（粤海—太平两关属地之间贸易）、对外贸易（“十三行”经营）。

作为商贸往来的重要一环，关税和其他费用的征收等问题很受重视，这在西方档案里都有较为详细的记载。根据文献记载，1698 年“安菲特利特”号的原目的地是宁波，由于横穿印度洋时偏离预定航线，在季风结束前到达宁波已不可能，因此最终选择停泊广州。② 根据管理规定，商船停泊的最终地是广州的黄埔锚地，他们还会施放空炮进行致敬，神父们也按照当时中国人的发饰进行剃头：

> That afternoon all our reverend Fathers went up to Canton with Father Bouvet. They were habited, and their heads were shaven like the Chinese. M. Basses went with them. He had not left us since he came on board at Tiger Island. We saluted them with seven guns; the Englishman did the same with five; and Hoangpou with three.③

粤海关监督会派员到船上丈量船只尺寸，根据大小等级征收船钞和杂费。当时有一艘阿拉伯商船先于“安菲特利特”号到达，并由粤海关监督亲自丈量：

> The 11th, the Arab ship came up the river and anchored a little above us. She saluted us with five guns. We returned with three, and she replied with three more. The 14th, the hoppo came down to measure the Arab. He was saluted upon going on board with three guns.④

为了获得税费优惠以及贸易便利等好处，“安菲特利特”号首航中国时，向粤海关及当地官员宣称为“御船”，随船传教士白晋亦说明自己具有“钦差”的身份，粤海关及当地官员误以为“御船”即来华进贡的“贡船”。《粤海关志》记载了对贡船、渔船的免税政策：“康熙二十四年，户部札称：本部准礼部咨题内开查定例，内开凡外国进贡船只不过三等语。今奉圣谕：外国进贡船只所带货物，一概收税，于柔远之意未符，等因，应将外国进贡定数船三只内，船上所携带货物，停其收税。其余私来贸易者，准其贸易，贸易商人部臣照例收税，等因。会议具题，奉旨：依议。”⑤如白晋就沾沾自喜地表示：“从总督和海关总管处获准，安菲特利特号可沿珠江上溯行驶，距离不限，它还享有免受海关官员检查和计量的荣誉，不必缴纳任何税款甚至可免缴计量费

---

① 梁廷枏：《粤海关志》卷八《税则一》，第 156 页。

② S. Bannister, *A Journal of the First French Embassy to China, 1698 - 1700*, p. 86.

③ Ibid., p. 121.

④ Ibid., p. 140.

⑤ 梁廷枏：《粤海关志》卷八《税则一》，第 156—157 页。

和锚地费——这两笔款项是任何船只均须向皇帝缴纳的。”①而那艘阿拉伯船则为此按规定缴交了 8 500 两船钞,“安菲特利特”号原来需缴交 12 000—15 000 两:

> The Arab had to pay eight thousand five hundred taels for her measurage, which would have been from twelve to fifteen thousand for us.②

而在到达广州后,“他们(康熙派来的钦差)当着广东巡抚及其他文武官员面告诉我们(白晋等人),皇帝很高兴我和教友们顺利到达;陛下希望我率其中五人赴宫中效力,其余人可去帝国各地自由地传播基督教;他要求免除安菲特利特号所有计量税和锚地税,允许随船到来的商人依其所请在广州购置房屋、设立商行;最后,皇帝赞成对我国臣民的友好接待,希望今后给我国以更多礼遇”③。如前所述,因粤海关及当地官员误其为“贡船”,为落实钦差指示并进一步优待,广东巡抚和其他官员决定设宴款待,还免除了船上所有物品的税收(大约值 10 000 埃居)。④ 商船最终亦只停留在广州进行贸易,而后返回法国,并于 1702 年再度驶到中国广州进行贸易。此后,法国东印度公司也在广州设立商馆,继续与粤海关和行商打交道,并在 1745 年取得了在黄埔挂号口附近建造货栈的特别许可,因堆放船具和存放货物较为便利,再“无舍广州求宁波的意愿”⑤。

结　语

本文通过梳理法国商船“安菲特利特”号两次来华留下的航海日志和西方入华耶稣会士发自中国的书信等西方档案史料,结合官方编撰的《粤海关志》和一些清宫档案的相关记载,联系中西方的不同视角,以广东沿海为中心还原清政府统一台湾后对于对外贸易的管理情况。可以看到,清前中期的中国,对外贸易管理制度相对完善、规则较为清晰,并会进行海难救助,具有与时代相吻合的操作性,能在进行对外交往的同时积极维护国家主权。是否应该简单将其归纳评价为“闭关自守、制度缺失、行政腐败”? 值得进一步思考。

① [法] 杜赫德编:《耶稣会士中国书简集 Ⅰ》,第 145 页。
② S. Bannister, *A Journal of the First French Embassy to China, 1698 - 1700*, pp. 140 - 141.
③ [法] 杜赫德编:《耶稣会士中国书简集 Ⅰ》,第 146 页。
④ 同上。
⑤ 严锴:《18 世纪中法海上丝绸之路的航运及贸易》,《甘肃社会科学》2016 年第 3 期。

广州港口国际地位形成与发展的历史探究

——以清代广州海洋贸易及海外移民为中心

蒙启宙*

摘　要：广州是海上丝绸之路始发港之一。唐宋时期，朝廷在广州设立的市舶司掌管国际贸易及税收征缴等事项。唐末的社会动荡导致大量华人从广州移民南洋。清代，广州的国际港口城市地位更加牢固。“广州十三行”成为朝廷赋权的特殊进出口贸易机构，“一口通商”持续了85年。广州地方政府率先打开海禁之门，广府商民的海外移民地域从南洋拓展到美洲。保险业和机制银币等率先在广州出现，以广州为中心的侨汇弥补了近代中国对外贸易逆差。

关键词：海洋贸易；海外移民；广州港口；清代

在古代中国重农抑商的大背景下，广州很早便出现了海洋贸易的萌芽。公元750年，阿曼航海家阿布·奥贝德从苏哈尔出发，驾驶着满载乳香和珠宝的帆船，经过阿拉伯半岛的“乳香之路”，沿着“海上丝绸之路”抵达广州，留下阿拉伯国家通往中国的最早航海记录。公元8世纪，贾耽的“广州通海夷道”第一次准确记载了中西航线的全程。在海洋国际贸易和大规模海外移民的推动下，广州国际港口城市的地位稳定延续了两千多年。

一、广州港口的历史溯源

唐朝“东西互市通商，(朝廷)设市舶司于广州、泉州、杭州三地，掌蕃国交易之事并征税入官。当时中南贸易极盛一时，广州一地居留之外国人达十多万”①。“自三佛齐(今印尼苏门答腊之巨港)至泉州、广州间有定期航船往来”，广州与南洋群岛之间“海舶往来如织”。② 广州与“外人交通繁荣冠于欧洲”③，成为东方第一大贸易港口城市，其与海外通商的航线长达1.4万公

---

* 蒙启宙，中国建设银行广东省分行高级经济师。

① 刘征明：《南洋华侨问题》，国立中山大学社会研究所编辑，重庆：金门出版社，1944年，第41页。

② 李长傅：《南洋华侨史》，上海：商务印书馆，1934年，第5页。

③ 张维元：《我国移民南洋小史》，《中山日报(梅县版)》1946年9月21日，第4版。

里。“当时之航路,据我国史书记载重要者凡五路。一是波斯、锡兰、苏门答腊、广州之间。二是锡兰、婆罗门船,锡兰、广州、南海间;附西域买人船,锡兰、阇婆(今印尼爪哇或苏门答腊)、林邑(即占城)、广州间。三是交趾船,交州沿海之航路。四是唐使船,广州、南海间。五是未罗耶王船,东印度、耽罗(今韩国济州岛)、粟底、裸人国(今尼古巴群岛)、南海间;附昆仑船,广州、南海间。”①“广州通海夷道”一直为后世所遵循。②

宋朝初年,朝廷“置市舶司于广州、明州(今宁波)、杭州三地,末年又添设泉州,对外贸易颇盛”③。“中南交通之盛不亚于唐代。”④“往来朝贡中国终日不绝。广州、宁波两市泊司帮助政府财政收入至巨,岁入达十数万元。”⑤

广州国际港口城市的地位一直为朝廷所保护。官办的“牙行”在明朝成为“三十六行”,在清朝成为“十三行”。明朝时期,广东官府以“定期市”方式允许居住在澳门的葡萄牙商人每年春、秋两季前往广州进行国际贸易。“定期市”在中华人民共和国成立后演变成“中国进出口商品交易会”,至今仍然是中国对外贸易的重要渠道之一。而“广州对欧商之公行制度,及各种限制条例,皆源出于此(指“中国人在马尼剌者受西班牙人种种之限制”)”⑥。

“同光二年(924),中国南人(已有)定居于爪哇。”⑦但大规模海外移民则出现在唐朝末年的广州。“华侨最初之大量南移,始自唐末黄巢作乱之时。”“当时广州为(中国)对外贸易之中心地。外人中以阿剌伯人(阿拉伯人)为主。华南居民中遂有大批随同阿剌伯人逃避海外。当时华南人避难之处,即为苏门答腊岛上阿剌伯人活动中心地之三佛齐,亦即今之巨港。该地与广州间当时已有每年一度之定期航船。”⑧“华侨遂由此大量进展于南洋群岛,而有‘唐人’之称。”⑨

“我国人移殖南洋虽渊源甚古,然实盛于十九世纪初期。此时欧人初至南洋,令人开垦,乃广招华工,南来垦殖。”⑩“华侨大量移殖美洲实自十九世纪中叶始。”“华侨之初抵美国”,“登陆地为加省(加利福尼亚)之旧金山”。⑪ 嘉庆二十五年(1820),美国夏威夷商人运载“檀香至广州发卖,是(美国)与中国通商之始”,也是美国商人“首次桅船派赴广东福建招工”,夏威夷出现了第一批华人“合同工人”。⑫ 而此时的清朝政府正实行“闭关锁国”政策。乾隆二十二年(1757)清廷撤销各地海关后,偌大的清王朝只剩下广州一地为对外通商港口,“一口通商”的时间长达85年,直到鸦片战争爆发后才停止。

---

① 李长傅:《南洋华侨史》,第16—17页。
② 高伟浓:《近代以前中国人环球航路大视野:以东南亚为中转站》,《海洋文化研究》第1辑,广州:世界图书出版公司,2022年,第12页。
③ 李长傅:《南洋华侨史》,第17页。
④ 同上,第5页。
⑤ 张维元:《我国移民南洋小史》,《中山日报(梅县版)》1946年9月21日,第4版。
⑥ 李长傅:《南洋华侨史》,第87—89页。
⑦ 张维元:《我国移民南洋小史》,《中山日报(梅县版)》1946年9月21日,第4版。
⑧ 章渊若、张礼千主编,张荫桐译述:《南洋华侨与经济之现势》,上海:商务印书馆,1946年,第15页。
⑨ 郑季楷:《华侨与侨汇》,《广东省银行月刊》第3卷第7、8期,广州:广东省银行经济研究室,1947年8月。
⑩ 参见《星洲十年(星洲日报十周年纪念特刊)》,新加坡:星洲日报社,1940年,第636页。
⑪ 丹徒、李长傅:《华侨》,上海:中华书局,1927年,第128页。
⑫ 陈汝舟:《美国华侨年鉴》,纽约:中国国民外交协会驻美办事处,1946年,第386页。

二、广州港口城市的主要特征

作为中国最早、最大、持续时间最长的海洋国际贸易和海外移民的城市，广州作为港口城市主要特征有三个。

（一）受到朝廷的政策保护

从乾隆中期起，清廷只允许西洋商人于广州一口通商。规定“夷人只许在广州登岸”。沿海地区抓到非法入境的洋人要押解到广州审讯。根据旗昌洋行合伙人亨特所著的《旧中国杂记》一书记载，1836 年 10 月，福建官府将在辖区海滩上抓到的一名偷渡入境的印度水手押解到广州。1837 年 5 月，广州知府对该名偷渡的印度水手进行审讯后将其扣押在广州十三行内，待印度商船从广州返程时将该名水手遣返印度孟买。

“咸丰九年，清政府曾在广州、天津、厦门、宁波等处设立出洋问讯局”①，华人出洋须到广州等地的出洋问讯局办理申请手续。

在海洋文明的熏陶下，广州社会氛围开放包容。朝廷的“海禁律例”被广州地方政府率先打破。“一八五九年四月六日，广东番禺、南海两县府会衔布告，允许契约华工得由中国官厅监督，准予放洋。广东巡抚柏贵亦明令允许华工出国，惟必须证实系劳资两方订有契约，而非用诱拐手段拐骗出国的。”②“一八六〇年清政府接纳英国之要求，始规定移民渡航的保护条例。至此乃为海外移往自由时代。”③

（二）拥有先进的造船技术

广州一直以来是中国海洋船舶主要的建造基地。秦汉时期，广州已有造船工场的设立，并拥有先进的造船技术。世界古代造船技术重大发明之一的船尾舵最早出现在广州。1955 年在广州东郊的东汉墓中出土陶质船模型，其船尾正中位置的船舵虽然还是绕支点转动，但已不是传统的操纵长桨了，其短杆宽叶的特征被称为拖舵，被认为是世界船尾舵的祖式。④ 唐宋时期，广州已使用船坞进行造船和修船，并采用滑道下水的方式将海轮放入江面。

“广州通海夷道”的特点，一是便捷，二是可与季风和海流方向保持一致。这就需要更加先进的造船和航海技术作支撑。广州制造的“广船”，其船体多采用紧密的肋骨跟隔舱板结构，以坚固及良好的适航性能和续航能力著称，是当时中国最有名气的船舶之一。乾隆四十三年（1778），英国船长米尔斯在广州买了两艘大商船，雇用了几十名中国水手，组成船队前往夏威夷并停留了 4 个多月。夏威夷盛产檀香木，因此也称为檀香山。檀香木是当时中国较为稀缺的资源。广州与夏威夷之间的海洋贸易航线由此开通。上海历史博物馆收藏着一枚 1848 年英国

① 黄警顽：《华侨对祖国的贡献》，上海：棠棣社，1940 年，第 107 页。

② 刘征明：《南洋华侨问题》，第 49—50 页。

③ 刘伯周：《海外华侨发展史概论》，上海：华侨图书印刷公司，1935 年，第 4 页。

④ 何国卫：《略伦古代岭南舟船文明的历史地位》，王崇敏主编《海洋文化研究》，海口：海南出版社，2018 年，第 98 页。

图1　16世纪和18世纪葡人和英人到南洋之帆船①

伯明翰铸造的纪念章,其正面有一幅半身的中国人画像,上面写着“生希”两个汉字,背面有一艘木帆船的图案。纪念章上的英文写道:“这是一艘引人注目的最大吨位的平底帆船,也是由中国人建造的第一艘到达欧洲,甚至绕过好望角的船。这艘船于1846年8月由一群经商的英国人在广东购买。1846年12月6日从香港出发。1847年3月31日绕过好望角。1848年3月27日到达英格兰。”这艘由广州制造的“耆英”号木帆船所雇的30名中国水手,于1851年应邀参加了在伦敦举办的首届世界博览会。

先进的造船技术、发达的贸易航线为外国洋行入驻广州,开设轮船公司以从事海洋贸易及客货运输提供了条件。1866年,撒缪尔·施怀雅在上海成立太古洋行后,于1870年在香港成立总行;1881年在广州沙面开设太古轮船公司,承接广州与海内外各大口岸的货运和客运业务;随后又在广州开设太古洋行燕梳公司。太古轮船公司的业务发展很快。1892年,该公司只有29艘船舶,到了清朝末年已接近百艘。同期在广州开设分公司的洋船公司还有省港澳轮船公司、怡和洋行、大阪商船公司等10多家。

穿梭于广州与世界各大商埠之间的巨轮往来相当频繁。太平洋水师船务公司“有坚固快捷轮船数艘,常往来于些路埠(今西雅图)、域多利(今维多利亚)、横滨、神户、上海等埠”,从广州“二十天可到些路埠(今西雅图)”。该船务公司还以广州沙面的志利洋行为代理人,办理“客位及货载”等业务。② 美国大来轮船公司经营“由广州往旧金山及太平洋各口岸”的客货运业务,并签发由广州到“上海转船之船票”。该公司的“忌厘士打喇”号轮船“由广州前往小吕宋、金山大埠、罗省(即洛杉矶)及转花旗内地(即美属各殖民地)”。③ 美国总统轮船公司以广州沙面的的哯有限公司为代理处,出售从香港开往旧金山的“美格将军”号轮船的头等舱和三等舱船票。④

在激烈的业务竞争中,各洋行轮船公司不断降低票价。太古轮船公司将从广州开往香港的客票价格由原来的一块银圆降到两角银币,并免费向乘船旅客提供饭菜和精美点心。光绪三十

① 温雄飞:《南洋华侨通史》插图,上海:东方印书馆,1929年。
② 《快捷轮船广告》,《羊城新报》1921年5月13日,第5版。
③ 《大来公司船期》,《公评报》1926年4月29日,第6版。
④ 《通告》,《越华报》1947年9月22日,第2版。

二年五月(1906年6月),元兆安轮船公司对来往于广州、香港和澳门的船票实行减价:"头等西式房每位收二元,来回票三元。西式大餐楼每位收(一)元半,来回票二元。唐式大餐楼每位收一元,来回票(一)元半。"①

远洋船票价格的降低一方面降低了国际贸易公司的经营成本,另一方面刺激了华人大量移民海外,广州国际化的程度越来越高。

(三)各藩属贡船频繁寄港

"广州为华南重镇,以与外洋通商最早之故,人民之移出海外为数极众。"②广州与南洋之间的国际贸易历史可"远溯于隋唐以前,至宋元间频繁,明清而渐盛,民国纪元后更为发达"③。唐朝广州的港口贸易繁荣,洋货充盈。唐"穆宗时,工部尚书郑权赴广州任岭南节度使。韩昌黎(即韩愈)为文送之。有谓'外国之货日至,象、犀、玳瑁奇物溢于中国,不可胜用,故选帅常重于他镇'等语。可见当时广州与南洋通商之盛"④。而"各藩属贡船寄港频繁,多将海外事情传达或携来异邦文物",广州及周边地区商民的"航洋思想为之刺激",加上"同乡间的诱导,渡航先驱者成功"事例的引导,使广府商众相信"无论何人都有赤手空拳航洋致富之机会"。⑤ 而国内"天灾频降,政局紊乱,商者顿于市肆,农者困于畎亩。故人民不得不舍其固有之资财,而向海外另觅生路"⑥,以"寻求理想之世界"⑦。契约劳工应运而生。

嘉庆十年(1805),英国驻马来半岛槟榔屿总督下令英属东印度公司驻广州的代表,在广州一带拐骗300名粤人从澳门出发,经过海路抵达特立尼达岛,作为契约劳工充实各行业。"华侨近世之至美洲者,当以巴西为最早。"⑧嘉庆十五年(1810),"巴西试种茶树,继欲经营茶叶,乃招致中国茶工数百人赴巴从事种殖"⑨。嘉庆二十五年(1820)前后,美国夏威夷商人运载"檀香至广州发卖,是(美国)与中国通商之始",也是美国商人"首次桅船派赴广东福建招工",夏威夷出现了第一批华人"合同工人"。⑩ 咸丰二年(1852)抵达夏威夷的280名契约劳工,"契约期限五年,(除偿还每人五十美元的)船费之外,定月薪三圆美金。衣食住由雇主供给。期满转业家内劳动者,可得较高薪金"⑪。牙买加"初至者系咸丰初英人自香港招来之契约华工",到了宣统二年(1910),牙买加有华侨2 100人。⑫ 1847—1875年,"西印度群岛之华侨""即已以强制劳动移民(的身份)移入",到了1888年,古巴华侨已达4.5人。⑬

---

① 《广东广州来往港澳减价告白》,《珠江镜报》丙午年五月十五日(1906年7月6日),第5版。

② 江英志:《广州市立银行的新使命》,出版者不详,1937年,第102页。

③ 《汇业联谊社特刊序》,《新加坡汇业联谊社特刊》,新加坡:新加坡汇业联谊社,1947年。

④ 刘征明:《南洋华侨问题》,第41页。

⑤ 刘伯周:《海外华侨发展史概论》,第10页。

⑥ 今吾:《中国海外侨民述略》,《侨声》第1期创刊号,北京:北京华侨协会侨务科,1939年。

⑦ 容华绶:《广东侨汇回顾与前瞻》,《广东省银行季刊》第1卷第1期,广州:广东省银行经济研究室,1941年3月。

⑧ 丹徒、李长傅:《华侨》,第150页。

⑨ 区琮华:《美洲华侨与侨汇》,《广东省银行季刊》第1卷第1期。

⑩ 陈汝舟:《美国华侨年鉴》,第386页。

⑪ 刘伯周:《海外华侨发展史概论》,第43—44页。

⑫ 丹徒、李长傅:《华侨》,第147页。

⑬ 区琮华:《美洲华侨与侨汇》,《广东省银行季刊》第1卷第1期。

三、广州港口的地缘经济优势

世界国际贸易港口城市的形成与发展无不建立在特定的地缘经济基础之上,这些自然形成或人为赋予的地缘经济优势为其他地区所缺乏。

在南洋,“新加坡虽然是马来南端的一个小岛,面积不过二百方里”,但它“正摆在麻六甲(马六甲)海和新加坡海峡的交叉点,握欧亚交通的咽喉。占全世界产量四分之一的锡和二分之一的树胶都由这里出口”。① 这一地缘优势使之成为“南亚中心,为欧亚联络站,扼南洋各地吐纳港。在经济上占优越之地位,商业上握南洋之牛耳”②。这个“远东(地区)一个最大的贸易港”,“吸取了庞大的华侨人口”。③ 1871—1921 年,新加坡的华侨人数增加了 4.8 倍。④

泰国“输入中国的货物主要是大米和木材。木材之中以柚木占百分之七十以上。举凡中国南部沿海省份,尤其是华侨社区,建筑用的柚木都来自暹罗(即泰国)”⑤。华侨大量移民泰国从事海洋国际贸易。“曼谷之商店百分之九十八皆华侨所设,其三聘街完全若中国内地。”由当地华侨集资成立的华暹轮船公司,从事曼谷与广州等口岸之间的国际贸易。其拥有海轮 9 艘,船舶总吨位达 9 589 吨。⑥

美国“三藩市普通人称之为旧金山,我侨胞多称之曰大埠”⑦。“旧金山为美国太平洋海岸之重大商港”,“1769 年(乾隆三十四年)始有第一艘(海轮)驶入。其后逐渐繁荣”,“华侨及留学生赴美者均由旧金山登陆”。⑧ 开埠后,这里成为“加里福尼亚洲华人劳工市场。在失业期间,美境各地华人俱来三藩市找寻职业”⑨,使之“成为全美华侨最多而且最集中的地方”⑩。

当然,良好的自然资源和历史资源只是前提条件之一。“中国远在周秦时代即和菲律宾发生贸易关系”,18 世纪已有大量的商船往来于广州、澳门与菲律宾各大商埠;但直到“十九世纪末叶,(中菲之间)每年(的贸易额也)不过二十万关两。最高的一八六八年也不过四十四万四千关两”,远远低于周边国家。⑪ 例如,越南与中国之间的国际贸易,历史没有菲律宾久远,但“自一八九三年至一九一三年,中越间贸易忽趋发展。一八九三年即已突破百万关两。一九一〇年且达八百万关两”⑫。中菲之间贸易之所以停滞不前,一个主要原因是菲律宾一直在排华。在西班牙统治时期,菲律宾“排斥(华人)的法门很多”;“到了美国统治时代,手段虽不如西班牙人的凶暴,

---

① 刘征明:《南洋华侨问题》,第 9 页。

② 《旅星华侨组织汇业联谊社》,《南洋报》第 5 期,1947 年 12 月。

③ 刘征明:《南洋华侨问题》,第 9 页。

④ 姚蔚生:《英属新加坡历届人口统计中之华侨地位》,王云五、李圣五主编《南洋华侨》,上海:商务印书馆,1933 年,第 80 页。

⑤ 刘征明:《南洋华侨问题》,第 153 页。

⑥ 丹徒、李长傅:《华侨》,第 59 页。

⑦ 陈汝舟:《美国华侨年鉴》,第 259 页。

⑧ 《闲话旧金山》,《广东商报》1948 年 4 月 17 日,第 2 版。

⑨ 《旧金山唐人街女子数量大增》,《前锋日报(六邑版)》1947 年 1 月 8 日,第 2 版。

⑩ 芦苇:《美国三藩市华埠侧写》,《中山日报(梅县版)》1947 年 4 月 26 日,第 4 版。

⑪ 刘征明:《南洋华侨问题》,第 145—146 页。

⑫ 《历年中越贸易概况(汕头)》,《诚报晚刊》1935 年 7 月 13 日,第 3 版。

然关税壁垒的森严，移民律(例)的限制，都足以阻止中国货物畅销菲国岛”。①

广州的地缘经济优势，一是海洋国际贸易新业态不断涌现，二是以广州为中心的粤省侨汇弥补了中国国际贸易逆差。

(一) 中国保险业的诞生与“粤双毫”支付单位的形成

1. 洋面保险的出现

“海运初通，外船大都集中于广州和厦门”两地。② “海运”是一项充满竞争和风险的买卖，各种变幻莫测的海运风险、海盗抢掠以及战争损坏等随时都可能发生。为了降低和分散各种自然和人为的海洋灾难，以洋面保险为经营对象的近代保险业在广州诞生。嘉庆六年(1801)，在广州的一些外国商人联合组成临时(保险)协会，以每艘1.2万美元的承保限额，为外国商船提供洋面保险业务。这是中国最早出现的由外国商人经营的海上保险组织。从承保限额高达1.2万美元推算，当时往来穿梭于广州与世界各港口的外国商船所承运的货物价值相当昂贵。

嘉庆十年(1805)，英国东印度公司鸦片部经理戴维森在广州发起成立了广州保险社，又称“谏当保安行”或“谏当水险行”，其主要股东为两家英商洋行：渣甸洋行(怡和洋行的前身)和颠地公司(宝顺洋行的前身)。“谏当保安行”主要经营海上运输和船舶安全等的保险业务，由宝顺洋行、麦戈尼亚克洋行和渣甸洋行等3个合伙人轮流担任经理，相互之间每5年结算1次。这是中国第一家外商保险公司。道光十五年(1835)，谏当保安行合约终止后，合伙人之一的宝顺洋行退出谏当保安行，在广州设立于仁洋面保安行。于仁洋面保安行除了有香港怡和、仁记、沙逊、祥泰、华记、义记、禅臣等7家洋行参股外，还吸纳广州商人的资本，以“广东省商人联合西商纠合本根”的模式进行经营。这是中国第一家中外合资保险公司。怡和洋行实际控股谏当保安行后，于咸丰七年(1857)在上海开设分行，将海洋保险业务拓展到上海。

当时广州的保险公司的名称大多有“洋面保险”字样。例如，于仁洋面保安行、源安洋面火烛保险汇兑附揭积聚按揭货仓有限公司、香港普安洋面及火烛保险兼货仓有限公司等。为了方便中外商人办理保险业务，大多数保险公司命名时直接使用“insurance”的英文音译，称为“燕梳公司”或“燕梳保险公司”，例如日本洋面火烛燕梳公司、太古洋行燕梳公司③等。当地的一些商号也兼营“燕梳”业务，例如：源盛公司“专做汇理营业生意兼办燕梳，承保各通商口岸轮帆船只货物上岸，屋宇家私物业无水火意外之虞”④。保险业务的范围以“洋面货运风险”为主，例如：“代理乌思轮火烛兼洋面燕梳”⑤；专保“船上之货，或由船起货上岸”⑥无虞；“专保洋面火烛燕梳”⑦；“洋面水险俱可承保”⑧；“保轮船货物来往各港口岸无水险之虞”⑨；“专保轮船、帆船、渡船装载货物来往中外国各港口岸，及保大小轮船、盐船、渡船船壳无洋面意外之虞，兼保本港屋

---

① 刘征明：《南洋华侨问题》，第145—146页。
② 区琮华：《劝导华侨投资几个问题》，《广东省银行季刊》第1卷第2期，广州：广东省银行经济研究室，1941年6月。
③ 《太古洋行燕梳启事》，《广东七十二行商报》1929年8月15日，第2版。
④ 《源盛公司》，《东方报》丙午年十月十三日(1906年11月28日)，第1版。
⑤ 《泰和洋行代理燕梳告白》，《广东日报》甲辰年三月初七日(1904年4月22日)。
⑥ 《于仁洋面保险行告白》，《汇报》同治十三年五月二十一日(1874年7月4日)。
⑦ 《日本洋面火烛燕梳公司告白》，《珠江镜报》丙午年闰四月初六日(1906年5月28日)，第3版。
⑧ 《上海华通水火保险有限公司在粤设立分公司告白》，《广东七十二行商报》1913年6月12日，第6版。
⑨ 《香港普安洋面及火烛保险兼货仓有限公司告白》，《安雅报》壬子年三月初二日(1912年4月18日)，第1版。

宇、货仓、家私、货物等件火险”①;“专保轮船、帆船、渡船装载货物……大小轮船、舰船、渡船船壳无洋面意外”②;等等。

为了获得更大的市场份额,除谏当保安行实行独立经营外,其他外国保险公司大多是委托本国洋行或经纪人招揽业务。道光九年(1829),广州第八保险社、孟格拉保险社、孟买保险社、加尔各答保险社、公平保险公司和凤凰保险公司等委托广州麦戈尼亚克洋行代理保险业务。委托颠地洋行代理保险业务的则有孟买保险社、加尔各答保险社、环球保险事务所、印度保险公司等。怡和洋行除投资谏当保安行外,还长期代理谏当保安行、香港火烛保险公司、于仁洋面保险行、孟买保险社、加尔各答保险社、特里顿保险公司、孟买海运保险公司及保家行等的保险业务。光绪二十九年(1903),泰和洋行“代理鸟思轮火烛兼洋面燕梳”③。日本明治火烛燕梳公司委托三井洋行“专保岸上各屋宇并铺栈货物家私等件无火烛之虞”④。除了日本明治火烛燕梳公司外,三井洋行还“代理日本绝大(多数)燕梳公司(的业务)”⑤。

香港保险公司则在广州、上海、新加坡等大商埠委托代理商号或设立分局从事保险业务。光绪年间,总局设在香港的源安洋面火烛保险汇兑附揭积聚按揭货仓有限公司在上海、新加坡和广州设立分局,负责所在商埠的洋面保险业务。

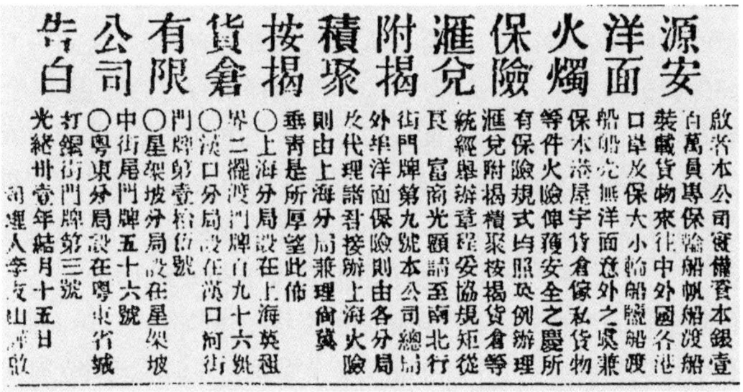
源安洋面火燭保險滙兌附揭積聚按揭貨倉有限公司告白

啟者本公司資備本銀壹百萬員專保輪船帆船渡船裝載貨物來往中外國各港口岸及保大小輪船駁船渡船船殼無洋面意外之險兼保本港屋宇貨倉傢私貨物等件火險俾獲安全之慶所有保險規式均照英例辦理滙兌附揭積聚按揭貨倉等統經舉辦章程妥協規矩從民 富商光顧請至南北行街門牌第九號本公司總局外埠洋面保險則由各分局及代理諸君接辦上海火險則由上海分局兼理倘蒙垂青是所厚望此佈

○上海分局設在上海英租界二擺渡門牌百九十六號

○漢口分局設在漢口河街門牌第壹拾伍號

○星架坡分局設在星架坡中街尾門牌五十六號

○粵東分局設在粵東省城打銅街門牌第三號

光緒卅壹年結月十五日

司理人李[illegible]山謹啟

图 2　《源安洋面火烛保险汇兑附揭积聚按揭货仓有限公司告白》⑥

香港福安保险有限公司成立后,“设分局于外埠及各通商口岸”。宣统年间,鉴于“我粤商务日盛,保险日多”,“为挽回外溢利权起见”,该公司以广州的康寿堂、致和号、中兴号、源泰来、德厚祥等为代理商号经营保险业务。宣统二年(1910),该公司“又特设分局于(广州)十八甫五洲春楼上,专保商店货物、屋宇家私各项非洋面保险”。为了便于华商贸易公司办理保险业务,该公司办理的“所有火险、保险、保票俱用华文以归简便”。⑦

---

① 《源安洋面火烛保险汇兑附揭积聚按揭货仓有限公司告白》,《珠江镜报》丙午年闰四月初五日(1906 年 5 月 27 日),第 3 页。

② 同上。

③ 《泰和洋行代理燕梳告白》,《广东日报》甲辰年三月初七日(1904 年 4 月 22 日)。

④ 《三井洋行明治火烛燕梳公司告白》,《广东日报》甲辰年三月初七日(1904 年 4 月 22 日)。

⑤ 《三井洋行火烛燕梳广告》,《广东七十二行商报》1924 年 4 月 28 日,第 10 版。

⑥ 《源安洋面火烛保险汇兑附揭积聚按揭货仓有限公司告白》,《珠江镜报》丙午年闰四月初五日(1906 年 5 月 27 日),第 3 版。

⑦ 《香港福安保险有限公司分局广告》,《广东七十二行商报》宣统二年八月十八日(1910 年 9 月 21 日),第 5 版。

上海保险公司在世界各大商埠设立分公司承保洋面水险等保险业务。上海华通水火保险有限公司在广州设立分公司，“凡屋宇、家私、货物、衣箱等火险并洋面水险俱可承保”①。总行设在上海的“美亚水火保险公司”由美国商人开办，“经营美国最著名全球新大陆等保险公司十余家，承保火烛、洋面、汽车、人寿等险”，在泰国、西贡、新加坡、菲律宾、纽约以及国内广州、香港等主要商埠设有分行，在“亚洲各大城镇均有代理”。②

一些外商保险公司通过向投保人或股东给予高额回报，以获得更多的保险业务。同治十三年五月（1874 年 7 月），于仁洋面保安行在《汇报》上刊登广告：“若商人欲保船上之货，或由船起货上岸，欲保无虞，请到本公司与代理人润先生面买保险，照收入常价即送回三分之一与保险之人。”③为了适应“东方贸易的巨大发展”，谏当保安行在一份征集百股新股的公告中规定：“贡献卓著的股东预分红利由三分之一改为三分之二。”④

广州外商保险公司的利润相当可观。光绪八年九月（1882 年 11 月），谏当保安行“所得保险之利共有五十三万五千八百十四元五角一分。其所获之利，溢出该公司资本之外”⑤。

随着广州海洋国际贸易的繁荣发展，外商保险公司的经营范围也从原来的以“洋面货运保险”为主，拓展到码头、仓库、船舶、修理、银行业务以及华侨汇兑等领域。光绪三十年（1904）元月，香港同益延寿火烛燕梳按揭汇兑积聚有限公司“专保省城（广州）”等埠的火险业务，“兼办小吕宋、新加坡以及省港澳汇兑银两”。⑥ 光绪三十一年（1905），广州源安洋面火烛保险公司“专保轮船、帆船、渡船装载货物来往中外国各港口岸，及保大小轮船、舰船、渡船船壳无洋面意外”⑦，并保“内地渡船装运货物来往香港省城陈村（即广州十三行）一带无洋面意外之虞”⑧。“在英政府注册”的宏安保险公司“专保火险燕梳及按揭营业。凡省城各乡及通商口岸楼房、铺户、装修、家私、衣箱、货物等项均可受保”⑨。广州市粤东保险置业股份有限公司“受保岸上楼房、屋宇、衣箱、装修、货物、家私及仓栈等项”⑩。

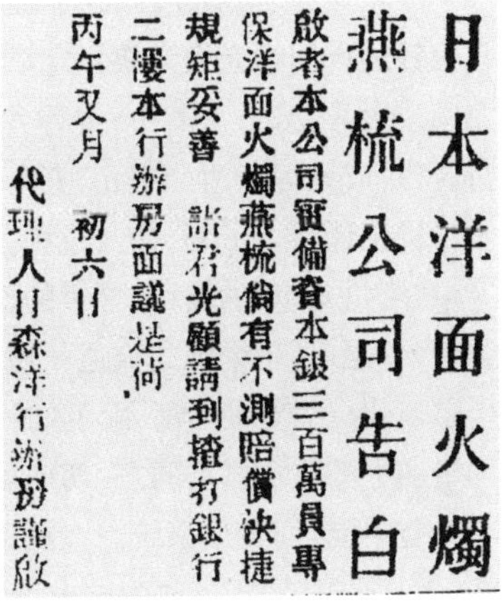
日本洋面火燭
燕梳公司告白
啟者本公司實備資本銀三百萬員專
保洋面火燭燕梳倘有不測賠償決捷
規矩妥善 諸君光顧請到撻打銀行
二樓本行辦房面議是荷
丙午又月 初六日
代理人日森洋行辦房謹啟

图 3 《日本洋面火烛燕梳公司告白》⑪

一些外商保险公司也从洋行的母体中分离出来，成为独立经营的保险公司。光绪三十一年（1905），日本洋面火烛燕梳公司“专保洋面火烛燕梳”业务。宣统元年（1909），

---

① 《上海华通水火保险有限公司在粤设立分公司告白》，《广东七十二行商报》1913 年 6 月 12 日，第 6 版。

② 《美商美亚水火保险公司广告》，《公评报》1927 年 7 月 19 日，第 4 版。

③ 《于仁洋面保险行告白》，《汇报》同治十三年五月二十一日（1874 年 7 月 4 日）。

④ 《申报》光绪八年九月二日（1882 年 11 月 2 日）。

⑤ 同上。

⑥ 《香港同益延寿火烛燕梳按揭汇兑和聚有限公司》，《岭东日报》光绪三十年七月十三日（1904 年 8 月 23 日），第 1 版。

⑦ 《源安洋面火烛保险汇兑附揭积聚按揭货仓有限公司告白》，《珠江镜报》丙午年闰四月初五日（1906 年 5 月 27 日），第 3 版。

⑧ 《源安洋面火烛保险汇兑附揭积聚按揭货仓有限公司告白》，《东方报》丙午年十月十二日（1906 年 11 月 27 日），第 2 版。

⑨ 《宏安保险公司广告》，《羊城新报》1914 年 11 月 27 日，第 1 版。

⑩ 《广州市粤东保险置业股份有限公司》，《广东七十二行商报》1924 年 11 月 29 日，第 3 版。

⑪ 《日本洋面火烛燕梳公司告白》，《珠江镜报》丙午年闰四月初六日（1906 年 5 月 28 日），第 3 版。

香港中国康年人寿保险公司在广州设立分公司,这家“纯粹华侨资本”的保险公司“为中国最悠久之人寿保险公司”。

2.“粤双毫”的跃升

随着广州港口城市国际贸易地位的提高,外商银行开始在广州设立分行。道光二十五年(1845)英国丽如银行在广州设立的分行为外商银行进入中国的滥觞。广州丽如银行主要从事国际汇兑业务,为英国、印度与中国之间的国际贸易提供金融服务。鹰洋等外国银元经过广州涌入内地。“鹰洋(一名墨洋)即西班牙人由墨西哥输入者,为我国使用银币之嚆矢。”①从咸丰四年(1854)到宣统二年(1910),在中国市场上流通的外国银元约有11亿枚,墨西哥鹰洋占了三分之一。广州成为华洋辐辏交集之区,银号鼎盛、贸易繁盛而币制紊乱。由于“国内通货银圆极杂,标准重量每元为七钱或七钱二分。(外国银元)计有墨西哥之飞鹰,日本大正之苍龙旭日”等,外国商人可“以九成之墨币易我十足之纹银”,②导致我国白银大量流往国外。而“外国洋元大量在国内流通,无异于外币是中国通货一样,(使中国)每年对外漏卮不少。为了挽回国家权利”,光绪十三年(1887)正月二十四日,两广总督张之洞奏请清廷试铸银元。③ 光绪十六年(1890)四月二十六日,粤官银钱局开铸“七二正版龙洋”,这是中国第一套机器铸造银币。

广东“七二正版龙洋”仿照鹰洋制式,因币面铸有蟠龙一条而俗称龙银或龙毫。根据《开办官银钱局行用铜元银元票详定章程》,“粤省通用银圆有成圆毫子之分”。成元(圆)为主币,俗称龙圆或大洋;毫子为辅币,俗称龙毫或毫洋。粤官银钱局会同善后局出示晓谕,令商民一体遵行。“一成元等于两个中元、五个双毫、十个单毫或二十五个五仙,每一个单毫等于一百个制钱,按十进位计算,无须公估及过秤。”

“广州龙毫”的设计、含银的比重等符合市场流通和国际支付惯例,逐步将墨西哥鹰洋等外国银元“驱逐”出中国的流通领域,成为粤、桂两省的主要流通货币。外省“大元(即大洋)一项,(在)广州向少行使”④。由于“成元(即大洋)或储藏或改铸,市上已少流通”⑤,辅币“双毫”便成为事实上的主币。粤省“一切商场支付交收,悉以双毫5枚合成1元作为单位。广东金融从此与外省不同,而自成系统。在此后的数十年间,广东通货均以毫银作为主币行使,一切经济生活,无不受其支配”⑥,“为国内币制之畸形者”⑦。

“粤双毫”成为海洋国际贸易的主要支付单位之一。始创广东保险有限公司要求“保费出入俱用双龙毫交易”⑧。“粤双毫”可以通过外国银行存款的形式兑换成所需要的外国货币。例如,中法实业银行省城(广州)分行“存款均可用广东毫银及各国金银币,以上各项均可随时附取。

① 丹徒、李长傅:《华侨》,第142页。

② 《论各埠钱庄迭倒之原因》,《广东劝业报》1908年第57期。

③ 人之:《银元的今昔》,《穗商月刊》1949年第4期,广州:广州市钱商业同业公会。

④ 《大洋涨价之种种原因》,《广州民国日报》1928年6月13日,第5版。

⑤ 秦庆钧:《民国时期广东财政史料(1911—1949)》,《广州文史资料选辑》第29辑,广州:广东人民出版社,1983年。

⑥ 周斯铭:《五十年来的广东金融概况》,《广东文史资料精编》第3卷,北京:中国文史出版社,2008年,第12页。

⑦ 《财部决整理广东省银行财产》,《金融周报》第2卷第6期,上海:中央银行经济研究处,1936年8月。

⑧ 《始创广东保险有限公司告白》,《广东七十二行商报》宣统二年八月十八日(1910年9月21日),第5版。

以何国金银币兑换何种款项均由各客自择”①。华商银行广州分行将“存款息价”分为毫银和港纸两种:“若为毫银,周息二厘。若为港纸,周息三厘。”②岭海银行的定期存款仅收“双毫或港纸”两种。③

“广州龙毫”问世前,香港的单毫(一角)和5仙(半毫)已在粤省各地流通。“广州造币厂铸造的龙毫龙圆因与港毫港元联系,成色与港毫相仿。港小洋多造单毫,而双毫极缺。广铸龙银双毫面世后,首先流入香港市场行用达二十余年”,弥补了香港小洋设计上的缺陷,逐步成为一种基准货币。“在光绪三十年以前,广毫对港毫及汇丰钞票一向保持平衡,价值无所高低。”④“光绪三十四年(1908),英公使以香港地邻粤省,粤铸小银元(双毫)因无限制而致香港商务大受影响,照会度支部咨粤停铸小银元。文到,当即被度支部驳回。”⑤

“自粤省创铸银币后,各省纷纷仿铸。光绪二十五年,清廷以各省设局太多,成色分量难免参差,不便民用,着各省需用银圆,归并广东、湖北两省铸造。”⑥这在客观上确保了粤双毫的流通地位。因此,粤省“双毫铸造较各省为多,不特流行全省,且通用于各省之间”⑦,“上海人每天看见的二角银币也差不多都是广东铸造的”⑧。光绪十六年至宣统三年(1890—1911)间,粤双毫的发行量为7.25亿枚,是成元的38.6倍、中元的3 162.8倍、单毫的6.13倍、5仙的69 139.7倍。

“双毫”由辅币跃升成为实际流通中的主币,显然违背了龙洋发行的初衷。光绪三十三年(1907),粤督周馥以市面上毫洋充斥、影响市场秩序为由,令广东钱局停铸双毫。宣统二年(1910),清廷在《币制则例》中规定:“中国国币单位,着即定名曰圆。暂就银为本位。以一元为主币,重库平七钱二分。”粤省官银钱局也在《官银钱局规复兑换银毫告白》中重申:“凡商场交易以及完纳钱粮俱以纸币为本位,银毫为辅助。”“银毫系属辅币,仅行用于不及一元之数。”⑨但“粤双毫”在社会经济中的地位与作用“虽政府迭令更改而莫止”⑩。

广东毫洋制成为海外华人社区一种计价方式。美国纽约的四海楼,消费价格为“四毫经济餐,五仙一盅饭”。东方理发所“剪发五毫,剪发及剃须六毫五仙,剃须二毫”。华侨向国内汇款时大多以“订交粤双毫”形式,要求国内批信局以“粤双毫”支付给侨眷。

(二) 粤省侨汇弥补了中国的国际贸易逆差

“华侨之向南洋移殖,始自中国与南洋各国之有贸易关系。”⑪海外移民与海洋国际贸易互为前提,同时出现。中国大规模海外移民可概括为“下南洋”和“闯金山”两条线路。

---

① 《广州中法实业银行广告》,《广东七十二行商报》1919年11月6日,第1版。
② 《华商银行》,《广东七十二行商报》1924年5月22日,第9版。
③ 《岭海银行有限公司》,《美洲同盟会月刊》1927年第3、4期合刊。
④ 沈琼楼:《广州市濠畔街和打铜街的变迁》,《广州文史资料》第1辑,1963年。
⑤ 熊理:《粤币史要》,《广东省银行月刊》第1卷第1期,广州:广东省银行经济研究室,1937年。
⑥ 整理金融专员办事处:《中华民国十七年国税管理委员公署整理广东金融之经过》,1928年,第87页。
⑦ 熊理:《粤币史要》,《广东省银行月刊》第1卷第1期。
⑧ 章乃器:《中国货币金融问题》,上海:生活书店,1936年,第32页。
⑨ 《官银钱局规复兑换银毫告白》,《民生日报》1912年8月1日,第3版。
⑩ 熊理:《粤币史要》,《广东省银行月刊》第1卷第1期。
⑪ 章渊若、张礼千主编,张荫桐译述:《南洋华侨与经济之现势》,第15页。

图 4 华侨银信封面实物局部

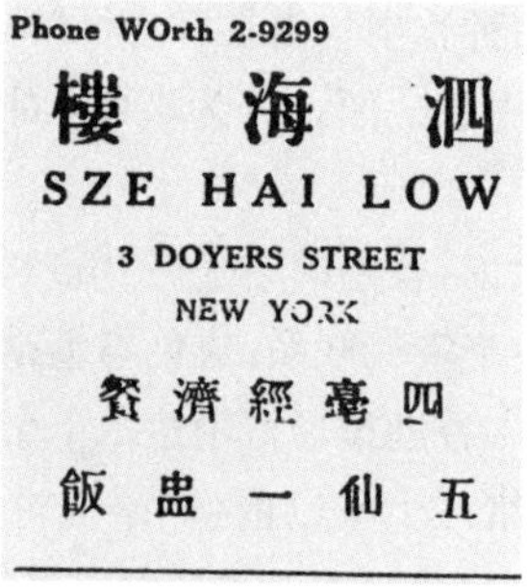

图 5 纽约四海楼广告①

1. 大规模海外移民的形成

无论是“下南洋”还是“闯金山”,广州都是主要的始发港。在南洋的“广州人泰半业锡矿及耕种,多居于马来联邦”;而“马来半岛之富有为南洋之冠”。② 越南华侨“分为五大帮,即广州帮、客家帮、福建帮、潮州帮、琼州帮。其中以广州帮势力最大”③。菲律宾华侨中,“广东籍约占百分之二十,以中山及番禺县人为最多”④。美国华侨“以广州附近为多。分为三邑(南海、番禺、顺德),四邑(新会、新宁、恩平、开平)等”⑤帮派,“檀香山华侨皆广东人,而广州人尤多”⑥。“非洲的侨民大多隶属花县(今广州)一带。”⑦

“广州为我国南部最大的都会,与南洋文化沟通最早。”⑧“清廷虽然严禁居民出海”,但由于“历史和地理的影响”,加上“对外发展可获巨利”,粤、闽两省沿海地区民众“顾不到法律上的禁止”纷纷“下南洋”谋生。“服贾者⑨以贩海为利”,“视汪洋巨浸为衽席”,“外至吕宋、苏禄、实力、噶喇巴(今印度尼西亚雅加达),冬去夏回,一年一次。初至获利数倍至数十倍不等”。部分商人“倾产造船”,运载华侨出洋谋生,“借此为活者以万计”。“华侨到了清代中叶已和南洋结下一种密切的联系,为清末及民元(民国初期)大批移民的嚆矢。”⑩由于粤、闽两省商民的大量涌入,同治十三年(1874),南圻(今越南的一部分)“设立移民局,专理亚洲移民事务。内分六部,曰广州、潮州、海南、客家、福建”⑪。

在美洲,“华侨之初抵美国在道光末。登陆地为加省(加利福利亚)之旧金山”⑫。19 世纪 60 年代,美国旧金山有永用、合和、广州、勇和、三邑及恩和等六家会馆,会馆名称“分别代表当

① 《四海楼》,《纽约华侨餐馆工商会游河特刊》,纽约:纽约华侨餐馆工商会,1922 年,第 9 页。
② 丹徒、李长傅:《华侨》,第 74、76 页。
③ 《越南华侨生活之苦况》,《海口市商会月刊》第 4 卷第 6 号,海口:海口市商会,1936 年 7 月。
④ 区琮华:《美洲华侨与侨汇》,《广东省银行季刊》第 1 卷第 1 期。
⑤ 丹徒、李长傅:《华侨》,第 131 页。
⑥ 同上,第 124 页。
⑦ 姚曾荫:《广东省的华侨汇款》,上海:商务印书馆,1943 年,第 2 页。
⑧ 谢六逸:《二十五年来我国之新闻事业》,《(巴城)新报二十五周年纪念特刊》,1935 年,第 41 页。
⑨ “服贾者”即商人——作者注。
⑩ 刘征明:《南洋华侨问题》,第 42—43 页。
⑪ 李长傅:《南洋华侨史》,广州:国立暨南大学南洋文化事业部刊行,1929 年,第 117 页。
⑫ 丹徒、李长傅:《华侨》,第 128 页。

时广东省的六个县份”[①]。美国卡拉宽尼亚埠(今加利福尼亚)设有番顺会馆。[②] 1898 年,中国“与墨西哥订有通商条约,相互有人国旅行、居住及商业等自由,华人乃源源移入”[③]。海外华侨“好聚居一地,因身处异域、乡土情深,(况且)时受人种歧视,故(华侨)群处之性更烈”,“凡侨胞居留较多之城市,皆有一所谓‘唐人街’者,其中以三藩市及纽约两地‘唐人街’最著名”。[④]

2. 华侨汇业的形成

“华人家族观念甚深,妇人为家庭基础,雅不愿其远离异地。”[⑤]海外华侨“稍有余积,对于家人的怀念、眷属的给养就要通信息,寄银钱回去”[⑥],“若不汇款归国者,同乡皆讪笑之。是以闽粤人之经营汇业者甚盛”[⑦]。“汇业者,金融流通之机构也。”[⑧]华侨汇业由水客、批信局、金山庄、船行、航业者等从事海洋国际贸易的个人和商号演变而成。这些个人和商号也是华人移民海外的主要媒介。[⑨]

“海水到处有华侨,华侨之处有水客。”[⑩]“南洋侨汇之最初方式,为‘水客’代带家书与现款。”[⑪]“他们附搭每一期来往的船只,专代华侨带款回国。”[⑫]他们“一方面自国内携带新客及少量土产往南洋,一方面自海外代侨胞携带家信款项返国”[⑬],或“招呼新客出国,领‘旧客’及带华侨信银包裹返国”[⑭]。“除代寄银信外,尚可代带人或物”[⑮],还“利用别人的钱”进行侨汇买卖。[⑯]水客是“近代中国形成时间最早、经营时间最长的海洋金融行商”[⑰]。

随着海外移民潮的不断涌现,水客的业务范围不断拓展,业务量不断增涨,一些水客“就把人们信托的款项办些土产,视唐山所缺少而需要的赚些贸易之利。规模大一些的自造‘航船’,来往办货,挂起招牌兼收银信,批业的生意从此而生,而初具了民信局的雏形”[⑱]。

民信局也叫信局、批局、批馆、银信局、批信局等,是“专营汇兑业务”的国际贸易商号。这些“商号经营汇兑业务实已有悠久之历史。侨民所设范围较广之商号,在国内各地每有分店或联号,交汇款项,凭一纸书柬,对方即可照付”[⑲]。“信局营业,在初期皆为大商号之副业,迨日久信

---

① 姚曾荫:《广东省的华侨汇款》,第 9 页。
② 《老华侨福寿双全》,《国华报》1931 年 7 月 10 日,第 3 版。
③ 区琮华:《美洲华侨与侨汇》,《广东省银行季刊》第 1 卷第 1 期。
④ 区琮华:《劝导华侨投资几个问题》,《广东省银行季刊》第 1 卷第 2 期。
⑤ 姚蔚生:《英属新加坡历届人口统计中之华侨地位》,李长傅《南洋华侨》,第 77 页。
⑥ 曾一鸣:《民信局与侨汇的由来》,《新加坡汇业联谊社特刊》,第 78—79 页。
⑦ 郑觉生:《展望汇业联谊社》,《新加坡汇业联谊社特刊》,第 69 页。
⑧ 姚慕常:《所望于汇业联谊社者》,《新加坡汇业联谊社特刊》,第 86 页。
⑨ 章渊若、张礼千主编,张荫桐译述:《南洋华侨与经济之现势》,第 28 页。
⑩ 蒙启宙:《侨批银信的跨洋金融研究》,广州:暨南大学出版社,2023 年,第 77 页。
⑪ 桃�:《南洋华侨经济与侨汇》,《广东省银行月刊》第 3 卷第 5、6 期,广州:广东省银行经济研究室,1947 年 6 月。
⑫ 刘征明:《南洋华侨问题》,第 189 页。
⑬ 《广东之金融货币》,《两广战时经济》第 1 期,广州:第四战区经济委员会,1941 年 4 月。
⑭ 刘佐人:《批信局侨汇业务的研究》,《金融与侨汇综论》,广州:广东省银行经济研究室,1947 年,第 70 页。
⑮ 《星洲十年(星洲日报十周年纪念特刊)》,第 585—586 页。
⑯ 《梅县的南洋水客》,《中山日报(梅县版)》1940 年 2 月 25 日,第 3 版。
⑰ 蒙启宙:《近代海外移民中的金融行商》,《海洋文明研究》第 7 辑,上海:中西书局,2022 年,第 123 页。
⑱ 曾一鸣:《民信局与侨汇的由来》,《新加坡汇业联谊社特刊》。
⑲ 姚枬:《南洋华侨经济与侨汇》,《广东省银行月刊》第 3 卷第 5、6 期合刊。

用渐广,汇额日巨,遂有反以副业为主业,或特设信局独立经营者。"①也有一部分"水客兼民信局,即除代寄银信外,尚可代带人或物"②。

在美洲,"自新式银行的仄纸汇款法被侨民普遍利用以来"③,美洲水客的业务不断下降,加上海路遥远、海上交通工具落后、经营成本高昂等原因,"来往美洲及南洋各地为侨民携带信款返国,颇著劳绩"的水客"遂逐渐趋于没落"。④ 甚至被认为"至十九世纪末来往美洲者停止了"⑤。经营美洲与中国(主要是广府地区)的进出口商庄也改称"金山庄"。金山庄的"主要业务不外两项:一是派侨胞汇款,二是为侨胞采办出口货物"⑥。金山庄的"店主大都与汇款侨胞有亲友之关系"⑦。当华侨出国缺少旅费或侨眷缺少家用时,可以"先向有往来之(金山)庄透支,再由侨胞汇款偿还","该商专采购土产品运销美国,供应华侨之需"。⑧

广州华侨汇业的史载时间(1869 年)比福建晋江(1871 年)⑨、广东汕头(1875 年)⑩、海南海口(1882 年)⑪为早。海洋国际贸易的繁荣是促使广州华侨汇业形成的主要原因。

部分华侨移民南洋后充当"西人与土人的中间人"。他们"一方面收买土产售于西人,一方面批发舶来品于土人。从中博取微利"⑫。"南洋各地的零售商店多为侨胞经营","广州商品南销甚得地利人和的便利"。⑬ 广州的对外贸易商号开始兼营华侨汇业。

1849 年前后,在广州经营生烟丝出口业务的朱广兰熟烟庄在南洋开设广州朱广兰熟烟庄,并从 1869 年开始兼营华侨银信业务。朱广兰熟烟庄凭借其熟烟丝的质优价廉,将侨汇业务从南洋拓展到美洲。抗日战争期间,"旅美侨农……仍用老式之竹烟筒吸朱广兰熟烟,或廖芸生生切(广东土制便宜烟丝)"⑭。除了烟土出口贸易,广州的纱绸出口贸易对侨汇业的形成与发展同样起到举足轻重的作用:"粤省出口货以茧丝为大宗,向借银号信用放款以扩展营业。"⑮ 1889 年在广州经营纱绸出口的"岑兴记"银号开始兼营安南(今越南)银信业务,同期在广州专营美洲银信业务的还有"汇安庄"等银号。⑯

1875 年,鸿雁寄在广州荥阳大街 83 号开业后,以香港的鸿雁寄、良记、顺栈、同利炳以及澳门的祥发等为支局,经营华侨银信业务。同年在广州开张营业的还有逢生隆等 5 家信局。⑰

---

① 《星洲十年(星洲日报十周年纪念特刊)》,第 578—579 页。
② 《星洲十年(星洲日报十周年纪念特刊)》,第 585—586 页。
③ 姚曾荫:《广东省的华侨汇款》,第 11 页。
④ 刘佐人:《批信局侨汇业务的研究》,《金融与侨汇综论》,第 54 页。
⑤ 同上。
⑥ 刘征明:《南洋华侨问题》,第 191 页。
⑦ 区琮华:《美洲华侨与侨汇》,《广东省银行季刊》第 1 卷第 1 期。
⑧ 《香港金山庄》,《广州商情》1946 年 1 月 22 日,第 1 版。
⑨ 王付兵:《侨批档案文献的价值》,福建省档案馆编《中国侨批与世界记忆遗产》,厦门:鹭江出版社,2014 年,第 58 页。
⑩ 陈春声:《近代华侨汇款与侨批业的经营》,《中国社会经济史研究》2000 年第 4 期。
⑪ 刘佐人:《当前侨汇问题》,广东省银行经济丛书,广州,1946 年,第 57 页。
⑫ 黄文山:《如何引导侨资》,《广东省银行月刊》复刊第 2 卷第 3、4 期合刊,广州:广东省银行秘书处,1946 年6 月。
⑬ 《广州游资的集散地》,《穗商月刊》创刊号,广州:广州市商会,1948 年 12 月。
⑭ 区琮华:《美洲华侨与侨汇》,《广东省银行季刊》第 1 卷第 1 期。
⑮ 《一年来各商业同业公会工作概况》,《广州市商会周年特刊》,1947 年,附录第 2 页。
⑯ 陆青晓:《解放前广州的侨批业》,《广州金融》1994 年第 5 期。
⑰ 同上。

1878年，玲记在广州荣阳大街87号开业后，以香港的同利炳、简讵记、元益以及汕头的森昌盛为支局，经营华侨银信业务。1879年，朋信在广州德兴街15号开业后，以香港的陈锦记、恒发为支局，经营华侨银信业务。1880年，祥利合记在广州兴隆南路48号开业后，以香港的顺利、恒发为支局，经营华侨银信业务。1883年，荣记在广州一德路253号开业后，以香港的同利炳、简讵记为支局，经营华侨银信业务。1886年，友信在广州荣阳大街47号开业后，以香港的陈锦记为支局，经营华侨银信业务。1887年，福昌在广州同文路32号开业后，以香港的鸿雁寄为支局，经营华侨银信业务。由此可见，光绪年间，广州批信局已形成了错综复杂的侨汇经营网络，经营范围包括我国香港地区、新加坡、槟榔屿、马来亚以及芙蓉（马来西亚南部城市）等地。

同期的南洋批信局接驳广府银信业务也趋于完善。1887年10月14日，新加坡文兴信局在新加坡《叻报》上刊登《创设广惠肇文兴信局告白》，称文兴信局"寓于文行堂药店，专代汇寄唐山广、惠、肇等处书信、银两"，"代收诸君银信自叻（新加坡）到香港"，"代收诸君寄往四乡或外府县之银信"；在传递时间上，"代收诸君银信到香港交者，则限二十天"，"如到省（广州）则限二十五日。其中或有加快亦属未定"。①

广州批信局在经营南洋银信业务中占据一席之地，使"批信局成为南洋与汕头、海口、广州、厦门、福州、香港间特殊的侨汇机构"②。

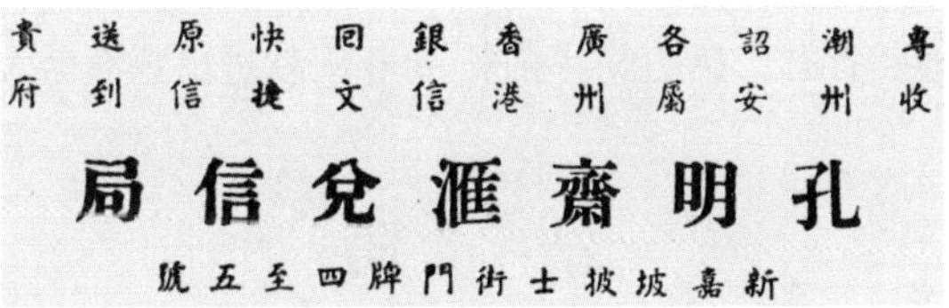

图6　新加坡孔明斋汇兑信局广告(局部)

3. 侨汇对清朝社会经济的作用

随着海洋国际贸易的发展，海洋船舶的吨位越来越大，而"广州港口水浅，较大的海洋巨轮无法航泊。（而）香港与广州一水之隔"，又"是一个自由贸易的无税港"，"所以（到了清代末年）华南进口货物差不多完全经过香港转口。各种类的出入口行庄大多数也设一个联号在香港。整个华南的货物都是运到香港售给专业的出口行庄，而输入货物也是在香港采办，很少直接和外洋联络"。③ 广州逐步成为承接香港进出口货物的国际港口城市和侨汇中心城市。"华南侨汇多由广州转汇"④，广府地区的"侨汇活动皆以广州作中心"⑤。广州银业公所的侨汇"交易繁多时挤拥不堪，其叫嚣之声不亚于纽约、伦敦及巴黎的交易所"⑥。

"所谓侨汇，就是我国侨胞在海外劳动或以资本取得工资或利润而汇回祖国的款项。"⑦"接

---

① 袁丁：《民国政府对侨汇的管制》，广州：广东人民出版社，2014年，第20页。

② 刘佐人：《批信局侨汇业务的研究》，《金融与侨汇综论》，第55页。

③ 谢雨：《华南与香港的经济关系》，《广东省银行月刊》第2卷第6期，广州：广东省银行秘书处，1946年8月。

④ 《贬值影响已成过去　经港侨汇复常》，《大同日报》1949年10月3日，第5版。

⑤ 姚曾荫：《广东省的华侨汇款》，第2页。

⑥ 区季鸾：《广州之银业》，国立中山大学法学院经济调查处丛书，广州，1932年。

⑦ 《现阶段的金融政策》，《广东省银行季刊》第1卷第4期，广州：广东省银行经济研究室，1941年12月。

济家用此为(华侨)必然之举”①,有华侨必有华侨汇款。“华侨汇款为我国无形出口贸易之大宗,借以弥补每年巨额入超,其汇额之增减影响于全国经济甚大。”②侨汇在社会经济中的作用有两个方面:一是弥补了国际贸易逆差,二是接济了国内侨眷生活。

根据1946年出版的《美国华侨年鉴》记载:从1864年到1913年的50年间,中国的对外贸易输出额为695.5亿海关两,输入额为932.4亿海关两,“输入超过输出二百三十六亿九千万海关两”。由此可见,在清朝中后期,中国是一个名副其实的国际贸易入超国。大量“入超”虽然严重影响了中国国内的工农业生产,但中国并没有因此而“破产”。这除了得益于外国资本的投资与消费外,还归功于“华侨汇寄本国之汇款及归国时所带款项”③。“华侨汇款直接关系侨胞家属生计,间接关系国家资源”的利用。④“侨汇是平衡我国国际收支的重要项目”,也“是补充我国外汇基金的主要来源”;⑤此外,还“是平衡华侨家庭收支的有力因素”⑥。

粤省侨汇之多,“足以堵塞我国贸易入超之漏洞,平衡国际收支”⑦。“粤省侨汇除抵补国际收支外,大部分复流入各省,其补益于全国国民经济”,粤省“以一省之侨汇而占全国经济地位之重要如此”。⑧ 粤省侨乡“每届播种时节,华侨汇款若停顿,则耕稼无以开始,农民必受深切之痛苦”⑨。

“粤省工商业之繁荣,人民经济之灵活,大半赖有大量侨款挹注”,“欲谋吾粤经济工商业之发展,首在使侨汇灵活”。⑩“广东省的繁荣很大程度上归功于华侨汇款。广州为中国九大都市之一,与南洋各地及内地各省有广泛的贸易往来,每年汇款进出数额巨大。”⑪

结 语

广州之所以能在两千多年的发展进程中,始终成为中国为数不多,有时甚至是唯一的对外贸易港口城市,主要得益于优越的地理位置、先进的造船工艺、开放包容的海洋心态、与时俱进的创新精神。历代朝廷对广州港口的政策保护主要也是基于上述四个原因。

探寻广州城市发展的历史轨迹,钩沉广州海洋文明的历史碎片,关键在于对广州港口的城市基因进行活化利用,为中国现代社会经济发展服务。当今世界充满机遇与挑战,广州作为粤港澳大湾区的龙头城市,再次站在经济发展的前沿。广州应该把握机遇迎接挑战,不断创造新优势。

---

① 章文林:《汇业与我侨》,《新加坡汇业联谊社特刊》,第96页。
② 《华侨汇款减少之原因》,《华风报》1932年3月28日,第2张第1页。
③ 陈汝舟:《美国华侨年鉴》,第331—332页。
④ 《邮局投派侨胞汇款各县团队应妥护送》,《中山日报(梅县版)》1940年10月31日,第2版。
⑤ 刘佐人:《侨汇问题》,《金融与侨汇综论》,第36页。
⑥ 刘佐人:《批信局侨汇业务的研究》,《金融与侨汇综论》,第66页。
⑦ 《广东之金融货币》,《两广战时经济》第1期。
⑧ 《粤省华侨汇款问题》,《金融物价月刊》第1卷第5期,广州:广东省调查统计局,1936年5月。
⑨ 黄文衮:《华侨汇款与广东经济》,《华侨问题专号》,广州:广州大学社会科学研究社,1937年,第21页。
⑩ 《粤侨汇未畅通》,《广东七十二行商报》1946年8月10日,第6版。
⑪ 《交通银行史》第2卷,北京:商务印书馆,2015年,第200页。

近代广东地区与暹罗贸易研究

宋玉宇*

摘　要： 暹罗因独特的地理位置，近代以来便处于英国和法国两大西方强国殖民势力的"缓冲地带"。双方势均力敌，相持不下，使暹罗能够免于灭国危机，于夹缝中生存。而至19世纪50年代，英国与暹罗签订《宝宁条约》，打开了暹罗的国门，中止了暹罗的垄断贸易，许多英国商人获得了在暹罗开展自由贸易的机会，这类贸易可称为"通商条约贸易"。1842年《南京条约》签订后，香港被迫接受英国殖民统治，作为转口港联通着中国内地与世界各国的贸易，成为中暹贸易中重要的通道，是暹罗华侨商人集团贸易网络的一个重要节点。广东潮汕商人面对外国商人激烈的竞争，通过香港转口港的作用，凭借其市场优势和市场基础，将传统的中暹米市贸易扩展为近代"汕—香—暹—叻"国际贸易网络，参与其中并长期垄断。

关键字： 广东；暹罗；通商条约贸易；暹罗华商；"汕—香—暹—叻"国际贸易网络

广东与位于南洋的暹罗之间的贸易关系发展，其历史背景有一定的特殊性。首先，暹罗是在西方殖民主义狂潮夹缝中生存的国家。其次，广东与暹罗贸易，是建立在英国与暹罗所签订的条约基础之上的，可以说是通商条约贸易。第三，香港是中暹贸易的中介与通道。第四，广东潮汕商人通过香港的转口港作用，把传统的中暹米市贸易拓展为近代"汕—香—暹—叻"国际贸易。

一、英暹通商条约签订与暹罗的开放

暹罗与清朝政府一样，是由暹罗王室垄断对外贸易的。西方国家商人来暹罗贸易，受到严格的限制。其次，由于特殊的地理位置，自西方国家来到南洋地区以后，暹罗就是西方国家争夺利益之地。最先抵达的是葡萄牙人，然后是荷兰、法国、英国等国。进入19世纪之后，英国与法国在中南半岛上的争夺更加激烈，暹罗在西方殖民主义狂潮夹缝中生存，幸运地没有变成殖民地，主权得以保全。为此，英国对暹罗采取了一系列外交行动，最终与暹罗签订了条约，打破了暹罗的外贸垄断，开始了通商条约贸易。

---

* 宋玉宇，暨南大学文学院中国文化史籍研究所博士研究生。

(一) 暹罗的独立与发展[①]

暹罗在18—19世纪,经过与缅甸的不断战争,成功实现了国家的统一:18世纪末,被缅甸灭国的暹罗重新建立新政权,暹罗人民在新领导人的带领下取得了一系列重大成就,使之摆脱了内乱和被吞并的危机。1775年,被缅甸控制了200年的清迈在暹罗北部兰纳地区的暹罗贵族卡维拉的帮助下成功收复,暹罗从此获得了国家大部分地区的控制权,国内趋于统一。1779年,老挝彻底臣服,全境彻底归降于暹罗。1803年,卡维拉不断侵扰我国云南边境西双版纳等地区,还劫掠了大量人口用于补充暹罗本地人口及发展国家军队和经济。1828年,老挝昭阿努王不服暹罗统治反叛,不久又被卡维拉"平叛"。此后,暹罗成为称霸东南亚的强国。

(二) 暹罗与西方殖民势力的"缓冲地带"

暹罗因独特的地理位置,处于英国和法国两大西方强国殖民势力的"缓冲地带"。双方势均力敌,相持不下,使暹罗能够免于灭国危机。19世纪末期,英国先后吞并统治了印度和缅甸,而法国也已经分别于1863年、1884年和1893年控制住了柬埔寨、越南和老挝,东南亚几乎都被英、法两国收入囊中。

此时的暹罗可谓遭受着英、法两国的左右包抄、前后夹击。最先对暹罗采取行动的是法国,法国意图将暹罗变成自己的属国。暹罗国王断然拒绝,由此引发了与法国的战争,由于实力悬殊,暹罗在战争中大败,暹罗被迫承认法国对臣服于暹罗的柬埔寨拥有管辖权;法国还占领了曼谷王宫,与暹罗签订了《法暹曼谷条约》,试图以曼谷为突破口,将暹罗国土蚕食殆尽。

而英国却不甘心暹罗就此落入法国之手,于是多方阻挠,英、法之间开始了对于暹罗的你争我夺。英国为了平衡法国的势力,对暹罗采取了较为温和的政策,没有使用武力,而且多次派出使团前往暹罗,与之谈判,希望暹罗放弃对贸易的垄断,签订条约,通商贸易。

(三) 英暹《宝宁条约》的签订

英国分别于19世纪20年代与50年代派出使团前往暹罗进行谈判。暹罗无力同时与两国开战,自然也愿意用英国势力来掣肘法国,通过与英国签订通商条约,即著名的《宝宁条约》,以外交谈判的方法,采取借力打力的策略,用双方力量的平衡关系,有效扼制了这次争端。英国和法国在暹罗争夺中进入了战略互持阶段,暹罗成了两国间的殖民缓冲地带,给暹罗带来了暂时的安宁(参见后述)。

二、香港地区与暹罗"通商条约贸易"的发展

但在19世纪之前,暹罗与英国关系不甚密切,甚至出现了百年不相来往的冰封局面。[②] 进

① 本部分依据下列文献改写:赵丽《近代早期的暹西关系暨西方在暹罗的角逐问题》,《吕梁学院学报》2012年第1期;张敏波《19世纪20年代暹罗对英外交关系探微》,《经纪人学报》2003年第5期;《19世纪暹罗与西方国家交往之原因分析》: https://www.sohu.com/a/634318587_121618103。

② 英国与暹罗建立关系,始于英国东印度公司成立之时。据赵丽研究:"英国人对暹罗王国的兴趣最早可[转下页]

入 19 世纪，随着英、法对抗的加剧与英国要求暹罗开放的呼声不断高涨，“曼谷王朝的拉玛三世宣布废除王室垄断贸易制度是 1824 年的事，但泰国实际上是在 1855 年与英国缔结了鲍林条约（按：即《宝宁条约》）以后才向世界开放市场的。欧洲列强利用了这个机会，打着‘自由贸易’的旗号，再次在泰国展开了激烈的市场争夺战。尤其是英国和法国都暴露出了对泰国领土的野心，彼此发生对抗，结果，英、法两国在 1896 年和 1904 年两次发表共同宣言，演出了所谓保障‘泰国独立’的闹剧。实际上这只不过是企图从缅甸、马来亚东进的英国和企图从越南、柬埔寨西进的法国把泰国作为平衡势力的缓冲地带而保障了泰国的独立罢了。而英、法以‘解放’缅甸人或者柬埔寨人为名，从东、西两面蚕食泰国的领土却是毫不留情的”①。

因此，直到 19 世纪 20 年代初，针对英国人的通商要求，暹罗先后三次与英国来使举行和谈，改善两国外交关系，从而避免了与英国发生正面的大冲突，在一定程度上保证了主权独立和领土完整及外贸垄断。而至 50 年代，英国与暹罗签订《宝宁条约》，打开了暹罗的国门，中止了暹罗的垄断贸易，许多英国商人获得了在暹罗自由贸易的机会，这类贸易可称为“通商条约贸易”。1842 年始，清政府被迫先后签订《南京条约》《北京条约》《展拓香港界址专条》，香港不得不接受英国的殖民统治，并加入中暹贸易，同时作为转口港联通中国内地广东地区与暹罗的贸易，成为中暹贸易中重要的转口港，是暹罗华侨商人集团贸易网络的一个重要节点。

（一）英国三次遣使暹罗

据张敏波研究，在 19 世纪 20 年代，英国曾三次遣使暹罗。②

1. 1821 年，约翰·摩尔根（John Morgan）携带着英国驻新加坡议员的信件来到暹罗，拉玛二世接见了他。在摩尔根所带信件中，除了向暹罗王通报英国已在新加坡建立了殖民地外，还提出与暹罗通商的要求，这个要求获得了拉玛二世的允许。但实际上，由于摩尔根经营的是鸦片贸易，而在 1811 年，拉玛二世就已颁布了禁止鸦片贸易的命令，所以两国并没有实现真正意义上的通商。

2. 同年，英驻印度总督黑斯丁（Hasting）派遣约翰·克劳福德（John Crawfurd）出使曼谷，英国对这次出使非常重视，“他们携带着大批货物，还有一些送给国王的贵重礼物，其中有布匹、玻

[接上页]追溯到英国东印度公司初创时期。不过，英国人真正进入这个王国是在颂昙国王统治的初期。其时，英国东印度公司命令安东尼·赫普（Antony Hippon）船长驾驶‘环球号’访问暹罗王国。1612 年 8 月 15 日，环球号抵达阿瑜陀耶城，受到了暹罗友好的欢迎和接待。1612 年 9 月 27 日，英国商人卢卡斯·安瑟纽斯（Lucas Antheuniss）在国王接见时，呈递了英国斯图亚特王朝詹姆士一世给暹罗国王颂昙的贺信。因为颂昙国王非常满意，所以不仅允许英国人在阿瑜陀耶进行贸易，还在昭披耶河东岸荷兰人和日本人的驻点之间划拨一块土地供英国人修建工厂。暹罗这样做，主要是想借此抗衡荷属东印度公司在暹罗日渐增长的能量和影响力。”但受到葡萄牙人与荷兰人的竞争，贸易活动曾经停止过：“有鉴于这些糟糕的贸易情势，英国东印度公司在 1622 年就关闭了其位于北大年和阿瑜陀耶的商馆。这样，英国同暹罗王国的贸易活动也就停止了，这种状况一直持续了 37 年，直到 1660 年才重新恢复。这一年，英国人重开了其在阿瑜陀耶的商馆，并且在纳雷王统治期间恢复了英国同暹罗之间的友好关系。”两处引文，见赵丽《近代早期的暹西关系暨西方在暹罗的角逐问题》，《吕梁学院学报》2012 年第 1 期，第 55 页。

① 见[日]李国卿《华侨资本的形成与发展》，香港：龙浩国际交流出版公司，2000 年，第 75 页。

② 本部分，据王民同《试论近代泰国未沦为殖民地的主要原因》(《思想战线》1991 年第 5 期)改写，特此鸣谢！

璃器皿、滑膛枪和一匹马"[①]。1822 年 3 月 29 日,暹罗王廷热烈欢迎克劳福德的曼谷之行,4 月 8 日,拉玛二世很高兴地接待了他们。暹罗王室与克劳福德的谈判首先涉及贸易问题,在此问题上,两个国家的关注点不同。对暹罗而言,关注的是暹罗能否在印度各港口购买武器;就英国来说,其关注点在于谋求降低关税和取消商品收购的封建垄断制。但谈判结束,双方拟订最后条约文字时,暹罗删除了条约中包含进口关税方面让步的各点和英国商人在暹罗自由贸易的条文。第二是关于吉打苏丹的地位问题。1820 年,属国吉打企图独立,被暹罗军队攻破首府,吉打苏丹逃往槟榔屿。克劳福德建议恢复苏丹的王位,但暹罗国王坚持认为吉打苏丹是"国王的奴隶",分歧很大。暹罗财政大臣与克劳福德经过多轮艰苦会谈,终于挫败了克氏的通商优惠待遇要求。

3. 1826 年,伯尼大尉(Henry Burney)率领英国使团抵达暹罗。这次出使的背景是 1824 年 3 月,英国向缅甸宣战,1825 年年底,英军攻占仰光等地。暹罗王国一直视缅甸为仅次于中国的帝国,英军在缅甸的胜利引起暹罗王廷的极大恐慌。拉玛三世不想与英国交恶,希望在目前英国还有诚意、尊重双方利益的情况下,与之签订合约。因而,暹罗王廷以隆重的礼节欢迎英国特使伯尼的使团。双方进行了谈判,旋则缔结和约,即《伯尼条约》(Burney Treaty)。条约规定:英国人不能在暹罗建立商馆,除非得到特许;对商品征税有明确规定——根据船身最大宽度统一征税,禁止大米、军火以及鸦片贸易;两国相互尊重国界领土;明确治外法权;在不得到当地政府允许的情况下,不准自由进行房地产交易;拒绝贩卖鸦片,等等。只要保证马来地区的秩序稳定,暹罗承诺给予英国商人更多的自由权利,例如在征税方面,英国货船进口只进行一次性征税,不再作过多干涉;而实际上,马来半岛小政权被英国接收控制。[②]

《伯尼条约》是暹罗与欧洲国家自 1688 年以后签订的第一个较为正式的条约。但是"伯尼大尉出使暹罗的目标未能完全达到,从某一点上来说是失败的"[③]。

(二)《宝宁条约》的签订与暹罗的开放

英、暹之间的这些外交活动,均是在英国殖民势力逼近暹罗及与法国进行博弈的情况下进行的。为了与法国博弈的需要,英国整体上采取了较为温和的手段,暹罗通过其外交努力,使英国未能在与暹罗的多次交涉中达到自己的目标。一方面,英国人未能建立商站,设立领事馆;另一方面,暹罗对英国在本国的商业贸易活动仍有诸多限制。例如暹英《伯尼条约》中,禁止鸦片贸易,而英国在东方市场中最赚钱的商务活动就是鸦片贸易;条约对英国的商船规定按其船身大小统一征税,确定英国商船应缴纳的关税。

英国发动鸦片战争及不平等的中英《南京条约》的签订,引起暹罗的震动和警惕。1843 年,暹罗政府宣布对食糖贸易实行完全垄断制,夺取了英国在暹罗收购食糖的权益。这样,英国同暹罗的贸易锐减,"到十九世纪中叶,曼谷剩下了英国商人,一个美国商人和几个来自孟买和苏拉特而同英国商号有联系的印度商人"。

---

① 见[美]约翰·F.卡迪(J. F. Cady)《东南亚历史发展》,姚楠、马宁译,上海:上海译文出版社,1985 年,第 418 页。

② 见《泰国简史:伯尼条约,和平打开暹罗国门》:https://www.163.com/dy/article/GDOS9LVR0526WBK4.html。

③ 王民同:《试论近代泰国未沦为殖民地的主要原因》,《思想战线》1991 年第 5 期。

在“英国商馆”从事贸易活动的英国商人受这一“不良”环境的影响最为严重。1850 年 8 月 5 日，布朗兄弟公司(Messrs. Brown Brothers and Co.)的代表从曼谷致信新加坡英国商会主席，抱怨他们在曼谷令人不快甚至是危险的经历，例如“无论是从事商业活动还是出于健康原因，他们都不被允许离开曼谷”，“每天都遭受到政府官员和其他人最粗鲁的侮辱”，以及“我们可能会受到监禁”。他们感到异常恐惧，希望英国皇家海军“立刻派军舰前来，保护我们的生命和财产”。①

为此，英国政府首先派遣了驻沙捞越的詹姆斯·布鲁克爵士(Sir James Brooke)出使暹罗。他于 1850 年抵达曼谷，与暹罗政府就签署贸易条约事宜展开谈判，但以失败告终。1851 年，暹罗王室蒙固(Mongkut)继位，成为新国王(即拉玛四世)。拉玛四世迫切想要改善与英国和其他西方大国的关系。

1852 年 7 月，拉玛四世向清朝派遣了朝贡使团，希望从清朝皇帝那里获得对他继位的正式认可。暹罗使团于 8 月 28 日抵达香港，受到宝宁爵士(Sir John Bowring)的热烈欢迎。当时文咸爵士(Sir George Bonham)休假，宝宁暂代英国驻华商务总监和香港总督之职。在致宝宁的亲笔信中，拉玛四世欢迎宝宁前往暹罗访问，强调暹罗应当和交趾支那(今越南南部)一样享有平等待遇。所有这些都分别记录在 1852 年 8 月 30 日和 7 月 28 日宝宁致英国外交大臣马姆斯伯里伯爵(Earl of Malmsbury)的公函和附件中。

图 1　宝宁与巴夏礼②

① Dr. Gutzlaff, Mr. Parkes, Mr. Gingell, “Consular Appointments, and Foreign Various. 1850”, MS FO 17, Foreign Office: Political and Other Departments, General Correspondence, China FO 17/171. The National Archives (Kew, United Kingdom). China and the Modern World: https://link. gale. com/apps/doc/CCTSDA528247453/CFER?u=omni&sid=bookmark-CFER&xid=00f103c7&pg=252，本部分根据杨立平《〈宝宁条约〉与泰国国门的打开》(见 https://zhuanlan.zhihu.com/p/602597753)改写，特此鸣谢！

② “Sir John Bowring”, *Illustrated London News*, 1 Dec. 1860, pp. 506+; “Mr. Commissioner Parkes”, *Illustrated London News*, 22, Dec. 1860, p. 587.

收到拉玛四世邀请之后,宝宁在 1852 年 9 月向英国外交部提议正式访问暹罗王室,就贸易条约相关事宜进行谈判,这一提议在 11 月获批。

访问暹罗的计划直至 1854 年 1 月宝宁被正式任命为香港总督及英国政府全权代表之后才得以实施。此时的宝宁仍保留了英国驻华商务总监一职。英国使团主要由宝宁和时任厦门领事的巴夏礼(Harry Parkes)组成。使团在 1855 年 3 月 12 日启程,乘两艘英国军舰——由梅勒什(Mellersh)指挥的"响尾蛇"号(Rattler)和基恩(Keane)船长指挥的"古希腊人"号(Grecian),前往曼谷。使团在 4 月 2 日抵达昭披耶河(湄南河)河口北榄,4 月 3 日抵达曼谷。使团成员入住"英国商馆"。

为了便于谈判的开展,暹罗政府成立了由五名政府高官组成的委员会,成员包括国王的弟弟"朱他玛尼王子、王国的最高和第二摄政王、首相和他担任代理外交事务大臣的兄弟"。谈判于 1855 年 4 月 9 日开始。会谈结束时,双方约定下周三再次会晤,讨论与关税相关的困难条款。

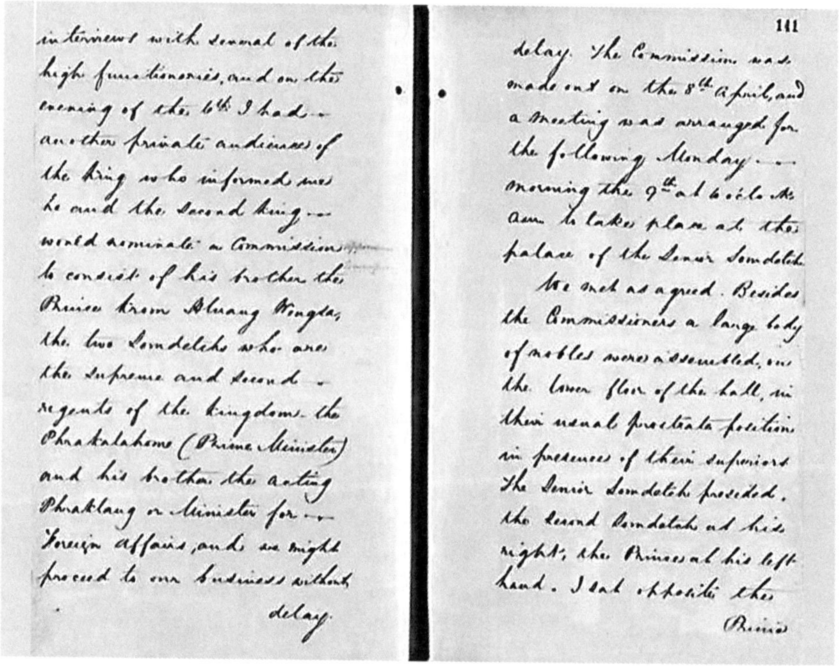
interviews with several of the
high functionaries, and on the
evening of the 6th I had
another private audience of
the King who informed me
he and the Second King
would nominate a Commission
to consist of his brother the
Prince Krom Aluang Wongsa,
the two Somdetchs who are
the supreme and second
regents of the kingdom the
Phrakalahome (Prime Minister)
and his brother the acting
Phraklang or Minister for
Foreign Affairs, and we might
proceed to our business without
delay.

141

delay. The Commission was
made out on the 8th April, and
a meeting was arranged for
the following Monday
morning the 9th at 10 o'clock AM
to take place at the
palace of the Senior Somdetch
We met as agreed. Besides
the Commissioners a large body
of nobles were assembled, on
the lower floor of the hall, in
their usual prostrate position
in presence of their superiors
The Senior Somdetch presided.
the Second Somdetch at his
right; the Prince at his left
hand. I sat opposite the
Prince

图 2　"Despatch Number 144: Details of His [Bowring's] Reception & Mode of Conducting Treaty Negotiations at Siam"中关于成立谈判委员会和谈判开始的样页①

然而,暹罗方面有意中断谈判。面对这种棘手的情况,宝宁发出了威胁并奏效,谈判在 4 月 13 日恢复。双方进行了几轮艰难的讨价还价,内容涉及鱼干、盐和紫檀木等货物是否应列入关税减让清单,以及是否和如何"限制军舰进入曼谷"。谈判从早上 9 点持续到下午 5 点,最终双

① "Sir J. Bowring and Mr Woodgate", April 9-May 9, 1855, MS FO 17, Foreign Office: Political and Other Departments, General Correspondence, China FO 17/229.

方就条约所有条款达成一致。英文版也在当天傍晚获得国王的批准。4 月 18 日，条约英文版和暹罗文版在下午 2 点由双方签字盖章。宝宁和他的随从于 4 月 24 日离开曼谷。巴夏礼携带条约前往英国，获取英国政府的批准。后来他于 1856 年 4 月 5 日在曼谷与暹罗政府交换了批准后的《宝宁条约》。条约主要内容如下：

1. 英国子民在暹罗享有治外法权，免受暹罗地方当局迫害；

2. 英国子民被允许在内陆地区自由旅行，在所有海港自由贸易，在曼谷永久居住，并且可在曼谷购买和租用地产；

3. 进出口关税税率固定，鸦片贸易合法化；

4. 出口货物仅被征税一次，无论征收的是内陆税、转口税还是出口税；

5. 英国商人被允许与暹罗子民个人直接进行交易；

6. 暹罗政府保留限制出口盐、大米和鱼的权利。

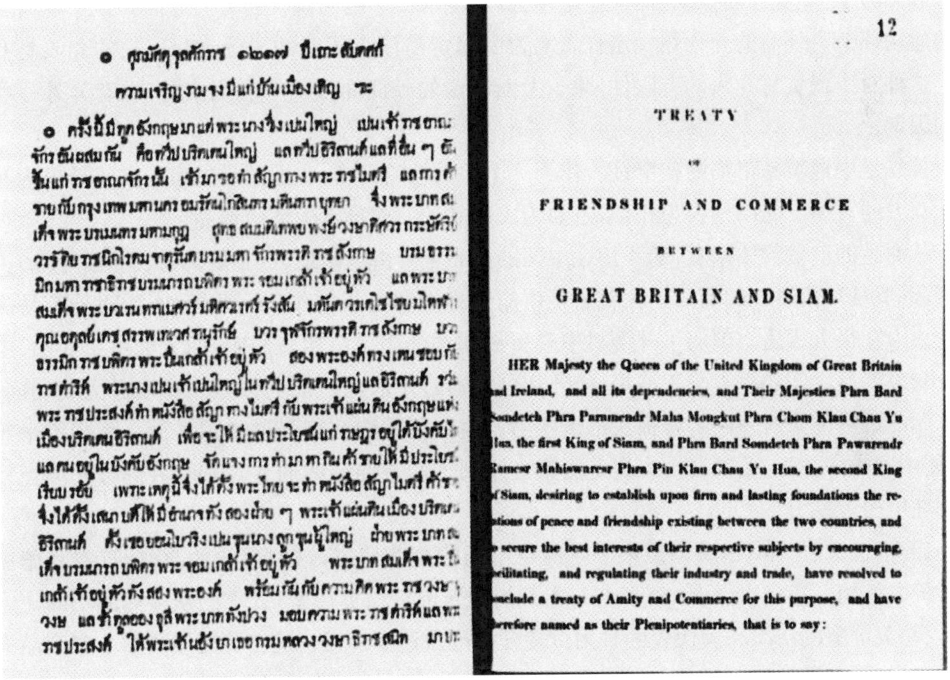
12

TREATY

OF

FRIENDSHIP AND COMMERCE

BETWEEN

GREAT BRITAIN AND SIAM.

HER Majesty the Queen of the United Kingdom of Great Britain and Ireland, and all its dependencies, and Their Majesties Phra Bard Somdetch Phra Paramendr Maha Mongkut Phra Chom Klau Chau Yu Hua, the first King of Siam, and Phra Bard Somdetch Phra Pawarendr Ramesr Mahiswaresr Phra Pin Klau Chau Yu Hua, the second King of Siam, desiring to establish upon firm and lasting foundations the relations of peace and friendship existing between the two countries, and to secure the best interests of their respective subjects by encouraging, facilitating, and regulating their industry and trade, have resolved to conclude a treaty of Amity and Commerce for this purpose, and have therefore named as their Plenipotentiaries, that is to say:

图 3 1856 年 4 月在曼谷印制的泰英双语版《大英帝国与暹罗友好及贸易条约》的样页①

由宝宁爵士担任英国政府全权代表与暹罗谈判签订的条约被称为《宝宁条约》(Bowring Treaty)。该条约与第一次鸦片战争、第二次鸦片战争后清政府与西方列强签订的不平等条约在内容上非常相似，打破了暹罗封闭的贸易体系，一定程度上刺激了暹罗经济的复苏，英国借助法律框架确保了多边贸易在东南亚和中国畅通无阻。

① "To Sir J. Bowring", June 1857, MS FO 17, Foreign Office: Political and Other Departments, General Correspondence, China FO 17/270.

(三)香港地区与暹罗的“通商条约贸易”

《宝宁条约》签订后，作为港口的香港借助英国与暹罗的这个条约，开始了与暹罗的贸易。该贸易因其依托通商条约，故实际上与中国内地在鸦片战争后因中英《南京条约》签订而开始的通商口岸贸易体系是一致的。其中贸易的主导者是与暹罗签订条约的英国人，被迫接受英国殖民统治的香港，也同样依托此条约，参与到对暹罗的通商条约贸易，而且英国人依托条约的权利，还在暹罗外贸中取得垄断地位。

英国商人在暹罗的外贸中，属于外商。这里的外商指的是介入中暹商业贸易中的西方商人。由于语言、文化背景等因素，外商缺乏中暹贸易中侨商和海商(见后述)所具备的经商优势，要想介入中暹海上民间贸易的整个过程颇有难度。外商最有可能凭借其优势顺利进入的贸易环节是运输环节。19世纪后半期，中暹贸易航线已有侨商、海商租用英国人轮船进行海上贸易。暹商为了“免受外商操纵”而成立华暹公司，也从一个侧面说明当时有外商介入中暹海上贸易的运输环节。外商的介入在一定程度上为中暹贸易注入了新的成分，但是，它的介入是有限的。这种对中暹贸易介入的有限性，除了上面所说的外商面临的不利因素外，也有另外一些相关的因素。

首先是中暹贸易市场的狭窄性。作为一个区域性的市场，中暹贸易的市场空间是极为有限的。双方的贸易商品结构极为相似，主要为农产品和一些日常生活消费品。

从商品的消费群体来看，暹罗销往中国的商品主要由华南地区(主要为粤、闽、浙等地)人群消费，暹罗从华南进口的商品绝大部分是供应给在暹罗定居的华侨。此外，中西对外贸易的巨大诱惑力在很大程度上削弱了外商对中暹贸易的关注力。中西贸易中，西方廉价工业品、中国农业初级产品之间的垂直分工格局，使外商可以通过工农业产品剪刀差来赚取巨大的利润，中国广阔的市场前景对外商有着极大的诱惑力。西方用炮舰政策强迫中国签订一系列不平等条约，使中国的海关权、关税自主丧失等因素也便利了西方商品的涌入，因此，大部分外商把精力投放在中西贸易上。①

19世纪80、90年代，英国结束了对暹罗市场的垄断地位，这一现状的改变，日本和德国发挥了极大作用。1883年开始，暹罗与日本开始频繁进行经贸往来，日本的众多商品不断流入暹罗，以物美价廉的纺织品为代表的日用百货开始抢占暹罗市场。这使英国昂贵的小宗商品失去了竞争优势，市场份额逐年减少，英国对暹罗经济的控制也不断减弱。

同期德国的贸易船只在暹罗逐渐受到青睐，市场份额占到了暹罗总额的30%，极大地冲击着英国的船只生意。德国采纳了“梯尔匹兹计划”，由德国国家向航运公司提供经济援助，加大不同型号航船在暹罗市场的占有率，直接将英国的船只生意压缩了三分之一。

通过俄罗斯、日本和德国，暹罗成功以外交途径和经济方式，使英国和法国对暹罗的鲸吞转变为蚕食，有效阻止了外部势力对国家的殖民。②

---

① 参见范丽萍《19世纪中暹海上民间贸易的初步分析》，广西师范大学硕士学位论文，2002年，第7—8页。

② 本部分依据下列文献改写：赵丽《近代早期的暹西关系暨西方在暹罗的角逐问题》，《吕梁学院学报》2012年第1期；张敏波《19世纪20年代暹罗对英外交关系探微》，《经纪人学报》2003年第5期；《19世纪暹罗与西方国家交往之原因分析》：https://www.sohu.com/a/634318587_121618103。

三、中暹贸易的新发展及香港的角色

中国与暹罗贸易，在19世纪中叶以前存在着两种形式：一是朝贡贸易，一是民间海上贸易。聂德宁指出："近代以前，中国与暹罗之间的贸易往来主要以两种方式进行，其一是暹罗王国对清王朝进行的朝贡贸易，其二为中国海商与暹罗进行的民间海上贸易。从18世纪末至19世纪初，以中国帆船为主体的中暹民间海上贸易活动曾经兴盛一时，不仅在当时暹罗的对外贸易活动中占有极为重要的地位，并且也是构成当时中国与东南亚地区海上贸易的一个重要组成部分。"①

鸦片战争之后，清政府所建立的朝贡贸易体系崩溃，暹罗对外朝贡贸易结束，广东地区与暹罗的贸易进入一个新的时代。聂德宁指出："随着1842年的'第一次鸦片战争'，清王朝以战败告终，一系列不平等条约的签订，使中国逐步沦为半殖民地、半封建的国家。与此相适应地，中国与东南亚地区有关国家的藩属关系亦开始分崩离析而日渐淡薄。1852年暹罗最后一次遣使入贡清朝，翌年(1853，咸丰三年)贡使抵达北京，咸丰皇帝册封郑明(即拉玛四世)为暹罗国王，命贡使携敕书礼品回国。时值太平天国起义，暹罗贡使在返回途中遭劫，报知当地清朝官府亦无济于事，只好空手而归，自是暹罗知清朝不足恃因而绝贡。"②

鸦片战争之后，古老的中暹贸易迎来了新的阶段。根据1864年以后中国海关的统计资料，从贸易量来考察，近代中国与暹罗的贸易进展大致经历了以下几个发展阶段：从1864年至1900年为双方贸易缓慢发展时期，从1901年至1924年为双方贸易平稳发展时期，从1925年至1941年为双方贸易迅速发展时期。③

中国从暹罗进口的主要商品包括大米、木材(柚木)、海产品、药材及香料等品种。在20世纪20年代以前，中国自暹罗进口的货物以木材(包括柚木和苏木)、海产品、药材(如燕窝等)、香料(胡椒)、食品杂物(如蔗糖等)为大宗。直到第一次世界大战(1914—1918)以后，中国内地才开始直接从暹罗进口暹米，此前暹米大都通过香港间接输入内地。故自20世纪20年代以后，大米成为中国自暹罗进口的最大宗货物，其次为木材(主要是柚木)。这两项进口货物，不仅在当时中国自暹罗进口的货物总额中占有极大的分量，而且在当时整个中国的大米和柚木的进口中也具有相当的地位。④

中国向暹罗出口的主要商品，在20世纪30年代以前，素以农副产品中的食品饮料及烟草(亦即烟酒)为大宗货物。但自30年代开始，以棉纱及纺织品为主的制造品取代了农副产品成为当时中国向暹罗出口的大宗产品。出口至暹罗的制造品中，棉纱、丝线以及各种纺织品占绝大多数。暹罗纺织工业始于1918年，然其纺织工业的主要原料棉纱却需自国外进口，印度、英国，以及中国内地、香港等地为其主要的棉纱进口来源，从中国内地进口的棉纱约占暹罗每年平

---

① 聂德宁：《近代中国与暹罗的贸易往来》，《南洋问题研究》1996年第1期，第16页。

② 同上。

③ 同上。

④ 同上，第18页。

均进口额的20%左右。所以,棉纱在中国向暹罗出口的制造品中位居首要地位。至于中国向暹罗出口的纺织品则主要是布匹,包括细布、麻布、土布、斜纹布、细纹布以及绸缎等品种,其中又以绸缎、细布、斜纹布等较为重要。①

中国对暹罗的贸易在整个中国对外贸易中所占比重不大,在20世纪30年代以前,所占比重始终在1%以下,但自1932年开始增至3.2%。从1933年至1941年间,中暹贸易在当时整个中国对外贸易中所占的比重分别为4.58%、3.6%、2.3%、2%、1.66%、2.8%、1.56%、2.56%、2.66%。这一时期中暹贸易地位的提高,很大程度上是由于当时中国直接从暹罗增加进口大米。②

中国在暹罗的整个对外贸易中具有重要的地位。到20世纪30年代,中国在当时暹罗进口贸易总额中的比重,平均每年度占20%—40%,最少的年度为1937—1938年度,占8.5%,但仍在当年度暹罗各进口国中位居第五位。在当时整个暹罗的出口贸易中,中国(包括香港地区)所占的比重更大,1930—1931年度为18.9%,1931—1932年度为26.6%,1932—1933年度为34.7%,1934—1935年度为21.2%,1935—1936年度为16.9%,1936—1937年度为14.3%,1937—1938年度为12.5%。自20世纪30年代始,中国在整个暹罗的出口贸易中占有极为重要的地位。③

(一)华侨商人与暹罗对外贸易

虽然暹罗停贡期间中国与暹罗之间没有建立邦交关系,但贸易仍然在进行,主掌者是暹罗华侨商人。暹罗华侨商人在极为不利的条件下,对于拓展中暹贸易仍然极为努力。

聂德宁指出:"暹罗自曼谷王朝1782年建立以来,直到拉玛四世在位期间(1851—1868年),整个暹罗的对外贸易尤其是对华贸易几乎完全依赖于中国帆船。华侨商人是当时暹罗对外贸易的实际经营者,并且成为沟通中暹贸易频繁往来的重要桥梁。步入近代初期,亦即19世纪的四五十年代,每年仍有50至60艘的帆船装载各种货物及成千上万的移民,从中国东南沿海的福建、广州、海南等口岸出发前往暹罗。暹罗华侨商人与新加坡的贸易往来仍然频繁,1851年来自暹罗的63艘大帆船及16艘方帆双桅帆船前往新加坡进行贸易,二年后(亦即1853年)这一混合船队的数字跃增至122艘,其中大帆船85艘,方帆双桅船37艘。尽管自19世纪60年代以后,中国帆船逐渐为西方汽轮排挤和取代而趋于衰亡,但是,来自海南岛的小型帆船到第一次世界大战以前仍然出入于暹罗的曼谷港。暹罗曼谷王朝自1853年(咸丰三年)中断了与清王朝的朝贡贸易关系之后,直到第二次世界大战以前,无论是清朝政府抑或后来的民国政府,均未与暹罗建立正式的邦交关系,也未与暹罗签订任何有关的通商条约或是贸易互惠协定。然而,即使在如此不利的条件下,暹罗华侨对于中暹之间贸易的拓展仍旧一如既往,不遗余力。"尤其是以潮州籍为主的暹罗华侨,自鸦片战争后,更致力于拓展其故乡汕头港与香港,以及与新加坡、暹罗等地的贸易往来。④

① 聂德宁:《近代中国与暹罗的贸易往来》,《南洋问题研究》1996年第1期,第19—20页。
② 同上,第18页。
③ 同上。
④ 同上,第20页。

《宝宁条约》签订后，对由华侨商人掌握的中暹贸易影响很大。黄素芳称："《鲍林条约》条约的签订对华人影响最大就是大米贸易。1855年，英暹签订了对暹罗影响极深的《鲍林条约》(Bowring Treaty)，暹罗对外自由贸易的大门被迫打开。条约规定在暹罗的所有港口，英人都可以进行自由贸易，而且英人可以直接和个人做买卖而不须经第三者干预等，使长期以来由国家经营商业及垄断贸易的局面从此结束。"①

从事中暹贸易的华侨商人被称为海商。这些海商又有南商和暹商之分。南商也称为"南郊"，主要是从事中国与东南亚地区各国贸易，以及中国内地与香港之间贸易之海商的称呼。"南商，或称'南郊'，……出口地域遍及越南、马来亚群岛、南洋荷属各岛屿"及我国香港地区。② 暹商是指专营中暹贸易的海商，他们原来属于南商之列，后因故而从其中游离出来，对此，《潮州志》有专门的记载："暹商又称'暹郊'，因贸易地域固定暹罗一地故名。运出货品与南商大致相同，其始本合于南商范围之内。清末间，暹罗华侨拟发展本国航运以免受外商操纵，组织华暹公司购置轮船四艘，川行汕头与曼谷间，商请汕头南商商号将运暹货物一律配载于华暹公司轮船，于是，南商中一部配运商号遂脱出成立暹商公所。"③

(二) 香港是广东地区与暹罗贸易的中介

首先，香港是广东地区与暹罗贸易中重要的转口港。

中暹贸易中的商品，曾利用香港作为转口港，展开转口贸易。以中暹贸易中的大米贸易为例，暹罗是世界上主要的大米出口地之一，④香港成为暹罗大米的重要市场与转口港。"而暹罗对外贸易的项目中很重要的一项便是大米贸易。……暹罗大米贸易的繁荣，给在暹罗华人新的机遇。拉玛三世以来，华人逐渐失去在暹罗传统的对外贸易中的优势，转向其他行业发展。此时大米贸易的繁荣，在暹华人审时度势，把握时机，积极向与大米贸易相关的行业，比如收购、运输、加工、出口和经营等行业扩展。尤其是《鲍林条约》签订后暹罗大米的输出量惊人地提高，这给华人碾米商提供了一个发展的黄金机会。"而这些华人碾米厂的出口对象主要是在新加坡及我国华南、香港地区等地的华人或中国人进口公司。⑤

香港是暹罗大米出口的重要市场。据范丽萍研究，1853—1899年中暹海上民间贸易一个值得注意的现象，即广东省大米贸易保持着一定的发展势头。在外国米的进口中，潮汕是暹米的重要输入口岸，因为潮汕地区的商人素有从事暹米贸易的传统，自18世纪始，就逐步开始了中暹大米贸易。《宝宁条约》之后，由潮汕海关输入的暹米数量依旧十分可观。⑥

19世纪，暹罗大米输入香港占据着重要地位。从进口数量上来看，香港总数大于广东地区的总数(参见下表)，相关统计年份，广东地区进口数量相当于香港的60%。

---

① 黄素芳：《贸易与移民——清代中国人移民暹罗历史研究》，厦门大学博士学位论文，2008年，第149页。

② 饶宗颐总纂：《潮州志》卷六《实业志·商业》，1949年铅印本。

③ 同上；参见范丽萍《19世纪中暹海上民间贸易的初步分析》，第7页。

④ 黄素芳指出，泰国迄今都是世界上主要的大米出口地之一。在18—19世纪，暹罗全国绝大多数的劳动力和土地都投入到水稻的种植上。随着条约后暹罗的开放以及新加坡、马来半岛及中国香港地区等地人口的迅速增加，这些地区为暹罗的大米提供了一个良好的、持久稳定的国外市场。参黄素芳《贸易与移民——中国人移民暹罗历史研究》，第150页。

⑤ 同上，第150—151页。

⑥ 范丽萍：《19世纪中暹海上民间贸易的初步分析》，第19页。

表1 1867—1890年暹罗运到香港、广东的大米数量比较表

(单位:海关担=60.45千克)

年　份	运到香港	运到广东
1867年	1 370 340	822 404
1875年	2 403 060	1 441 836
1879年	1 400 130	840 078
1887年	3 401 025	2 040 615
1890年	4 667 100	2 800 260

资料来源:吕绍理《近代广东与东南亚的米粮贸易》,台湾《政治大学历史学报》第121期,第40页。

其次,香港成为暹罗广东籍华侨商人集团贸易网络的一个重要节点。

许多经营中暹贸易的广东籍华侨商人将香港作为其贸易网络的一个基地。由于移民出生地与移居地保持着紧密的关系,随着时间的迁移,这种关系又逐渐延伸至商业、贸易层面,形成了一个跨区域的华侨华人经贸网络。通过泰国陈黉利家族与乾泰行的发展演变,可窥见其一斑。

陈黉利家族是第二次世界大战前兼营火砻、国际贸易、航运、银行和保险业的泰国华人中首屈一指的大财团。其家族经济不单在泰国,在新加坡、越南和我国香港、汕头等地也颇具规模。该家族在泰国的发展已有不少详细的研究,但其在我国香港地区的经营活动有待深入研究。①

陈黉利是陈慈黉的商号。陈慈黉(1843—1921),又名步銮,是广东澄海县隆都镇前美村人。他的家乡毗邻古代红头船最集中的基地樟林港。清朝乾隆年间,樟林港便成为潮汕乃至整个粤东及闽西南等地华侨进出的重要港口。潮汕先辈华侨多数是从樟林港乘红头船出洋谋生的。红头船的航行线路分为南、北两路,北可航行至厦门、台湾、上海、青岛、烟台、天津等地,南可航行至广州、雷州及东南亚各国。

陈慈黉及其父亲陈焕荣是潮汕近代移民的先驱之一。其家族编织的经贸网的发展充分地印证了香港在华人华侨经贸网络构造上的意义。19世纪初,陈焕荣于年轻时代到樟林港给人当红头船船工,后来自己购买红头船,当船主,经营汕头至曼谷的航运;除了运载出国移民外,还把汕头、上海、青岛、烟台、天津等地的土特产品和日用品运到香港、曼谷、新加坡等地贩卖,又将暹罗的大米、木材及土特产品运到新加坡、香港、汕头、上海、青岛、烟台、天津等地销售。为此,他发家致富,成为当年樟林港最著名的红头船船主,人称"船主佛"。② 19世纪中叶以后,大量契约劳工来到东南亚,促进了中国与东南亚之间的人员、汇款往来和特产的交流。乾泰隆抓住时机,在各地广设联号,建立商业网。

1851年,陈黉利家族第一代陈焕荣在香港是成立其最早的企业——乾泰隆行。香港未开埠之前,红头船便开辟了北至牛庄、南至东南亚的"南北洋贸易"。南北洋贸易的航海线经过香

① 主要参见陈荆淮《陈黉利家族在香港的活动和贡献》,《岭南文史》1991年第2期。

② 袁伟强:《陈黉利家族发展史及其社会功绩》,《华侨华人历史研究》1997年第4期,第35页。

港，所以当香港被英国侵占，宣布为“自由港”之后一段时间，陈焕荣认为香港的地理环境有利于他所经营的红头船南北洋贸易，便在岛上建起了楼房式的商店作为登陆设立的第一个中转基地。当时潮籍红头船船主有二三十人，最著名的除陈焕荣外，还有余进盛、许必济等。几十人中唯“船主佛”陈焕荣首先登陆设店。① 随着风帆木船日渐被蒸汽轮船更替，其他红头船船主很快便销声匿迹，陈焕荣开创的转口贸易经济却越来越红火，从这一点，我们就可以看出陈焕荣眼光和魄力的过人之处。

香港南北行业的发轫者是潮籍商人，最早的香港南北行办庄，主要的说法是乾泰隆，但在乾泰隆之前还有 1850 年成立的一间元发行。陈焕荣的曾孙陈庸斋也认为：“本港商号最有历史者，为澄海高满华翁所创之元发行。……继而焕荣公手创乾泰隆，潮安柯斗南氏、王少咸氏三先辈合创合兴行，堪称鼎足而三。”②

尽管乾泰隆的创办稍晚于元发行，但它仍然是香港最早的南北行商家之一。当时香港岛只有西北海滨——相当于今天水坑口街至雪厂街一带——洋人聚居区有些较像样的建筑物，③位于今中环以西海滨的华人聚居区还都是一片灰蒙蒙的简易棚屋和营幕，像元发行、乾泰隆行这样的商店民居还极为罕见，像元发行、乾泰隆行这样大批量进出口南北各粮食和土特产货物的更是绝无仅有。④ 元发、乾泰隆、合兴这些最早期的南北行办所起的示范作用是十分突出的。

在他们之后，金丰裕、义顺泰、和记行、桂茂行、裕德盛、广德发、明顺行、恒成、鸣裕泰、顺成、振兴栈、元成发、和兴泰、和兴栈、万发祥（后改福泰祥）、成合昌、和成行、泰顺昌、广源盛、广昌盛、广美盛、元德、广德发、同兴泰、添和成、公同泰、万裕发、金成利、乾昌利、香溪公司、聚顺、谦和行、李炳记、荣昌隆、同福成、加记、源盛泰、裕锦、佳和等潮籍南北行商号纷纷成立，⑤并形成了南北行商聚集的街区，这就是闻名海内外、俗称“南北行街”的文咸西街。

1868 年，南北行公所正式成立，它是香港第一个有完善的组织结构的行业公会，也是香港第一个较具规模的华人社团。而南北行业，也就是香港早期经济发展中华人最重要的行业，是香港早期经济的重要支柱。参照香港各老牌洋行成立的时间，如渣甸总行设于香港是 1844 年，印度新金山中国银行在港设立分行（渣打银行前身）是 1859 年，黄埔船坞公司设于香港是 1861 年，汇丰银行设于香港是 1865 年，太古洋行在港设立总行、和记洋行在港注册都是 1870 年，其时间大多晚于元发、乾泰隆、合兴等南北行商行和南北行公所，而香港转口港地位的确立时间更晚，大约在 1880 年前后。因此可以说，南北行是香港转口港经济的主要奠基者，作为南北行业的开创者之一、南北行公所第一批会员的乾泰隆无疑是香港转口贸易经济的开山功臣之一。

19 世纪 80 年代，香港当局 90%以上的税收来自华商，其中最大的一份是南北行公所属下数以百计的商行，它们的贸易额占整个香港贸易额的三分之一。⑥ 虽然我们未能找到乾泰隆当年营业额和纳税的数字，但有一件事可推测出它的经营规模。1871 年，潮州总兵方耀倡议在省

① 陈庸斋：《香港百年来潮商之沿革》，《旅港潮州商会三十周年纪念特刊》，香港：旅港潮州商会，1951 年，第 6 页。
② 同上。
③ 刘泽生：《香港古今》，广州：广州文化出版社，1988 年。
④ 颜成坤：《潮州会馆落成后向同乡进一言》，《香港潮州会馆落成开幕、香港潮州商会金禧纪念合刊》，香港：香港潮州商会，1971 年，第 17 页。
⑤ 陈庸斋：《香港百年来潮商之沿革》，《旅港潮州商会三十周年纪念特刊》，第 6 页。
⑥ 阿忆：《香港百年——中央电视台大型系列专题片〈香港百年〉解说词》，广州：广东人民出版社，1997 年，第 47 页。

城广州建立潮州会馆,邀请广州、香港两地潮商巨贾襄助,议决汕头、广州、佛山、香港各潮商商号抽取兑货厘金,每千元抽取1元(后改为4元),自同治十年三月(1871年4月)至光绪元年十二月底(1876年1月),共筹得银款5万余两,其中单25家香港南北行潮商大户就缴了3万余两,此外还垫借给会馆1万余两。而25家按缴款多少为序,乾泰隆排于第三位。① 当时正是香港南北行的鼎盛期。从这一件事可以知道,乾泰隆行是香港南北行中的翘楚,营业规模巨大,对香港经济的贡献也是不言而喻的。

乾泰隆在香港的主要业务是进口泰国大米。

香港居民绝大多数是华人,主粮是大米。由于香港开埠后人口骤增,本地粮食远不敷供应,当时毗邻的华南地区也是个缺粮区,大米绝大部分依赖于从东南亚的泰国、越南和缅甸等国进口,进口渠道顺畅与否与居民的生活息息相关,因此大米进口商可以说很大程度上曾掌握了香港经济的命脉。乾泰隆是香港最早的南北行商之一,南北行所经营的南北洋土特产中,最大宗的品种就是大米,所以乾泰隆行也是香港最早的大米进口商。到19世纪末,乾泰隆在大米进口业中的地位有了大幅的提高,其原因是陈黉利家族的第二代掌门人陈慈黉在泰国开辟的大米加工出口基地已站稳脚跟,业务蒸蒸日上。

陈慈黉接手其父亲开创的乾泰隆和红头船生意之后,为巩固和拓展其泰国大米进出口业务,于1856年到暹罗吞武里创设陈黉利行,主管暹米的收购和出口。由于销量大,加上受当时暹罗另一潮籍华侨高满华(又名高楚香)于1870年开办第一家华侨机器碾米厂——元发盛火砻获得成功的启示,他便于1874年在湄南河畔创建了自己的首家蒸汽机械碾米厂,后又陆续建起了隆兴利和乾利栈两家大型火砻。1898年,3座厂日加工一级大米3 000担,他也成为暹罗著名的火砻主。在此期间,陈慈黉还分别在新加坡设立陈生利行(初为合资,后改为独资,并改名为陈元利行),在汕头和香港设立黉利栈。

香港黉利栈是泰国陈黉利行的分行,设于文咸西街29号[今改为陈黉利(香港)有限公司,在文咸西街55号5楼C座],也即乾泰隆行(乾泰隆旧门牌是文咸西街27号,今为文咸西街55号4楼C座)的隔邻,专营对口暹罗陈黉利行的进出口贸易,进口主要货物仍为大米,其他有木材、咸鱼、药材、牛皮等土特产。出口货物则以中国土产如瓷器、布匹、铜器、生油、豆类等为主。它是香港对外贸易的最早开拓者,后来香港对暹贸易日益扩大,终于形成了暹罗帮公会的组织。②

19世纪末,乾泰隆分别在曼谷设黉利行,在新加坡设陈生利(后改组为陈元利),在汕头设陈万利,在越南西贡设立乾元利各行。陈黉利家族编织的经贸网,主要业务是将泰国黉利碾米厂出产的大米运销到新加坡、马来西亚、文莱、印度尼西亚等地;西贡的乾元利行由长孙陈映辉主持,汕头业务由陈焕荣兄弟的孙子负责。这样,到19世纪末,陈氏家族以乾泰隆家族企业为核心,通过父系亲属关系,建立起庞大的经济网络:陈黉利在香港设立经营大米的分行,在汕头设立黉利栈经营进出口业的钱庄。1891年,陈黉利次子陈立梅接掌公司领导权后,设立中暹轮船公司,经营挪威BK船务公司在亚洲的代理业务,拥有10余艘轮船,航行于泰国、日本、新加坡、马来西亚、缅甸、越南以及我国香港、华南、华北各港口之间;还在泰国开设5家蒸汽碾米厂、

---

① 见《南北行业》《创建省垣潮州八邑会馆碑记》,《旅港潮州商会三十周年纪念特刊》,第2—4页。

② 《暹罗帮》,《旅港潮州商会三十周年纪念特刊》,第5—6页。

2家出口商行、1家进口商行、1家机器行;在曼谷、香港、汕头、新加坡、西贡、槟榔屿等地设立黉利栈汇兑庄,以供各港口联号调用资金。这样,到20世纪初期,泰国陈黉利家族已构建了涉足泰国、新加坡、日本及我国香港、汕头等地的跨国跨区域的经贸网络。①

如前所述,在经营暹米贸易的华商中,比较有成就的是原籍潮州的高满华和陈黉利家族。高满华在鸦片战争前赴暹罗谋生,当过苦力、厨师,渐有积蓄后靠购置帆船往返潮州贩运货物赚钱。1854年,他接手元发行,以香港为基地经营暹罗大米的进出口生意。其经营的碾米厂规模甚大,获利丰厚。② 稍晚于高满华以经营大米起家的是陈黉利家族。他利用东南亚华侨众多、熟悉当地情况、懂得国际贸易和经营灵活等优势,先后在我国汕头、香港,以及新加坡、越南等地设立专营大米的机构,并且形成互联网络,使洋商始终无法占据米业的重要地位。其他经营碾米厂的还有原籍潮州饶平县人陈氏、潮州籍的卢氏和刘继宾等,仅刘继宾一家即在曼谷有4家碾米厂。

不管是高氏家族或者陈氏家族抑或其他华人,碾米企业事业的发展都需要雇用来自中国的移民,这往往成为家乡人民远赴暹罗谋生的一个重要吸引力。大米贸易的兴盛,使与之相关的火砻业即机器碾米业、中介商、收购商、出口商、运输业、码头、船坞等行业必须随之扩充发展,而这些行业的发展均需要大量的人力来推动。暹罗的大米收购主要掌握在华人手中,华人碾米厂很容易获得中介商的供应,而且暹米的主要出口市场是新加坡和我国香港、东南沿海一带,因此进口商主要也是华人。③

(三)香港与近代"汕—香—暹—叻"国际贸易网络的构成

20世纪初至30年代,广东潮汕商人面对外国商人激烈的商业竞争,将传统的中泰米市贸易扩展为近代汕—香—暹—叻国际贸易,并且长期垄断汕—香—暹—叻国际贸易。④

近代以来,西方各国以其东南亚殖民地为基地,向泰国等东南亚独立国家进行经济扩张,英国商人首先在曼谷设立以机器为动力的新型碾米厂,接着,德国商人也来曼谷设立机器碾米厂,企图将潮商从泰国米业的垄断地位上拉下来,垄断泰米的出口,控制东南亚与中国的贸易。⑤

为此,泰国潮商竞相建立以机器为动力的新型碾米厂,高楚香于1870年最早在曼谷建立潮商新型碾米厂——元发盛火砻,"其他华侨也增强了信心,纷纷效仿,挽回了危机,使华侨在米业上的主导地位得到保护,而且长盛不衰"。陈黉利家族也在湄南河畔创立大型新式碾米厂,并迅速发展为7家新式大火砻。⑥ 其他潮商也竞相效仿,建立新式机器碾米厂,巩固了潮商在泰国

---

① 郑一省:《多重网络的渗透与扩张——华侨华人与闽粤侨乡互动关系的理论分析》,《华人华侨研究》2004年第1期,第43页。

② 吴石龙:《14—19世纪暹罗华人的经贸发展研究》,台湾成功大学硕士学位论文,2002年,第151页注脚。

③ 参见黄素芳《贸易与移民——中国人移民暹罗历史研究》,第151—152页。

④ 本部分据林济《近代潮商的汕—香—暹—叻国际贸易与商人组织》(《近代史学刊》2006年第3辑)改写,未标明部分即属此文,特此鸣谢!

⑤ 参见林济《近代潮商的汕—香—暹—叻国际贸易与商人组织》,《近代史学刊》2006年第3辑,第39页。

⑥ 参见卢继定《潮汕侨资民族工业的先驱高绳芝及其家族》、王绵长《黉利家族资本的历史》,广东省政协文史资料委员会、汕头市政协文史资料委员会合编《广东文史资料》第76辑《潮商俊彦》,广州:广东人民出版社,1994年,第259、220页。(按:以下引用《广东文史资料》第76辑《潮商俊彦》时,省略编者信息。)

米业的垄断地位,从而使潮商牢牢控制中国与东南亚贸易的重要源头性行业,保证潮商在以大米贸易为大宗的汕—香—暹—叻国际贸易中的主导地位。应该说自20世纪初开始,近代潮商成功地应对了西方及日本商人的挑战,逐步确立了在汕—香—暹—叻国际贸易中的垄断地位。①

潮商之所以能够控制近代汕—香—暹—叻国际贸易,有其传统的市场优势与市场基础。汕—香—暹—叻国际贸易以食品为主,尤以泰国大米以及中国食品杂货为主要商品,其本身就是清代以降中泰大米贸易的延伸与发展。汕—香—暹—叻国际贸易的终端市场为潮民社会,如泰国米的销售主要集中在潮汕及其邻近地区,潮汕土特产乃至北方杂货的销售也是以海外潮人为主要销售对象。明清时期,大量的商人及贫民移民泰国及东南亚,从雍正至嘉道年间就有50万至100万潮州人移民泰国及东南亚,形成了相当规模的潮州移民社会。② 这使潮商有着熟悉市场的优势。而且许多移民在东南亚从事商业等活动,他们在东南亚地区"贩奇货,入穷荒,更行夜走,亦无所惜"③,为开拓东南亚市场作出了关键性贡献。潮商也基本掌握了泰国、新加坡等东南亚国家的基层市场,如大埔移民在新加坡有店铺345家,在马六甲有店铺98家,在槟榔屿有店铺62家,在森美兰的2 000名移民中有600余人从事经营,有店铺52家。④

正是因为有着巨大的市场优势,所以近代东南亚的潮商大多从事与汕—香—暹—叻国际贸易相关的商业活动,特别是泰国潮商,在近代汕—香—暹—叻国际贸易中起着举足轻重的作用。他们除了牢牢控制汕—香—暹—叻海运业务以及泰国大米加工与出口业外,实际上也控制了汕头及香港等地的有关中国与东南亚的贸易行业。泰国是近代海外潮商的集中之地,泰国大米又是汕—香—暹—叻国际贸易的支柱性商品,近代泰国潮商所经营的大米加工出口业、木材加工出口业等均属汕—香—暹—叻国际贸易的范围,他们依靠汕—香—暹—叻国际贸易而成为巨商大贾,如普宁籍的陈嗣赞家族,跻身泰国大米加工与出口业,创办和丰盛、和隆盛、和裕发3家火砻,迅速积累了巨额财富,陈嗣赞家族不仅成为泰国大米加工与出口业大户,也成为泰国大商人家族。⑤

近代潮汕商人能够牢牢控制汕—香—暹—叻国际贸易,除了其积极学习与利用西方技术,最重要的还是近代潮商建立了牢固的汕—香—暹—叻国际贸易市场网络。这种市场网络的基本单位似乎是近代潮商的家族企业。近代潮商富有开拓进取精神,他们以汕—香—暹—叻国际贸易为中心,以家族方式向汕—香—遏—叻国际贸易上下游行业发展,相互之间配合发展,形成一种家族企业的连贯力量,从而奠定了汕—香—暹—叻市场网络的基础。如陈黉利家族集团的创始人陈焕荣原是凭借红头船在香港从事南北行贸易,家族的第二代陈慈黉开始投资泰国大米加工与出口业,于1871年在曼谷创立陈黉利行,经营大米加工与出口业务,取得了巨大成功。在家族积累巨额资金的条件下,家族第三代陈立梅又进行了新的开拓,投资从事中国南方与东南亚的轮船海运业务,租赁轮船从事海上运输,并代理挪威BK公司船务,形成有十余艘轮船的

---

① 参见林济《近代潮商的汕—香—暹—叻国际贸易与商人组织》,《近代史学刊》2006年第3辑,第40页。

② 黄兰淮:《潮汕人移居海外述略》,《汕头大学学报》1995年第2期。

③ 罗香林:《广东民族概论》,《民俗》第63期,1929年。

④ 温廷敬:《大埔县志》卷一一《民生志》下《殖外》,1943年铅印本。

⑤ 张映秋:《泰国的普宁籍移民:经济活动与人物》,《广东文史资料》第76辑《潮商俊彦》,第311页。

海运规模，不仅为陈黉利家族另辟了一条巨大利源，同时也促进了其家族的泰米出口贸易，形成了陈黉利家族对泰米出口业的垄断。

陈黉利家族分别在曼谷设有陈黉利行、在香港设有乾泰隆行、在汕头设有黉利栈、在新加坡设有陈元利行，将泰米加工、出口、海运、进口销售连为一体，形成了自己的泰米国际循环贸易网络。其家族还凭借雄厚的资金创办黉利栈汇兑庄及黉利栈银行，建立起服务于汕—香—暹—叻泰米国际贸易的金融体系，从而牢牢地确立了在近代汕—香—暹—叻泰米国际贸易中的龙头地位。① 在香港经营汕—香—暹—叻国际贸易的商人也大多是泰国潮商，在香港经营进出口业的同业商人中，泰国潮商人数居第一位；在香港潮商号总数中，泰国潮商商号亦名列第一。②

---

① 王绵长：《黉利家族资本的历史》，《广东文史资料》第 76 辑《潮商俊彦》，第 218—226 页。

② 见林济《潮商》，武汉：华中科技大学出版社，2001 年，第 112—113 页。

对于侨商来说，他们最初往往是白手起家，通过自己的辛勤劳动和省吃俭用，积攒下一定的积蓄并以此作为经营资本，从小商贩经营开始，逐步积累，最后发展到零售商和批发商。当生意越做越大，一个人的精力难以应付之后，家族中越来越多的人便会卷入生意中，从而形成家族性的经营。近代"香叻暹汕"贸易体系的开拓者和经营者黉利集团就是一个典型的家族集团。该集团的开创者陈焕荣早年曾在汕头、香港等地做船工，后购买帆船从事海上贸易。他利用香港成为转口贸易枢纽之机，于 1851 年与族人合资创设乾泰隆行于香港之南北行街(今之文咸西街)。陈焕荣后来将香港乾泰隆行交给长子陈慈黉打理。陈慈黉接手香港乾泰隆行之后，将暹罗作为其事业的起飞之地，于 1871 年在暹京创设陈黉利行，专门经营进出口贸易。19 世纪 80 年代，陈慈黉将业务向新加坡、汕头等地拓展，以暹米销汕为主要业务，"联暹罗、新加坡、香港、汕头于一环，各发挥其效能，冀能于国际贸易上与他家一较短长"。(王绵长：《黉利家族集团的创业方针及其对香港转口和区域性贸易的贡献》，《华人华侨研究》1999 年第 12 期，第 160—161 页。)

由于身处异域他乡，在家族血缘关系的基础上，侨商从事商业贸易时还会加入地缘的因素。"在异国他乡，亲人毕竟不多，亲戚也有远亲近亲之分，更多的是乡亲，同一个村子来的人，同一个县来的人，同一个府来的人……结成不同亲疏厚薄向外伸展的地缘蜘蛛网，做起生意来可以相互帮忙，有时这种地缘关系还可以用结拜兄弟姐妹的方式加以维持和巩固。"(高伟浓：《下南洋・东南亚丛林淘金史》，广州：南方日报社，2000 年，第 188 页。)这种地缘网络就是人们通常所说的"乡帮"。在暹罗，主要有潮州帮、客家帮、海南帮、广东帮、福建帮 5 大乡帮。各帮在生意上形成自己的经营范围和地盘。其中潮州帮的势力最大，自 18 世纪起成为暹米输入的主要经营者，"潮州人在泰国，谁都知道历史最久，人数最多……财力之雄厚，其他各属侨胞，都难望其项背"。(陈文寿：《华侨华人的经济透视》，香港：香港社会科学出版社，1999 年，第 390 页。)

资本的家族性经营对于海商来说亦是如此。无论是缺乏经商经验或是必须借本才能走上经商之路的预备商人，还是有了一定的经历、想进一步扩大经营规模的商人，在融资的时候，最先想到的就是借助亲朋好友的力量，而商人们在亲朋好友中的信誉就成为其是否能够获得借款的主要依据。例如，19 世纪 40 年代末，一位名叫王潘贵的商人向广州的亲友借钱购买货物赴暹罗销售，卖掉货物后再购买其他货物回国。当他发现在暹罗收购货物钱款不足时，他寻找的帮助对象是他在暹罗的胞兄。(《明清史料》庚编第 6 册，台北：台湾"中研院"历史语言研究所，1950 年，第 656 页。)在具体的经营过程中，家族也常常是其凭借的首要力量。郭实猎(Gutzlaff)在 1831 年从暹罗到中国时，搭乘的"顺利"号的船员主要来自广东潮州府，船主沈顺是潮州人，其内弟是船上的船员。当沈顺在澳门离开船时，就由他的叔叔继任船主。(Charles Gutzlaff, *The Journal of Two Voyages Along the Coast of China*, New York, 1983, pp. 45—47.)在当时，家族式经营的优势是较为明显的。对此，张忠民总结说，家族式经营有两个优势：一是降低在人员使用上的成本和减少经商的风险，二是它十分符合传统的道德伦理。(张忠民：《前近代中国社会的商人资本与社会再生产》，上海：上海社会科学院出版社，1996 年，第 230 页。)但是，家族式的资本经营也有其致命伤。这主要表现在以血缘、地缘关系为基础的贸易组织规模小，办事多凭经验，缺乏相关的经营国际贸易的知识，国际汇兑的清算能力不足，以及为家族企业服务的国际贸易辅助机构(包括贸易银行业、仓库业、保险业和船舶业)不发达等方面。上述这些致命伤极大地限制了海上民间贸易在 19 世纪(尤其是在后半叶)的进一步发展和向近代贸易的转型，因为家族式的资本经营无论是以血缘为基础还是以地缘为基础，其经济基础都是非近代意义的市场经济。(范丽萍：《19 世纪中暹海上民间贸易的市场运作》，《广西师范大学学报(哲学社会科学版)》2004 年第 2 期，第 136 页。)

(四) 香港南北行与汕—香—暹—叻国际贸易①

香港从事汕—香—暹—叻国际贸易的行业称为南北行，起初是由潮汕、广州、曼谷及东南亚各地转来的潮商从事南北行贸易，他们集中于文咸西街，将北线天津、上海、福州、汕头等地的豆类、食油、杂粮、土产等商品转至东南亚各地，又将南线泰国、新加坡、马来西亚、越南、菲律宾等地的大米、树胶、椰油等土特产输往汕头等国内各地，转口贩运。

当时在香港文咸西街从事南北行贸易的商人大多为潮商，所以一般人就认为南北行的生意就是潮商专有的生意。1868 年，香港南北行公所就已成立，最早成立的"聚和堂"便是南北行潮商的同业公所，它也是香港第一家较具规模的华人团体。第一次世界大战以后，香港南北行贸易相当活跃，每年从华北输入转销的豆类就达 8 000 万元。1928 年以后，汕头北货南运业务转移至香港，香港南北行贸易更趋活跃。在此期间，大量潮商纷纷投资香港南北行贸易，仅仅泰国的潮商商号就有 70—80 家之多，甚至菜籽的年输出额就可达 2 000 万元左右。

汕头最大的贸易伙伴由曼谷转为香港，香港成为中国南方与东南亚最大的转输中心，"潮州与暹罗、马来雅、越南、苏门答腊、爪哇等的金融汇兑以香港为总站，芜湖、汉口、天津、北部各省汇驳总站在上海，然上海款项十分之八九由香港转汇而至"②。

新加坡与泰国及我国汕头、香港存在着巨额贸易关系，不仅香港地区的北货、泰国大米通过新加坡市场转销马来西亚与印度尼西亚各地，潮州土特产在这里也有广阔的市场。由于马来西亚、印度尼西亚及新加坡各地遍布潮州移民，新加坡港每年进口大量潮州土特产，转销各地供应潮州移民，1936 年，汕头商品的输入额即高达白银 66 万余两。新加坡参与汕—香—暹—叻国际贸易的行业组织有香汕郊公局、酱园公局、金果行公局，分别与香港南北行、汕头南郊行、汕头酱园行、汕头果业行相对应，经营进口批销业务，后来又合并为新加坡酱园、金果、香汕三郊合会。新加坡的进出口商也大多为新加坡潮商以及泰国潮商等，"香汕郊，即潮籍华侨，由沪、港、汕购入祖国土产杂货南来，发售与马来亚、婆罗洲、爪哇、苏门答腊各地。此业之商店大部分于二马路吊桥头一带，全年营业，战前为千余万元(叻币)"③。

广东潮汕商人以行业组织为基础的信用合作是商业运作的基础，这形成了潮商的一种竞争力。如在香港的米业中，一向分为入口商(上盘行)、批发商(米行或二盘行)与零售商(米铺或三盘米铺)，1942 年之前，香港经营大米进出口的上盘行大多为以乾泰隆为首的潮商南北行商号，但潮商在二盘行中所占的比例不大，三盘米铺则大多由潮州小商人经营，于是以行业组织为基础，经营上盘行、三盘行的潮商互相配合，建立赊购赊销的商业信用关系，排斥了其他商人的二盘行；三盘米铺直接从上盘行赊购批发大米销售，不仅使上盘行的潮商直接进入香港米业批发市场，其营业额占香港米业批发市场的 65%以上，而且赊销方式促进潮商的三盘米铺繁荣发展，其零售额占香港米市零售额的 75%—80%，潮商因此垄断了香港米市。④

---

① 参见林济《近代潮商的汕—香—暹—叻国际贸易与商人组织》，《近代史学刊》2006 年第 3 辑，第 41—44 页。

② 饶宗颐总纂：《潮州志》不分卷《实业志・商业》。

③ 《新加坡潮州八邑会馆金禧纪念刊》，1979 年，第 183 页。

④ 林济：《潮商》，第 162 页。

结　语

《宝宁条约》的签订，打破了暹罗封闭的贸易体系，一定程度上刺激了暹罗经济的复苏，其框架亦确保了多边贸易在东南亚和中国畅通无阻。香港作为转口港，凭借英国与暹罗的这个条约，开始了与暹罗的贸易。广东地区与暹罗曾利用香港作为转口港展开商品贸易，连接沟通泰国、日本、新加坡、马来西亚、缅甸、越南以及我国华南、华北各港口。熟悉国际贸易规则、背靠祖国的广东籍华侨商人是当时暹罗对外贸易的实际经营者，并且成为沟通中暹贸易频繁往来的重要桥梁。通过泰国陈黉利家族与乾泰行的发展演变，可窥见香港成为暹罗华侨商人集团贸易网络的一个重要节点，沟通广东地区与暹罗的贸易。香港最早的南北行商家如元发、乾泰隆、合兴也在此期间逐渐发展起来，南北行是香港经济发展早期华人最重要的行业，是香港转口港经济的主要奠基者，也是香港早期经济的重要支柱。广东潮汕商人面对外国商人激烈的商业竞争，将传统的中泰米市贸易扩展为近代汕—香—暹—叻国际贸易，随着贸易市场网络的扩大，大量契约劳工来到东南亚，促进了中国与东南亚之间的人员、汇款往来和特产的交流。香港在中暹贸易中发挥的中介作用，促进了暹罗乃至东南亚地区与中国内地的双向贸易，同时暹罗华商贸易的繁荣发展也反哺着香港的经贸，两者相辅相成，从中也可窥探出香港发展成为亚洲金融中心的雏形。

鸦片战争后港汕贸易探析*

叶　农**

摘　要：鸦片战争后，香港被英国割占，开始了香港与汕头之间的贸易活动。港汕贸易分为两个阶段，第一阶段是汕头开埠前的私下贸易时期，第二阶段是汕头开埠后的通商口岸贸易时期。在通商口岸时期，香港是汕头的主要进口地，而进入民国之后，新加坡超过香港。在汕头向香港出口的商品中，糖是重要的出口商品。航运业作为贸易服务业，一直是港汕贸易的重要支持。外国航运公司是港汕航运业的控制者。在港汕贸易中，有4类主要参与者：汕头贸易商及其行业组织（南商公所、会馆、糖商）、香港南北行、洋行。外国洋行还在汕头地区开设了糖厂。

关键词：香港；汕头；港汕贸易；港汕航运业

汕头位于韩江入海口，是粤东潮汕地区的重要门户，因《天津条约》而被迫开埠。开埠后，汕头迅速崛起成为粤东地区进出口货物的集散地。汕头与香港海上里程不远，贸易联系密切。香港是潮汕地区多种洋货的主要来源地，来自香港的洋货的进口额在汕头口岸对外贸易总额当中所占比例较大，一般有90%以上；而潮汕地区出口香港的土货，占比亦不小。①

目前，学术界对香港与汕头的贸易，有过一些研究成果，②但对香港与汕头在近代以后至太平洋战争爆发期间的发展作整体研究，则尚付阙如。因此，本文将回顾近代以来，香港与汕头地区贸易发展情况，探讨4个方面的问题。

---

* 本文系国家社科基金重大招标项目“鸦片战争后港澳对外贸易文献整理与研究”（16ZDA130）的阶段性成果。

** 叶农，暨南大学澳门研究院院长、教授。

① 杨群熙编辑点校：《潮汕地区商业活动资料》，汕头：潮汕历史文化研究中心、汕头市文化局、汕头市图书馆，2003年，第60页；*Trade Report*，1883，《中国旧海关史料（1859—1948）》第10册，北京：京华出版社，2001年，第352页；*Trade Report*，1897，《中国旧海关史料》第25册，第475页。

② 这些研究成果包括：陈荆淮《汕头开埠前的对外贸易》，《潮学研究》第6期，1997年；陈荆淮《陈黉利家族在香港的活动和贡献》，《岭南文史》1999年第2期；范丽萍《19世纪中暹海上民间贸易的初步分析》，广西师范大学硕士学位论文，2002年；林济《近代潮商的汕—香—暹—叻国际贸易与商人组织》，《近代史学刊》2006年第3辑；黄素芳《贸易与移民——中国人移民暹罗历史研究》，厦门大学博士学位论文，2008年；陈楚金《南商——近代汕头最大的出口商》，《潮商》2015年第2期；叶钊《晚清汕头港糖业贸易研究》，暨南大学硕士学位论文，2016年；等等。

一、汕头开埠前之私下贸易与开埠

在开埠以前，汕头已经是粤东地区最重要的港口之一，成为南北货运的重要中转地，而且商业亦初具雏形，其优越的地理位置和良好的港湾条件日益引起外国列强的注意，并在这里进行私下贸易。

早在鸦片战争前，就有英、美等国家的船只来到潮汕沿海停泊，并进行鸦片走私和苦力贩运等非法活动。南澳和汕头则是他们走私鸦片的重要分销据点和贩运华工出洋的重要场所。1842 年厦门开辟为通商口岸后不久，欧洲人初次被吸引到汕头附近来，①虽然官方明文禁止，汕头港事实上已私下对外开展贸易多年。当时汕头有 3 条海运贸易路线交汇于此：1. 西方不法商人和船长驾驶纵帆远洋船经营的贩卖中国劳力的“贸易”，这种形同贩奴的活动，以南澳岛、妈屿岛为基地，通过各种非法手段拐骗掳掠；2. 西方鸦片商人建立所谓“沿海贸易制度”，在中国东南沿海布点停泊趸船走私鸦片，其中一个重要批发点就在汕头港外；3. 以潮州人为主经营、驾驶俗称“红头船”的广东远洋帆木船，以汕头港为基点，开辟了一条北至东北、南至东南亚的区域性国际贸易航线，将中国劳工运往急需劳力的南美、南洋等地方。② 地处汕头港入口处的妈屿岛当时成了外国人聚居的地方，现在还有开埠前他们在岛上购房的地契和公墓的残碑。③ 19 世纪 50 年代后期，外国商船进出汕头港的数量已相当可观，不少已经开始在该地经营输入洋货和转运土货到北方沿海的贸易活动。

这些半公开走私活动十分活跃，汕头港因此而中外闻名。正是在这种背景下，当第二次鸦片战争的战胜方要求中国新增对外开放口岸时，名单中就列出了汕头。

咸丰皇帝在咸丰九年十月二十一日(1859 年 11 月 15 日)批准潮州(汕头口岸)于咸丰九年十二月初九日(1860 年 1 月 1 日)先行对美国开市。

两广总督劳崇光与粤海关监督恒祺负责操办汕头口岸开市事宜。赫德(Robert Hart)称，最初把外籍税务司制度推行到广州的建议是由两广总督劳崇光及海关监督恒祺于 1859 年 5 月间提出来的。④ 受劳崇光委托，总税务司李泰国(Horatio Nelson Lay)前来广州帮办开市，1859 年 10 月到达广州。⑤ 在咸丰帝还没有正式批复之前，李泰国就已经应邀来到广州准备新关筹备事宜，其后数月的大部分时间，他都在忙于广州和汕头两地实施税务司制度的新关的设立。⑥

1859 年年底，美国公使华若翰(John Eliott Ward)专程由上海来广州，到两广总督衙门求

---

① N. B. Denny, *The Treaty Ports of China and Japan*, 1867, p. 232；转引自姚贤镐编《中国近代对外贸易史资料》第 1 册，北京：中华书局，1962 年，第 457 页。

② 陈荆淮：《汕头开埠前的对外贸易》，《潮学研究》第 6 期，第 358—368 页。

③ 陈景熙：《汕头妈屿外国人公墓碑铭一览表》，《汕头文史》2007 年第 19 期，第 255—262 页。

④ 葛松：《李泰国与中英关系》第 6 章，中国海关史研究中心译，厦门：厦门大学出版社，1991 年，第 316 页。

⑤ [英] 魏尔特(Stantey F. Wright)：《赫德与中国海关》第 5 章，陈敩才、陆琢成等译，厦门：厦门大学出版社，1993 年，第 181 页。

⑥ [美] 费正清(John King Fairbank)：《步入中国清廷仕途——赫德日记(1854—1863)》，傅曾仁等译，北京：中国海关出版社，2003 年，第 302—303 页。

见,劳崇光"即面嘱该使臣妥派领事前往,将该国商人、水手照料约束,慎勿稍生事端"①。

经中、美双方商定,中方派同知衔陵水县知县俞思益、庵埠通判林朝阳为代表,美方则派署理汕头领事禅烈理和前任中国海关总税务司李泰国为代表,共同处理汕头如期开埠和开关的问题。赫德著《关于外人管理的中国海关组织备忘录》指出:"1860年……这一年汕头海关成立、汕头为潮州府的商埠,是根据中美《天津条约》开放通商的。虽然那时才宣布开放通商,但外国船只常开往汕头已经有过好多年了。而汕头却没有人反对这种不公开的贸易征税,所以税务司署的成立,没有遇到官方的反对,尤其巡抚和海关监督还会同派了一名代表与税务司合作。"②

二、开埠后香港与汕头贸易

汕头开埠以后,对外贸易发展迅速,贸易地区遍及我国香港、台湾地区,以及新加坡、暹罗、安南、爪哇、苏门答腊、日本、英国、欧洲大陆、美国、澳大利亚等地。其中"以对香港为最多,因海程距离不远,与出入款项均赖其为汇驳故;次为新加坡及曼谷,因潮人侨居其地人数极多,有以促进贸易之关系;及再次为安南及荷属东印度,而台湾在隶日本时代每年输入潮州海产货品为数亦巨" ③。

香港在近代中国对外贸易中的特殊地位和汕头所处的地理位置,决定了香港是汕头最重要的贸易地区。汕头进口的90%以上的商品是经过香港转口的,除了绝大多数的鸦片、棉纺织品、毛纺织品外,还包括了棉花、金属、煤油等重要的杂货。而且随着香港中转港地位的不断提高,进口商品向香港集中的趋势也越来越明显,因为"对于外商来说,进货到香港,并在那里销售,比他把货物运存到通商口岸或许更为有利,耗费较少;并且可避免关税和规章的困扰"④。(参见下表)

表1　香港与汕头进出口贸易值及其在汕头进口货值中的占比　(单位:海关两)

年　份	进口总值	香港进口	占比%	出口总值	香港出口	占比%
1864	2 934 881	2 816 076	95.95	126 560	30 443	24.05
1865	4 566 824	3 437 720	75.28	118 288	21 334	18.04
1866	4 783 680	4 449 669	93.02	204 758	22 593	11.03
1867	4 781 844	4 328 525	90.52	217 070	4 169	1.92

① 《第二次鸦片战争》第4册,中国史学会主编"中国近代史资料丛刊",上海:上海人民出版社,1978年,第291—292页。

② 郭廷以编著:《近代中国史事日志》,北京:中华书局,1987年,第287页。

③ 饶宗颐总纂:《潮州志》不分卷《实业志·商业》,1949年铅印本,第5页。

④ *Commercial Reports*, 1866,广州,第109—110页;转引自姚贤镐编《中国近代对外贸易史资料》第2册,第1078页。

续 表

年 份	进口总值	香港进口	占比%	出口总值	香港出口	占比%
1868	3 961 324	—	—	197 893	—	—
1869	3 565 084	3 269 554	91.71	308 349	41 738	13.54
1870	4 102 964	3 766 146	91.79	370 181	19 128	5.17
1871	5 584 556	5 323 565	95.33	428 728	71 909	16.77
1872	4 743 075	4 435 152	93.51	909 088	128 495	14.13
1873	6 396 326	6 095 907	95.30	1 102 458	451 789	40.98
1874	6 928 225	6 876 131	99.25	518 186	195 588	37.74
1875	7 066 510	6 933 023	98.11	608 132	431 244	70.91
1876	8 149 934	7 703 631	94.52	1 188 700	498 392	41.93
1877	8 984 547	8 307 141	92.46	1 810 200	499 480	27.59
1878	7 583 500	7 319 366	96.52	1 113 738	806 711	72.43
1879	8 638 024	8 337 426	96.52	865 403	611 852	70.70
1880	8 214 137	8 076 284	98.32	1 188 899	678 868	57.10
1881	6 182 870	5 884 908	95.18	1 478 875	889 503	60.15
1882	5 870 001	5 345 083	91.06	1 812 196	1 013 612	55.93
1883	6 529 112	5 906 818	91.88	2 361 853	1 627 965	68.93
1884	6 327 557	5 842 789	92.34	2 571 288	2 062 418	80.21
1885	6 433 463	6 041 442	93.91	1 535 700	1 032 240	67.22
1886	6 767 056	6 556 188	96.88	1 389 695	818 715	58.91
1887	7 204 886	6 807 235	94.48	1 425 195	730 722	51.27
1888	9 347 099	7 117 420	96.87	1 538 498	765 099	49.73
1889	6 982 253	6 766 003	96.90	1 691 053	864 675	51.13
1890	8 928 740	8 577 321	96.06	1 581 028	754 853	47.74
1891	8 875 911	8 659 564	97.56	1 528 145	674 142	44.12
1892	8 295 653	8 111 573	97.78	1 639 659	792 026	48.30
1893	8 149 047	7 486 902	91.87	1 728 419	714 371	41.33

续 表

年 份	进口总值	香港进口	占比%	出口总值	香港出口	占比%
1894	8 600 195	8 238 889	95.80	2 028 043	666 110	32.84
1895	9 781 597	7 885 363	80.61	2 232 624	727 758	32.60
1896	8 650 122	8 125 434	93.93	2 335 729	757 187	32.42
1897	9 441 305	9 081 174	96.19	2 976 623	1 079 413	36.26
1898	12 570 842	11 863 314	94.37	3 596 093	1 183 189	32.90
1899	13 314 948	12 836 799	96.41	4 112 574	1 612 568	39.21
1900	12 525 066	11 746 147	93.78	4 952 481	2 184 501	44.11
1901	13 621 300	12 701 148	93.24	5 016 307	2 028 436	40.44
1902	14 140 672	13 267 434	93.82	4 898 173	1 744 183	35.61
1903	13 721 608	12 809 031	93.35	4 652 044	1 292 651	27.79
1904	14 105 085	13 248 350	93.93	5 828 259	2 193 873	37.64

资料来源：根据《中国旧海关史料》中历年海关报告统计，1868 年与 1904 年之后无相关内容，没有统计。

进入民国以后，汕头港的进口，初期仍以香港为主导，民国八年(1919)汕头进口商品的国家和地区，占比前几位的是：香港地区，美国，日本(包括当时侵占的我国台湾地区)，暹罗，荷属(东印度)，安南，新加坡，英国，印度。20 世纪 20、30 年代因进口大米比重增大，从暹罗进口者约占汕头进口总量的 1/4。英国、英属印度和日本等国的进口额逐年增加，约占汕头进口总量的 1/10，加上部分经上海、香港转口输入汕头者，实际上不止此数。民国十七年(1928)汕头进口商品的国家和地区有 23 个，占比前十名的是：香港地区，暹罗，印度，新加坡，安南，日本，美国，荷属东印度，英国，菲律宾。民国二十年(1931)进口商品的国家和地区发展到 26 个，前十名是：香港地区，暹罗，英国，印度，日本，荷属东印度，美国，安南。民国二十五年(1936)汕头港进口各国和地区的商品的比重有较大的变化，完全摆脱了香港转口贸易的限制，实现了与多个国家和地区的直接贸易，主要国家和地区排名为：暹罗，英国，德国，缅甸，日本，美国，香港地区，安南，新加坡。

进入民国之后，汕头港的外贸出口区域的结构已经发生了很大变化，新加坡超过香港地区，跃居首位。民国八年(1919)汕头外贸出口国家和地区的排名是：新加坡，香港地区，暹罗，安南，日本(包括当时侵占的我国台湾地区)，荷属(东印度)，美国，印度，澳大利亚，英国。到了 20 世纪 20 年代，出口贸易区域结构继续进行调整，仍然以新加坡为最多，其次为暹罗、安南，香港地区已退至第四位。民国十七年(1928)同汕头有直接贸易的国家和地区已发展到 23 个，其所占比重前十名是：新加坡，暹罗，安南，香港地区，美国，日本，印度，澳大利亚，加拿大，英国。20 世纪 30 年代，由于抽纱业的发展与繁荣，汕头对美国的出口贸易变得最为活跃，到民国二十五年(1936)跃居出口榜的榜首。民国二十年(1931)同汕头有直接贸易的国家和地区发展到25个，前十名是：新加坡，香港地区，暹罗，美国，安南，日本，加拿大，澳大利亚，英国，印度。民国二十五年(1936)汕头出口贸易前五名是：美国，香港地区，新加坡，暹罗，安南。①

汕头港开埠初期的出口商品，以抽纱品、赤糖、白糖、粗瓷、陶器、纸张、夏布、土布、花土布、麻线、麻袋、锡箔、竹及竹器、红茶、绿茶、鲜蛋、生柑、薯粉、烟丝、干菜、咸菜等为主。其后，随着转口贸易的发展，土糖、大豆和豆油的出口量和比重不断增大；此外，大量出国华侨对家乡产品需求量增多，水果、蔬菜、土布和鞋帽等商品的出口也随之增加。从汕头出口的产品中，相当一部分是先经过香港再转运出国的，平均约占出口总值的40%，包括部分土布、土布衣服、鸡蛋、薯粉、水果、茶叶和大部分的蔗糖、夏布、烟丝。②

开埠初期，汕头出口的产品只有少量到达香港，主要是由于大量的蔗糖直接出口英国、美国、日本等国；从19世纪80年代中期开始，汕头出口至香港的货值在总出口货值中所占的比例逐步攀升，这一方面是由于香港转口港地位的确立，更为值得注意的是大量蔗糖从汕头出口到香港，然后再作为“洋糖”进口到内地各个口岸。如镇江口岸1879年糖的进口总数为：赤糖29 725 000磅，白糖18 487 000磅，冰糖1 040 000磅。其中大约有3/4为洋糖，只有1/4为土糖。而这两种糖的原产地都是中国，几乎全是来自汕头，其余则来自台湾和广州。芜湖的情况也是如此。③

19世纪80年代中期以后，出口香港的货值虽然在汕头出口货值中仍占有不小比重，但已经开始逐步下降，这主要是由于从汕头至东南亚的移民高潮的到来，大量定期航班直接行驶至新加坡、曼谷、安南等地以便满足大量移民的需要；而且随着蔗糖出口的衰落和各种土产对东南亚出口的增加，大量货物随船直接输出到东南亚各国，因此经香港转运出口的货物数量也逐渐减少。

进入民国以后，随着汕头港及其腹地工商业的发展，进出口商品的结构不断优化，棉纱、燃料等生产性资料的进口量逐步增长，抽纱等工业手工业制品的出口量也迅猛增长。然而进出口商品量和结构是随着社会生产力和市场需求的不断变化而变迁的，在不同的时间段里，它们的表现又各具特色。

民国中前期，汕头港出口的商品以农副产品和手工业制品为主。民国五年(1916)，汕头全年出口货物包括：农副产品的杂粮、豆类、油类、茶类、糖类、干果类、生果蔬菜类、海产类、家畜肉类、药材；手工业制品的麻苎丝线、土纸、渔网、瓦瓷、神香、纸伞、棉纱布匹、衣服鞋帽、五金用品、水靛、爆竹；剩下的为杂货。排前五位的商品种类分别为土纸、瓦瓷、生果蔬菜、豆和棉纱布匹。民国二十四年至二十六年(1935—1937)，刺绣品(抽纱)、蒜头、蜜柑、纸伞、纸、渔网、菜干、生蛋、纸箔等9种商品为民国中前期出口商品的大宗。

据民国《潮州志》载，民国中前期汕头港货物输出目的地的地理分布主要如下表所示：

---

① 杨慧贤：《民国中前期汕头港及其腹地经济社会变迁之研究(1912—1939)》，暨南大学硕士学位论文，2012年，第31—32页。

② 根据《中国旧海关史料》中潮海关各年报告总结。

③ *Commercial Reports*，1872，Part 2，上海，第142页；*Commercial Reports*，1879，镇江，第50页；*Commercial Reports*，1890，芜湖，第8页；以上转引自姚贤镐编《中国近代对外贸易史资料》第2册，第829、833—834页。

表2 民国中前期汕头港输出商品目的地一览表

商 品	主 要 目 的 地	备 注
牲畜	香港地区	
鱼介类	香港地区、台湾地区、日本	
蛋类	香港地区、台湾地区、日本	
其他动物原料及产品	香港地区、德国	
其他食用蔬菜	香港地区、台湾地区、日本、新加坡、马来西亚、暹罗	
黄豆	荷属东印度、香港地区	
大豆及豌豆	香港地区、台湾地区、日本、印度	
食用果品	香港地区、台湾地区、日本、新加坡、马来西亚、暹罗	
茶类	香港地区	
其他谷类	台湾地区、日本	
花生及花生仁	香港地区	
其他油籽	台湾地区、日本	
桐油	香港地区	
花生油	香港地区、台湾地区、日本、新加坡、马来西亚	
其他动植物油蜡	香港地区、台湾地区、日本、新加坡、马来西亚	
植物粉制品	香港地区、新加坡、马来西亚	
植物编织品	香港地区	
烟草	香港地区、台湾地区、日本、新加坡、马来西亚、暹罗、荷属东印度	
矿砂	香港地区、台湾地区、日本	
煤	香港地区、台湾地区、日本	
化学品及药用材料、颜料、胶、漆、肥皂、洋烛、香料、草药、肥料等	香港地区、台湾地区、日本	
纸、纸板及制品	香港地区、新加坡、马来西亚、安南、暹罗	
生皮、皮革	香港地区、台湾地区、日本	
木材及木制品	香港地区、台湾地区、日本	

续 表

商　品	主　要　目　的　地	备　注
丝织品	香港地区、安南、新加坡、马来西亚	
纤维胎、毡绳索及其他特殊工业用之纤维	香港地区、新加坡、马来西亚	
各种制成衣件、内衣及其他制成物件	香港地区、台湾地区、美国、英国、新加坡、马来西亚、日本、荷属东印度	
棉布	香港地区、新加坡、马来西亚、荷属东印度	
棉纱	香港地区	
麻类	香港地区、台湾地区、日本	
鞋帽、伞及其他时装用品	香港地区、暹罗、荷属东印度、新加坡、马来西亚	
银制品及其他矿物制品、陶瓷、玻璃及玻璃制品	香港地区、台湾地区、日本、新加坡、马来西亚、暹罗	
铜类	香港地区	
其他主要金属及其制品	香港地区、台湾地区、日本、暹罗	
机器及其配件电料	香港地区、新加坡、马来西亚	

资料来源：饶宗颐编集《潮州志汇编》，香港：龙门书店，1965 年影印本，第 843—846 页。

据民国《潮州志》载，民国中前期汕头港商品输入货源地（包括香港）如下表所示：

表 3　民国中前期汕头港输入商品货源地一览表

商　品	主　要　来　源　地	备　注
牛乳、副产品、蛋及蜜	香港地区、美国、荷兰	
食用果品	香港地区、台湾地区、日本	
咖啡、茶及香物	香港地区、台湾地区、印度、新加坡、马来西亚、荷属东印度、日本	
动植物原料及产品	香港地区	
米	香港地区、台湾地区、安南、印度、暹罗	
面粉	香港地区、台湾地区、日本、美国、加拿大	
油籽及各种油作物之籽	香港地区、台湾地区、朝鲜、日本	
其他各种植物粉	香港地区	

续 表

商　　品	主 要 来 源 地	备 注
染色用植物原料、树胶、松香及其他植物胶液	香港地区、台湾地区、日本、新加坡、马来西亚	
烟草	香港地区、台湾地区、日本、英国	
酒类及其他饮料	香港地区、台湾地区、日本、英国、法国、荷兰、德国	
水泥	香港地区	
煤油	香港地区、美国、荷属东印度	
其他矿物油及燃料用矿物	香港地区、台湾地区、荷属东印度、新加坡、马来西亚、日本	
煤	香港地区、台湾地区、日本、安南	
人造靛油浆、粉粒	香港地区、台湾地区、德国、美国、法国、日本	
其他木材及其木制品	香港地区、台湾地区、日本、美国、荷属东印度、菲律宾、新加坡、马来西亚	
其他原料漆、乳香、石铅、铅笔	香港地区、台湾地区、德国、美国、日本、英国、荷兰	
肥皂、洋烛及其他油蜡制品	香港地区、台湾地区、日本、法国	
毛织品	香港地区、台湾地区、英国、德国、日本	
油及香料	香港地区、台湾地区、日本、英国、德国	
纤维胎毡绳索及其他特殊工业用之纤维	香港地区、台湾地区、日本、德国、英国、美国、法国	
橡皮及橡皮制品	香港地区、台湾地区、日本、新加坡、马来西亚、美国	
纸、纸板及制品	香港地区、台湾地区、日本、美国、德国、瑞典、英国、挪威、意大利	
棉纱	香港地区、台湾地区、日本	
本色棉布	香港地区、台湾地区、日本、英国	
印花棉布	香港地区、台湾地区、日本、英国	
漂白或染色棉布	香港地区、台湾地区、日本、英国	
麻及其他植物纤维织品	香港地区、台湾地区、日本、英国、比利时	
各种制成衣件、内衣及其制成物件	香港地区、台湾地区、日本、印度、英国、美国、德国、法国	

续　表

商　品	主要来源地	备注
铁、生铁类	香港地区、台湾地区、日本、美国、英国、比利时、德国、法国	
铜类	香港地区、台湾地区、日本、美国	
银制品及其他矿物制品	香港地区、台湾地区、日本、美国、英国	
玻璃及其制品	香港地区、台湾地区、日本、比利时、德国、英国	
锡类	香港地区、台湾地区、日本	
其他主要金银及其制品	香港地区、台湾地区、日本、英国、德国、美国	
其他各种铜铁机器及其机器配件	香港地区、台湾地区、日本、英国、德国、美国	
发电机及各种电器用品及附件	香港地区、台湾地区、日本、英国、德国、美国	
光学测量及其他科学仪器	香港地区、台湾地区、日本、英国、德国、美国	
汽船、自行车及其他车辆	香港地区、台湾地区、日本、英国、德国、美国	
航空及其船舶用具	香港地区	
军械、军火	香港地区、台湾地区、日本、美国	

资料来源：饶宗颐编集《潮州志汇编》，第 847—853 页。

三、香港与汕头航运

汕头是粤东地区的重要港口，与香港的海路距离为 187 海里(347 公里)左右。① 两地之间存在着紧密的航运联系。②

港汕航运属于汕头对外航运的南港线，同时连接北线与台湾线。除台湾线之外，汕头进出口货运一直有南港、北港之分。北港系指汕头以北各港口，南港线则对汕头至南洋一带而言。北港线包括厦门、福州、上海、镇江、芜湖、汉口、青岛、烟台、天津、营口、大连各商埠，南港线包括香港、广州及南洋新加坡、安南、暹罗，各地亦多向轮船公司配载，以香港为中转点。从事南洋航行的商船，由汕头出发的，主要运载南洋移民及移民日常生活所需的杂货食品；而从南洋归航时，除了运载回国的乘客外，有时也会装载南洋地区的大米、木材、香料等(参见下表)。③

① 饶宗颐总纂：《潮州志》不分卷《交通志》，第 12 页。

② 参见陈丽《清代后期汕头的对外贸易(1860—1911 年)》(暨南大学硕士学位论文，2005 年)第 5 章《航运与航线》的相关内容。

③ 陈丽：《清代后期汕头的对外贸易(1860—1911 年)》，第 82—83 页。

表 4　民国二十三年 12 月汕头出入口商船数及航线统计表

北线		
航路	轮船公司	艘数
往上海或经北上	招商局	7
	太古	20
	怡和	12
	维记	3
	商人自雇	3
	计	45
往厦门、福州	怡和	10
	太古	1
	波宁	1
	华商	1
	荷兰	3
	商人自雇	3
	计	19
共计		四六

南线		
航路	轮船公司	艘数
往香港	太古	11
	怡和	20
	大阪	5
	维记	9
	华商	7
	波宁	5
	商人自雇	2
	计	59
经香港往广州	招商局	5
	太古	11
	怡和	10
	大阪	11
	维记	5
	华商	1
	计	41
往香港、新加坡	太古	2
	华商	2
	波宁	3
	荷兰	2
	商人自雇	2
	计	11
暹罗线	太古	4
	华商	2
	波宁	4
	计	10
安南线	太古	5
	华商	2
	计	7
共计		128

台湾线		
航路	轮船公司	艘数
往台湾	大阪公司	7
	商人自雇	1
	计	8
共计		8

合南北港及台湾线，总计 200 艘

资料来源：饶宗颐纂《潮州志》不分卷《交通志》，1949 年铅印本，第 5—6 页。

(一) 港汕航运与帆船运输

香港与汕头的航运,从船舶类型来看,两地贸易所使用的船只,从帆船开始,逐步转向使用轮船。帆船经历了由盛而衰的转变过程,而且中外商人均有使用帆船。在鸦片战争爆发之前,外国的鸦片船(帆船)开始出没在潮汕海域,并把汕头作为其从澳门、香港往上海、天津、牛庄等地的沿海鸦片贩运航线上的重要一站。不过这时他们的经营还是以鸦片为主。

汕头开埠后,香港与汕头间的航运,先是使用帆船作为运输工具。《潮州志》指出:"汕头商埠之始。其与本国沿岸各港及台湾等处交通,均赖帆船,即远至南洋群岛,亦复如是。此类远程帆船当全盛时为数不下千数百艘。"①

虽然,在汽船的冲击之下,帆船运输被淘汰,但是在特别的历史条件下,帆船运输却显示出其所特有的优势,而重新被运输界所使用。在抗战爆发,汕头地区沦陷于日军之手后,在轮船缺乏的情况下,帆船运输又重新启用,用于汕头与香港等地之间的运输工作。②

(二) 轮船运输的竞争

第一次鸦片战争后,随着上海、厦门、福州、宁波、广州五口的对外开放,外国轮船公司纷纷在这些通商口岸设立分支机构,同时开辟各种远洋和沿海航线。除了与外国之间的洋货运输外,他们还逐步垄断了以土货运输为主的沿海货运。

从汕头开埠至1941年,香港与汕头汽船航运业的发展,可以从下列几个方面来研究。

1. 香港与汕头轮船航运的开始

港汕轮船航运始于清同治年间。为了控制汕头的航运业,各国凭借其在各口岸设置通商贸易机构的特权,先后在汕头设立航运机构,从同治六年(1867)到光绪三十三年(1907),在汕头的外资航运机构有英国渣甸汽船公司、英国德忌利士轮船公司、日本大阪商船会社、英国印度支部行业公司(怡和)、英国伦敦中国行业公司(太古)、法国雷特公司、荷兰渣华轮船公司。③

2. 以英国商行为首的洋行与洋商对港汕航运的控制

在外国航运公司中,悬挂英国国旗的船只数量是最多的,平均占进出口船只的七成。④

19世纪40、50年代,以香港为基地,外商轮船航线不断向华南沿海各地延伸,汕头、厦门不时有外轮的踪迹出现。租雇外国轮船拖带木船的业务已相当普遍。⑤ 据陈丽研究,外国轮船公司开辟的包括汕头在内的航线有:

---

① 饶宗颐总纂:《潮州志》不分卷《交通志》,第3—4页。
② 同上。
③ 同上。
④ 陈丽:《清代后期汕头的对外贸易(1860—1911年)》,第79页。
⑤ 聂宝璋编:《中国近代航运史资料》第1辑上册,上海:上海人民出版社,1983年,第7页。

表5 19世纪后半叶外国公司汕头航线一览表

开行时间	公　　司	航　　线	船　　只	备　注
1849年	大英火轮船公司(P. & O. S. S)①	川行于锡兰(今斯里兰卡)、香港线	“玛丽·伍德夫人”号	
1855年	怡和洋行	香港经汕头到上海的定期航线		
	美国旗昌洋行	定期航行于香港与上海之间	“孔夫子”号、“羚羊”号、“闽”号、“火炬”号	
	英国宝顺洋行	香港和上海之间不定期的航线		
1856年	施密特洋行	香港和上海之间航线②		
1857年	德国禅臣洋行(厦门、福州)、约翰勃德洋行	香港和上海之间航线		
1861年	阿帕卡洋行	加尔各答至香港航线,延伸至上海		
1862年	大法国货轮公司	上海至香港的定期航线		经过汕头
1863年	英资德忌利士轮船公司(Douglas Lapraik)	从香港航行至福州		
1864年	琼记洋行	香港、上海线		
1865年	省港澳轮船公司			英美合资
1867年	海洋轮船公司(The Ocean Steam Ship, Liverpool)	经汕头的香港、上海线		
19世纪60—70年代	同孚洋行	上海、厦门和汕头之间经营自己的定期航班;行驶至香港的不定期航线	“风水”号、“卡迪兹”号、“久绥”号、“平江”号和“沙斯勃里”号③	美资
1872年	太古轮船公司(China Steam Navigation Company)	开始中国沿海和内河的航业		
1881年	英国创办的印度中国航业公司	开始中国沿海和内河的航业		

资料来源:陈丽《清代后期汕头的对外贸易(1860—1911年)》,第85—87页。

① [英]莱特:《中国关税沿革史》,姚曾廙译,北京:生活·读书·新知三联书店,1958年,第187页。

② 刘广京:《英美航运势力在华的竞争》,上海,1988年,第195页;转引自吴凤斌《近代潮汕海外交通与移民》,杜经国、吴奎信主编《海上丝绸之路与潮汕文化》,汕头:汕头大学出版社,1998年。

③ E. K. Haviland, “Ameriean Steam Navigation in China, 1845 - 1878”, *American Neptone*, Vol.17, No.2, April 1957, pp. 138 - 139;转引自聂宝璋编《中国近代航运史资料》第1辑上册,第278页。

关于常川行于这些航线上的外国轮船的情况，在同处于这些航线上的厦门、福州等通商口岸的海关报告中也常有提到。通过以上资料，我们可以大概地了解到汕头开埠以后外国轮船逐步排斥沿海的原有帆船，从而垄断相关航线的过程。

洋行除操纵航运外，还开设商行，投资办厂。洪松森指出："继1860年英国德记、怡和洋行在汕头设立之后，德国的鲁彝洋行、英国的太古洋行、荷兰的元兴洋行，以及新昌、铃木等洋行设立。外国资本通过这些商行直接在汕推销洋货，收购出口货物，还利用商行从事'猪仔贸易'，每年从汕头把成千上万的卖身华工贩运至英、荷在东南亚的殖民地，以满足其经营大种植园对劳工的迫切需求。例如英国的德记洋行和荷兰的元兴洋行就长期扮演这样的角色。有的商行还开办工厂，购买廉价原材料和劳动力，制成产品在当地销售；或者将炼油等商品运到汕头后，进行初步加工包装，以便转销各口岸和内地，获取利润。1878年英国之怡和洋行在礐石设制糖厂，用机器榨糖，1880年正式开工，这是外资在汕头设立的第一家近代工厂。此后，外商在汕还陆续建有火油池、油罐制造厂、纺织厂、罐头厂、冰厂等。"①

进入民国之后，香港与汕头的航运更加密切。以航线的搭配为例，如民国十七年(1928)，经香港航行在广州、汕头、厦门间的国际航线，有直达的，也有以香港、汕头为航经港、停靠港的。《潮州志》载，除港汕线之外，还有这些航线连接着香港与汕头：基隆香港线、基隆海防线、高雄广州线、上海广州线、香港福州线。②

而在民国二十年(1931)以前，航行于汕头港与香港之间的航运公司，则有中资的招商局、维记轮船公司，日资的日清汽船会社、大阪商船会社，英资怡和洋行、太古洋行。③

民国二十年(1931)以后，航行于港汕之间的航运公司，则如表6所示：

表6　民国二十年以后港汕间航行的航运公司表

航行国内轮船		
前往地点	公司名称	船名
香港、厦门	和通	丰平、丰庆
香港	维记	潮州
上海	维记	英利、茂利、干利、丰利、成利
上海、青岛、香港、广州	怡和	泽生、明生、贵生、和生、富陆、怡生
香港	怡和	海顺
香港、厦门、福州	怡和	海澄、海阳、海宁
上海、青岛、香港、广州	太古	山东、四川、绥阳、新疆、苏州、新宁

① 洪松森：《汕头开埠前后》，《韩山师专学报(社会科学版)》1991年第1期，第11—12页。
② 饶宗颐总纂：《潮州志》不分卷《交通志》，第5页。
③ 同上。

续 表

航 行 国 内 轮 船		
前往地点	公司名称	船名
香港	波宁	夏利士、夏隆都、夏乐士、海兴
厦门、上海、香港、广州、天津、青岛	招商局	泰顺、遇顺、公平、同华、海瑞、龙山、海祥、海上、元安、无恙

资料来源：饶宗颐总纂《潮州志》不分卷《交通志》,第 6 页。

3. 日本洋行与洋商参与港汕航运

日本参与到港汕航运业的时间较晚,随着日本与汕头贸易的发展及中日关系的变化而逐步发展起来。1894 年以前,日本船只开始进出汕头港,但数量还很少,航期也不定。随着日本以台湾为基地与汕头进行贸易,通过汕头、香港、台湾之间的航运,日商对港汕航运的参与日益增加。

1894 年甲午战争后,台湾被日本侵占,日本对汕头之贸易,以台湾为枢纽。所有到汕各货,除少数经上海、香港外,俱屯于台湾,待价而沽。日本以台湾为商业基地,经高雄、基隆海关向汕头大量输入蔗糖、茶叶等商品。尤其是在 1899 年大阪商船株式会社在台湾设立淡水—汕头—香港汽船航线后,日本开始有定期的商船经过汕头,推动了日本对汕头的贸易。

1900 年 8 月,八国联军攻占北京,清政府于次年签订丧权辱国的《辛丑条约》,日本也趁此机会在汕头再开辟基隆—香港线(大阪商船株式会社)、上海—广州线(日清汽船公司)和基隆—海防线(山下汽船公司)。这几条航线的汽船,往返都经过汕头。由此,日本对汕头贸易进入了繁盛时期,来汕船只最多一年达 200 余艘次。

日本商人也开始进驻汕头,逐渐占据了优势。日本人在汕头设立商店,标志着汕头港的对日贸易走向了一个新的阶段。在汕头开设的第一家日本商店是蛙田万次郎于光绪二十八年(1902)在高华路 12 号办的“大成洋行”(杂货商店),同一时期在汕头的日本人商店还包括照相馆 1 所、卖药店 1 处。在“大成洋行”之后还有“幸阪洋行”“顺天堂”等,光绪三十三年(1907),驻汕日侨已达 300 余人。这些侨民还在联和里 18 号设立了“日本人协会”。光绪三十四年(1908),内河力在联和里西巷 31 号开办“台湾银行”。①

进入民国后,日本在港汕航运中所占地位日益重要,是港汕航运中的重要组成部分。因为第一次世界大战的原因,欧美国家的航运受损,在港汕之间航行的船只减少。战后,欧美各国恢复了船只在港汕航运中的运作,加上中国船只很少,这大大地有利于日本航运业的发展。② 自“九一八事变”爆发之后,日本航运业受此影响,逐渐退出了此条航线。

(三) 中国轮船招商局参与竞争

在汕头开港初期,远洋和沿海航线被英国的德忌利士、太古、怡和轮船公司所垄断,后又有我国招商局、美国和德国的商船相继参与竞争。中日甲午战争以后,日本也将其航运势力扩张

① 陈丽:《清代后期汕头的对外贸易(1860—1911 年)》,第 35—36 页。

② 饶宗颐总纂:《潮州志》不分卷《交通志》,第 4 页。

至福建、广东，并不断增加力量，参与竞争。与此同时，暹罗轮船也参与汕头航运的竞争，后又与华侨合设华暹轮船公司，拓展汕头航业。

1873 年李鸿章创办轮船招商局后，开始了中国轮船与外国轮船在这条航线上的竞争。在 1873 年招商局的"福星""永清""利运""伊敦"4 艘轮船中，"永清主要航行于上海、香港、汕头、广州等处"①，此后，行驶于这条航线上的招商局船只进一步增多。1880 年，在招商局 27 艘江海船只中，"和众一船原常川行上海、汕头，及往外洋，即派别船代之。镇东一船原常走北洋者……春夏协运漕米，秋冬派走粤东。其永清、利运、日新、海深四船，仍系春夏漕运，秋冬派往汕头、香港、粤省、南阳等处。大有一船，已改暗轮机器，全换新式，现走香港、汕头、厦门、台湾。富有、怀远二船仍来往沪粤。本年三月又领到福建船政衙门新造之康济轮船，现已派往香港南洋"②。而后又有泰顺号、海瑞号、同华号等轮航行汕头港。清光绪十四年(1888)，轮船招商局为了进一步发展汕头航运业务，还在汕头开始建造浮水码头，继之又于 1890 年、1893 年两次增建货运仓库。1892 年进一步添建码头。③

但由于中国轮船招商局资本薄弱、运力不足、力量单薄，来汕头的船只寥寥无几，根本不能与外国的轮船业相匹敌。④

(四) 香港与暹罗航运业发展

香港地理位置优越，航运业发达，中暹贸易中货物与人员往来需要航运业的支持。新加坡和香港作为新的贸易枢纽出现在中暹贸易航线上。

到 19 世纪后半期，香港的中转贸易地位逐渐超过新加坡，成为远东地区最大的粮食集散地。中暹海上民间贸易的船只更多的是经香港转运至内地华南地区。⑤ 以运输大米为例，存在着 3 条线路：

第一条是暹罗直达汕头，这是一条传统线路。它的开辟是因为潮汕籍的华侨在暹罗人数最多，华侨对故乡的货物情有独钟，而且 18 世纪以后，他们掌握了中暹大米贸易。

第二条线路是从暹罗经新加坡到中国东南沿海，该线路是在英人开发海峡殖民地、把新加坡变为远东贸易的中转站之后开通的。

第三条线路是在英国割占香港后开辟的，从暹罗经由香港再转至内地的东南沿海。该线路尽管开辟得最晚，但是地位却日渐凸显，因为《天津条约》之后，轮船运米虽然可以免纳入口货税，但仍要缴纳船钞，因此，从暹罗等地来的运米船多改在香港卸货，然后再通过民船进入内地，以逃避船钞的负担。⑥

西方各国，特别是英国以及后起的日本，垂涎于中国与东南亚贸易的巨额利润，便以快速的

---

① 《国民政府清查整理招商局党委员会报告书》下册，第 21 页；转引自聂宝璋编《中国近代航运史资料》第 1 辑上册，第 988 页。

② 《申报》光绪六年庚辰年八月二十三日(1880 年 9 月 27 日)；转引自聂宝璋编《中国近代航运史资料》第 1 辑上册，第 996 页。

③ 《国营招商局产业总录》，1947 年，第 1—2 页；转引自聂宝璋编《中国近代航运史资料》第 1 辑上册，第 999 页。

④ 陈丽：《清代后期汕头的对外贸易(1860—1911 年)》，第 87 页。

⑤ 范丽萍：《19 世纪中暹海上民间贸易的初步分析》，第 30—31 页。

⑥ 同上，第 31 页。

近代轮船优势企图垄断中国与东南亚间贸易。与此同时,西方列强以其东南亚殖民地为基地,向泰国等东南亚独立国家进行经济扩张,英国商人首先在曼谷设立以机器为动力的新型碾米厂,接着,德国商人也在曼谷设立机器碾米厂,企图挤垮潮商在泰国米业的垄断地位,垄断泰米的出口,控制东南亚与中国的贸易。①

为应对其他国家的竞争,泰国潮商郑智通等首先以泰国潮商集体力量于 1905 年创立"暹罗华侨通商轮船股份公司"(华暹轮船公司),集资 300 万铢,购置 8 艘轮船,航行于泰国、马来西亚、新加坡、印尼、越南、柬埔寨、中国(包括香港、汕头、厦门、上海)、日本之间,其中有 4 艘专门行驶于汕头与泰国之间,以对抗外国商人对海运业的垄断。后来他们又通过租赁外轮及代理外轮商务,由外轮顾客变为外轮主人,争夺汕头至东南亚的海运市场。特别是第一次世界大战爆发以后,西方列强忙于欧战,海外潮商船务公司乘机兴起,如陈黉利家族开办的中暹船务公司,泰国潮商的五福轮船公司、捷华船务公司,都具有相当大的海运规模。② 至 20 世纪 20—30 年代,近代潮商又基本上重新控制了汕—香—暹—叻国际海运线,掌握了汕—香—暹—叻国际贸易的主动权。③

19 世纪 60 年代末,曼谷和新加坡之间有定期轮船航行,中国移民有可能乘搭定期轮船经过新加坡到曼谷去。到 70 年代初,曼谷到香港之间的不定期轮船的航行次数增加,到 1873 年时,曼谷同香港间的定期航轮开始运行。到 1876 年,有 2 艘轮船穿走这条航线,其目的都是载运中国移民到暹罗。④

1876 年,海口被辟为通商口岸,开始同香港有客轮往来。因此,到 1876 年时,中国移民有可能从 5 个移民地区的任何地区搭乘定期轮船经过香港到曼谷去。特别是 1882 年,曼谷客运轮船公司开通从汕头直达曼谷再经香港回到汕头的定期班轮,搭乘定期班轮到曼谷的华人移民迅速增加。在最初经营的 2 年期间内,从汕头启碇去曼谷的轮船,平均每星期有 1 艘;搭客轮到曼谷的移民快速增加,每年约增加 1 万人。⑤

四、港汕贸易商分析

港汕贸易的参与者,包括来自英国等国的外国洋商,也有来自汕头与香港的华商。

(一) 汕头贸易商及其行业组织

1. 南商公所

汕头有一批海外贸易商,以采办潮汕土货运销南洋为其业务,被称为"南商",又称

---

① 林济:《近代潮商的汕—香—暹—叻国际贸易与商人组织》,《近代史学刊》2006 年第 3 辑,第 39 页。
② 蔡忠同:《泰国华侨经济》,香港:友联书报发行公司,1963 年,第 41 页。
③ 林济:《近代潮商的汕—香—暹—叻国际贸易与商人组织》,《近代史学刊》2006 年第 3 辑,第 39—40 页。
④ *Siam Consular Report*, 1876 - 1877, 转引自 G. W. Skinner, *Chinese Society in Thailand: An Analytical History*, p. 43;黄素芳:《贸易与移民——中国人移民暹罗历史研究》,第 153 页。
⑤ *Swatow Consular Reports*, 1882, 1883, 转引自 G. W. Skinner, *Chinese Society in Thailand: An Analytical History*, p. 44;黄素芳:《贸易与移民——中国人移民暹罗历史研究》,第 153 页。

"南郊"。① 其同业组织为"南商公所",成立于1886年,是与洋行竞争之下的产物。南商的出现,是中外竞争的产物。汕头开埠后,逐渐成为粤东的海运贸易基地,欧美一些国家和日本的轮船公司,先后在汕头设立分公司或办事处,开通暹罗、新加坡、马来西亚、印度尼西亚、缅甸、越南、柬埔寨及我国香港、广州等地的海上航线,直接控制汕头埠的海运业务。西方商人借助外国轮船公司垄断海运的便利条件和他们在不平等条约以外获取的各种通商特权,纷纷到汕头从事商业贸易和土特产品加工或出口,虽给近代汕头带来城市贸易、对外贸易和埠际贸易的繁荣,但更多的是严重打击了潮汕经济及民族工业的有序发展。

清光绪十二年(1886),汕头经营南洋线的几家进出口商在陈黉利家族的倡导下,成立南商公所,最初有会员20多家,这是近代汕头出口商最早、最大的同业组织。南商公所以经营潮汕土特产出口为主要业务。

汕头南商公所刚刚成立时,仅有会员商号20—30家,而侨户即占一半,海外潮商的投资超过半数。较著名的南商公所商号有1889年新加坡潮商合资创办的福成出口商行、1889年越南潮商合资创办的吴和祥出口商行、1905年暹罗潮商合资创办的吴丰发出口商行、1909年新加坡潮商合资创办的吴春成出口商行、1909年马来西亚潮商合资创办的耕裕出口商行,它们都是南商公所的骨干商行。

华暹公司的轮船复航得到汕头南商的大力支持,特地从南商公所分出另一出口商号"暹商公所",主要从事航运事业,负责将南商的货物调配给华暹公司的轮船运载。由于汕头商人把汕头运往泰国的货物一律交付华暹公司承运,华暹公司因而在与德、英等轮船竞争中保持不败。

随着南商公所的不断壮大发展,又分出了南郊(后改为酱园,专门经营潮汕出产的腌制果菜出口)、和益(后改为生果业,专门经营潮汕各地出产的水果出口)两个行业组织。南商、暹商、南郊、和益这四大公所,与港商,及新加坡、越南、泰国经营潮汕土特产品的侨商密切联系,互相依赖,形成东南亚区域性的国际贸易网络。

南商的交易方式亦与洋商不同:在汕头出口东南亚贸易的四公所中,海外潮商,特别是暹罗潮商拥有一批重要的商号,他们在汕头向东南亚出口贸易中占有主导地位,因而形成了汕头向东南亚出口贸易的一些特点:"这些经营土特产品出口的商号,同国外经营潮汕土特产品的侨商互相依赖,有着密切的关系,一般只通过函电或三言两语就算成交,不必按正规的国际贸易程序办事。贸易如发生纠纷,往往是道歉就可以了事。有的国内商号还可以根据市场情况主动配运货物出口供国外客户销售,而不必有国外客户的订单。汕头的一般出口商资金不多,主要是靠国外客户或联号预付货款作周转。"也就是说,由于海外潮商在汕—香—暹—叻国际贸易中采取连锁方式经营,将国际贸易简化为家族企业内部或潮商群体内部的交易,其贸易的效率得以提高;同时出口商号的主动性也提高了,而不必简单地依靠订单被动采购配送商品;而且由于采取内部联号的金融周转,减少了流动资金,提高了资金的利用效率。这些贸易特点,不仅存在于汕头向东南亚出口行业,也存在于汕头向东南亚进口行业。事实上,在汕头向东南亚进口行业,海外潮商也是采取连锁经营方式以提高贸易效率与资金周转效率。

汕头对外贸易输出额的大部分或绝大部分都由4个公所组织输往东南亚。民国二十年

---

① 饶宗颐总纂:《潮州志》不分卷《实业志·商业》,第79页。

(1931),民国政府饬令各行业公会改组登记备案。同年1月15日,南商公所改组为南商同业公会。此后2年间,汕头的南商商号发展到了54家,当时商号多者年有100余万元的营业额,少者也有30万元以上,平均每家营业额约60万元,全行业每年营业额在3 000万元左右。至1933年,南商同业公会仍有福成、吴和祥、吴丰发、吴春成、耕裕等54家商行,其中海外潮商资本约占此54家出口商行总资本的90%。

民国二十八年(1939)6月21日,日军侵占汕头,进出口商有的停业,有的内迁,南商同业公会也不例外,停止会务。

到民国三十年(1941)年底,太平洋战争爆发,汕头进出口贸易全部瘫痪。①

2. 会馆

除同业公所——南商公所,汕头贸易商还组织了会馆。会馆是明清时期都市中由同乡或同业组成的团体。潮州会馆历史久远,早在明代,潮商就在金陵创立潮汕会馆。乾隆四十九年(1784)的《潮州会馆记》称:"我潮州会馆,前代创于金陵。"到了清初,潮商又在苏州北濠建立潮州会馆,康熙四十七年(1708),潮汕各县在苏商号捐资,在苏州阊门外上塘义慈港西首重建规模宏大的潮州会馆,标志着潮汕红头船商人已经开始有完善的商帮组织。

汕头早在咸丰四年(1854)就有漳潮会馆。同治六年(1867),海阳、澄海、镇平、潮阳、普宁、揭阳6县商人又于汕头共建六邑会馆,即"万年丰"会馆。由于早期的汕头主要就是港口贸易,"万年丰"会馆也就是汕头港口贸易的行会。

清末时,清王朝为了挽救其岌岌可危的政权,也不断拉近与商人的距离,即使在一向独立发展的潮汕商人中,也出现了官商合流的现象。汕头商人为更好地发展运作,还建立了一些特别的行业组织,主要在于与官府联系以及在地方社会发挥作用,并不完全有商业管理的功能与职责。

光绪二十五年(1899)成立的汕头保商局就带有一定的官商合流特征。保商局以汕头著名潮商萧鸣琴等人为董事,但并未真正成为独立的机构,其办公地点就设在万年丰会馆内;董事如萧鸣琴与萧永声父子、薛开熙等人,也是万年丰会馆的绅董。

广州潮州八邑会馆是第一个包括香港、广州、佛山、汕头等地的区域性潮商组织。光绪二年(1876)丁日昌等人在潮商中发起的劝捐筹赈活动,以潮商为对象,在潮汕、香港、台湾,以及南洋、暹罗、安南等地筹集了大量捐款,主要依靠香港南北行潮商高楚香、柯振捷等人,在他们成立的香港赈捐分局基础上,推动广东地区潮商的团结。在丁日昌及方耀的促成下,省、港、佛、汕四地潮籍绅商于省城成立了潮州八邑会馆。②

在行业组织下,潮汕市场早已形成了一个以汕头大行商为龙头、同业商人密切合作的保护性结构。③

3. 糖商

汕头地区作为香港重要的糖交易对象,汕头地区的糖商,也是港汕贸易的重要参与者。这

① 关于"南商"的介绍,主要采用陈楚金《南商——近代汕头最大的出口商》(《潮商》2015年第2期)的资料;另参见陈丽《清代后期汕头的对外贸易(1860—1911年)》,第34页;《海纳百川,会务兴旺,开埠后的汕头成为了粤东老大》(https://baijiahao.baidu.com/s?id=1733137032755344559&wfr=spider&for=pc);《汕头市志》。

② 据《海纳百川,会务兴旺,开埠后的汕头成为了粤东老大》所提供的资料改编。

③ 同上。

些糖商往往在潮州各港口，包括汕头等，设有糖行。晚清时期的汕头拥有数量众多的商人组织。按地域划分，如 1866 年福建人和潮州人设立的漳潮会馆（后改称万年丰会馆，外国人称为“汕头公所”或“汕头公会”）、1877 年广府人设立的广州会馆、1882 年韩江上游八县客家人设立的八属会馆等；按行业设立的行会，如汇兑公所、南商公所等。① 由此推断，有大量蔗糖商人在汕头港聚集，从事着蔗糖收购与外销的商业活动。当糖商购得蔗糖后，若销往香港，则通过汕头港的船运公司进行运输并卖予香港糖商，完成港汕贸易中的汕糖输入香港的交易。②

（二）香港南北行

南北行的业务，当初是指转运内地大江以南及华北两线的货物；及后扩及东南亚，南线包括星、马、泰、越、印尼及缅甸等，北线包括中国沿海的口岸如天津、大沽，所以称为“南北行”；后来更远至欧陆、美洲等地。专门向北美洲华侨供应货品的称为“金山庄”，专门向南洋华侨贩运货品的称为“南洋庄”或“叻庄”。最早成立的是“元发行”，稍后的“乾泰隆”于 1851 年成立。至今，“兆丰行”及其他数家有八九十年历史的老字号仍在经营。

早期商号为便利上落和储存货物，集中于文咸西街一带，故文咸西街被称为“南北行街”，20 世纪初年更有“香港华尔街”之称。③

香港南北行商人中，有一大批系来自潮汕地区的商人。香港南北行业的发轫者系潮籍商人。而最早的香港南北行办庄是哪一家则有不同的说法。④

（三）洋商与工贸

1. 英商：怡和洋行、太古洋行

英资怡和洋行与太古洋行是早期在汕头经营的洋行。经营的业务，从开埠前的鸦片走私，到后来的鸦片贸易、一般贸易、航运及投资兴建制糖厂等。它们投资兴建的制糖厂，是外资在华投资制糖业的开端，同时也参与了近代至民国时期中外糖业在华的竞争活动，即香港糖、爪哇糖、日本糖的长期激烈竞争。

外商在中国内地建立第一家制糖公司可以追溯到 1880 年英商怡和洋行在汕头建立的机器制糖厂，它自福建、广东、台湾大量搜购蔗糖原料或粗糖进行再加工，向中国市场供给土法不能制造的白糖，开办不久，因受当地抵制而搬迁到香港。

在汕头，早在 1869 年就有人倡议设立新式制糖厂。⑤ 至 1874 年，已经开始安装设备了。1875 年，英商怡和洋行在香港设立了制糖厂——中华火车糖局，它自福建、广东、台湾大量搜购蔗糖原料或已制的粗糖进行再加工精制。⑥

---

① 陈海忠：《近代商会与地方金融——以汕头为中心的研究》，广州：广东人民出版社，2011 年，第 85 页。

② 叶钊：《晚清汕头港糖业贸易研究》，第 56—57 页。

③ 载梁炳华《中西区风物志》，香港，2011 年。

④ 陈荆淮：《陈黉利家族在香港的活动和贡献》，《岭南文史》1999 年第 2 期。

⑤ 潮海关编：《1868 年汕头港贸易报告》，转引自范毅军《广东韩梅流域的糖业经济（1861—1931）》，台湾《“中央研究院”近代史研究所集刊》第 12 期，1983 年。

⑥ 本处引文，均见孙毓棠辑《中国近代工业史资料》第 1 辑“1840—1895 年”上册，北京：科学出版社，1957 年，第 80 页。

1880年,怡和洋行在汕头礐石投资设立的香港中华火车糖局汕头分厂开始运行。“官商运机器进口一律纳税,总理衙门咨据赫总税务司申称,汕头现有洋商装运外国机器进口在汕头本行内熬作糖斤。”①“由怡和洋行主办的制糖厂去年(1879)开始建设,于今年(1880)7月竣工并投产,这个厂与香港中华糖厂有联系,开办者的目的是为中国人提供本地加工没法得到的白糖。考虑到汕头与上海、长江各口、天津之间的贸易量很大,白糖工业的前景是广阔的。”②

由此可见,由于汕头糖业贸易的繁荣,汕头受到西方商人的青睐,但更重要的是,汕头背靠全国主要产糖区潮州,拥有充足的蔗糖生产原料。怡和洋行建厂后,受到当地居民的欢迎。工厂开办后,成绩不错,出品很多。1882—1883年,该工厂还在持续扩大生产,提高产量。1883年,该厂设备更加完善,可以生产精制糖了。但是汕头这次机器制糖的尝试最终在1886年失败,怡和汕头制糖厂的持续时间只有6年。③ 此后2年的“关册”均称香港中华火车糖局汕头制糖分厂于1888、1889年全年停工。

至于停产的原因。第一,是受汕头腹地蔗糖原料价格的升高与地方政府的管治、重税的影响。④ 第二,即由此可见的新式糖厂开工受到地方势力反对,外国企业很难在地方插足。⑤ 第三,是洋商对汕头腹地的制糖业了解及掌握不足,与汕头地方蔗糖业者缺乏沟通,因此与其关系不甚融洽,更难以压缩原料成本。⑥

除开办炼糖厂外,汕头港的蔗糖船运基本被怡和、太古和中国招商局所垄断。⑦ 有鉴于此,华商们也开始组织自己的航运公司。“且年底创开华旗同记轮船,其船只江南、江北两艘。盖办糖华商因前以糖附载怡和、太古、招商局三公司之船至汉口、镇江等处,常或少欠,不允照讨赔偿,故议自雇轮船载运该处,故有此创举也。”⑧

从这段1896年潮海关报告可知,为打破上述三者的垄断地位,汕头糖商也曾自己组建轮船公司。汕头糖商利用轮船公司将糖运至国内外各地,香港实际上有很多潮州商人在经销蔗糖,而且这些潮州商人在汕头开埠前就已经涉及蔗糖贸易。⑨

结　语

汕头因《天津条约》而被迫开埠,香港在近代中国对外贸易中的特殊地位和汕头所处的地理

① 杞庐主人纂:《时务通考》卷六《税则二·正税》,《续修四库全书》第1255册,上海:上海古籍出版社,2002年,第608页。

② 潮海关编:《1880年汕头港贸易报告》,转引自杨伟编《潮海关档案选译》,北京:中国海关出版社,2013年,第89—90页。

③ 孙毓棠辑:《中国近代工业史资料》第1辑“1840—1895年”上册,第80—83页。

④ 《支那の制糖工业》,第53页,转引自范毅军《广东韩梅流域的糖业经济(1861—1931)》,台湾《“中央研究院”近代史研究所集刊》第12期;孙毓棠辑:《中国近代工业史资料》第1辑“1840—1895年”上册,第84页。

⑤ 刘锦藻纂:《清朝续文献通考》卷三八五《实业考八·工务》,第11321页;潮海关编:《1892—1901年汕头海关十年报告》,第29—30页。

⑥ 叶钊:《晚清汕头港糖业贸易研究》,第54—55页。

⑦ 潮海关编:《1885年汕头港贸易报告》,第313页。参见叶钊《晚清汕头港糖业贸易研究》,第57—58页。

⑧ 潮海关编:《1896年汕头港贸易报告》,《中国旧海关史料(1859—1948)》第24册,第214页。

⑨ 叶钊:《晚清汕头港糖业贸易研究》,第58页。

位置，决定了香港是汕头最重要的贸易地区。对外贸易构成了汕头经济的重要组成部分，大量的土货、洋货通过香港中转至世界各地，汕头贸易商及其行业组织（南商公所、会馆、糖商）、香港南北行、洋行、洋商的参与，国际贸易圈汕—香—暹—叻的发展进一步促进了商品经济、现代服务航运业的发展与近代化。

蔷薇传奇

——从蔷薇水入华看古代中外文化交流*

刘啸虎　朱笑萱**

摘　要： 蔷薇水是一种原产于古代阿拉伯地区的花露。至迟中晚唐，蔷薇水便通过官方和民间两条贸易途径并行入华。宋代以降，随着文人阶层的壮大和商品经济的发展，香文化日趋下移，国人对蔷薇水的需求量大幅增长，对其认识也愈加深入。蔷薇水在中国不仅继承了熏衣制香、净体护肤、敬神祈福和充当建材等原有功能，还与中国传统文化相交融，发展出了构建生活仪式感、调酒养生及疗愈热症等多种新用途，呈现出本土化特征。入华后的蔷薇水，一方面潜移默化影响着国人的生活方式；另一方面，其自身也受到中国传统文化和审美的再塑造。可以说，蔷薇水见证了古代中外文化交流的历史进程。

关键词： 蔷薇水；香文化；朝贡贸易；琉球

"蔷薇水"又称"蔷薇露""大食水"或"玫瑰水"，其名于清代演化为"古剌水"。蔷薇水原产于大食，即古代阿拉伯地区，系擅长调香技术的阿拉伯人蒸馏当地蔷薇花所得。传入中国后，它具有熏衣制香、净身护肤、敬神祈福、充当建筑材料、构建生活仪式感、调酒养生和疗愈热症等多种用途，对古代中国社会产生的影响颇大。学界对蔷薇水性状、产地、用途和入华等问题已有研究，但全面性尚显不足。① 本文拟在充分吸收前人研究成果的基础上，进一步梳理蔷薇水的入华历程及其入华后的主要用途，尝试从中探究古代中外文化交流的历史进程。

---

* 本文系湖南省教育厅科学研究优秀青年项目"琉球亡国及近世东亚国际关系变局研究"（23B0150）的阶段性成果。

** 刘啸虎，湘潭大学哲学与历史文化学院（碧泉书院）副教授；朱笑萱，湘潭大学哲学与历史文化学院（碧泉书院）历史学专业学生。

① 相关研究，可参见[日]桑原骘藏《唐宋元时代中西通商史》，冯攸译，郑州：河南人民出版社，2018年，第130—131页；马伯英《中国医学文化史》下册，上海：上海人民出版社，2010年，第260—261页；陶广正、高春媛《文物考古与中医学》，北京：中国中医药出版社，2017年，第264—266页；扬之水《古器小识：琉璃瓶与蔷薇水》，《文物天地》2002年第6期，并见氏著《古诗文名物新证》，北京：紫禁城出版社，2004年，第126—135页；藤花燕子《蔷薇水调香粉》，《读书》2007年第2期；张婉莉《宋代"蔷薇水"考释》，《西北美术》2017年第1期；等等。

一、缘起：蔷薇水在域外

蔷薇水是一种原产于古代阿拉伯地区的花露，由海商贩运至南亚和南海诸国，作为贵重香品而名满域外。明人周嘉胄所撰《香乘》，乃中国古代香学集大成之作，其中有载："酴醾，海国所产为胜。出大西洋国者，花如中州之牡丹。蛮中遇天气凄寒，零露凝结，著他草木，乃冰澌木稼，殊无香韵。惟酴醾花上琼瑶晶莹，芬芳袭人，若甘露焉。夷女以泽体发，腻香经月不灭。国人贮以铅瓶，行贩他国，暹罗尤特爱重，竞买略不论直。随舶至广，价亦腾贵。大抵用资香奁之饰耳。"①所谓酴醾，即白系蔷薇。蔷薇水在域外常被女性用来润泽体发，是一种上乘的美体香氛。关于该种用途，清人李调元《南越笔记》中也有体现："占城妇女以香蜡调之膏发。客至，则以发拂拭杯盘之属以为敬。"②蔷薇水与当地人的关联没有仅停留在身体发肤，更融入了礼仪风俗。蔷薇水并非南海土产，却能对南海诸国产生重要影响，这便是原因之一。

"屡采屡蒸，积而为香。"经过反复加工而成的蔷薇水，香味浓烈且经久不散，常被域外之人当作高档香水使用。宋人陈敬《陈氏香谱》载："本土人每蚤起以爪甲于花上取露一滴，置耳轮中，则口眼耳鼻皆有香气，终日不散。"③芬芳馥郁的蔷薇水还被用来熏染衣物，《南越笔记》载："得之以注饮馔，或以沾洒人衣。"

除用作日常护理品，域外之人也常食用蔷薇水。南宋岳珂《桯史》中有彼时常驻广东的外商以蔷薇水下饭的记载："旦辄会食，不置匕箸，用金银为巨槽，合鲑炙、粱米为一，洒以蔷露，散以冰脑。"④值得注意，这些人并非普通商人，而是受占城国主特许留在中国的"占城之贵人"。他们在中国定居后，手握两国贸易，富甲一时，遂挥金如土。他们所建屋室宏丽奇伟，甚至侈于赵宋皇室。这些占城豪商以蔷薇水为常食，可见蔷薇水在域外上流社会之普及。明人费信随郑和四下西洋，大量采录所到之处山川形胜、民俗土产而成《星槎胜览》一书，书中出现了榜葛剌国王以蔷薇水宴飨中国来使的记载："燔炙牛羊，禁不饮酒，恐乱其性，抑不遵礼，惟以蔷薇露和香蜜水饮之。"⑤用蔷薇露和香蜜水勾兑饮品替代酒，大概是榜葛剌人一种独特的养生之法。该法能出现在国宴之上，想来蔷薇水在该国颇登大雅之堂。如此看来，蔷薇水在域外国度是一种较为高档的商品。

蔷薇水在域外不仅具有多种世俗用途，还被赋予了一定的宗教功能。《香乘》载："天方，古筠冲地，一名天堂国。内有礼佛寺，遍寺墙壁皆蔷薇露、龙涎香和水为之，馨香不绝。"⑥天方，在中国古籍中指麦加，亦泛指阿拉伯，此处当指麦加。在宗教建筑中添加蔷薇水，说明阿拉伯人将蔷薇水视作一种超越世俗、具有神圣性的物品。蔷薇水因而与宗教世界建立了联系。《明史·外国传》中也有与之相对应的记载："天方于西域为大国……有礼拜寺……堂中垣墉，悉以蔷薇

---

① 周嘉胄撰、日月洲注：《香乘》，北京：九州出版社，2015 年，第 124 页。
② 李调元：《南越笔记》，《丛书集成初编》，北京：中华书局，1985 年，第 206—207 页。
③ 《宋代经济谱录》，黄纯艳、战秀梅点校，兰州：甘肃人民出版社，2008 年，第 70 页。
④ 岳珂撰、吴敏霞校注：《桯史》，西安：三秦出版社，2004 年，第 276 页。
⑤ 费信撰、冯承钧校注：《星槎胜览》，北京：华文出版社，2019 年，第 62 页。
⑥ 周嘉胄撰、日月洲注：《香乘》，第 255 页。

露、龙涎香和土为之。”①除此之外,《明史·外国传》中还特意记述了阿拉伯半岛上祖法儿国的一种独特风俗:“多建礼拜寺。遇礼拜日,市绝贸易,男女长幼皆沐浴更衣,以蔷薇露或沉香油拭面,焚沉、檀、俺八儿诸香,土垆入立其上以熏衣,然后往拜所,过街市,香经时不散。”②祖法儿国人礼拜前以蔷薇水拭面,足见其意义之重。蔷薇水在域外不仅与日常生活息息相关,而且蕴含着丰富的宗教文化内涵。

二、传播:蔷薇水的入华历程

中国古代有关蔷薇水的记载,较早见于五代时期成书的小说集《云仙杂记》:“柳宗元得韩愈所寄诗,先以蔷薇露盥手,薰玉蕤香,后发读。曰‘大雅之文,正当如是’。”③由此可见,蔷薇水入华时间不晚于唐代,与中国的缘分很可能始于唐高宗永徽年间。永徽二年(651),阿拉伯帝国第三任正统哈里发奥斯曼遣使至长安。此后阿拉伯使节陆续来华,商人更是络绎不绝。应该正是从此时起,蔷薇水开始通过邦国朝贡和民间贸易两条途径并行入华。

五代十国时期,域外诸国无法与中国保持稳定的朝贡关系,蔷薇水通过民间贸易入华的脚步却未停歇。《旧五代史·梁书·太祖纪》有载:“福州贡方物,献桐皮扇,广州贡犀玉,献舶上蔷薇水。”④外商将蔷薇水贩入中国东南沿海港口,再由地方上贡给朝廷。由于陆上丝绸之路中断,宋代转而投身海上丝路,结果成就辉煌。西域、南亚和南海诸国的香品通过海上丝路大量运至中国东南沿海港口,再转运内地。南宋赵汝适所著的海外地理名著《诸蕃志》有“三佛齐”条:“蔷薇水、栀子花、腽肭脐、没药、芦荟……琥珀、番布、番剑等,皆大食诸番所产,萃于本国,番商与贩。”⑤三佛齐的蔷薇水来自“大食诸番”,即由阿拉伯商人贩运至此。“其国(三佛齐)在海中,扼诸番舟车往来之咽喉。”这便是蔷薇水等舶来品于三佛齐中转的原因。《诸蕃志》中“大食国”条正与之对应:“本国所产,多运载于三佛齐贸易,贾转贩至中国。”⑥众所周知,古国三佛齐以今印度尼西亚苏门答腊岛为中心。如此,阿拉伯半岛—印尼苏门答腊等东南亚诸岛—中国东南沿海,蔷薇水自海上入华的路线一目了然。

有关大食和三佛齐向宋廷入贡蔷薇水的史实,《宋史·外国传》所录甚详。详情见表1:

表1

时　　间	内　　　　容	朝　贡　国
宋太祖开宝七年(974)	其王悉利胡大霞里檀遣使李遮帝来朝贡……五年,又来贡。七年,又贡象牙、乳香、蔷薇水、万岁枣、褊桃、白沙糖、水晶指环、琉璃瓶、珊瑚树。	三佛齐

① 张廷玉:《明史》卷三三二,北京:中华书局,2011年,第8621页。
② 张廷玉:《明史》卷三二六,第8448页。
③ 冯贽:《云仙杂记》,《丛书集成初编》,北京:中华书局,1985年,第46页。
④ 薛居正:《旧五代史》卷五,北京:中华书局,1976年,第84页。
⑤ 赵汝适撰、冯承钧校注:《诸蕃志校注》,北京:中华书局,1956年,第12页。
⑥ 同上,第45页。

续 表

时　间	内　容	朝贡国
宋太宗雍熙元年（984）	国人花茶来献花锦、越诺、拣香、白龙脑、白沙糖、蔷薇水、琉璃器。	大　食
宋太宗淳化四年（993）	臣希密凡进象牙五十株，乳香千八百斤，宾铁七百斤，红丝吉贝一段，五色杂蕃锦四段，白越诺二段，都爹一琉璃瓶，无名异一块，蔷薇水百瓶。	大　食
宋太宗至道元年（995）	其国舶主蒲押陀黎赍蒲希密表来献白龙脑一百两……蔷薇水二十琉璃瓶……	大　食
宋真宗大中祥符四年（1011）	四年祀汾阴，又遣归德将军陀罗离进瓶香、象牙、琥珀……蔷薇水、千年枣等。	大　食
宋神宗熙宁十年（1077）	国王地华加罗遣使奇啰啰、副使南卑琶打、判官麻图华罗等二十七人来献豌豆珠、麻珠、琉璃大洗盘、白梅花脑、锦药、犀牙、乳香、瓶香、蔷薇水、金莲花、木香、阿魏、鹏砂、丁香。①	三佛齐

元代是中国古代海陆贸易最为昌盛的时期。阻塞已久的陆上丝绸之路重新打通，泉州、广州等港口外商云集。陆路、海路皆空前通畅，朝贡贸易与民间贸易趋于繁荣，舶来香品大量涌入中国。汪大渊《岛夷志略》载，龙涎屿、东西竺、须文答剌、南巫里、高郎步和古里佛等海外诸国均有蔷薇水。② 成书于元成宗时期的《大德南海志》列舶来品七十一种，③包括蔷薇水在内的香品竟占据半壁江山。元代蔷薇水入华的渠道更为灵活，数量也更为巨大。

及至明代，随着商品经济的发展和市民阶层的兴起，奢靡之风盛行，全社会对香品的需求激增。加之明朝放弃对西域的经营，大量蔷薇水遂漂洋过海抵达中国。明初中国与东南亚的海上贸易多为输入香料，且数量巨大。郑和出使西洋，更是让域外看到了中国对香料的巨大需求，刺激了西洋诸国使臣和私商携香料来华朝贡与贸易。这不但进一步促使香料大量涌入中国，而且促进了中国与东南亚、南亚各国间的文化交流。

明代前期实行海禁，境外商品的输入尚以朝贡贸易为主。朝贡次数渐多，府库中香料过剩，皇帝分赐百官，这也成为明代香料由皇室下移至民间的一大渠道。《明史·外国传》便有暹罗、满剌加、苏门答剌等国来朝时进贡蔷薇水的记录："满剌加所贡物有玛瑙、珍珠、玳瑁……蔷薇露、苏合油、栀子花、乌爹泥、沉香、速香、金银香、阿魏之属。"④有学者指出，就朝贡贸易而言，与宋元时期三佛齐独占鳌头的情况不同，此时爪哇成为与中国开展香料贸易最为频繁的国度。⑤ 明代中后期，随着海禁政策的松弛，部分沿海港口进行有限度的开放，香料贸易更进入全新阶段。有关域外向明王朝进贡蔷薇水的史实，《礼部志稿》记载甚详，详见表 2：

① 脱脱：《宋史》卷二四九，北京：中华书局，2013 年，第 14077—14125 页。
② 汪大渊：《岛夷志略》，北京：中华书局，1981 年。
③ 陈大震：《大德南海志》，广州：广东人民出版社，1991 年，第 43—45 页。
④ 张廷玉：《明史》卷三二五，第 8419 页。
⑤ 许利平、孙云霄：《古代印尼与中国香料贸易的变迁影响》，《重庆大学学报（社会科学版）》2021 年第 5 期。

表 2

朝　贡　国	部　分　贡　物
暹罗国	黄熟香、降真香、罗斛香、乳香、树香、木香、乌香、丁香、蔷薇水、碗石、丁皮、阿魏
爪哇国	火鸡、鹦鹉、孔雀、孔雀尾、翠毛、鹤顶、犀角、象牙、玳瑁、宝石、珍珠、蔷薇露、奇南香、檀香、麻藤香、速香、乳香、黄熟香、安息香、乌香、龙脑、胡椒、荜茇、黄蜡
须文达纳国	撒哈剌、蔷薇水、降香、沈速香
满剌加国	犀象、象牙、玳瑁、玛瑙、珠、西洋布、蔷薇露、苏合油、丁香、乳香、没药、金银香、降真香、栀子花、沉香

资料来源：俞汝楫《礼部志稿》,《景印文渊阁四库全书》第 597 册,台北：台湾商务印书馆,1983 年,第 650—655 页。

由表 2 可知,彼时向中国进献蔷薇水的国家仍集中在东南亚,蔷薇水作为一种特色贡品,表现出很强的地域性。

清初延续明代的海禁政策,海外贸易被纳入朝贡体系之下。海外贸易政策虽几经调整,但朝贡依然是蔷薇水入华的主要途径。《钦定大清会典事例・礼部・朝贡》①总结了光绪二十二年(1896)以前藩国入贡的情况,其中与蔷薇水有关的情况见表 3：

表 3

时　　间	进　贡　国	进 贡 方 物
顺治十一年(1654)	荷兰	蔷薇露二十壶
康熙六年(1667)	琉球	蔷薇露二十罐
康熙九年(1670)	西洋国	花露
康熙二十五年(1686)	荷兰	蔷薇花油一罐
雍正五年(1727)	西洋博尔都噶尔国	各品药露五十瓶
雍正七年(1729)	暹罗	蔷薇露

相较前代,进贡蔷薇水的国家有所变化,出现了荷兰、葡萄牙(即所谓"西洋国""西洋博尔都噶尔国")等欧洲国家的身影。大航海时代列强骤然崛起,东来寻求殖民扩张和与中国贸易的机会。东南亚的爪哇、满剌加等地相继成为荷兰、葡萄牙等海上列强的殖民地。于是,这些原先向中国进贡蔷薇水的东南亚国度,自然被其宗主国所取代。大航海时代欧洲的海上列强仍要借用东方的朝贡体系,以朝贡的形式获得与中国进行贸易的机会。琉球在其中尤为值得注意。琉球是东亚朝贡体系的重要组成部分,明清时期是中国重要的藩属国,深受中华文化的影响。但琉

① 昆冈：《钦定大清会典事例》,台北：新文丰出版公司,1976 年。

球素以国小民贫著称，因此长年从事中国与马六甲之间的海上贸易。琉球海商从东南亚的商贸中心马六甲购得商品，以之为贡品，以朝贡之名入华贸易，再将从中国所得赏赐品和购得的商品运至马六甲出售获利。琉球因而成为亚洲的海商王国，以"万国之津梁"自居。琉球入贡中国的蔷薇露，应正是从马六甲所得。这完整体现出琉球作为海商王国的特性和在东亚朝贡体系中所扮演的角色。也正是在这样的历史背景下，蔷薇水的入华渠道得到了进一步拓宽。

三、交融：蔷薇水的本土化

入华伊始，蔷薇水就受到了古代中国上流社会的青睐。扬之水综合分析传世文献与考古成果，指出蔷薇水可作供佛之用。① 实际上，蔷薇水在中国不仅有宗教用途，在此基础上还发展出独具中土特色的功用。如前揭文，《云仙杂记》中有柳宗元读诗前先以蔷薇水浣手的逸事。据此可知，至迟唐代，蔷薇水已在中国发挥清洁润肤之功用。文人雅士焚香吟诗时伴以蔷薇水，不仅是洁肤，更是将其视作超脱俗世烟尘的雅物，希冀借此营造出清雅的生活情趣。蔷薇水虽被赋予神圣的精神内涵，却与宗教功能不尽相同。若说域外是以蔷薇水侍奉神灵，中国古代文人则是用蔷薇水取悦自身。前者源自对宗教的虔诚敬畏，后者则体现了对生活仪式感的不懈追求。

一方面，借用蔷薇水构建生活仪式感是中国古代文人实现自我身份建构的一种手段。有学者指出，文人群体需要选择一种与众不同的生活方式、消费行为和审美趣味，以此来塑造自己区别于其他群体的身份象征和文化品位，展现自身所占据社会空间的位置，表现出自己与他者之间的区别关系和社会距离。② 作为一种名贵香品，蔷薇水清雅且贵气，恰恰能用来彰显文化素养与士人身份。另一方面，这种对仪式感的追求同样源自中国古已有之的礼文化。王铭铭指出："中国不是一个宗教文明体，而是一个仪式文明体。"③与西方在历史上形成的宗教文化不同，中国古代社会孕育的是以周礼为基础的礼文化，而礼文化正是仪式的母体和源头。刘伟兵认为，广义的仪式应该与礼同质同构，中国的礼文化也是仪式文化，礼文明也可以说是仪式文明。④ 正因礼文化为中国古代社会所独有，蔷薇水在中国被赋予了渲染仪式感的功能。

这一颇具中国本土色彩的功用延续至后世，影响极深。如元明之际文人胡奎曾吟："一洗胸中万斛尘，挥毫濯以蔷薇水。"⑤清人杭世骏亦吟："手浣蔷薇露，微吟齿颊香。"⑥以蔷薇水浣手，既体现了古人对读诗、写字等事的尊重，也表达了对美好生活的祈愿和向往。借用蔷薇水构建生活仪式感，不仅体现了蔷薇水在古人心中的圣洁地位，也反映出古代中国独有的文化面向。

又有北宋陶谷《清异录》载："后唐龙辉殿安假山水一铺，沉香为山阜，蔷薇水、苏合油为江池，零藿、丁香为林树，薰陆为城郭，黄紫檀为屋宇，白檀为人物，方围一丈三尺，城门小牌曰'灵

① 扬之水：《古器小识：琉璃瓶与蔷薇水》，《文物天地》2002年第6期。
② 杨庆存、郑倩茹：《宋代尚香文化与人文内涵》，《东北师大学报（哲学社会科学版）》2019年第4期。
③ 王铭铭：《仪式的研究与社会理论的"混合观"》，《西北民族研究》2010年第2期。
④ 刘伟兵：《何为仪式感：仪式感的文化解释》，《文化遗产》2023年第1期。
⑤ 胡奎：《斗南老人集》，《景印文渊阁四库全书》第1233册，台北：台湾商务印书馆，1983年，第485页。
⑥ 杭世骏：《杭世骏集》第4册，蔡锦芳、唐宸点校，杭州：浙江古籍出版社，2015年，第1081页。

芳国'。或云平蜀得之者。"①奢靡如前蜀和后唐皇室,竟以沉香、蔷薇水、苏合油等多种贵重香品制成假山江池。将香品用作建筑材料并非前蜀和后唐皇室之独创。早在唐天宝年间,唐玄宗就曾命人在兴庆宫中建沉香亭,该亭通体由沉香木打造,故此得名。杨国忠也曾以诸色香料建四香阁,五代文人王仁裕在《开元天宝遗事》中记述:"(四香阁)用沉香为阁,檀香为栏,以麝香、乳香筛土和为泥饰阁壁。"此时香料已经成为盛行于上流社会的建材。唐代以降,日趋繁荣的香料贸易为各色香品的大规模使用提供了条件。彼时蔷薇水大量进入中国,正为后来的风靡奠定了基础。

汉代以后,世家大族垄断权力。即便隋朝开科举,社会流动渠道也并不畅通,隋、唐两代真正通过科举进入仕途的寒门子弟少之又少。直至宋代,门阀士族衰落,科举制度日趋完备,大量科举出身的文人被吸纳进国家体制,官僚政治最终取代了贵族政治。柳诒徵认为:"盖宋之政治,士大夫之政治也。政治之纯出于士大夫之手,惟宋为然。"②在这样的政治背景下,文人地位大幅提高,向学之风高涨。文人不仅在数量上较前代大为增长,还拥有更高的文化素养和更宽裕的生活,这无疑为香文化的扩散和下移提供了社会基础。

宋人耐得翁《都城纪胜》言:"烧香、点茶、挂画、插花,四般闲事,不许戾家。"③宋人崇香,文人士子更是以追求雅致的生活情调为风尚。在此种社会氛围的浸润之下,香文化风行一时。激增的需求刺激各色香料通过民间贸易大量涌入中国,其中就包括蔷薇水。成书于南宋的《百宝总珍集》录有"泉客贩到蔷薇露,琉璃瓶贮喷鼻香;贵人多作刷头水,修合龙涎分外香"④之语。该条记载一方面印证了宋时蔷薇水流通于民间的史实,另一方面说明该物的受众群体仍限于"贵人"。但与前代不同,此时蔷薇水在民间的影响显然更为深广。

关于宋时蔷薇水的市场流通状况,《陈氏香谱》载:"其水多伪,亲试之,当用琉璃瓶盛之,翻摇数四,其泡自上下者为真。"鉴伪方法盛行,宋代民间伪造蔷薇水恐已成风。严小青认为,至迟至宋代,中国已有用改造过的甑具蒸馏提香的方法,这意味着宋人具备了自主制作花露的能力。⑤ 但即便掌握了提取蔷薇水的技术,宋人仍不能造出与舶来蔷薇水相同的产品,因为制作原料极不易得。据《香乘》,正宗蔷薇水制作原料为"异域蔷薇",与中国蔷薇殊为不同。囿于经济实力,宋人往往只能退而求其次,选择在中国相对廉价易得的替代花种。正如南宋蔡絛《铁围山丛谈》载:"五羊效外国造香,则不能得蔷薇,第取素馨、茉莉花为之。"⑥

庙堂之上,名流对蔷薇水趋之若鹜;江湖之间,伪造蔷薇水已成风气。宋人对蔷薇水自有渴望与需求。可是贵重如蔷薇水,仍只有社会上层才能享用。普罗大众对蔷薇水所代表的生活方式和人文情怀充满向往,却又不具备相应的经济条件。于是,制伪的市场需求蔓延开来。制伪风潮的盛行,一方面体现了时人对蔷薇水的追捧,另一方面也反映出宋代市民阶层的兴起与香文化的下移。

蔷薇水在宋代不仅受众更多,用途也更广。《铁围山丛谈》又载:"大食国蔷薇水虽贮琉璃缶

---

① 朱易安、傅璇琮主编:《全宋笔记》第1编,郑州:大象出版社,2003年,第108—109页。
② 柳诒徵:《中国文化史》,上海:上海科学技术文献出版社,2008年,第614页。
③ 耐得翁:《都城纪胜》,北京:中国商业出版社,1982年,第8页。
④ 佚名:《百宝总珍集(外四种)》,上海:上海书店出版社,2015年,第55页。
⑤ 严小青:《中国古代的蒸馏提香术》,《文化遗产》2013年第5期。
⑥ 蔡絛:《铁围山丛谈》,北京:中华书局,1983年,第98页。

中，蜡密封其外，然香犹透彻闻数十步，洒着人衣袂，经十数日不歇也。”①馨香扑鼻的蔷薇水，常被宋人用作香水，熏染衣物和身体。一如刘克庄吟：“旧恩恰似蔷薇水，滴到罗衣到死香。”②郭祥正吟：“番禺二月尾，落花已无春；唯有蔷薇水，衣襟四时薰。”③杨万里亦有诗为证：“夜输百斛蔷薇水，晓洗千层玉雪肌。”④蔷薇水的香熏与净体功能在宋代展现得淋漓尽致。

也正是在宋代，蔷薇水在中国具有了食用功能。与域外不同，宋人风雅，将蔷薇水掺入酒中，以求为酒水增添别样风味。宋元之际的周密作《武林旧事》追忆南宋临安往日繁华，对诸色名酒罗列详细：“蔷薇露、流香并御库……凤泉殿司、玉练槌祠祭、有美堂、中和堂、雪醅、真珠泉。”⑤“蔷薇露”和“流香”均出自御库，为皇室专享。陆游《老学庵笔记》载：“寿皇时，禁中供御酒，名蔷薇露；赐大臣酒，谓之流香。”⑥调酒之外，蔷薇水还是调香的上佳辅料。调合香时以花露浸渍香料，能产生更为清润曼妙的芬芳。古籍中多有蔷薇水调配香饼、香佩等物的记载。如《陈氏香谱》便录有“复古东阁云头香”“熏华香”“江南李主帐中香”“李王花浸沉”等多种含有蔷薇水的香方。⑦ 不过，即便蔷薇水家喻户晓，真正能享用者依旧稀少。

元代文人吟蔷薇水一时成风。如汤舜民吟：“蔷薇露羞和腻粉，兰蕊膏倦搅琼酥。”⑧萨都剌吟：“春透紫髓琼浆，玻璃杯酒，滑泻蔷薇露。”⑨卞思义吟：“开尊错认蔷薇露，溜齿微沾菡萏香。”⑩张可久吟：“蔷薇水蘸手，荔枝浆爽口，琼花露扶头。”⑪吕诚亦吟：“不妨更渍蔷薇水，润我谈玄舌本乾。”⑫蔷薇水依旧保有调和妆粉与酒品、净体护肤等诸多功用，并有新的发展。吕诚以蔷薇水浸渍樱桃，美味且风雅，进一步丰富了国人对蔷薇水食用价值的认知。

值得注意，明代甚至出现了官方的蔷薇水制伪机构。清代袁枚《随园诗话》载：“古剌水余家藏颇多，亦不甚贵重……其水并非一色，有可饮者，有可浴者，且有真假之分。大约贡自西洋者为真，永乐朝命天主堂仿造者为假。”⑬古剌水即香水，马坚认为具体指蔷薇水。⑭ 清人王士禛《池北偶谈》亦言：“有人自市中买得古剌水者，上镌‘永乐十八年熬造古剌水一，净重八两，重三斤’，内府物也。”⑮舶来的蔷薇水显然已无法满足明代中国巨大的市场需求。

明清时期，蔷薇水在继承前代功用的基础上，开始发挥医疗功效。明代朱国祯《涌幢小品》载：“蔷薇露出回回国，番名阿剌吉，此药可疗人心疾，不独调粉妇人容饰而已。”⑯清人赵学敏

---

① 蔡絛：《铁围山丛谈》，北京：中华书局，1983年，第97—98页。
② 吴之振：《宋诗钞》，北京：生活·读书·新知三联书店，1984年，第736页。
③ 潘自牧：《记纂渊海》，《景印文渊阁四库全书》第930册，第352页。
④ 杨万里：《全宋诗》，北京：北京大学出版社，1998年，第26363页。
⑤ 周密撰、傅林祥注：《武林旧事》，济南：山东友谊出版社，2001年，第117页。
⑥ 陆游撰、杨立英校注：《老学庵笔记》，西安：三秦出版社，2003年，第262页。
⑦ 《宋代经济谱录》，战秀梅点校，兰州：甘肃人民出版社，2008年。
⑧ 隋树森编：《全元散曲》，北京：中华书局，1964年，第1501页。
⑨ 唐圭璋编：《全金元词》，北京：中华书局，2018年，第1091页。
⑩ 陈衍辑：《元诗纪事》，上海：上海古籍出版社，1987年，第655页。
⑪ 隋树森编：《全元散曲》，第933页。
⑫ 吕诚：《来鹤亭集》，《景印文渊阁四库全书》第1220册，第574页。
⑬ 袁枚：《随园诗话》，王英志校点，北京：人民文学出版社，1982年，第848页。
⑭ 郭沫若：《郭沫若全集·文学编》第16卷，北京：人民文学出版社，1989年，第404—406页。
⑮ 王士禛：《池北偶谈》，文益人校点，济南：齐鲁书社，2007年，第225页。
⑯ 朱国祯：《涌幢小品》，北京：文化艺术出版社，1998年，第654页。

《本草纲目拾遗》指出，舶来蔷薇水能疗心疾、泽肌润体、去发脂腻、散胸隔郁气；土蔷薇花所蒸得的内地蔷薇露，则专治温中达表、解散风邪。赵学敏还在"古刺水"条下列出：其一可治热症，二能疗瞖疾，三有鸦片之用，四可作房中药。医者对蔷薇水的看法不尽相同，有人认为性寒凉，有人认为性大热。赵学敏指出，如此众说纷纭正说明蔷薇水本身的稀有与珍贵，以致"今是物世虽有之，但市充贡品，价值千金，不闻有服试者"①。清人相当关注蔷薇水的药用价值，如《红楼梦》中食用玫瑰露以怡养身心的情节便反复出现。第三十四回，宝玉挨打后，袭人从王夫人处取回两瓶清露以祛宝玉"存在心里的热毒热血"，其中一瓶便是玫瑰露。第六十回，芳官从宝玉处得了玫瑰露，赠予厨房柳嫂子素有弱疾的女儿五儿补养身体，后又被柳嫂子转赠给自己病中的侄子。书中写道："他侄子正躺着，一见了这个，他哥嫂侄男无不欢喜。现从井上取了凉水，和吃了一碗，心中一畅，头目清凉。"②

《随园诗话》中，袁枚直言蔷薇水"不甚贵重"，自己"家藏甚多"。相较于前代，蔷薇水显然更为普及。袁枚虽仕途坎坷，终究为一代名士，"不甚贵重"之说仍当细审。清人李渔《闲情偶记》云："富贵之家，则需花露。花露者，摘取花瓣入甑，酝酿而成者也。蔷薇最上，群花次之。"③作为花露中的翘楚，蔷薇水已成富贵人家的必需品。此时的蔷薇水同样也是寻常人家的奢侈品。或曰，蔷薇水具备了走进寻常百姓生活的可能。

结　语

"薇心玉露练香泥，压尽人间花气。"在历史长河中，馥郁芬芳、持久留香的蔷薇水曾乘风破浪来到中国，为这片古老的土地倾洒下了一抹异域的芬芳。本文聚焦于蔷薇水，梳理了其入华历程以及在古代中国社会所产生的影响，借此考察古代中外文化交流的历史进程。蔷薇水甫一入华，就得到了社会上层的推崇，成为一种身份的象征。随着中外文化交流的发展，国人对蔷薇水有了更深入的认识，并赋予其具有本土文化特色的功能。伴随香文化的下移，蔷薇水的受众和需求不断扩大，民间兴起了制伪风潮，官方甚至成立了制伪机构。来自异域的蔷薇水融入了中国古代民间的社会生活。蔷薇水入华历程与用途的千年演变，见证了中国古代对外贸易的发展、宗藩关系的演变、港口市镇的兴起以及品香文化的传承，并展现出中国历史脉络本身的变化。蔷薇水其物虽小，但入华与融合的历程可视作中外文化交流史的一个缩影，为研究历史上中外关系的演变提供了一个新颖的视角。

---

① 赵学敏撰、闫冰等校注：《本草纲目拾遗》，北京：中国中医药出版社，1998年，第5页。
② 曹雪芹：《红楼梦》，北京：华文出版社，2019年，第623页。
③ 李渔撰、诚举等译注：《闲情偶寄》，昆明：云南大学出版社，2003年，第78页。

清代日本对华海带出口的演变*

高　燎**

摘　要： 对于清代中日贸易，既有中国对外贸易史与海洋史研究多偏重洋铜、煤炭、高级海产品，而对与近现代中国历史关联密切的海带关注不足。东亚地区古代本草医书、史籍等文献里较早就出现了昆布、海带，中古时期中国食用的海带多以新罗进口为主，唐朝时，其属国渤海国亦是重要的海带进口来源，至清代变为舶来日本。清前期，产自"虾夷地"的海带作为中日洋铜贸易的衍生品，在德川幕府的统制贸易管控下推销出口至浙江乍浦等口岸，渐为日本对华重要出口水产。1859 年箱馆开港后，在德川幕府、明治政府大力开发北海道、增产海带的背景下，以三江帮为主的华商推动并主导了将海带从函馆等地直接运回国内的贸易，使得日本海带对华出口在清后期迎来快速发展的繁荣期。清代中日海带贸易的演变，呈现出中日经济的互补性与东亚内部跨国海洋贸易在历史连续与变迁中的多样性。

关键词： 中日贸易；洋铜贸易；华商网络；日本海带；北海道

"锁国体制"常被用来形容跨入近代之前日本的对外政策，进而述及西方列强到来并强迫其打开国门，日本由此被卷入资本主义世界市场体系。① 由长崎、松前、对马、萨摩组成的近世"四口"论②与朝贡贸易体系、东亚贸易圈③等研究范式的出现，给这一叙事模式带来挑战，丰富了传统以西方冲击为中心的"开国"维新史观。在"锁国"的近世与"开国"的近代，中国在日本对外贸易中的地位被强调得越来越多，东亚内部跨国交流受到重视。本文以既往被忽视的海带为切入点，探讨作为大陆型国家的中国与作为海洋型国家的日本，两者间贸易关系的连续与变迁，以期丰富东亚国家间交往互动的海洋文明研究。

清代中国与日本的贸易关系变化，同与西方的贸易关系以鸦片战争为分界点不同，它还受

---

* 本文为国家社科基金青年项目"日本近代转型期乡村组织化机制研究（1889—1918）"（21CSS015）的阶段性成果。

** 高燎，浙江大学历史学院"新百人计划"研究员。

① ［日］岩生成一：《锁国》，《岩波讲座・日本历史 10・近世 2》，东京：岩波书店，1963 年，第 57—100 页。

② ［日］水木博成：《海禁・日本型华夷秩序：对外关系をどのように称すか》，收入［日］岩城卓二等编《论点・日本史学》，京都：ミネルヴァ书房，2022 年，第 164—165 页。

③ ［日］滨下武志：《近代中国の国际的契机：朝贡贸易システムと近代アジア》，东京：东京大学出版会，1990 年；［日］滨下武志、［日］川胜平太编：《アジア交易圈と日本工业化 1500—1900》，东京：リブロポート，1991 年；［日］川胜平太编：《アジア太平洋经济圈史：1500—2000》，东京：藤原书店，2003 年。

日本对外政策的影响。1853 年美国佩里黑船来航后，德川幕府于 1858 年相继与美、荷、俄、英、法五国签订“修好通商条约”，至此中、日两国均被纳入西方主导的近代条约体系之下，迎来新局面。在此之前，中、日两国对西方采取在指定口岸进行交易的严格贸易管控，相互也以乍浦与长崎等特定口岸展开有限度的双边贸易。1858 年后，随着两国通商口岸的增加、贸易限制政策的减少，各种商品开始在“自由贸易”体系下跨国流动。海带从清前期就已从日本大量出口至中国，清后期，其出口量进一步增加，是考察两国贸易关系历时性变化的绝佳案例之一。然就笔者所见，该时期的贸易史、海洋史研究等多偏重洋铜、煤炭、高级海产品，对海带这一廉价、不起眼但与近现代中国历史关联甚密的食物关注不足。本文在前人研究基础上，贯穿清代前后两个时期，考察海带在东亚海域的跨境流动，管窥中日贸易与地区秩序的演变。

一、清代以前海带在东亚的流通

东亚地区较早便知晓海带，但不同地方、不同时代叫法不同。今天中国称“海带”者，在日本称“昆布”；而中国古代药典医书同时包含这两种叫法，以致本草学者与药学家对“海带”与“昆布”的关系还有一定争论。① 就大众认知的海带而言，其所指是明确的，即现代植物学、海洋生物学中分类的褐藻类海藻，拉丁文学名为 *Laminaria japonica*，英文名为 kelp。天然海带喜寒，生长于海水温度较低的太平洋西北部中高纬度海区，包括日本、俄罗斯、朝鲜等地。考虑到历史时期的气候变迁，其生长范围或在前述海区周边有所伸缩。在人工养殖下，如今海带生长范围已扩展到中国福建等地的亚热带海区，成为东亚海区的特色食用植物。现代中国既是海带生产大国，也是消费大国，但从历史来看，朝鲜、日本等地食用海带的习惯更早形成，并向中国传播。

天然海带在主产地日本的分布，偏在北海道岛与本州岛东北部周边沿海。这里的原住民阿伊努人古代被倭国和人蔑称“虾夷”，“昆布”(こんぶ)一词被推测即源于阿伊努语，因与日语中的“喜庆”(よろこぶ)发音相近而固定下来。“昆布”首次出现在日本史书中，是成书于公元 797 年的《续日本纪》。奈良时代元正天皇灵龟元年(715)冬十月丁丑条记载了两例“虾夷”向朝廷请求定居的事迹，后者“须贺君古麻比留等言，先祖以来，贡献昆布，常采此地，年时不阙。今国府郭下，相去道远，往还累旬，甚多辛苦。请于闭村，便建郡家，同百姓，共率亲族，永不阙贡”②。《大日本史·虾夷传》中也采录了这一段，文字略有不同：“虾夷须贺君古麻比留等言，先祖以来，贡献昆布，常采北地。今国府郭下，距北地甚远，往来累旬，请于闭村，新建一郡，与亲族俱移居之，比内民。”③比对这两段史料，可知“须贺君”以上贡海带路途遥远、耗费时日为由，请

① 据考证，大多数古代本草书中所称“海带”“昆布”，对应的是我国东海沿岸生长的鹅掌菜和大叶藻；南朝梁陶弘景《名医别录》、晚唐李珣《海药本草》中记载的，来自高丽、新罗的“昆布”才是今人所指海带。参见曾呈奎、张峻甫《中国北部的经济海藻》，《山东大学学报(哲学社会科学版)》1952 年第 1 期；谢宗万《中药昆布的本草考证》，《渔史文选》第 1 辑，上海：中国水产学会中国渔业史研究会办公室，1984 年，第 195—198 页；石开玉《昆布文献考证》，《中华医史杂志》2020 年第 4 期。

② 《续日本纪》卷七，《国史大系》第 2 卷，东京：经济杂志社，1897 年，第 95 页，日本国立国会图书馆数字藏品(国立国会图书馆デジタルコレクション)：https://dl.ndl.go.jp/pid/991092[2024-03-03]。

③ [日] 德川光圀修、义公生诞三百年纪念会编：《大日本史》卷二四〇《列传五·诸蕃九·虾夷上》，东京：大日本雄辩会，1929 年，第 363 页，日本国立国会图书馆数字藏品：https://dl.ndl.go.jp/pid/1191003[2024-03-03]。

求定居在“闭村”一带。伊藤博幸考证认为，三陆海岸的岩手县闭伊地区就是“须贺君”所说的“闭村”。① 这一地区至今仍是海带产区，与“贡献昆布”吻合，较为可信。平安时代中期制定的律令法典《延喜式》完成于公元927年，在内膳司规定的“诸国贡进御贽”的“年料”条，当时“虾夷”尚在的陆奥国规定为“索昆布卅二斤，细昆布百廿斤，广昆布卅斤”②。

从这些材料可以看到，日本大和朝廷至迟从公元8世纪开始食用海带，但其生产并非和人，而是作为被征服对象的“虾夷”。换言之，海带是日本古代国家扩张的产物，是和人控制“虾夷”的日本型华夷秩序的物证。随着大和朝廷向东“征夷”不断推进，与天然海带产地相重合的“虾夷地”逐渐被纳入日本版图。伴随北海道岛的开发与海上交通的发展，到镰仓时代中期以后，易于运输的干品海带从东北边陲大量进入京都、大阪等政治经济中心，逐渐普及到庶民家中，成为形塑和食文化的一部分。

中国对海带的认知始于魏晋南北朝时期，胡梧挺对此有专门研究。③ 他指出，海带在我国古代多与日本一样被称为“昆布”，最早记载见于公元3世纪成书的《吴普本草》，释为“纶布”别名，性“酸、咸、寒，无毒”，功效可“消瘰”。稍晚5世纪陶弘景所著《名医别录》与《本草经集注》也均有记载，详细介绍其可“主治十二种水肿，瘿瘤聚结气，瘘疮”，产于“东海”“高丽”。唐代的官修药典《新修本草》继承了陶弘景的说法，尽管陈藏器提出“昆布”所指存在异议，但李珣佐证支持陶的说法，认为昆布来自东海之新罗。综合其他史册与文书反映的唐代“昆布”传播情况，彼时唐朝流通的海带大体来自渤海国南海岸与新罗东海岸，这与日本海沿岸的天然海带生长区基本重合，较为可信。

唐代时，以中国为中心的东亚地区交流频繁，海带在唐朝及其属国渤海国，以及日本都有流通，但各自情况有所不同。根据胡梧挺的考证，海带在中国主要作为治疗水肿、瘿瘤、瘘疮的药物，在日本多是用于宗教信仰活动的用品，两者的用量不会太大，而在新罗以及唐属国渤海国，海带已融入日常饮食，消费量应为最大。在跨国流通上，唐朝与日本虽有以遣唐使为媒介的交流，但文献中并未留下“昆布”的踪影，反而是属国渤海国及朝鲜半岛的新罗成为大唐“舶来”海带的供应地。对此，胡梧挺推断日本大和朝廷的“昆布”来自陆奥一国上贡，数量有限。笔者看来，更重要的可能是，此时日本的东向“征夷”尚未完成，对海带产区的“虾夷地”掌控并不牢固，加之航运条件的限制，使得“昆布”尚未大量进入日本国内市场。与之相反，离中土更近、海陆交通便捷、拥有大片海带产区的新罗与渤海国则具备对唐大量出口海带的优势。这样，在中医对“昆布”的药用需求下，从新罗与渤海国而非日本，出口至唐的海带贸易兴于一时。

二、清前期作为洋铜贸易衍生品的海带

明代，李时珍编撰《本草纲目》时也继承了中古以来“昆布”经验性的药效知识，认为颈下出

① [日]伊藤博幸：《古代闭村に关する二、三の问题》，收入[日]小口雅史编《古代国家と北方世界》，东京：同成社，2017年。

② 《延喜式》卷三九《内膳司》，《国史大系》第13卷，东京：经济杂志社，1900年，第1028页，日本国立国会图书馆数字藏品：https://dl.ndl.go.jp/pid/991103[2024-03-03]。

③ 胡梧挺：《“南海之昆布”：唐代东亚昆布的产地、传播及应用》，《中国历史地理论丛》2019年第3辑。

现瘿瘤,可服用“海藻”“昆布”“海带”等加以治疗。① 遗憾的是,对于唐代以后海带传播到中国的路径,尚缺乏研究。在宋、元、明三代的中日贸易中,笔者目前尚未找到海带的身影。但从清代开始,情况发生变化,大量干品海带从日本出口到中国,但此时海带并非中日贸易的主角。

从明代后期开始,日本开始向中国出口铜,一改以往单方面进口铜钱的局面。自奈良时代、平安时代以来,日本学习中国包括钱币在内的各种典章制度,有成有败。从公元 708 年到 958 年间,日本共铸造过“和同开尔”等 12 种银、铜货币,统称“皇朝十二钱”。但因铜矿发现少、冶炼技术差,这些货币质量粗劣、丧失信用,致使日本放弃自铸铜钱,改用中国钱币。特别是镰仓幕府与室町幕府前期,“圣宋元宝”“永乐通宝”等铜钱大量流入日本。室町幕府后期的战国时代,恰逢大航海时代后西方“南蛮”带来新的炼铜技术,足利将军及各地大名为增强自身实力,鼓励开采矿产,出口中国,赚取利润,进口铜钱、生丝等。而中国在明代对金、银、铜、硫黄等矿产资源的需求缺口日益增大,仅凭国内市场难以满足。1433 年,日本对明出口铜 2.6 吨,到 1539 年时已增至 179 吨。

战国后期,丰臣秀吉通过检地制度,不仅厘清农地租税,也查明全国矿山,要求矿产归公。在此过程中,日本确立起重要矿产由将军直辖,其他矿产由大名负责但须抽成的管理制度,该制度后由德川幕府继承,贯穿江户时代。伴随 1610 年足尾矿山、1690 年别子矿山两大铜矿的发现与投产,加之西欧新技术的导入,日本的铜产量大增。据统计,足尾铜矿自 1610 年至 1759 年间,共产出 121 794 吨铜,150 年间年均生产 812 吨;别子铜矿自 1691 年至 1867 年间,共产出 98 341 吨铜,177 年间年均生产 558 吨;在 1702 年到 1714 年的生产高峰期,仅这 2 座矿山就年均生产 2 831 吨铜。如此,在丰富矿藏与冶炼技术的支撑下,日本成为当时世界上重要的产铜国,18 世纪一度位列全球第一,铜成为日本对中国与荷兰贸易的主要出口产品。

从 1755 年到 1839 年,日本共向中国出口 62 763 吨铜,这就是中国经济史中常提到的“洋铜贸易”。② 但江户后期日本产铜量逐渐下降,从 1716—1754 年年产 2 240 吨降到 1755—1839 年年产 1 820 吨。③ 受此影响,德川幕府在原始的重商主义思想下,调整对外贸易政策,收紧对中国的铜出口配额,防止贵金属的持续流出,取而代之,向中国推销包括海带在内的干品海产。④ 作为应对,中国加大对云南滇铜的开发与转运,一定程度上弥补了铜政所需。但因滇铜产于西南一隅,运至江浙、北京等地成本高昂,故未能完全取代日本“洋铜”,国内市场与国际市场的双循环共同保障了清代鼓铸铜钱的需求。

作为出口铜替代品⑤的海产品,包含经由日本海沿岸的西回航线流入日本内地市场的“虾夷地”土产。由于使用被称为“俵”的草袋进行包装、运输,这些货物统称“俵物诸色”。其中,“俵物”特指海参、鲍鱼、鱼翅三种高级海鲜干品,“诸色”则包括海带、寒天、鲣节、鱿鱼干等价值较低

① 李时珍:《本草纲目》卷一九《草之八》,北京:人民卫生出版社,1982 年,第 1374—1378 页。

② 陈希育:《清代日本铜的进口与用途》,《中外关系史论丛》第 4 辑,天津:天津古籍出版社,1994 年,第 58—67 页。

③ (日本)独立行政法人石油天然ガス、(日本)金属矿物资源机构:《平成 17 年度情报收集事业报告书》第 18 号《铜ビジネスの历史》,2006 年 8 月,第 49—55 页:https://mric.jogmec.go.jp/public/report/2006-08/chapter2.pdf[2024-02-15]。

④ 关于德川幕府的对华贸易政策调整,已有不少研究,中文可参见王来特《近世中日通商关系史研究:贸易模式的转换与区域秩序的变动》,北京:清华大学出版社,2018 年,第 172—182 页。

⑤ 有学者认为近世日本海产品的对华出口并不是单纯的铜替代政策产物,而是日本国内统治的需要。参见安艺舟《江户时代日本俵物“出血输出”中国的历史逻辑》,《海交史研究》2022 年第 4 期。

的杂货。从价值属性来看,“俵物三品”为贵,它们进入中国后,成为珍贵药材及高级食材,相关研究颇多。而实际在量上占据大宗的海带,我国学界则少有研究。

根据荷兰商馆统计,尽管海带的出口量存在不规律的较大波动,但在留下几乎连续记录的1763年到1823年共60年间,平均年出口量为873.43吨,最多时,1766年曾达到1 581吨。① 同期,日本铜出口量逐渐减少,中国派出的唐船在高峰期1696年获得4 486余吨日铜,而在1755年到1794年的40年间,年均仅获得988吨,1795年后更是滑落到不足600吨。② 两相对比,一升一降,可见海带在清代中日贸易中存在感日渐加强。

不论是洋铜,还是海带,它们从日本出口到中国主要是经由江户幕府指定的长崎港,由持有日本发放的信牌的“唐人”商船载回清朝指定的办理对日贸易的江浙口岸,尤以浙江乍浦港为代表。③ 就中国商船从长崎运回乍浦的货物的具体构成,中、日学者基于日本文献有一定考察。松浦章以《唐通事会所日录》《唐蛮货物账》《长崎秘录》等一手史料对清代日本对华出口的干品海产进行过分析,早期洋铜与俵物占据主导地位;到中后期,其占比逐渐下降,海带增加。如1709年第七号南京船返程搭载货物中,以重量计,铜35 673斤,占70%;俵物三品共约8 000斤,占25%左右;而海带仅5 841斤,占11%。到1762年第八号宁波船,返程载货中铜的重量占比降至18%,海参与海带分别增至49%与28%,鲍鱼4%,无鱼翅。1764年第三号唐船返程,洋铜占46%,海参占5%,而海带则剧增为47%,在所有单品中独占第一。1833年第五号至第九号5艘船每艘船搭载货物中,海带重量平均占比更是高达73%,铜降至18%,海参3%,鲍鱼4%。④ 冯佐哲以永积洋子1987年编纂的史料集《唐船输出入品数量一览(1637—1833年)》为基础,列举出12艘“唐船”的货物明细。⑤ 从中也能看到洋铜占比逐渐下降,海带占比日益增加甚至超过其他海产品的倾向。

除了长崎—乍浦航线外,海带流入中国市场还有一条公开的走私渠道。萨摩藩通过控制琉球国,以西回航线上的港口越中富山为中介,进行中国药材与“虾夷”海产的转口贸易。⑥ 如此,海带作为清代洋铜贸易衍生品的同时,也搭上琉球对华朝贡贸易的顺风车,从日本大量出口到中国。无论哪一条渠道,其背后都离不开大规模的生产与运输能力。

德川幕府在对外贸易中推动天然海带的大量出口,折射出该政权对这一自然资源的汲取能力,更进一步说,则是对海带产区的有效控制。如上,天然海带在日本的产地集中于本州岛东北部三陆海岸及北海道岛沿海。德川幕府对华出口海带的最初配额,三陆海岸的南部藩与控制

① 该数据为笔者计算所得,原数据(缺1797、1817年份)参见[日]荒居英次《近世海产物贸易史の研究》,东京:吉川弘文馆,1975年,第181、248、323页。

② 该数据为笔者计算所得,原数据参见[日]山胁悌二郎《长崎の唐人贸易》,东京:吉川弘文馆,1995年,第219—221页。

③ 徐明德:《论清代中国的东方明珠——浙江乍浦港》,《清史研究》1997年第3期;王兴文、陈清:《清中前期江南沿海市镇的对日贸易——以乍浦港为中心》,《浙江学刊》2014年第2期。

④ [日]松浦章:《江户时代に长崎から中国へ输出された乾物海产物》,《关西大学东西学术研究所纪要》第45号,2012年4月,第47—76页。

⑤ 冯佐哲:《乍浦港与清代中日贸易和文化交流》,朱诚如、王天有主编《明清论丛》第2辑,北京:紫禁城出版社,2001年。

⑥ [日]大石圭一:《昆布の道》,东京:第一书房,1987年,第185—198页;[日]深井甚三:《近世后期加越能の抜け荷取引凑の回船问屋展开と富山卖药商の抜け荷卖买》,《富山大学教育学部纪要》第53号,1999年2月,第23—36页。

“虾夷地”的松前藩四六分;但受产量变动、市场偏好影响,三陆海岸海带出口逐渐减少,到1831年后全部变为“虾夷地”海带。① 唐代时日本与中国的交流中没有看到海带的踪影,很大一部分原因就是当时的大和朝廷尚无力全面控制海带产区。经过平安后期奥州藤原氏的开发及中世安东氏的管领、和人移民等,到清代时,德川幕府通过以北海道岛南部为据点成长起来的地方豪强蛎崎氏,已建立起有效的“虾夷地”经略制度。

早在丰臣秀吉崛起后的1592年,蛎崎庆广获得作为“虾夷岛主”与岛内“虾夷”的交易与征税权,垄断和人与“虾夷”的交涉,成为北疆的实际支配者,赐姓“松前”,建立起松前藩,政权更迭后很快归顺德川幕府。自此,作为海带主产区的北海道岛,被有机嵌入幕藩体制之中。在产业经济上,气候严寒的北海道岛无法开展水稻等作物的种植农业,“虾夷”以打猎捕鱼为生,移居于此的和人与他们交易渔猎所获营生,还有部分商人承包一定范围(商场/场所),从事渔业、猎鹰、砂金、伐林,松前藩通过对此征税(运上金)得以自立,是为场所请负制。因此,松前藩以商场知行,区别于内地其他藩国的地方知行。② 在这一制度下,渔业成为近世北海道岛的支柱产业,盛产鲑鱼、海带、鳀鱼(ニシン/鰊),这三种海产品被称为“松前地三品”。③ 尽管在18世纪后半叶,面对沙俄东扩的威胁,北海道岛逐渐被德川幕府上知直辖,政策有所反复,但基本经略制度没有改变,直至1868年改元明治后才被废止。

江户时代早期,北海道岛的海带采获以南部渡岛半岛周边与内浦湾为主,箱馆为主要集散地。进入18世纪后,因日本国内与出口中国需求增加,海带产地不断向东扩展至胆振、日高等地海岸,18世纪末延伸到钏路地区,19世纪前半期抵达北海道岛东端的根室地区与北端的留萌地区。其生产形态在场所请负制下呈现出资本劳动的色彩,即以高田屋嘉兵卫为代表的近江商人,利用传统的日本海运输优势,从松前藩获得大多数场所的承包经营权,雇用本地的“虾夷”阿伊努人或前来打工的和人从事捕捞,将海带运至大阪等地交易,出口的部分交给官营垄断的长崎会所与“唐人”交易。④ 可见,一方面,海带加入中日洋铜贸易是德川幕府掌控北海道的结果;另一方面,出口海带反过来促进北海道岛的开发,加强了日本内地与北海道岛的经济联系,巩固了幕府对边疆的统治。

再者,大量干品海带的出口先要从东、西“虾夷地”集中到箱馆、松前两大集散中心,后经日本国内各港运至长崎。江户时代日本列岛的航路开发为海带的长途海上运输提供了保障。最终通过“唐船”,海带得以运至乍浦等江浙口岸,继而扩散至中国各地。在各种主客观条件下,海带于清前期成为中日贸易中的一个特殊物产。尽管在两国贸易中,它的重要性不如生丝、丝绸⑤、洋

① [日]田沢伸雄:《北海道昆布渔业史 Ⅰ 德川时代の昆布渔业》,《北水试月报》第40卷第2号,1983年1月,第58—59页。

② [日]榎本守惠:《北海道の历史》,札幌:北海道新闻社,1981年,第99—122页。

③ (日本)北海道水产部渔业调整课、(日本)北海道渔业制度改革纪念事业协会编:《北海道渔业史》,札幌:北海道水产部,1957年,第149页。

④ [日]片上广子:《近世中期から明治初期の昆布流通に关する历史地理学的考察》,《历史地理学》第41卷第5号,1999年12月,第17—30页;[日]神长英辅:《近世后期の虾夷地におけるコンブ渔业の扩大》,《新潟国际情报大学国际学部纪要》第7号,2022年5月,第53—65页。

⑤ 尽管清代中日贸易多被称为“洋铜贸易”,但这种命名也有失偏颇,过于强调日本对华出口商品的重要性,而忽视了日本对中国生丝、丝绸的进口依赖也是维系这一时期两国商贸的重要因素。中文可参见范金民《16—19世纪前期中日贸易商品结构的变化——以生丝、丝绸贸易为中心》,《安徽史学》2012年第1期。

铜,甚至在今日研究中也不受重视,但它是日本特色海产出口中国的一个口子,成为此后中、日两国历史纠葛中的主角之一。到鸦片战争以前,中、日两国虽无正式邦交关系,且对西方列强的通商要求采取相似的封闭限制"锁国"政策,但相互之间却通过较为严密的贸易管制,建立起特殊的双边通商关系,在各自资源禀赋与产业基础上,满足互相的通商需求,在"政冷经热"的情况下,两国关系获得发展。

三、清后期日本殖产兴业下的海带出口

近代西方列强的到来,改变了东亚世界内部的传统贸易形态,原本采取"信牌"等统制形式的中日双边贸易,被迫向第三方的西方列强开放,朝贡贸易体系向条约通商体系转变。但中、日两国在转型上存在一定时差,中国在1842年鸦片战争结束后的《南京条约》签订后被纳入资本主义世界市场体系,而日本则晚了十余年。1858年,德川幕府先后与美国、荷兰、俄罗斯、英国、法国签订修好通商条约,相继开放神奈川(横滨)、长崎、箱馆①、兵库(神户)、新潟作为贸易港口,"锁国"政策正式画上休止符。原本以长崎、琉球为枢纽,连接日本产地与中国市场的海带贸易随之变化。

1859年7月1日,箱馆开港当天,中国广东商人陈玉松以英商阿斯顿代理人的身份,搭乘英国商船前来,向批发商柳田滕吉寻购海带,是为箱馆近代海带直接出口的嚆矢。② 在英国人的要求下,1864年以后,俵物诸色等海产品不再为长崎会所垄断,成为不限于中国与荷兰商人的自由贸易对象,箱馆从海产品的国内集散中转地摇身一变,成为直接对外贸易港,削弱了长崎港的外贸地位。到1899年日本与西方等国修订条约、开放内地以前,外国商人在日本的活动范围仅限设置于开港开市口岸的居留地的方圆十里③以内,故这一时期包括中国商人在内的在日贸易活动通常被称为居留地贸易。

《中日修好条规》缔结前,中国商人借助新的条约体系展开活动,以欧美商社翻译或买办的身份前往日本。在陈玉松之后,华商相继来到箱馆,甚至在居留地建立成记号、万顺号等商号,直接斡旋交易。这些旅日华商初期以广东帮为主,后期以清前期以降熟悉对日贸易、从事办铜与俵物交易的三江帮(江南、江西、浙江)为主。1871年9月13日《中日修好条规》缔结,同日,《中日通商章程》与《海关税则》也签署生效,包括箱馆在内的8个日本口岸及上海等15个中国口岸"准听商民来往贸易",但第十四、十五款仍限定双方商民"不准赴各内地"。④ 在《大日本国海关税则》中,日方对"阔海带(板昆布)""海带丝(刻昆布)"每百斤分别征收银四分五钱和九钱的出口税;⑤在《大清国海关税则》中,中方对属于"海味类"的"海菜即海带"每百斤征收银一钱

---

① 1869年,在明治政府与德川幕府之间的内战——戊辰战争结束后,箱馆被改名为今天的函馆,但两者的混用持续了一段时间。

② (日本)函馆市史编さん室编:《函馆市史通说篇》第1卷,函馆市,1980年,第611—613页。

③ 日本的"里"与中国长度不同,1891年《度量衡法》规定1里为3 927.272 73米。

④ 《〈大日本国大清国修好条规〉〈通商章程〉及〈两国海关税则〉》(C1),日本外务省外交史料馆藏,档案号:JACAR Ref.B13090891000,第76—79、83—84页。

⑤ 同上,第103页。

五分的进口税。① 缔约后，函馆华商渐增。1874年，函馆对外国人进行籍牌登记，其中英、美、俄、德、法共32人，不抵中国人40名。② 到日俄战争前的1903年，中国人达93人之多，之后因札幌的吸引分流，加之两国关系动荡影响，在函中国人数有所减少，到清末1911年为81人。尽管如此，清后期，函馆一直是北海道华人华侨最多的城市。③ 从职业来看，函馆华商以实力雄厚的海产商为主，获得中、日两国政府褒奖的宁波商人张尊三就是其中的代表。

在华商主导下，函馆的对外贸易迅速发展，特别是以海带为主的海产品。虽然近代中、日两国都是被迫打开国门，但在海带贸易上，两国官民都较为积极主动。日本方面甚至将海带列为重要出口品，纳入殖产兴业政策扶持当中。在整个清后期，中日海带贸易总体处于上升期，大体在清朝灭亡到一战前后达到顶点，虽然中间受太平天国运动、甲午战争、日俄战争等影响时有波动。

根据箱馆开港后的出口统计，江户时代末期，海带出口猛增。1859年，海带出口额为86 309美元，占所有出口的34.9%；到1867年时，海带的出口额猛增至603 946美元，约为1859年的7倍，占比60.2%。④进入明治时代后，整个北海道的海带出口依然增速不减，1869年对外出口海带4 862吨，出口额319 558日元；日俄战争前的1904年，出口量达23 092吨，出口额则超过700 413日元，出口量增长约6倍，出口额实现翻番。⑤ 从日本全国统计来看，辛亥革命爆发前的1910年，日本对华出口海带与海带丝共59 198 567斤，按1斤约等于600克计算，相当于35 519吨，出口额为1 696 885日元，占该年度日本全国出口水产总额(9 107 390日元)的18.6%。这一年，函馆港出口本国产品额2 322 544日元，经由该港出口的海带与海带丝总量31 396 450斤，约18 838吨，占日本全国海带出口量的53%，两者出口额合为812 473日元，占函馆港出口本国产品总额的约35%。⑥ 这样，从幕末开港一直到清代末年，海带既是日本海产对华出口的重要产品，也是函馆港对外贸易的支柱，乃其第一大出口产品，是整个北海道地区渔业发展的一面镜子，推动了北海道在近代早期的海疆开发。

与江户时代一样，海带对华出口发展的欣欣向荣，离不开海带生产能力的不断提高，幕末发明的天然海带繁殖增产技术起到了很大作用。万延元年(1860)，世代从事渔业、原本居住于松前福山、后移居函馆弁天町的山田文右卫门，把绑着若干山石的棕榈绳投入日高郡砂留郡沿海，做好标记，6个月后将其捞起，发现海带根已附着于沉入海底的山石上。之后经多次试验，山田确认海带可以附着在人工投石上并繁殖生长，将该方法上报函馆奉行的同时，他还将投石范围扩大到勇拂、千岁等郡。庆应二年至三年(1866—1867)，山田向海中投入石材7万余块，共收获海带560石，明治元年(1868)收获量增至700石。他发明的“人造宿根法”助力北海道海带增产，1881年8月，明治天皇巡幸北海道时还专门追赏其功劳。⑦

---

① 《〈大日本国大清国修好条规〉〈通商章程〉及〈两国海关税则〉》(C1)，第151页。
② [日]斯波义信：《函馆华侨关系资料集》，《大阪大学文学部纪要》第22号，1982年12月，第7页。
③ [日]小川正树：《明治・大正・昭和初期における北海道华侨社会の形成》，《史朋》第41号，2008年12月，第60页。
④ [日]荒居英次：《近世海产物贸易史の研究》，第489—511页。
⑤ (日本)北海道水产部渔业调整课、(日本)北海道渔业制度改革纪念事业协会编：《北海道渔业史》，第541页。
⑥ (日本)大藏省编纂：《明治四十三年大日本外国贸易年表》，东京：(日本)大藏省印刷局，1911年，第2、10—11页，日本国立国会图书馆数字藏品：https://dl.ndl.go.jp/pid/804320 [2024-02-20]。
⑦ 《官报》第14号，东京：(日本)内阁官报局，1883年7月17日，第7—8页；(日本)大藏省：《开拓使事业报告第五编》，1885年11月，第126—127页。

投石繁殖法的发明具有偶然性，但如明治天皇对山田文右卫门的事后表彰所象征的，其应用与推广则是近代日本政府殖产兴业国策的必然。自江户时代后期，为应对沙俄南下压力，德川幕府加强对包括南千岛群岛（今日本称“北方四岛”）在内的东虾夷地的开发，带动该地区天然海带的捕捞。政权更替后，明治政府也没有放弃尚属边地的北海道，新设开拓使，专责北方开发，通过减免税收等政策帮助水产业的恢复与发展。箱馆战役后，为使“人民物产繁殖，土地润泽”，1872年至1874年3年间，免除包括海带在内的所有水产品的出口海关税。① 1887年3月，明治政府出台旨在减轻北海道渔业者负担的《北海道水产税法》②，将原本10%—20%的水产税统一降低为5%，且简化原来繁琐的缴纳手续，同时废止以前4%的出港税，进一步刺激渔业整体的发展。

明治政府不仅利用税收政策间接推动当时以海带为主的北海道渔业，还直接介入海带对华出口贸易，积极开拓市场。19世纪80年代中叶，农商务省水产局长奥青辅曾两度被派遣至中国，考察水产市场的实情，任命局员河原田盛美绘制出口中国制品之图，辅以解说，“明列销路之广狭、出口之增减，详述其得失缘由之所”，以扭转日本“商势不振”的情况。③ 调查显示，日本海带大部分经上海口岸流入中国，分为3等（海带丝2等），再以汉口为中转据点分拨至长江流域各地。以头等海带为例，各省消费占比为四川30%、江西20%、湖北15%、湖南14%等。④ 动态来看，日本海带对华出口从函馆开港前每年不过3 000石逐渐增加至1881年超过127 000石，虽有很大涨幅，但考虑到中国4亿人口的规模，则只是“九牛一毛”，还有很大的销路拓展空间。⑤

上海东亚同文书院的前身日清贸易研究所在19世纪末进行的调查中，也提到海带在日清贸易中出口额连年增长，成为“水产物中屈指可数的物产，是居于本邦富源之一的重要商品”，其中四川、江西、湖南、湖北省消费占比分别为38%、25%、15%、13%。⑥ 俨然，长江中上游是日本海带的最大消费市场，特别是四川盆地，更是居于首位。之所以这样，日方调查者给出的常见解释是，干品海带易于长期储存，加之带有盐分，特别受“食盐昂贵的僻地或冬季蔬菜缺乏之地”欢迎，被内陆农民当作副食品。⑦ 对此，笔者持保留意见。

蔬菜匮乏一说放在华北等地或可适用，但在冬季相对温暖、物产丰富的长江流域，特别是冬季也出产根菜、叶菜的四川盆地并不适用，食盐一说或更有说服力。中国自古以来实行食盐分区专卖制度，四川本地井盐因生产成本因素，相对外省海盐，价格高昂。以1935年民国政府调查为例，四川食盐的生产原价为每担2.5元，而河南省则不过0.3元。⑧ 来自北海道东部根钏地区的长昆布盐分高，正好可以弥补穷苦人家食盐不足的窘境。此外，中医历来主张海带可治疗

---

① （日本）函馆市史编さん室编：《函馆市史通说篇》第2卷，第337—338页。

② 《御署名原本・明治二十年・敕令第六号・北海道水产税则》，日本国立公文书馆藏，档案号：JACAR Ref.A03020010400。

③ （日本）水产局编：《清国输出日本水产图说》绪言，东京：（日本）农商务省，1886年，第2—3页。

④ （日本）水产局编：《清国输出日本水产图说》，第32—34页。

⑤ “石”在日本传统重量单位中相当于150千克。同上，第30、38页。

⑥ （日本）清国上海日清贸易研究所编纂：《清国通商综览》第2编，上海，1892年，第308—314页。

⑦ ［日］山崎光直：《支那に于ける海产物调查》，北海道：山崎熊太郎商店，1924年，第12页。

⑧ （日本）国民政府全国经济委员会编：《四川考察报告书》，《编译汇报》第2编，南京：中支建设资料整备事务所编译部，1940年，第26页，日本国立国会图书馆数字藏品：https://dl.ndl.go.jp/pid/1884814［2023-10-25］。

瘿瘤的功效，在一定程度上也促进海带食用的普及。在内陆的四川、湖南等地，百姓普遍缺乏碘的摄取，大脖子病等较为常见，海带的食补不啻是传统经验应对地方性疾病的一种办法，这在中华人民共和国成立后获得大力推广。

日本政府介入海带出口，除实地调查与市场开拓外，还屡次设立官方背景的公司，意图从华商手中夺回贸易主导权。1873 年，开拓使创办保任社，尝试不经华商之手，将海带等水产品直接出口到上海，但仅存在 1 年多，便因生产过剩导致货物积压而倒闭。1876 年，获得日本中央政府 67 万日元[①]注资的广业商会成立，其目的在于“扩张海外直接出口贸易，矫正本港驻在清商之恶弊，将本邦商贾从外商压抑之下解救出来，恢复完整商权”[②]，其经手的海带出口曾一度占日本出口的 80%—90%，但因放贷过多、出口过剩等，1885 年起停止业务。1887 年，北海道厅再次派人来华调查，提出产销联手、共同贩卖的必要性，次年邀集官商各界人士举行“海带咨问会”。作为其结果，1889 年，日本昆布会社成立，与日本昆布生产者联合组合、三井物产会社签约合作，同华商展开了激烈竞争，但与广业商会相似，最终于 1898 年破产。[③] 在 19 世纪后半期，针对华商在以海带为主的北海道海产贸易中的主导地位，日方发起的这三次“夺回商权”的挑战均未成功。究其原因，一方面是海带生产的零细规模不易于日方控制，另一方面则是华商常年累积起来的外贸经验与团结应对。

清后期中日海带贸易的繁荣，建立于西方介入东亚地区后形成的条约通商体系基础之上，两国关系在 1894 年以前，受《中日修好条规》《中日通商章程》等约束，相互平等，但实际已被卷入前所未有的全球化背景下以近代民族国家为单位的激烈竞合。在“通商立国”的经济国家主义思想下，包括海带在内的初级产品的出口成为日本赚取外汇、积累工业化原始资本的重要手段。伴随日本对华侵略步伐加快，特别是 1895 年《马关条约》签订后，两国贸易关系变得不再平等。[④] 日本对华海带出口逐渐演变为不断膨胀的日本资本主义对外商品输出的工具，中国在成为海带消费大国的另一面，水产品市场也沦为日本水产业侵蚀的对象。

结　论

从中古时期便出现于东亚文献记载的“昆布”“海带”，一直在汉方本草学中流传，到清代时，中国获取的源头已从唐代时的属国渤海国及朝鲜半岛的新罗转变为日本，海带开始进入中国的寻常百姓家。在清前期，海带作为中日洋铜贸易的衍生品登场，特别是德川幕府在 1715 年颁布《正德新例》后开始限定商船数量与贸易额，控制铜等贵金属流出海外，推广产自北疆“虾夷地”的俵物诸色的出口，海带即在其列。这一时期，海带经由箱馆等港口运至长崎集中后，由“唐船”贩运到乍浦等中国指定的对日贸易口岸，其在日本对华贸易中所占比重不断提升，到江户时代后期成为日本为数不多的对华贸易重要出口产品。

---

① ［日］石井宽治：《日本经济史》，东京：东京大学出版会，1991 年，第 130 页。

② （日本）函馆市史编さん室编：《函馆市史通说篇》第 2 卷，第 741 页。

③ ［日］羽原又吉：《支那输出日本昆布业资本主义史》，东京：有斐阁，1940 年，第 125—230 页；［日］笼谷直人：《アジア国际通商秩序と近代日本》，名古屋：名古屋大学出版会，2000 年，第 91—116 页。

④ 樊如森、吴焕良：《近代中日贸易述评》，《史学月刊》2012 年第 6 期。

在中、日两国于19世纪中叶相继被西方列强打开国门后，海带贸易迎来新的局面。清后期，领先日本开国十余年的中国商人，借助与西洋商人率先建立起的翻译、买办等依附关系身份，在1859年箱馆开港后便立即前往寻找商机，依靠乡帮地缘等优势，源源不断地将日本海带从函馆、横滨、神户等开港口岸运回上海，继而转运到汉口等长江中上游地区，为广大缺盐、缺碘的内陆百姓所消费。以三江帮为主的华商在19世纪后半叶牢固地掌握着日本海带贸易主导权，并在函馆形成北海道最大的华人华侨社区。此时，明治政府推行殖产兴业、富国强兵的国策，日本官商追求“国益”的经济民族主义日渐抬头，在增产海带、开拓市场的同时，还多次创办国策型公司试图夺回商权，但并未奏效。

以中、日“开国”为分界点，清代前、后期的日本对华海带出口呈现出不同特点。清前期，日方仰赖于中方对日洋铜的迫切需求，带有强制性地对华兜售海带并意外取得成功，此时的贸易主导权一定程度上为日方所据。此时的贸易形式是在两国政府严密管控之下的统制贸易，从商资格、贸易品类、交易额度等都有严格限制，虽然也有经由萨摩—琉球—福建的走私途径，但主体仍为箱馆—长崎—乍浦航线。到了清后期，德川幕府继续垄断海产出口贸易的意图被西方列强打破，海带出口变为条约通商体系下的自由贸易，在交易层面上，国家介入减少。以此为契机，华商凭借自身优势，开始主导把海带从日本产区运至中国内地的贸易，日方官民虽大力开发北海道渔业，增产海带，但在国际流通中丧失主导权。

清代中日海带贸易演变的案例，揭示了中、日经济之间，特别是物产的高度互补性。作为传统大陆型国家的中国，海产较为稀缺、开发较为晚近；而作为海洋型国家的日本，以洋铜为敲门砖，撬开海带对华出口的大门，在润泽日本经济的同时，也丰富了中国百姓的食物选择。清前期海带渡海入华的历史机遇，并没有因为西方列强带来的地区国际秩序与贸易制度的变化而中断，相反，清后期，其体量进一步扩大，迎来海带贸易的繁荣期，继续推动日本在北海道的边疆开发。不过在海带贸易互利互惠的同时，中、日两国又存在竞争，与甲午战争中国失利构成鲜明对比的是，华商成功地应对了日本官民发起的海带商战，呈现出不同于一般通史的历史面向。东亚内部的跨国海洋贸易在历史长河的连续与变迁中充满多样性，未来值得深入研究。

近代中国水产品进出口贸易格局的演变(1859—1948)*

姜明辉**

摘　要：近代以来随着通商口岸的开放，中国的全球化程度进一步加深。渔业进出口贸易对象、国内渔业贸易的格局以及水产品贸易的种类也随之发生改变。旧海关史料中记载的进出口渔业贸易数据再现了这一历史进程。受地理位置和战争等因素的影响，19世纪60年代，日本逐渐超过英美成为我国渔业进出口贸易的主要对象，这种现象持续到战后被我国香港地区暂时取代。与此同时，我国的渔业贸易中心也经历了由广州逐渐被上海取代的过程。我国水产品进口的种类以海带等居多，出口的水产品以咸干鱼、鱿鱼墨鱼等为主。水产品进出口的贸易对象以日本及香港地区等国家和地区为主。

关键词：进出口；口岸；水产品；种类

1840年鸦片战争后，中国被迫卷入资本主义世界市场。近代以来，外国资本在我国从事的战争、掠夺等，以及19世纪70年代的商品输出和20世纪对华的资本输出，都具有资本原始积累的性质。① 海外贸易成为列强在我国进行资本掠夺和原始积累的重要手段，呈现出资本主义的特点。与晚清以前的"闭关锁国"相较，"全球化"的程度大大地加深了。一方面体现在开埠的通商口岸的数量上，从1843年至1930年，供外国人贸易的口岸总数达到114个；②另一方面体现在与我国进行渔业进出口贸易的国家和地区的数量上，包含我国香港区及日本区、南洋区、美洲区、西伯利亚区、印度区、欧洲区、非洲区、澳洲区及其他各国这十个大区，30余个国家及地区。③

学术界目前关于中国渔业进出口贸易问题的系统性研究相对较少。吴有为、徐荣④对近代中国水产品贸易中的鱼商、鱼行、鱼市场进行了研究，其研究指出：在半殖民地半封建社会性质的近代中国，帝国主义(特别是日本帝国主义)长期霸占我国水产商品市场，掠夺、摧残中国的渔业经济。我国官僚资本和封建势力掌握的鱼商、鱼行、鱼市场对渔民进行残酷剥削，致使中国渔

* 本文为上海健康医学院科研项目"近代日本对上海渔业的侵略与国民政府的应对(1924—1937)"(SSF-23-09-001)的阶段性成果。

** 姜明辉，上海健康医学院讲师。

① 吴承明：《中国资本主义的发展述略》，《吴承明全集》第3卷，北京：社会科学文献出版社，2018年，第53页。

② 吴松弟：《中国近代经济地理》第1卷《绪论和全国概况》，上海：华东师范大学出版社，2015年，第72页。

③ 王千里：《民国二十一年水产物进口来源地及种类、数量、价值统计表》，《水产月刊》第1卷第7—8期，1935年。

④ 吴有为、徐荣：《我国近代水产品贸易概况》，《古今农业》1990年第1期。

业日益衰退、广大渔民日益贫困化。徐忠、徐开新①主要研究了1949年以来，中国渔业生产和对外贸易的情况。严晨②主要利用《六十五年来中国国际贸易统计》中的水产品进出口数据，对1868—1942年中国水产品进出口贸易的趋势以及贸易入超的原因进行了探析。

上述研究多侧重渔业近代化进程中的某一方面，目前对于中国近代渔业进出口贸易的规模和结构的研究，仍然缺少深入细致的量化研究。本文将利用《中国旧海关史料(1861—1948)》中各海关的渔业贸易数据，详细研究近代中国渔业进出口贸易的贸易规模、空间范围以及交易水产品的种类。本文的研究有助于大家从宏观层面了解中国近代半殖民地半封建社会那段特殊时期的渔业贸易情况，这是本文重要的边际贡献。

一、我国渔业进出口贸易对象的变迁

晚清以前，我国渔业进出口贸易范围主要集中在东亚、东南亚一带，水产品交易类型和数量上多以概况性的文字描述为主。近代以来，伴随着开埠而来的一系列海关的设立，③我国渔业进出口贸易有了更为详细的数据统计，相关的统计数据集中地体现在旧海关史料中。④ 由于我国对渔业进出口贸易进行专门细致的统计开展较晚，直到20世纪30年代才出现《上海市水产经济月刊》《水产月刊》等反映水产品进出口数量及价格的统计资料。⑤ 因此，旧海关史料的出现弥补了近代以来我国渔业进出口贸易资料上的空白。分析旧海关史料中水产品的进出口贸易数据，对于了解近代渔业进出口贸易的总体格局以及各口岸的发展状况有着重要的意义。

开埠后，英、美等国家利用较早与我国签订不平等条约的契机，迅速成为与我国进行进出口贸易的主要国家。如表1所示，19世纪60年代进出口贸易中，英、美两国的贸易船只数量占全部来华贸易船只总数的60%以上。

表1 1859—1860年进出口贸易国家船只数量 (单位：只)

类 别	英 国	美 国	其他国家	总 数
进口	612	311	589	1 512
出口	409	217	370	973
再出口	297	173	390	860

资料来源：《中国旧海关史料(1859—1948)》第1册，北京：京华出版社，2001年。

---

① 徐忠、徐开新：《中国渔业生产历史、发展过程和对外贸易》，《中国渔业经济》2008年第5期。

② 严晨：《中国近代海产品的进出口结构与要素分析》，《贵州社会科学》2021年第7期。

③ “直到20世纪30年代初日本占领中国东北之前，全国共有47个海关。”[美]托马斯·莱昂斯：《中国海关与贸易统计(1859—1948)》，毛立坤、方书生、姜修宪译，方书生校，杭州：浙江大学出版社，2009年，第12页。

④ 本文中旧海关史料指：中国第二历史档案馆、中国海关总署办公厅《中国旧海关史料(1859—1948)》，北京：京华出版社，2001年；吴松弟整理《美国哈佛大学图书馆藏未刊中国旧海关史料(1860—1949)》，桂林：广西师范大学出版社，2014年；中华人民共和国海关总署办公厅、中国海关学会《海关总署档案馆藏未刊中国旧海关出版物(1860—1949)》第6—50册，北京：中国海关出版社，2017—2020年。后文相同，不再赘述。

⑤ 《上海市水产经济月刊》1932年12月15日出版第1卷第1期，《水产月刊》1934年6月1日出版第1卷第1期。

渔业进出口贸易方面,依据表 2 所示,19 世纪 60 年代,日本的体量在与我国进行渔业进出口贸易的国家或地区中占据首位,进口数量是其他国家和地区的数倍不止。从我国渔业进出口贸易的空间范围上来看,仍主要集中在东亚、东南亚一带,但出现了欧洲和东北亚一带的国家和地区。此外,在渔业进出口贸易的商品中,还有专门的日本鱼子(fish roe Japan)和日本海菜、石花菜(agar-agar Japan)条目。① 可见日本已经成为我国水产品的主要进口国。不仅如此,日本也将我国视为重要的渔业贸易对象。日本明治十九年(1886)出版了山本由方撰写的《清国水产辨解》一书。为该书作序的日本水产局局长奥青辅认为:"贸易者往往多注意欧美诸州,反而对邻近的好市场知之甚少。"②所以,撰写本书的主要目的就是提升水产品出口的效率,对受我国市场欢迎的水产品进行专门介绍。明治三十三年(1900)出版的《清国水产贩路调查报告》,对日本与我国进行渔业贸易的港口天津、上海、广东等地的主要航线、水产贸易情形进行调查,将我国视为重要的水产盈利市场。③ 值得注意的是,日本对我国水产市场开展研究、调查的时间远远早于我国第一部渔业史——清末沈同芳的《中国渔业历史》,④其对相关情况的熟悉程度也更高。

表 2　1864—1867 年渔业进出口贸易国家和地区情况表　(单位:担)

	1864	数　量	1865	数　量	1866	数　量	1867	数　量
进口	日本	134 040	日本	123 514	日本	134 973.8	日本	130 835.3
	新加坡	2 145.61	新加坡	3 072.42	香港地区	2 409.33	香港地区	9 099.76
	暹罗	687.77	香港地区	776.21	新加坡	1 938.45	新加坡	3 767.92
	香港地区	280.64	暹罗	128.76	阿穆尔	1 530	菲律宾	244.11
	菲律宾	11.16	菲律宾	18.61	暹罗	255	阿穆尔	10
出口	日本	96.85	日本	176.11	新加坡	210.6	菲律宾	170.9
	法国	4	菲律宾	2.84	日本	9.85	日本	40.17

资料来源:由《中国旧海关史料(1859—1948)》第 1—3 册中渔业进出口数据统计得出。

"除日本外,欧美各国水产品之输入我国,为时较晚,光绪三十三年(1907)美商天祥洋行运来咸鱼以后,即有加拿大、英国等地将咸青川鱼输入,而俄国方面之海带、海参输入我国者亦不少。"⑤也就是说直到 20 世纪初,我国渔业贸易的空间得到进一步的拓展,才真正称得上全球范围。这一时期,各国家及地区输入水产比重及变化情况如图 1 所示:

① 日本鱼子(fish roe Japan)和日本海菜、石花菜(agar-agar Japan)出现在《中国旧海关史料(1859—1948)》第 1 册第 12 页。

② [日] 山本由方:《清国水产辨解》,京都:(日本) 水产局,1868 年,绪言第 2 页。

③ [日] 山本胜次:《清国水产贩路调查报告》,东京:(日本) 农商务省水产局,1900 年。

④ 沈同芳:《中国渔业历史》,上海:江浙渔业公司,1906 年;另有宣统三年(1911)张謇作序《万物炊累室稿·甲编》,铅印本。

⑤ 李士豪、屈若骞:《中国渔业史》,王云五等主编《中国文化史丛书》第 2 辑,上海:商务印书馆,1937 年,第 169 页。

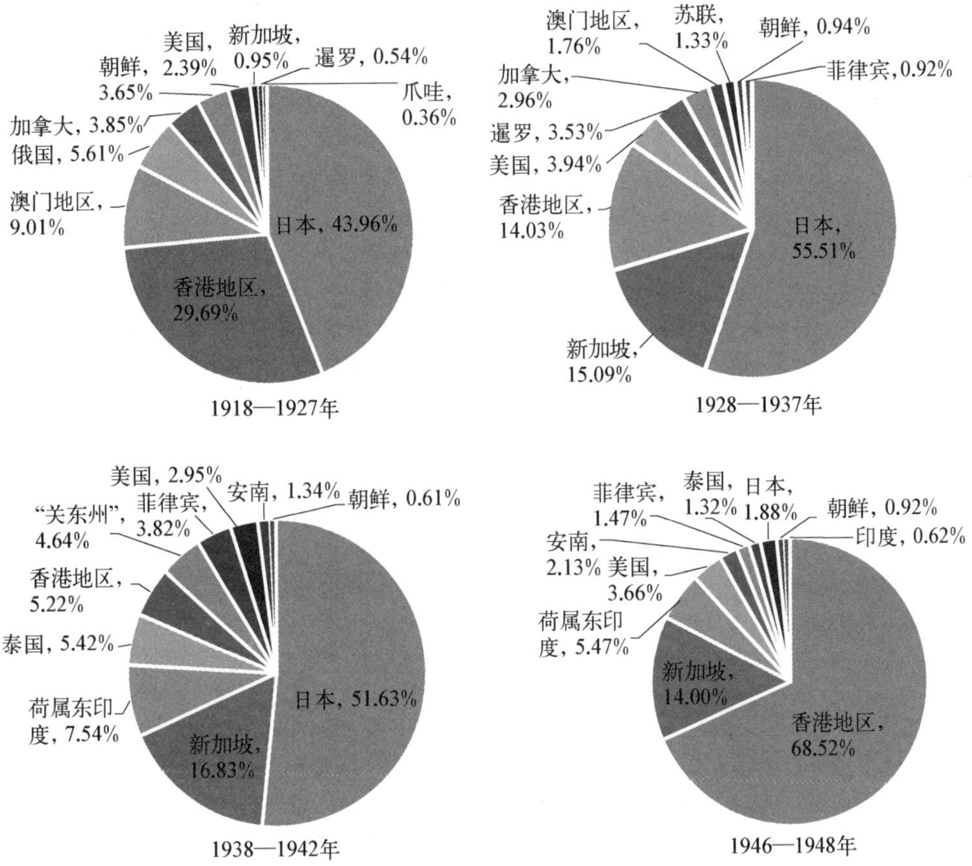

图1　1918—1948年进口水产国家和地区比重分布图

资料来源：由《中国旧海关史料(1859—1948)》中1918—1948年进口数据统计得出。

依据旧海关史料中1918—1948年进口水产品的数据统计得出这一时段我国渔业进出口贸易的国家和地区的地域分布和地位变动情况。时间跨度上，划分为全面抗战前、全面抗战期间和抗战结束后三个阶段。每个阶段的数据选取上，仅选取进口总数排在前十的国家和地区进行对比分析。为了更好地观察对比不同阶段的进口来源国家和地区的变动情况，战前进口数据以十年为单位进行统计；全面抗战期间，受战争因素影响，海关统计部分年份数据缺失，仅有五年的数据，但仍可以作为反映特殊时期的进口贸易情况的参照；抗战胜利后到解放战争时期的数据从1946年开始，截至1948年。

全面抗战前，日本占据我国渔业进出口贸易的第一把交椅，贸易量占据43.96%，当时处于殖民统治下的我国香港和澳门地区分列第二、三位，贸易量分别占总量的29.69%和9.01%。三者贸易量的差距在20%左右。渔业贸易的空间范围突破传统的东亚、东南亚一带，国土横跨欧亚的俄罗斯及北美洲的美国、加拿大都是我国水产品进口的主要对象。在接下来的10年里，日本仍居我国水产品进口首位，并且贸易量占据总量的一半以上。新加坡和香港地区紧跟其后，贸易量分别占15.09%和14.03%，后者第二的位置被新加坡取代，二、三位贸易量相差不大。渔业贸易范围与上一个10年基本相同。日本位列各国家和地区之首的原因，不仅因其与我国距离较近,也与日本利用其先进的渔轮业对我国"侵渔"有关。"日本每年在我国东海、黄海所捕之鱼,仅拖网渔轮一项,平均数量已有 16 398.084 贯(一贯合我国六斤四两),价值日金 9 403 272 元。"①"日本手操网渔轮一项,至上海侵渔情形而论,则以民国十八至二十年最为猖獗,计有渔轮三十八搜。……平均每月达二十八艘,以最少数,每年每艘鱼值三万元,计则每年被侵损失达八十四万元。"②日本"侵渔"不仅是在我国领海越界捕鱼,同时还利用不平等条约中的免税条款,将渔获运到我国销售,对我国本土渔业捕捞和市场造成很大冲击。

全面抗战期间,日本仍然位居我国水产进口国家和地区之首,并且随着战争深入,对我国沿海渔业资源的掠夺和控制也逐渐增加,同时将日货倾销到我国水产市场,我国沿海渔业遭到前所未有的破坏。"日本蓄意侵我渔权已久,日渔民乘日舰扰乱浙东之际,受日本政府之予以种种便宜,乘机向舟山群岛侵渔,……每日所捕之鱼,为数颇巨,均行销于上海市。"③值得注意的是,从数据上来看,日本战时输入我国的水产品,所占比重小于战前,这与日本对我国水产市场的垄断成反比。造成这一矛盾现象的原因,笔者推测与日本入侵东南亚国家、控制东南亚的水产市场有关。"1941 年 12 月 8 日到 1942 年 5 月,日本占领和控制了整个东南亚。"④所以图中的新加坡、菲律宾、荷属东印度等国的水产进口份额也可视为日本出产,而当时早已在日本控制下的"关东州"和朝鲜更不必说。综上可见日本在战时对我国水产市场的垄断程度。此时欧美国家进口方面仅剩美国,其所占份额从战前的第四位降至第七位。

抗战结束后,日本失去了对我国水产市场的控制,进出口渔业贸易份额从长期以来居于首位,占据我国水产进口市场份额半数以上,跌落至第六位,市场份额仅占 1.88%。"由于日本的战败和上海贸易地位的缓慢恢复则减少了香港的竞争对手。"⑤此时作为英美转口贸易港的香港成为内地水产进口的主要来源地。新加坡、荷属东印度分列二、三位,美国恢复到第四位。战后,我国渔业恢复阶段多依赖于"联合国善后救济总署","联总现已在巴西、墨西哥、加拿大、澳洲及美国等地,搜集此项渔具。此外联总又向美定购配备齐全之渔轮百艘,并拟在美设置修例及造船坞三十四处,筑造帆船六千艘及修理破旧舰艇七千艘,造成后即运来我国"⑥。所以战后我国水产进口市场多仰给于欧美和东南亚等国。

综上所述,近代我国渔业进出口贸易的主要国家和地区除东亚、东南亚外,范围拓展到欧美国家,渔业贸易空间真正地拓展到全球范围。在全面抗战前、全面抗战期间和战后分别呈现出不同态势。全面抗战前,日本占据首位,欧美各国紧随其后(含殖民地及其实施殖民统治的地区),其次是东南亚一些国家和地区。全面抗战期间,日本仍居首位,太平洋战争爆发后,日本加大了对东亚、东南亚国家渔业资源的侵略和掠夺,殖民地和水产市场被其占据,许多国家和地区进口数据名实不副。欧美国家无暇东顾,市场份额逐渐减少。战后,日本由于战败失去战前和

---

① 《日本拖网渔轮在我国侵渔概况》,《渔况》1932 年第 39 期,第 9 页。

② 《日本渔轮在沪侵渔现状》,《中行月刊》第 4 卷第 6 期,1932 年,第 122 页。

③ 《日渔轮四十余侵夺舟山群岛渔业》,《申报》1939 年 4 月 3 日,第 10 版。

④ 高芳英:《二战期间日本对东南亚的侵略、奴役和掠夺》,《苏州大学学报(哲学社会科学版)》1995 年第 3 期,第 21 页。

⑤ 张晓辉:《香港近代经济史(1840—1949)》,广州:广东人民出版社,2001 年,第 488 页。

⑥ 蔚熙:《联合国善后救济总署对我国渔业及工业之救济工作》,《河北省银行经济半月刊》第 1 卷第 6 期,1946 年,第 4 页。

战时的领先地位,香港地区一跃占据内地水产进口市场份额首位,并且战后渔业恢复多仰赖于欧美等国,所以我国渔业进出口贸易呈现出以欧美等国(及其殖民统治地区)为主、东南亚国家次之的局面。

二、我国各口岸进出口渔业贸易重心的变迁

我国近代经济地理的格局经历了"由东向西、由边向内"①的空间上的转变。近代以来,沿海、沿边开放的通商口岸成为中外国际贸易的重要窗口,也顺理成章地成为经济格局变迁的前沿地带。樊如森通过梳理近代以来中日间主要对外贸易枢纽港的变迁,揭示了两国外贸重心的摆动趋势以及海陆交通和进出口贸易的演化特点。② 王哲利用各港口进出口贸易数据,对港口的海向腹地进行研究,解释了不同沿海枢纽港之间规模差异的原因。③ 所以,通过对各口岸长时段进出口渔业贸易数据的分析,可以了解各口岸的渔业贸易情况以及贸易重心的演变趋势。

表 3　1864—1947 年各海关进出口贸易统计总数及各海关所占比重

年份 / 进出口 / 海关	1864—1894		1895—1936		1937—1942		1946—1947		总　数
	进口	出口	进口	出口	进口	出口	进口	出口	
上海	8 762 895	9 782 376	7 895 302	19 467 912	64 942.42	9 136 214	8 382	83 168.28	55 201 192.3
芝罘	16 484 395	2 752 802	3 802 901	1 654 964	16 355.15	171 848.6	93 290	563 816	25 540 371
九龙	452 908.4	5 097 106	7 038 529	9 845 224	6 767.879	343 564.2	68 363	50 904.98	22 903 368
拱北	40 593.64	1 868 140	1 040 420	12 885 989	12 938.18	94 912.12	1 075	39 289.53	15 983 357.2
天津	17 791.6	1 549 334	263 267.2	7 241 730	604.848 5	2 254 035	140	843.133 3	11 327 746.4
汉口	293 859.8	3 807 461	513 046	6 265 547		278 673.3			11 158 587.2
广州	98 263.86	912 785.2	285 880.8	7 818 135	14 083.07	1 437 694	5 856	11 519.94	10 584 218.3
厦门	125 449	2 205 107	379 630.1	4 120 585	9 389.697	328 265.5	1 341	2 552.16	7 172 320
宁波	1 370 129	297 848.3	4 094 335	1 254 031		12 669.7			7 029 013
汕头	336 228.9	719 415.3	1 679 385	3 749 071	7 754.545	266 166.2	5 305	77 551.45	6 840 877
牛庄	2 760 701	748 460.7	926 821.4	1 190 735				1 022.891	5 627 740

① 吴松弟:《中国近代经济地理》第 1 卷《绪论和全国概况》,第 468 页。

② 樊如森、郭婷:《近代中日外贸枢纽港的空间位移与东北亚市场整合》,《江西社会科学》2020 年第 12 期,第 101—113 页。

③ 王哲:《近代中国港口的海向腹地研究》,《史学月刊》2021 年第 6 期,第 30—41 页。

续 表

海关 \ 年份 进出口	1864—1894		1895—1936		1937—1942		1946—1947		总 数
	进口	出口	进口	出口	进口	出口	进口	出口	
九江	9 177.3	2 367 706	23 000	3 059 668		236.969 7			5 459 788
福州	18 385.2	855 220.7	257 877.6	3 249 540	418.181 8	232 304.8	331	846.372 1	4 614 924
胶州			320 602.3	2 939 561	6 241.818	1 071 026	443	193.852 1	4 338 069
大连			593 235	3 254 717					3 847 952
江门			99 954.88	2 695 290	10 673.94	244 644.2	326	9 011.472	3 059 901
三水			41 239.88	2 513 534		42 173.94			2 596 948
宜昌	100 240.3	319 785.1	436 810.1	1 031 076		541.212 1			1 888 452
镇江	10 173.39	496 056.5	110 449.5	1 083 802		27 077.45			1 727 559
梧州			101 260	1 240 220	0.606 061	101 035.8		47.030 3	1 442 564
重庆	2.15	82 350.67	13	1 193 145		43 255.76		39.854 55	1 318 806
安东			44 316	1 263 123					1 307 439
北海	62 953.36	20 219.35	1 115 515	33 434.56	755.151 5	14 594.55	651	63.62	1 248 187
长沙			232	1 103 325		2 618.182			1 106 175
杭州			195 409	601 843.8					797 253
温州	11 195.73	78 683.01	165 986.4	490 157.7	210.303	7 473.939			753 707
琼州	28 384.67	4 145.49	432 053.3	260 027.5	1 744.848	10 747.27			737 103
秦皇岛			885.878 8	478 121.2	3.636 364	30 282.81		1.818 182	509 295
哈尔滨			22 604	603 519					626 123
雷州			193.939 4	3 828.485	502.424 2	46 212.05	786	34.955 15	51 557.9
绥芬河			1 444	502 831					504 275
满洲里			416 176	69 454					485 630
龙井村			2 260	457 226					459 486
芜湖	396.92	41 816.26	141 159.3	269 916.3		58.787 88			453 348
南京			19 303	293 048.3				0.03	312 351
沙市			5 839	272 318.5					278 157
岳州			151	242 965.4					243 116

续 表

海关 \ 年份 进出口	1864—1894		1895—1936		1937—1942		1946—1947		总 数
	进口	出口	进口	出口	进口	出口	进口	出口	
台湾	34 613	163 985.5	417.7	10 778.78					209 795
蒙自	5.28	3 424.43		91 388.26		77 844.85			172 663
万县			35 788	107 152.8		308.484 8			143 249
三都澳			10 895	109 633.7	6.666 667	1 395.152			121 931
珲春			172	102 048					102 220
苏州			553	80 222.45					80 775.5
龙口			300.575 8	58 425.84	144.848 5	1 757.576			60 628.8
腾越(腾冲)①			17	32 090.5	10.909 09	4 279.394	4	127.742 1	36 529.5
南宁			362	30 137			287	698.737 9	31 484.7
瑷珲			4 326	24 707					29 033
龙州			40.606 06	4 986.842		14 720.61			19 748.1
昆明				8 082				52.661 82	8 134.66
三姓			81	8 225					8 306
威海卫			1 947.879	1 212.424	2 260	1 675.758			7 096.06
大东沟			3 245	2 348					5 593
思茅			153	154.242 4		595.151 5			902.394
新疆								27.060 3	27.060 3
沈阳								0.75	0.75

注：1943—1945 年数据暂缺。哈尔滨数据包含属关，芝罘含烟台数据，牛庄含营口数据，九龙含广九铁路数据。

资料来源：由《中国旧海关史料(1859—1948)》《美国哈佛大学图书馆藏未刊中国旧海关史料(1860—1949)》中历年逐海关统计得出。

依据表 3 可知，进口方面，1864 年至 1936 年，近代渔业贸易逐渐从沿海口岸向东北、西南陆路边关以及长江流域内部逐渐深入。逐渐形成北部以天津、芝罘、牛庄三口为核心的北方渔业贸易中心，中部以上海、汉口为核心的长江流域渔业贸易带，南部以广州、澳门、香港为核心的东南渔业贸易带；东北、西南分别形成以黑龙江哈尔滨、满洲里、瑷珲等关和云南蒙自、腾越、思茅三关为核心的沿边渔业贸易带。

1937—1942 年，全面抗战爆发后东北地区受日本侵略影响，“哈尔滨、牛庄、安东、龙井村各

① 1942 年，腾越关与蒙自关合并成立昆明关，改腾越关为腾冲分关。

海关封闭,其在各海关应征合法关税,暂由国内别处海关征收”。东北的渔业贸易实际上处于伪满政权控制之下。此外,长江流域的渔业贸易也受影响较大,长江流域渔业贸易港口较战前,从数量最多的12个降至7个。“上海沦陷以后,江海关已同躯壳。一切进出口贸易的中心,早移内地,中国主要的关税收入与贸易中心,已在西南的各大口岸,而不复在上海。”东南沿海以及西南各关在战争初期尚未受到影响。“当战事初起之际,因贸易重心,随金融而内移,于是粤南之香港乃取而代之,成为华南出入口货必经之要冲,一切出口货物交易俱集中于香港,出入口贸易激增为近年所罕见,惟自广州沦陷后,香港贸易顿成萎缩之势,贸易重心重返上海。”可见受战争影响,此时渔业贸易重心出现了自东北向东南衰退,由沿海向西南、内地紧缩的趋势。

1946—1947年,受战争影响,战后渔业贸易格局呈现出新的特点,渔业贸易多集中在渤海湾、东南沿海一带,东北、长江流域未能恢复战前的繁荣景象。值得注意的是,西北方面出现新疆这一贸易口岸。新疆海关于1944年设立,所以在战前与战时渔业进口贸易分布分析中并未出现。“财部海关副总税务司丁贵堂,于年初奉命来新筹设海关,刻已圆满完成任务。……从此中苏与中印之间国际贸易其经由新疆者,均有正途可循。”

出口方面,1864—1947年我国渔业出口贸易与进口贸易相似,经历了战前的繁荣发展,战争期间的萧条和战后的复兴三个阶段。渔业出口贸易格局,战前主要集中在山东和长三角的上海、宁波等地,广州、拱北、香港等珠三角港口在渔业出口贸易中占比较少,分布范围向沿海、沿边陆路口岸和长江中上游等地逐渐扩展。战时受战争影响,渔业出口主要集中在山东、上海、广州三个沿海区域,长江中上游以及沿边陆路口岸出口贸易基本断绝。战后,渔业出口贸易的重心向南方转移,山东等北方口岸出口逐渐减少,上海、东南沿海、广州珠三角等地比重逐渐提升。综合来看,我国渔业出口贸易在战前由沿海向内地扩展,战时和战后渔业出口贸易重心逐渐南移,分布上逐渐收缩到沿海一带。

综合渔业进出口贸易的比重和分布情况,1861—1947年,基本形成三个渔业贸易的中心,即北部的天津、山东,东部以上海为中心的长三角一带,以及南部以广州为中心的珠三角一带。通过三个渔业贸易中心长时段的比较,可以发现上海所占比重远超另外两处。换句话说,19世纪60年代,在渔业贸易方面,上海已经逐步取代“一口通商”的广州,成为全国渔业贸易的中心。近代渔业进出口贸易的总体格局经历了战前从沿海向沿江、沿边扩散,战时向东南和内地倾斜,战后又回到沿海各口的过程。

三、水产品交易种类的变迁

我国对于水产品进出口贸易的数量和种类统计较晚,正如李士豪和屈若骞在《中国渔业史》中所描述的:“国际贸易之统计,则在现行关税制成立以前,疏难考证。旧时所有海外贸易输入品,多以纳贡视之,故无从得资为统计之材料。”①清代朝贡贸易衰落后,私人海外贸易兴起,贸易的水产品才从充满朝贡色彩的玳瑁、珍珠、砗磲、珊瑚等名贵产品向贸易性更强的地方大宗水产品带鱼、黄鱼、鱼翅等转变。

---

① 李士豪、屈若骞:《中国渔业史》,王云五等主编《中国文化史丛书》第2辑,第170页。

表4 1861—1911年主要口岸进口最多水产种类比较表

地区	口岸	水 产 名 称
东北	牛庄	海带(俄日产)、鱼翅、洋菜
	大连	咸干鱼
	绥芬河	咸干鱼
	瑷珲	鱼罐头、鲜鱼
	三姓	咸鱼
	哈尔滨	鲜鱼
	珲春	鲜鱼、海带丝
	丹东	黑海参
	龙井村	咸干鱼
	安东	鲜鱼
长江流域	上海	海带(日产)、鱿鱼墨鱼、咸干鱼
	苏州	虾米虾干、鱼皮
	镇江	海带、海菜石花菜、海蜇
	南京	海带(日产)、黑海参
	芜湖	海带、海菜石花菜、海蜇
	九江	海带、咸干鱼、鱿鱼墨鱼
	汉口	鱿鱼墨鱼、海带(日产)、海蜇
	长沙	海带
	岳州	海带、海蜇、鱿鱼墨鱼
	宜昌	海带、海菜石花菜、鱿鱼墨鱼
	重庆	海带、海菜石花菜、鱿鱼墨鱼
	沙市	海带(日产)、海菜石花菜
台湾	淡水	虾米虾干、鱿鱼墨鱼、咸鱼
	打狗	鱿鱼墨鱼、咸干鱼、海参
河北山东	天津	海带(日产)、黑海参、海菜石花菜
	秦皇岛	海菜石花菜、海带丝、黑海参
	芝罘	海带(俄日产)、黑鱼翅、洋菜
	胶州	虾米虾干、海带丝、咸鱼
东南沿海	宁波	海带(日产)、海菜石花菜、咸干鱼
	杭州	虾米虾干、海带(日产)、鱼翅
	温州	海带(日产)、咸鱼、白海参
	福州	咸干鱼、海带、海菜石花菜
	厦门	各种鱼(鲜鱼、咸干鱼等)、虾米虾干、鱿鱼墨鱼
	三都澳	咸干鱼、海带丝、海带
	汕头	咸干鱼、鱿鱼墨鱼、黑海参
	广州	鱿鱼墨鱼、黑鱼翅、咸干鱼
	江门	咸鱼
	琼州	虾米虾干、蛎壳、鱿鱼墨鱼
	三水	鱿鱼墨鱼、咸鱼、虾米虾干
	九龙	咸干鱼、鱿鱼墨鱼
	拱北	咸鱼、虾
西南	蒙自	海带(日俄产)、鱿鱼墨鱼、虾米虾干
	腾越	咸鱼
	南宁	鱿鱼墨鱼
	梧州	咸鱼、鲍鱼
	北海	海带、海菜石花菜、蛎壳
	龙州	咸鱼、鱿鱼墨鱼、海带(日产)

注：此表进口所指包含国外商品进口和本土商品进口两部分，进口最多水产品种类选取上，取每种水产品进口总数前三位。海带一项包含海带丝等不同种类的海带，“日俄产”是指进口日本产海带多于进口俄国产海带，“俄日产”是指进口俄国产海带多于进口日本产海带。后文相同，不再赘述。

资料来源：《中国旧海关史料》1861—1911年各关进口水产数据。

通过表 4 可知,东北地区的口岸进口水产品的主要种类为鲜鱼、咸干鱼。河北、山东黄渤海一带,主要以进口俄日产的海带、黑海参以及海菜石花菜为主。长江流域各口岸主要进口海带,尤其是日本产的海带,此外还有鱿鱼墨鱼、海菜石花菜等。东南沿海各口岸主要进口的水产品种类为咸干鱼、鱿鱼墨鱼、海菜石花菜和虾米虾干等。台湾的两个口岸主要进口鱿鱼墨鱼、虾米虾干和咸干鱼。西南地区主要进口日俄产的海带、鱿鱼墨鱼、咸鱼等。不同的区域,进口水产品的种类各有侧重,以海带为例,日本的海带不仅贩卖到东北的牛庄,黄渤海沿岸的天津、芝罘,东南沿海的宁波、杭州、温州等地,而且深入到长江流域的上海、南京以及中上游的汉口、沙市等口岸,更远销到西南地区的蒙自、龙州等口岸。

表 5 1861—1911 年主要口岸出口最多水产品种类比较表

地区	口岸	水产品名称	地区	口岸	水产品名称
东北	大连	干鱼	东南沿海	宁波	鱿鱼墨鱼、咸鱼、海蜇
	三姓	咸干鱼		杭州	虾米虾干
	哈尔滨	鲜鱼		温州	海带(日产)、虾米虾干、鱼肚
	满洲里	咸干鱼		福州	他类鱼介海味、咸干鱼、鱼皮
	牛庄	咸干鱼、海参、虾米虾干		三都澳	鱿鱼墨鱼、鲜鱼
河北山东	天津	咸干鱼、鱼骨、虾米虾干		厦门	牡蛎干、咸干鱼、鱿鱼墨鱼
	秦皇岛	咸鱼		汕头	蛎壳、咸干鱼、鱿鱼墨鱼
	胶州	咸鱼、鱿鱼墨鱼		广州	虾米虾干、牡蛎干、鱿鱼墨鱼
	芝罘	咸鱼、鱿鱼墨鱼、虾米虾干		琼州	咸干鱼、鱿鱼墨鱼、海菜石花菜
长江流域	上海	海蜇、鱿鱼墨鱼、咸干鱼		九龙	咸干鱼、蛎壳化石
	镇江	鱿鱼墨鱼、虾米虾干、干鱼		拱北	咸干鱼、鱿鱼墨鱼、海菜石花菜
	芜湖	虾米虾干	西南	北海	鱿鱼墨鱼、蛎壳、咸干鱼
	九江	咸鱼、鱿鱼墨鱼、海带		蒙自	黑海参、虾米虾干
	汉口	海带、鱿鱼墨鱼、咸鱼		龙州	咸干鱼
	宜昌	海蜇、咸干鱼	台湾	淡水	海菜石花菜
				打狗	海菜石花菜、鱼肚、海带

注:此表出口所指包含出口和再出口两部分,在水产品种类的选取上,取每种水产品出口总数前三位。
资料来源:《中国旧海关史料》1861—1911 年各关出口水产数据。

水产品出口方面,我国各口岸 1861—1911 年出口到国外的水产品种类如表 5 所示:东北地区出口的水产品主要为咸干鱼、鲜鱼、虾米虾干、海参等。河北、山东黄渤海沿岸港口出口咸干鱼、鱿鱼墨鱼、虾米虾干、鱼骨等。长江流域各口出口的水产品主要有咸干鱼、鱿鱼墨鱼、虾米虾干等。东南沿海各口出口的水产品种类有鱿鱼墨鱼、咸干鱼、海菜石花菜、虾米虾干、牡蛎制品等。西南地区出口的水产品主要为鱿鱼墨鱼、咸干鱼、黑海参、蛎壳、虾米虾干等。台湾出口海菜石花菜、鱼肚、海带。综上，我国出口的水产品种类，各个地区虽然有些差异，但整体看来，出口的水产品主要为咸干鱼、鱿鱼墨鱼、虾米虾干等，此外，还有少数的海参、牡蛎制品等。

通过表4、表5可知近代开埠以后我国水产品进出口贸易情况，反映出各口岸水产品消费情况。当然，水产品进出口贸易，不仅要了解进出口水产品种类，还需要对水产品进口来源地以及出口运销地作进一步的探究。

表6 1918—1933年进口水产种类及来源

名称	海参	咸青鳞鱼	鱼翅	鱼胶洋菜	散装鲍鱼	鱿鱼墨鱼	干鲞鱼	鲜鱼
国家/地区	香港地区	加拿大	日本	日本	日本	香港地区	日本	日本
国家/地区	日本	美国	香港地区	香港地区	美国	日本	关东租借地	香港地区
名称	干鱼、烟熏鱼	(散装)虾干虾米	(散装)淡菜、干蛎、干蛏干	鱼介海味(除海参、鱼胶洋菜、海带、海菜)	江瑶柱(干贝)	海带、海菜石花菜	未列名、鱼介海产	未列名、咸鱼
国家/地区	日本	香港地区	香港地区	香港地区	日本	日本	香港地区	香港地区
国家/地区	安南	新加坡	日本	日本	香港地区	俄国	日本	日本

注：进口来源国家或地区仅取总数前两位。
资料来源：《中国旧海关史料》1918—1933年进口水产数据。

表6中列举了《中国旧海关史料》中1918—1933年统计的水产品进口的种类以及来源地。除了来自加拿大、美国的咸青鳞鱼，美国的散装鲍鱼，安南的干鱼、烟熏鱼，新加坡的散装虾米虾干，俄国的海带、海菜石花菜外，另外较多的均有我国香港地区和日本，如海参、鱼翅、鱼胶洋菜、海带海菜、干鲞鱼、鲜鱼等。日本利用地缘优势，距离我国较近，成为近代以来我国水产品进口贸易的主要市场。我国香港地区自晚清以来便成为重要的中转贸易的港口，所以香港并不是最原始的起点。①

① 关于香港转口贸易的研究，参见毛立坤《试析晚清时期香港在上海口岸外贸领域发挥的中转功能》，《安徽史学》2017年第1期，第76—84页。

表 7　1918—1933 年出口水产种类及运销地

名称	鲜　鱼	干鱼咸鱼	蚶子蛤蜊	鱿鱼墨鱼	虾米虾干	鱼　翅	渔　网	未列名鱼介海产品	罐头鱼介海产
国家/地区	香港地区	香港地区	香港地区	香港地区	香港地区	香港地区	新加坡	日本	香港地区
国家/地区	澳门地区	日本	澳门地区	新加坡	朝鲜	日本	日本	香港地区	新加坡

注：运销地仅取总数前两位。
资料来源：《中国就海关史料》1918—1933 年出口水产数据。

如表 7 所示，近代我国内地水产品出口的运销地主要为我国香港、澳门地区及日本、新加坡、朝鲜等地。出口的范围基本为我国港、澳地区及邻近的国家。如前文所述，香港地区作为贸易的中转地，并非运销地的终点，所以虽然其出现次数较多，但出口最主要的对象仍为日本，主要出口的水产品为咸干鱼、鱿鱼墨鱼、虾米虾干等。

综上所述，近代以来我国水产品进口的种类主要有海带、鱿鱼墨鱼、海菜石花菜、咸干鱼等，出口的水产品为咸干鱼、鱿鱼墨鱼、虾米虾干等。进口来源地主要有我国香港地区及日本、加拿大、美国、俄国、安南等国，出口的运销地主要为我国香港、澳门地区及日本、新加坡、朝鲜等国。

总　结

近代以来，我国渔业贸易格局经历了前所未有的变化，渔业贸易空间范围拓展到加拿大、美国等美洲范围，到达朝贡贸易时期所不及之处。渔业贸易的主要对象在全面抗战前、全面抗战期间和战后发生了重大的转变，但综合来看，日本是与我国进行渔业贸易的最主要的国家。近代以来，通商口岸的开放经历了从五口到百余口的数量上的增长，同时，格局上经历了从沿海向东北、西南、长江中上游等沿海、沿边、内地扩展，到向东南沿海和西南边地紧缩，以及向沿海港口恢复和发展的三个阶段。近代我国水产品进出口贸易格局呈现如此状况，与抗日战争的因素密不可分。与此同时，水产品进出口种类形成进口以海带、海菜石花菜、咸干鱼为主要，出口以咸干鱼、鱿鱼墨鱼、虾米虾干等为主的格局。

20世纪上半叶中美远洋轮船航运初探*

宋青红**

摘　要：20世纪上半叶，从中国到美国主要有两条航线，一条是大西洋航线，另一条是太平洋航线。太平洋航线赴西海岸也有两条路线。一战后，在中美航线上营运的美商轮船公司有华洋轮船公司代理的哥伦比亚公司和苏丹公司，华茂生洋行代理的佛兰克公司，宝达洋行代理的福泰轮船公司，等等；英商轮船公司有怡和代理的爱拉曼轮船公司和太古代理的蓝烟囱公司等。抗战前夕往返中美之间的远洋航线主要以太平洋航线为主，由美国邮船公司、日本邮船会社、大来轮船公司、昌兴轮船公司、美国总统轮船公司和中国的航运公司承运。此外，日本还有其他一些轮船公司，中国航运公司"南京"号、"尼罗"号和"中国"号也曾经营中美航线。20世纪30年代，各国航运公司的轮船纷纷加价竞争，30年代初往返中美航线的轮船越来越多，于是各航运公司纷纷展开降价竞争。全面抗战爆发后，特别是珍珠港事件后，很多商用轮船被征用，中美航线上的轮船逐渐减少，直至战后才逐渐恢复。

关键词：中美航线；远洋航行；航运公司；留美学生

学术界关于近代中国留美学生的研究成果较多，①然而对留美学生赴美之旅及回国之程研究较少。近代中国留美学生赴美多乘坐轮船。而轮船乘坐时间较长，在船上的生活起居及结成的情谊值得关注。学术界关于航运史的研究，多从贸易史、经济史、金融史的角度研究航运与贸易的关系，并探讨航运业及近代化的关系，鲜有从社会史的角度探讨轮船客运业的发展。② 罗安妮的《大船航向：近代中国的航运主权和民族建构（1860—1937）》，以蒸汽轮船——这一19世纪中叶被外国列强引入中国的存在——作为条约体系的构成要素来阐明政权的概念和具

---

* 本文系上海市社科规划一般项目"近代中国留美女学生群体研究(1872—1949)"(2019BLS011)的阶段性成果。

** 宋青红，上海理工大学马克思主义学院副教授、硕士生导师。

① 王奇生：《中国留学生的历史轨迹(1872—1949)》，武汉：湖北教育出版社，1992年；[美] 史黛西·比勒：《中国留美学生史》，张艳译，张猛校订，北京：生活·读书·新知三联书店，2010年；[美] 叶维丽：《为中国寻找现代之路：中国留学生在美国(1900—1927)》，周子平译，北京：北京大学出版社，2012年。

② 苏全有：《近十年来我国近代航运史研究综述》，《南通航运职业技术学院学报》2004年第4期；夏巨富：《近八十年来香港航运史研究综述》，《石家庄经济学院学报》2013年第4期；张泽咸、郭松义：《中国航运史》，北京：文津出版社，1997年；顾家熊、聂宝璋编：《中国近代航运史资料》第1辑，上海：上海人民出版社，1983年；聂宝璋、朱荫贵编：《中国近代航运史资料》第2辑"1895—1927"，北京：中国社会科学出版社，2002年。

体方面,探讨中国的独特经验,中国在其他方面与殖民主义的相关性,以及它与全球进程的关系。①

关于远洋航运史和远洋航运公司的研究,日本航运史研究相对多一些,②美国航运史研究成果相对较少。Alex Roland考察了美国沿海和内陆水道的远洋航运和国内航运,并解释了影响船舶航向的力量。其结果是让人们大开眼界地审视美国的航海历史,以及它帮助塑造国家历史的方式。③ 美国六位杰出的海洋历史学者从各自研究领域撰写的《美国与海洋》跨越几个世纪,从美国周围的海洋以及将其广阔的内陆与海岸连接起来的河流和湖泊的基本角度,提供了美国的新历史。④ 埃里克·杰·多林(Eric Jay Dolin)的《美国和中国最初的相遇:航海时代奇异的中美关系史》,从第一艘抵达中国广州的美国船说起,关注美国独立之初热衷对清朝的茶、丝绸、瓷器以及鸦片贸易,描绘了诸多中美关系历史趣闻。⑤ John Niven 的 *The American President Lines and Its Forebears, 1848 - 1984* 一书,以翔实的史料介绍了美国总统轮船公司的历史沿革。论者指出,美国邮船公司(American Mail Line,又叫提督轮船公司)赴北京的航线既描述又破坏了美国文化认同、国家政策、工业发展以及移民和劳工史的潮流。最重要的是,它建立的美国在太平洋中所扮演的角色,挑战了美国政治制度赖以建立的道德基础。⑥

松浦章、何娟娟研究近代中国与日本的轮船公司及对中国的影响。⑦ 朱荫贵在其专著《中国近代轮船航运业研究》中涉及"外国在华航运业"。⑧ 郑会欣以董浩云为中心,介绍中国远洋航运史。⑨ 陈志刚研究抗战时期美国在华撤侨行动,部分涉及美国撤侨用的邮轮情况。⑩ 李玉铭研究1850—1941年上海远洋航运业发展过程中轮船企业的竞争、船舶的更替、航线的扩大以及远洋贸易结构的变革,探讨上海远洋航运业的发展与变迁对近代上海城市变迁的影响,指出上海远洋航运对孤岛时期上海工业的发展起到推动作用。他认为抗战时期的上海远洋航运的繁荣程度甚至已超过战前。⑪

---

① [美] 罗安妮:《大船航向:近代中国的航运主权和民族建构(1860—1937)》,王果、高领亚译,北京:社会科学文献出版社,2021年。

② [日] 松浦章编著:《近代东亚海域交流:航运·商业·人物》,台北:博扬文化事业有限公司,2015年。

③ Alex Roland, *The Way of the Ship: America's Maritime History Reenvisoned, 1600 - 2000*, John Wiley & Sons Inc., 2007.

④ Benjamin W. Labaree et al., "America and the Sea: A Maritime History", *The American Maritime Library*, Vol. 15, 1998.

⑤ [美] 埃里克·杰·多林:《美国和中国最初的相遇:航海时代奇异的中美关系史》,朱颖译,北京:社会科学文献出版社,2013年。

⑥ Mary C. Greenfield, "Benevolent Desires and Dark Dominations: The Pacific Mail Steamship Company's SS City of Peking and the United States in the Pacific 1874 - 1910", *South California Quarterly*, Vol. 94, Issue 4, 2012, pp. 423 - 478.

⑦ [日] 松浦章、何娟娟:《近代中国与日本的轮船公司》,《淮阴师范学院学报(哲学社会科学版)》2020年第4期。

⑧ 朱荫贵:《中国近代轮船航运业研究》,北京:中国社会科学出版社,2008年。

⑨ 郑会欣:《董浩云与中国远洋航运》,香港:中华书局有限公司,2015年。

⑩ 陈志刚:《1940—1941年美国在华撤侨行动初探》,《抗日战争研究》2015年第3期;陈志刚、张生:《抗战初期美国在华撤军决策与行动》,《安徽史学》2013年第6期,第22—30页。

⑪ 李玉铭:《远洋航运与上海城市变迁(1850—1941)》,上海师范大学博士学位论文,2018年;李玉铭:《抗战时期上海远洋航运探析(1937—1941)》,《史林》2017年第2期;李玉铭:《促进与发展:远洋航运与孤岛时期上海工业》,《都市文化研究》2022年第1期。

对于中美航运史，苏生文也简略提及中美太平洋航线的邮轮情况。① 松浦章曾研究 19 世纪 60—90 年代的中美航线，介绍 19 世纪末北美的航运公司与北太平洋航路，着重介绍从上海到北美洲的航线及船客相关情况，②尤其是太平洋邮船公司从上海到美国的定期航班。③ 然而，学界对于 20 世纪的中美航线，鲜少研究。本文拟在搜集整理留美学生赴美记录的基础上，梳理 20 世纪航行于中美之间的主要轮船和航运公司的基本情况，探讨 20 世纪上半叶中美之间的远洋轮船航线、主要航运公司及轮船情况。

一、19 世纪下半叶中美航线开辟及航运情况

作为远东第一商业中心的上海曾出现过"邮轮竞渡"的景象，很大程度上促进了上海滩的繁荣，悄然间拉近上海与世界的距离。中美之间的航运有太平洋航线和大西洋航线。早在 1847 年，美国海军事务委员会的巴特勒·金就力主开辟由旧金山到上海、广州的定期航线，目的在于"建立从美国西海岸经由太平洋直接到达中国的新的运输体系，改变过去经由大西洋的迂回运输"④。这个计划推迟到 1865 年才获得国会通过，1867 年，美国太平洋邮船公司（The Pacific Mail Steamship Company）⑤才建立太平洋航线，⑥当时由美国政府给予"这条航线一笔为期 10 年，共为 450 万美元的津贴"⑦。从旧金山途经上海到香港的太平洋航线正式建立。

当月，该公司派轮船"科罗拉多"号首航中国上海（从旧金山出发，经夏威夷、横滨），"开创了一项新事业"。⑧ "1867 年 1 月 1 日，'科罗拉多'（Colorado）号离开旧金山前往香港，她是行驶太平洋定期航线的第一艘轮船。"⑨这艘船途经日本，福泽谕吉即乘此船赴美。他描述，这"是一

① 苏生文：《中国早期的交通近代化研究（1840—1927）》，上海：学林出版社，2014 年，第 77 页。

② ［日］松浦章：《19 世纪末北美的轮船公司与北太平洋航路——从上海到北美洲》，上海中国航海博物馆编《丝路的延伸——亚洲海洋历史与文化》，上海：中西书局，2015 年，第 71 页。

③ ［日］松浦章：《太平洋邮船公司从上海到美国的定期航班》，《近代中国》第 22 辑，上海：上海社会科学院出版社，2013 年，第 101—119 页。

④ 丁日初主编：《上海近代经济史（1843—1894）》第 1 卷，上海：上海人民出版社，1994 年，第 108 页；汪敬虞：《十九世纪西方资本主义对中国的经济侵略》，北京：人民出版社，1983 年，第 262 页。

⑤ 美国太平洋邮船公司（Pacific Mail Steamship Co.）是 1848 年 4 月由纽约商人组织，并获得纽约州政府许可而成立的合资公司。日本门户开放后，设置了经由日本横滨前往香港的航路，还开设了从旧金山起航经由日本到达上海的航路。参见［日］松浦章《太平洋邮船公司从上海到美国的定期航班》，《近代中国》第 22 辑，第 102 页。

⑥ ［美］泰勒·丹涅特：《美国人在东亚：十九世纪美国对中国、日本和朝鲜政策的批判的研究》，姚曾廙译，北京：商务印书馆，1959 年，第 494 页。

⑦ Daniel Henderson, *Yankee Ships in China Seas: Adventures of Pioneer Americans in the Troubled Far East*, New York: Hastings House, 1946, p. 193; China Imperial Maritime Customs, *Reports on Trade at the Treaty Ports in China for the Year 1866, Shanghai*, Shanghai: Customs' Press, p. 11；茅伯科主编：《上海港史（古、近代部分）》，北京：人民交通出版社，1990 年，第 161 页。

⑧ 顾家熊、聂宝璋编：《中国近代航运史资料》第 1 辑，第 306 页。

⑨ Arnold Wright, *Twentieth Century Impressions of Hong Kong, Shanghai, and Other Treaty Ports of China: Their History, People, Commerce, Industries, and Resources*, London: Lloyd's Greater Britain Publishing Company, Ltd., 1908, p. 203.

只四千吨的邮船,船上一切都很方便,真是一个极乐世界。第 22 天即到达旧金山”①。

从中国到美国主要有两条航线,一条是大西洋航线。据美国官方的移民记录,1820—1840 年,只有 11 位来自中国的移民在美国登陆。1841—1850 年,也只有 35 人进入美国。② 这些早期赴美的中国人,有的是“南辕北辙”行经印度洋—好望角—大西洋航线到达美洲东海岸的,如 1846 年中国第一位留学生容闳所走的路线不过 98 天,天气晴朗,绝少阴霾。容闳曾回忆说:“1847 年 1 月 4 日,予等由黄浦首途,船名‘亨特利思’(Huntress),帆船也,属于阿立芬特兄弟公司(The Olyphant Brothers)……船主名格拉司彼(Captian Gillespie)。时值东北风大作,解缆扬帆,自黄浦抵圣赫勒拿岛(St. Helena),波平船稳。过好望角时,小有风浪,自船后来,势乃至猛,恍若恶魔之逐人。……”③“舟既过圣赫勒拿岛,折向西北行,遇‘湾流’(Gulf Stream),水急风顺,舟去如矢,未几遂抵纽约。时在 1847 年 4 月 12 日,即予初履美土之第一日也。是行计居舟中凡 98 日,而此 98 日中,天气晴朗,绝少阴霾,洵始愿所不及。”④大体而言,走印度洋—好望角—大西洋到达美洲东海岸的这条航线虽然要比直接横渡太平洋远得多,但需跨越的两大洋——印度洋和大西洋的水域面积要比太平洋小得多,中途可以多次停靠休整,舒适度和安全性均比太平洋航线高。在当时,力图“建立从美国西海岸经由太平洋直接到达中国的新的运输体系,改变过去经由大西洋的迂回运输”,仍是美国航运界为之奋斗的目标。

另一条是太平洋航线。1847 年福建人林鍼乘坐的这条航线只需 40 日,比上一条航线缩短了一半的时间,不过当时航线充满风险。随着 1869 年横贯美国东西部的中央太平洋铁路贯通,从中国到达美国西部口岸后,不必再绕道美洲南端或巴拿马地峡就可以直达美国东部。从此,从中国去美国,若非有特别的安排,一般都是直接走北太平洋航线。大体上是从中国大陆南部某口岸出发,北上台湾海峡,开往台湾岛的北端,以避开东北季风;然后从日本列岛的东面,利用北纬的西风,在北纬 35—45 度之间横渡太平洋。航行时间完全依气候条件和洋流的情况而定,从香港到旧金山,短的航行纪录是 45 天,长的多达 115 天,一般需 2 个月左右。⑤

北太平洋航线的最佳途径,在很长的时间内,都在探索之中。1869 年 11 月 17 日,苏伊士运河通航,欧亚航行不必再绕道好望角,距离上缩短了 5 500—8 000 公里,航行时间缩短了一半。1871 年 4 月,欧洲到亚洲的海底电缆接通,上海与伦敦电讯可以直达。同时,上海与美国的电讯交通也建立起来,美国卡望尔(Caotle)、夏尔(Shire)和葛连(Glen)等轮船公司有轮船来往于伦敦与上海。19 世纪 80 年代初,美国远洋公司利用巴拿马铁路,又开辟了一条由纽约到上海的捷径。1887 年秋,英商昌兴轮船公司开辟了加拿大西岸的温哥华和维多利亚至上海、香港等远东港口的航线。1892 年,英商天祥洋行与美国北太平洋铁路公司联合经营一条自远东横贯太平洋至美国西北部华盛顿州塔科马的航线。⑥

伴随着太平洋邮船公司的通航,一大批美商轮船公司亦竞相开设通向上海的远洋航线。其中在 19 世纪末 20 世纪初数年间开设的航线有北太平洋邮船公司(Northern Pacific S. S. Co.)开

① [日]福泽谕吉:《福泽谕吉自传》,马斌译,北京:商务印书馆,1980 年,第 141 页。
② 邓蜀生:《关于美国华人历史的几点思考》,《世界历史》1988 年第 1 期。
③ 容闳:《我在中国和美国的生活》,恽铁樵、徐凤石等译,北京:东方出版社,2006 年,第 13 页。
④ 同上,第 14 页。
⑤ 陈翰笙主编:《华工出国史资料》第 7 辑,北京:中华书局,1984 年,第 99 页。
⑥ 茅伯科主编:《上海港史(古、近代部分)》,第 161 页。

辟的塔科马或波特兰与上海、香港航线，[1]波特兰亚洲轮船公司(Portland and Asiatic S. S. & Co.)开辟的波特兰与上海、香港航线，[2]加利福尼亚轮船公司(California S. S. Co.)在圣迭戈、旧金山和上海、香港间平均每月约一次作不定期航行，[3]巴勒轮船公司(Barbers Line of Steamers)开辟波特兰和上海航线。[4]

1905 年，大来洋行(Robert Dollar Co.)在上海开设分行，并备有 7 000 吨级的轮船 3 艘，在旧金山和上海、香港间作不定期航行。[5] 19 世纪 70 年代至 90 年代，太平洋航线上以美国、英国轮船为多，日本、俄国和加拿大轮船也占据一定的地位。[6] 此时美国最重要的轮船公司有美国旗昌轮船公司。[7] 1862 年 3 月 27 日，美商旗昌轮船公司在上海成立，是上海港第一家外商轮船公司，拥有各类船只 25 艘，船澳、码头、栈房 9 处，也称“上海轮船公司”。[8] 1877 年 1 月，由唐廷枢代表招商局与美国旗昌轮船公司签订正式合同，招商局以总价 222 万两白银买下旗昌所有产业，包括 7 艘海轮、9 艘江轮及各种趸船、驳船、码头、栈房以及位于上海外滩 9 号的办公大楼等，成为当时国内规模最大的轮船公司。[9] 该行的全部业务在 1891 年清理结束。

1919 年，美国船舶部宣布，将以“半客船 413 000 吨以至 415 000 吨”开辟美国太平洋沿岸与东亚之间的新航路。[10] 其中“行驶中美航路最久之美商邮船”[11]太平洋邮船公司一家，到 1921 年就承租了 22 万吨，[12]其中 1919 年租用 3 艘共载重 3.8 万吨的货轮加入中美航线；[13] 1920 年又由美国船舶部配以 5 艘各有 2.1 万吨的以“State”为名的快速大型轮船：“及美国船舶部成立，该公司租用该部最大之 535 级船(每船长 535 英尺)5 艘。”[14] 用以加强中美间邮船航线的争夺。另外又用以“West”和“Eastern”为船名的六七艘轮船开设途经大连、天津和上海的世界航班。[15]

1921 年，英国又新造 1.38 万吨“勃雷得”号巨轮，在原有欧洲航线的基础上开辟了经上海至美国旧金山的太平洋航线。[16] 20 世纪初期才有船只来中国的爱尔曼轮船公司和“美满”

① (日本)东亚同文会：《支那经济全书》第 7 辑，东京：东亚同文会编纂局，1909 年，第 654 页。

② Arnold Wright, *Twentieth Century Impressions of Hong Kong, Shanghai, and Other Treaty Ports of China: Their History, People, Commerce, Industries, and Resources*, p. 620；(日本)东亚同文会：《支那经济全书》第 2 辑，东京：东亚同文会编纂局，1908 年，第 499 页。

③ (日本)东亚同文会：《支那经济全书》第 7 辑，第 654 页。

④ (日本)东亚同文会：《支那经济全书》第 2 辑，第 500 页。

⑤ 茅伯科主编：《上海港史(古、近代部分)》，第 231 页；樊百川：《中国轮船航运业的兴起》，北京：中国社会科学出版社，2007 年，第 285 页。

⑥ 《中国经济发展史》编写组编：《中国经济发展史》第 2 卷“1840—1849”，上海：上海财经大学出版社，2016 年，第 895 页。

⑦ 同上，第 894 页。

⑧ 胡海建、张世红：《中国近代新经济的发展路径——企业家徐润研究》，哈尔滨：哈尔滨工程大学出版社，2013 年，第 143 页。

⑨ 盛承懋：《盛宣怀与湖北》，武汉：武汉大学出版社，2017 年，第 160 页。

⑩ 郭寿生：《各国航业政策实况与收回航权问题》，上海：华通书局，1930 年，第 63 页。

⑪ 张心澂：《帝国主义者在华航业发展史》，上海：日新舆地学社，1930 年，第 134 页。

⑫ 樊百川：《中国轮船航运业的兴起》，第 422 页。

⑬ 三艘轮船分别为：“伊克利伯士”号、“亚葛”号与“西凡加”号。参见《外洋轮船来沪汇志》，《时报》1919 年 1 月 16 日，第 5 版；《太平洋又多新船三艘》，《时报》1919 年 2 月 8 日，第 5 版。

⑭ 张心澂：《帝国主义者在华航业发展史》，第 134 页。

⑮ 樊百川：《中国轮船航运业的兴起》，第 421 页。

⑯ 《商轮近讯》，《时报》1921 年 10 月 30 日，第 6 版。

轮船公司①,一战后在怡和洋行的代理下,以联合经营的方式,分设中欧航线和中美纽约航线,分别经由苏伊士运河和巴拿马运河驶来上海。②

太平洋航线赴美国西海岸也有两条路线。1926年,留美学生徐正铿指出,当时中国留美学生赴美"航线分两路,一自上海直达北美加拿大之温哥华(Vancouver)或美国之西雅图(Seattle);一自上海经日本及檀香山群岛,抵旧金山。第一航线,时日较少,有时两线相差,至四五日者"③。中国没有自办的远洋航业,在战后短时间内赴美,仍要搭英美轮船。"从太平洋乘船去美国,有四个登岸的地方,一是温哥华(Vancouver,在加拿大境)。二为维多利亚(Victoria,亦在加拿大)。三为美国的西雅图(Seattle)。四为旧金山。去美国当然以在西雅图或旧金山上岸为较便。"④

二、20世纪上半叶中美航线主要航运公司

一战后,在中美航线上营运的美商轮船公司有华洋轮船公司代理的哥伦比亚公司(Columbia Pacific Shipping Co.)和苏丹公司(Sudden and Christensen)的船只,从事波特兰至上海间的航线;⑤华茂生洋行代理的佛兰克公司、宝达洋行代理的福泰轮船公司等,也恢复或新辟了美国到上海的航线。⑥

20世纪30年代在上海—纽约线上,英商主要由怡和代理的爱拉曼轮船公司(Ellerman & Bucknall S. S. Co.)和太古代理的蓝烟囱公司的船舶航行此线;⑦而美商则由大来洋行代理的丹波公司17艘轮船自纽约出发,沿大西洋海峡折至檀香山后至横滨、朝鲜、大连、青岛、上海一线航行。⑧ 北美线上主要有英商昌兴轮船公司的"皇后"号系列巨轮航行于上海和温哥华之间。⑨ 上海—旧金山航线以及上海—西雅图航线,则主要由美商大来轮船公司以"总统"系列号轮船与日商相对抗。⑩ 同时,大来轮船公司又以另外8艘"总统"号轮船,开世界航线。该航线

① 一些史料中,爱尔曼轮船公司亦被译作"戌典公司","美满"轮船公司亦被译作"'美蒙'轮船公司"或"'满美'公司"。参见《中美商轮之要讯》,《时报》1921年9月28日,第6版;《"满美"公司之"中蒙"航务纪》,《时报》1922年4月12日,第5版;《十六年上海中外航商续志》,《银行月刊》第8卷第3号"各埠市况",1928年,第39页。

② 《中美商轮之要讯》,《时报》1921年9月28日,第6版;《"满美"公司之"中蒙"航务纪》,《时报》1922年4月12日,第5版;《航业要讯》,《时报》1922年10月21日,第5版;《十六年上海中外航商续志》,《银行月刊》第8卷第3号"各埠市况",第39页。

③ 徐正铿:《留美采风录》,上海:商务印书馆,1926年,第1—3页。

④ 刘志宏编著:《赴美留学指导》,上海:商务印书馆,1946年,第24页。

⑤ 《航轮要讯》,《时报》1921年11月23日,第5版;《太平洋内之新轮船公司》,《时报》1922年2月4日,第5版。

⑥ 樊百川:《中国轮船航运业的兴起》,第423页;王垂芳主编:《洋商史:上海(1843—1956)》,上海:上海社会科学院出版社,2007年,第171页。

⑦ 彭德清主编:《中国航海史(近代航海史)》,北京:人民交通出版社,1989年,第222页。

⑧ 张心澂:《帝国主义者在华航业发展史》,第139—140页。

⑨ 分别为"亚细亚皇后"号(1.54万吨)、"加拿大皇后"号(3.13万吨)、"法兰西皇后"号(2.75万吨)、"俄罗斯皇后"号(2.52万吨)和"不列颠皇后"号(4.2万吨)。参见彭德清主编《中国航海史(近代航海史)》,第222页。

⑩ 上海—旧金山航线,大来轮船公司调派轮船"批埃司总统"号、"克利扶南总统"号、"林肯总统"号和"塔虎脱总统"号;上海—西雅图航线,调派轮船"麦金兰总统"号、"杰弗逊总统"号、"格兰脱总统"号、"麦逊逊总统"号和"杰克逊总统"号。参见张心澂《帝国主义者在华航业发展史》,第139页;彭德清主编《中国航海史(近代航海史)》,第222页。

自纽约开出，经巴拿马运河，到旧金山湾洛杉矶，继而赴檀香山，取道太平洋，抵日本之横滨、神户，重回上海，此为东行单程线；留上海三天，再赴香港、小吕宋、新加坡、锡兰、科伦坡，入苏伊士，过亚力山大，经法国马赛，西渡大西洋而返纽约，此为西行单程线；航程约 2 万海里，从纽约至上海 47 日，自上海至纽约 55 日。①

“向来普通纽约货船须经一百十日，至快亦需九十余日，今改至四五十余日，运费复廉，开行以来，营业大佳，上海赴纽约之客货，（向有六家公司共四十余船）以其行程迅速，完全装此世界班之船矣。甚至舱位缺乏，供不应求，十四天中往来互有一船，允为上海中美班各船之冠。每船周行一次，货客运费收入至少有美金三十万元以上。因营业甚佳，乃将上海旧金山线之惠尔迅总统号抽出，加入世界班，扩充至八艘。一九二七年中美线任何航路均亏折，唯此八船则获赢利也。”②

1930 年左右，中美航线上的主要航运公司为美国邮船公司、日本邮船会社、大来轮船公司、昌兴轮船公司四家。“将来盟国战事胜利的时候，除日本邮船公司将被取消外，其他三个公司仍将再整船只，卷水重来航行于中美之间。”③参见下表：

表 1　1928 年上海赴美各埠船价表

<table>
<tr><th>地　　名</th><th>公司名</th><th>头　等</th><th>二　等</th><th>三　等</th><th>四　等</th></tr>
<tr><td rowspan="4">旧金山
San Francisco</td><td>大来轮船公司</td><td>美金 346 元</td><td>无</td><td>无</td><td>国币 160 元</td></tr>
<tr><td>美国邮船公司</td><td>美金 346 元</td><td>无</td><td>无</td><td>国币 160 元</td></tr>
<tr><td rowspan="2">日本邮船会社</td><td>大洋丸、天洋丸、春洋丸美金 346 元</td><td>大洋丸美金 203 元</td><td rowspan="2">只大洋丸美金 125 元</td><td rowspan="2">国币 160 元</td></tr>
<tr><td>西比利亚丸、高丽丸美金 270 元</td><td>天洋丸、春洋丸、西比利亚丸、高丽丸美金 173 元</td></tr>
<tr><td rowspan="3">西雅图
Seattle</td><td>大来邮船公司</td><td>美金 346 元</td><td>无</td><td>无</td><td>国币 160 元</td></tr>
<tr><td>美国邮船公司</td><td>美金 346 元</td><td>无</td><td>无</td><td>国币 160 元</td></tr>
<tr><td>日本邮船会社</td><td>美金 240 元</td><td>无</td><td>国币 120 元</td><td>无</td></tr>
<tr><td rowspan="2">温哥华
Vancouver</td><td rowspan="2">昌兴轮船公司</td><td rowspan="2">美金 346 元</td><td>坎拿大皇后
美金 235 元</td><td>坎拿大皇后
美金 140 元</td><td rowspan="2">国币 160 元</td></tr>
<tr><td>俄后、亚后
美金 210 元</td><td>俄后亚后
美金 115 元</td></tr>
</table>

① 张心澂：《帝国主义者在华航业发展史》，第 136—137 页；彭德清主编：《中国航海史（近代航海史）》，第 222 页。

② 张心澂：《帝国主义者在华航业发展史》，第 137 页。

③ 刘志宏编著：《赴美留学指导》，第 20—21 页。

续 表

地名	公司名	头等	二等	三等	四等
檀香山 Honolulu	大来轮船公司	美金 269 元			国币 120 元
	美国邮船公司	美金 269 元			国币 120 元
	日本邮船会社	美金 269 元	大洋丸(甲)美金 160 元,其他(乙)美金 135 元	只大洋丸美金 115 元	国币 120 元

注:上表价目如遇船公司有更改时或不符合处,"照公司定价作准,……表中所列美金购票结价照当日行情合成国币缴付"。

资料来源:《上海至欧美日各埠船价表》,《旅行杂志》第 2 卷第 1 期,1928 年,第 71—73 页。

由上表可知,1928 年上海赴美所到港口主要有旧金山、西雅图、温哥华、檀香山 4 处。赴美轮船公司主要有大来轮船公司、美国邮船公司、日本邮船会社、昌兴轮船公司 4 家。

表 2 1931 年赴美轮船价目表

登陆口岸	公司	自香港往			自上海往			备启
		头等	二等	三等	头等	二等	三等	
温哥华或维多利亚	昌兴	385 元			355 元			日本皇后
		375 元			346 元			其余各船
			250 元	145 元		235 元	140 元	日本皇后、加拿大皇后
			230 元	130 元		215 元	125 元	俄罗斯皇后、亚细亚皇后
西雅图或维多利亚	大来美邮	375 元			346 元			普通舱位价
	日邮	(房)310 元	(房客)145 元		(房)290 元	(房客)140 元		冰川丸、日枝丸、平安丸
		(房)260 元	(房客)130 元		(房)240 元	(房客)125 元		三岛丸、横滨丸、静冈丸
旧金山	大来美邮	375 元			346 元			普通舱位价
	日邮	(房)375 元	230 元	(皮二)130 元	(房)346 元	215 元	(皮二)125 元	浅间丸、秩父丸、龙田丸
		(房)340 元	218 元	(皮二)130 元	(房)315 元	203 元	(皮二)125 元	大洋丸
		(房)310 元	188 元	(皮二)130 元	(房)290 元	178 元	(皮二)125 元	春洋丸

续表

登陆口岸	公司	自香港往			自上海往			备启
		头等	二等	三等	头等	二等	三等	
檀香山	大来美邮	300 元			269 元			普通舱位价
	日邮	(房)300 元	187 元	(皮二)120 元	(房)269 元	172 元	(皮二)115 元	浅间丸、秩父丸、龙田丸
		(房)273 元	175 元	(皮二)120 元	(房)248 元	160 元	(皮二)115 元	大洋丸
		(房)250 元	150 元	(皮二)120 元	(房)230 元	135 元	(皮二)115 元	春洋丸

注：本表价目概系美金，横滨丸、静冈丸二船无客房。
资料来源：《赴美轮船价目表》，《旅行杂志》第 5 卷第 2 期，1931 年，第 B4 页。

从上表可知，1931 年赴美乘客主要乘坐美国邮船公司、日本邮船会社、大来轮船公司、昌兴轮船公司的轮船。昌兴轮船公司主要轮船有“日本皇后”号、“加拿大皇后”号、“俄罗斯皇后”号、“亚细亚皇后”号。日本邮船会社赴美船只主要有“冰川丸”“日枝丸”“平安丸”“三岛丸”“横滨丸”“静冈丸”“浅间丸”“秩父丸”“龙田丸”“大洋丸”“春洋丸”等。

表 3　1932 年赴美轮船船期表

船名	Vessel	公司	香港开	上海开	到美日期	登陆口岸	舱位
日本皇后	Empress of Japan	昌兴	1 月 2 日	1 月 5 日	1 月 17 日	维多利亚	一、二、三、四等
胡佛总统	President Hoover	大来	1 月 5 日	1 月 8 日	1 月 26 日	旧金山	一、二、四等
塔虎脱总统	President Taft	美邮	1 月 10 日	1 月 13 日	1 月 26 日	西雅图	一、二、四等
杰克逊总统	President Jackson	大来	1 月 19 日	1 月 22 日	2 月 9 日	旧金山	一、四等
杰弗逊总统	President Jefferson	美邮	1 月 24 日	1 月 27 日	2 月 9 日	西雅图	一、二、四等
麦金兰总统	President McKinley	大来	2 月 2 日	2 月 5 日	2 月 23 日	旧金山	一、四等
亚细亚皇后	Empress of Asia	昌兴	2 月 5 日	2 月 8 日	2 月 22 日	维多利亚	一、二、三、四等
麦迪逊总统	President Madison	美邮	2 月 7 日	2 月 10 日	2 月 23 日	西雅图	一、二、四等
格兰总统	President Grant	大来	2 月 16 日	2 月 19 日	3 月 8 日	旧金山	一、四等
加拿大皇后	Empress of Canada	昌兴	2 月 22 日	2 月 23 日	3 月 6 日	维多利亚	一、二、三、四等
克利扶总统	President Cleveland	美邮	2 月 21 日	2 月 24 日	3 月 8 日	西雅图	一、二、四等

续 表

船 名	Vessel	公司	香港开	上海开	到美日期	登陆口岸	舱 位
林肯总统	President Lincoln	大来	3月1日	3月4日	3月22日	旧金山	一、四等
俄罗斯皇后	Empress of Russia	昌兴	3月4日	3月7日	3月21日	维多利亚	一、二、三、四等
塔虎脱总统	President Taft	美邮	3月6日	3月9日	3月22日	西雅图	一、二、四等
柯立芝总统	President Coolidge	美邮	3月15日	3月18日	4月5日	旧金山	一、二、四等
日本皇后	Empress of Japan	昌兴	3月19日	3月22日	4月3日	维多利亚	一、二、三、四等
杰弗逊总统	President Jefferson	美邮	3月20日	3月23日	4月5日	西雅图	一、二、四等
亚细亚皇后	Empress of Asia	昌兴	3月25日	3月28日	4月11日	维多利亚	一、二、三、四等
威尔逊总统	President Wilson	大来	3月29日	4月1日	4月19日	旧金山	一、四等

资料来源:《赴美轮船船期表》,《旅行杂志》第6卷第1期,1932年,第101—102页。

从表3可知,1932年日本邮船会社被取消。抗战前夕航行于太平洋上的英美籍的客船主要有3家,分别为昌兴轮船公司、美邮轮船公司、美国总统轮船公司。参见下表:

表4 抗战前航行于太平洋上的英美籍客船

船 名		吨 位	舱 位	公 司
日本皇后	Empress of Japan	26 000	一、二、三、四等	昌兴
加拿大皇后	Empress of Canada	21 500	一、二、三、四等	昌兴
亚细亚皇后	Empress of Asia	16 900	一、二、三、四等	昌兴
俄罗斯皇后	Empress of Russia	16 800	一、二、三、四等	昌兴
麦金雷总统	President Mckinley	14 123	一、二、三、四等	美邮
格兰总统	President Grant	14 123	一、二、三、四等	美邮
杰佛逊总统	President Jefferson	14 123	一、二、三、四等	美邮
杰克逊总统	President Jackson	1 412	一、二、三、四等	美邮
胡佛总统	President Hoover	28 000	一、二、三、四等	美总统
柯立芝总统	President Coolidze	28 000	一、二、三、四等	美总统
克利夫兰总统	President Cleveland	14 123	一、二、三、四等	美总统
林肯总统	President Lincoln	14 123	一、二、三、四等	美总统

续 表

船 名		吨 位	舱 位	公 司
塔夫特总统	President Taft	14 123	一、二、三、四等	美总统
批耳士总统	President Pierce	14 123	一、二、三、四等	美总统
威尔逊总统	President Wilson	14 123	一、二、三、四等	美总统

注:"胡佛总统"号于1937年搁浅于南太平洋,船身拆断,卖与日本作废铁了。"柯立芝总统"号于1943年被敌潜艇击沉于南太平洋中。

资料来源:刘志宏编著《赴美留学指导》,上海:商务印书馆,1946年,第20—21页。此处并未统计日本邮船会社。

根据以上表格可知,抗战前往返中美的主要航运公司主要有美国邮船公司、日本邮船会社、大来轮船公司、昌兴轮船公司、美国总统轮船公司。根据晚清民国数据库的检索,与此同时,中国也有自己的航运公司。现对以上公司逐一介绍如下。

(一) 美国邮船公司(American Mail Line,提督轮船公司)

美国邮船公司(American Mail Line),原为东方海军上将航运公司(Admiral Oriental Line),1920年由H. F. 亚历山大(H. F. Alexander)组建,位于西雅图,1922年改名美国邮船公司。美元航运公司投资50万美元,美国邮船公司一直运营常规服务直至1938年6月。

美国邮船公司及其附属公司美元轮船公司经营跨太平洋航线,主要从中国和日本到加拿大和美国。美国邮船公司在西雅图、维多利亚、横滨、神户、上海、香港、马尼拉和檀香山等主要港口之间运营跨太平洋轮船航线。美元轮船公司和美国邮船公司主要为乘客提供联合服务航线,1938年仅提供往返加利福尼亚州的服务,1938年常规服务结束,提供包机运输。借此,美国邮船公司在第二次世界大战和越南战争期间积极参与海事委员会和战时航运管理局的工作。战时,美国邮船公司运营"胜利"号和"自由"号,以及一些帝国号船只。二战后,美国邮船公司再次开始提供定期服务。

> 提督轮船公司通称美国邮船公司,简称美邮,即太平洋轮船公司,Pacific S. S. Co.也。其所行线路名提督线Admiral Line,美国西雅图方面为面粉厂及小麦之出产地……而西雅图埠素无行驶中国之轮船,该公司乃首创西雅图至中国之航线,比上海至旧金山可快七日,因中途不湾火奴鲁鲁也。初仅轮船三艘,民国十二年营业大盛,添赁美船舶部五三五船二艘,扩充至五艘,开搭客之邮船班,十七日上海可至西雅图。中国湖丝多改装此路,因二十一日可转火车达纽约,银行押运之拆息可省出无数也。①

(二) 日本的邮船公司

日本邮船会社 (Japan Mail Steamship Company),罗马音译 Nippon Yusen Kaisha,简称"日邮",又常被简写为 the N. Y. K Line。日本邮船会社于1896年开始提供去往美国的客运服务。

① 张心澂:《帝国主义者在华航业发展史》,第136页。

二战前,这家大型轮船公司是跨太平洋贸易的领导者。该公司拥有大量优质客轮,其中许多在太平洋地区服役。在战争期间,它们的服务全部终止。1947 年,Eugene W. Smith 指出,到目前为止,纽约线尚未重新投入跨太平洋客运服务。但其预测:“毫无疑问,这家轮船公司迟早会再次恢复他们在 1930 年占据的主导地位。日本是一个天然的海洋国家,可以预期她的人民将支持纽约建立一支大型商船队的努力。”①

中日甲午战争后,日本远洋航运势力在政府的支持下得到快速的发展,到 19 世纪末已有亚欧航线、美国航线、澳洲航线、香港—旧金山航线、神户—孟买航线 5 条远洋航线。而且这 5 条远洋航线都以香港、上海为中途主要停泊点。② 一战后,通过实施间接奖助造船业③以及航业补助④等措施,经调整,到 1921 年,日本邮船会社已有 13 条远洋航线和 19 条近海航线,其中途经中国港口的远洋航线有 11 条;另一家公司大阪轮船公司⑤仍在继续航行的远洋航线有 12 条,其中有 11 条途经中国港口或以中国港口为起点。⑥

1924 年 7 月 20 日,上海《时事新报》称,日商三井洋行⑦中美商轮已有大阪及日邮社之营业。“今年于中美太平洋沙市一路之航业,虽不入水脚公会,而其由美来沪之西航营业,今岁以美国小麦麦粉输入之多,该公司承载得大宗运入‘南满’、上海与天津之美麦,故其使用船已超过大阪及日邮社之营业矣。”⑧

表 5　日商三井洋行新增航之中美各轮情况表⑨

船名	伊吹山丸	蓬莱山丸	金华山丸	臻名山丸	永实山丸	岩手山丸	天拜山丸	六甲山丸
载量	8 903 吨	8 926 吨	8 205 吨	4 822 吨	8 813 吨	8 982 吨	8 175 吨	3 120 吨

从上表可知,1924 年,日商三井洋行新增航之中美各轮有“伊吹山丸”“蓬莱山丸”“金华山丸”“臻名山丸”“永实山丸”“岩手山丸”“天拜山丸”“六甲山丸”等 8 艘。“今该八轮,由美国沙府到华后,今又增湾清岛埠,前尚有万田山丸一轮,以在美失事,而已不航上海矣。”⑩

1924 年 7 月 20 日,上海《时事新报》称:“本埠大阪轮船公司中美纽约线一路内,本埠派定

① Eugene W. Smith, *Trans-Atlantic Passenger Ships Past and Present*, Boston: George H. Dean, 1947, pp. 8 - 9.

② 李玉铭:《远洋航运与上海城市变迁(1850—1941)》。

③ 原有的造船奖励法,于期满后即行废止,新造船舶虽不再给予奖励金,但对于造船材料,则免征进口税,而对于制造钢铁业,则加以补助,也就是间接给予造船业补助。参见王洸《航业政策》,南京:交通杂志社,1934 年,第 53 页。

④ 战后日本政府对于北美、南美远洋航路,北美、欧洲、澳洲三线定期邮船航路,以及特定近海航路如上海—长崎线、上海—神户线、上海—横滨线等,每年所支付的补助金为 73.4 万元。参见王洸《航业政策》,第 53—54 页。

⑤ 1898 年,在日本政府扶持下,日商成立了大阪轮船公司。不到一年,其长江业务量即赶上英商太古和怡和公司。为进一步增强竞争力,1907 年,轮船公司与另外三家日资轮船公司合并为日清轮船公司。参见孙玉琴编著《中国对外贸易史教程》第 2 版,北京:对外经济贸易大学出版社,2023 年,第 217 页。

⑥ 樊百川:《中国轮船航运业的兴起》,第 413 页。

⑦ 三井洋行,旧时日本三井物产株式会社在中国各支店的俗称,是日本三井财阀对中国进行侵略的机构。1907 年先设于上海,后在天津、青岛、汉口、大连、安东(今丹东)、哈尔滨等地设置。和三菱公司共同垄断对中国的贸易,操纵轮船运输和保险等业务。该行还向北洋政府提供政治借款,收集中国政治、经济、军事等情报。

⑧ 《中美航线内之日轮》,《时事新报(上海)》1924 年 7 月 20 日,第 9 版。

⑨ 同上。

⑩ 同上。

专班商轮有弋船,每月一班,往航则由上海经太平洋桑港巴拿马河而往,而回行则取道罗府及可伦等而来者。本年以该路之货物缺乏,在外洋班内之营业最清淡者,该公司遂将使用轮减用五千余吨之次级轮。若哈佛那丸、海牙丸及希么垃耶丸等往航只三轮,而复行之汉宝丸等。今已接得大阪总社发电至沪。拿出增大沽口之新航埠。以六月八日开始走华北,并于昨日又得总社电告,将香港兼行埠取消,即从本月十一号来沪之哈佛那丸始,以后均不到香港矣。"①同日,沪上东洋汽船公司切实通告本埠太平洋水脚公会,已决定从下月一日起退出公会,以后东洋汽船之装美运费,不受公会束缚,得以自由定水脚。②

一战结束后,日本在太平洋上与美国、英国竞争。"日邮"在上海旧金山线投入 2.4 万吨巨轮"涉见丸""龙田丸""秩父丸"。此 3 艘之外,再加"大洋丸""天洋丸""春洋丸",共 6 艘,专以对付美国的"总统"系列轮船的营业。同时又造 2 万吨的巨轮"冰川丸""白枝丸",调用 2.3 万吨之"西伯利亚丸"和"高丽丸"等 4 艘轮船,航行于上海与西雅图之间,以与英国昌兴公司的"皇后"系列轮船抗衡。③

20 世纪 20 年代,日本大阪商船株式会社在上海纽约线上有"海牙丸""哈瓦那丸""阿立公丸""汉会丸"和"哈佛丸"等 5 艘轮船;上海西雅图线有"亚力仁丸""亚菲利加丸""伦敦丸""亚尔白摩丸""亚剌伯丸""巴黎丸""亚尔配司丸"等 7 艘轮船。④ "日邮"将欧洲航线内轮船换代更新后,其上海至纽约航程便由原来的 45 日减少至 41 日,船票价格较英船低廉 4 镑;另外,其太平洋中西雅图一线,上海至西雅图票价"美船须售沪洋 700 余元,该社售日金 200 余元,故旅客亦不弱于美船,惟日人乘者尤多"。⑤

(三) 大来轮船公司(Dollar Steamship Lines)

20 世纪 20 年代,美国远洋轮船公司发展最快的是大来轮船公司。⑥ 美国大来轮船公司源于大来洋行(Robert Dollar Co.)。该行为美国所谓木材大王兼航业大王劳勃大来氏所创。1901 年兼营航业,完全承继其中美太平洋之航业,经理美国船舶部航行中美之船,又收买提督公司之股票。旋收买其船,占有中国至西雅图之航行权。复经理丹波公司之远东航业,其在远东之分公司有上海、香港、横滨、神户、小吕宋、新加坡等处。

一战期间,大来洋行获利颇丰,航运事业也随之扩张,进而设立大来轮船公司(Dollar Steamship Line, Inc.),开设北美东洋线、纽约线、上海至马六甲等三条航线,所用轮船除自有 3 000—9 000 吨级 8 艘以外,亦从美国船舶部租赁货轮,作为补充。⑦ 1920 年,在上海设立分行的大来洋行,租用美国船舶部 120 艘货轮,其中有 30 多艘用于开辟旧金山、纽约、洛杉矶、西雅图、波特兰等处通向中国及南洋群岛等处的 6 条航线,合计 21 万—22 万吨。1921 年又造成

---

① 《中美航线内之日轮》,《时事新报(上海)》1924 年 7 月 20 日,第 9 版。

② 同上。

③ 参见彭德清主编《中国航海史(近代航海史)》,第 219—220 页。

④ 同上,第 220 页。

⑤ 张心澂:《帝国主义者在华航业发展史》,第 95 页;《十六年上海中外航商并志》,《银行月刊》第 8 卷第 2 号"各埠市况",第 53 页。

⑥ 大来洋行为美国木材大王兼航业大王劳勃大来氏所设。大来氏以木材致巨富,是以在波特兰输出木材,在中国等处加工和销售为业的美国富商。为了运输木材,于 1901 年兼营轮船航运。参见张心澂《帝国主义者在华航业发展史》;樊百川《中国轮船航运业的兴起》,第 423 页。

⑦ 樊百川:《中国轮船航运业的兴起》,第 423 页。

1 艘总吨位 2.5 万吨的“罗伯特·大来”号巨型货客轮船，加入太平洋航线。①

大来轮船公司曾收购花旗邮船公司。“1924 年该公司之股票十之七为大来收买，未几，五邮船又为大来投标买得，西雅图之航行权遂亦归大来所占有矣。1927 年营业较 1926 年仅得半数，幸大来附业巨大，亏折数十万元亦不在意也。”②

花旗邮船公司(Pacific Mail Steamship Co.)即太平洋邮船公司，为行驶中美航路最久之美商邮船，专行上海、旧金山，最初只用 3 艘 8 000 吨船。其时，太平洋上轮船尚少，故营业亦盛。又另有货船 7 000 吨者 8 艘，兼行中国南部。及美国船舶部成立，该公司租用该部最大之 535 级船(每船长 535 英尺)5 艘。同时增开南美航线，营业独佳。1924 年，美船舶部变更计划，将 7 艘 535 级邮船标卖，为劳勃大来氏承买。③ 花旗公司非大来之敌，不得不退让，乃于 1925 年将公司收闭。大来将花旗归并，中美上海旧金山之航业乃由大来承继，花旗向美船舶部租借的 5 艘船，亦改由大来承租。④ 大来遂成为美国在华最大轮船公司。⑤ 在购入 7 艘 535 级邮船的同时，美政府予以大西洋、太平洋、巴拿马运河及苏伊士运河航行之特权，不许有第二家美船复行该线，大来即创空前之世界航线(南美航线)。⑥

上海旧金山线为美国对华输出之第一大航线。每年数千万两之大条银运往远东者，多于旧金山装出，其次则以罐食苹果、化妆品、汽车运沪为最多。上海去货以天津核桃、地毯、洪桐油及湖丝、华茶为主。大来接行此线以后，营业甚佳。1927 年，中国内地交通因战事阻滞，大来航业远不如前。⑦

> 大来又代理丹波公司之远东航业，丹波公司(Tamp inter ocean S. S. Co.)亦系美股。一九一八年由美国海军界重要人员所合办。总董伍德氏，其所经营之航线名 American Pioter Line，其海程至远。盖自大西洋北部兜折而至远东，每船行一次，须走二万七八千海里，为美船舶部行船中最远之一路。因路远而经航之埠亦多，故用一万二千吨级之巨船十七艘行驶，美国最新式之无烟囱轮船亦归其使用。其远东之营业完全委托大来洋行代理，纽约直接来货如大桶佛及尼亚烟叶美柴树条等，该公司船装来者最多。一九二六年船来华二十六次，一九二七年只十三艘至，营业不及前年，输入之货，不及二万吨，回头费之带装赴大西洋北岸者更少。⑧

表 6　20 世纪 30 年代大来洋行远洋航线

航　线	经过港口	航行周期	配　置　船
世界线	纽约、巴拿马、洛杉矶、旧金山、横滨、上海、香港、小吕宋、新加坡、古伦母、苏伊士、意大利、法兰西渡大西洋返美	每周一次	“亚丹士总统”号、“门罗总统”号、“范白伦总统”号、“哈立逊总统”号、“茄菲尔总统”号、“柏开总统”号、“海士总统”号、“惠尔逊总统”号，共 8 艘

① 樊百川：《中国轮船航运业的兴起》，第 423 页。
② 同上，第 136 页。
③ 张心澂：《帝国主义者在华航业发展史》，第 134 页。
④ 同上。
⑤ 中国航海学会：《中国航海史(近代航海史)》，北京：人民交通出版社，1989 年，第 194 页。
⑥ 张心澂：《帝国主义者在华航业发展史》，第 136—137 页。
⑦ 同上，第 135 页。
⑧ 同上，第 137—138 页。

续　表

航　线	经过港口	航行周期	配　置　船
上海—旧金山线	上海、香港、小吕宋、旧金山	每两周一次	“批埃司总统”号、“克利扶伦总统”号、“林肯总统”号、“塔虎脱总统”号，共 4 艘
上海—西雅图线	上海、温哥华、西雅图	每两周一次	“麦金兰总统”号、“杰弗逊总统”号、“格兰脱总统”号、“麦逊逊总统”号、“杰克逊总统”号，共 5 艘
上海—纽约线	纽约、裴省、宝提滞、塞威那，至格兰佛司登，沿大西洋海峡折至檀香山，至横滨、朝鲜、大连、青岛、上海		丹波公司之船：“亚巧”号(11 777 吨)、“自由”号(11 777 吨)、“雷那”号(11 590 吨)、“爱狄旦”号(10 076 吨)、“吉定”号(9 958 吨)、“秋拉廷”号(10 375 吨)、“爱尔开旦”号(9 697 吨)、“爱克立波”号(11 777 吨)、“爱喜西林”号(12 637 吨)、“哈佛那”号(10 775 吨)、“威廉”号(12 358 吨)、“因难雪白”号(11 777 吨)、“史谷子宝”号(12 249 吨)、“义勇”号(11 850 吨)，共 17 艘

资料来源：张心澂《帝国主义者在华航业发展史》，上海：日新舆地学社，1930 年，第 139—140 页。

(四) 昌兴轮船公司(Canadian Pacific Steamship Co.)

19 世纪上半叶，英国远洋轮船公司最主要的就是昌兴轮船公司。昌兴轮船公司，原名加拿大太平洋铁道公司(Canadian Pacific Steamship Co.)，是英国在加拿大设立的太平洋铁路公司(国人称昌兴公司)。1886 年 6 月 28 日，昌兴轮船公司所经营之加拿大太平洋铁道公司在蒙特利尔首次通车，横跨加拿大直达太平洋岸。① 1887 年，加拿大太平洋铁道公司的英国皇家邮轮(Canadian Pacific Railway Company's Royal Mail Steam-ship Line，简称 CPRMSS)，开设了由加拿大温哥华经由横滨、神户、长崎、上海、厦门到达香港的航线。1933 年，昌兴轮船公司有“日本皇后”号、“亚细亚皇后”号、“加拿大皇后”号、“俄罗斯皇后”号等邮轮。昌兴轮船公司在香港设有分部。李煜全曾任职于香港昌兴轮船公司。②

以经营加拿大和中国之间的“皇后”号邮船航线驰名的昌兴轮船公司，一战后添置 1.7 万吨的“中国皇后”号与 2 万吨级的“加拿大皇后”号邮轮，以及 3 艘 1.3 万至 1.5 万吨的巨型货轮，航行于加拿大和上海之间。③ 此外，由太古洋行代理而由海洋轮船公司和中国互助轮船公司联营的蓝烟囱航线，大造新船，增设香港与西雅图之间的东洋、北美航线，和实际环行全球的纽约线，分别经巴拿马运河和苏伊士运河驶来东洋，再前进开赴纽约。④ 天祥洋行代理的炮台轮船航线，银行轮船公司代理的美东航线、东洋非洲航线，以及太子洋行代理的太子航线先后恢复，其航线上的船数亦得以回到原来的水平，而仁记洋行代理的平恩轮船公司的航线及其船数亦得复原。⑤

① 《昌兴轮船公司加拿大铁道通车》，《新闻报》1936 年 6 月 30 日，第 15 版。
② 《同学消息：李煜全：现在香港昌兴轮船公司任职……》，《私立岭南大学校报》第 9 卷第 5 期，1936 年，第 23 页。
③ 《加拿大航业与中国之关系》，《时报》1921 年 10 月 4 日，第 6 版；《关于两皇后号邮船之详报》，《时报》1921 年 12 月 28 日，第 6 版。
④ 樊百川：《中国轮船航运业的兴起》，第 406 页。
⑤ 同上，第 407 页。

(五)美国总统轮船公司(American President Line)

美国总统轮船公司是由同样著名的美元轮船公司(the Dollar Steamship Lines)发展而来，而美元轮船公司于1924年从现已解散的太平洋邮政轮船公司手中获得了实质性发展。这一血统可以追溯到1848年，即太平洋邮政公司特许经营的那一年。1938年，应美国政府要求，美元轮船公司重组并更名为美国总统轮船公司。新公司继续根据政府规定提供各种服务，直到1952年，该公司的股份被该著名轮船公司的现有支持者购买，政府控制权也被放弃。大型头等舱客轮“克利夫兰总统”号和“威尔逊总统”号提供旧金山至东方航线。他们的环球客轮航行由较小的姊妹船“莫罗总统”号和“波尔克总统”号负责。该公司曾计划增加可用客船的数量，因此在朝鲜战争前不久订购了三艘豪华客轮。然而，这些船只在完工之前就被美国政府接管并改装成军舰。①

表7 1953年仍在航行的美国总统轮船公司的主要轮船

建立时间	轮 船 名 称	轮 船 名 称	吨 位
1920	President Fillmore, ex-President Van Buren	菲尔莫尔总统(原范布伦总统)	10 533
1920	President Tyler, ex-President Hayes	泰勒总统(原海斯总统)	10 533
1921	President Grant, ex-President Adams	格兰特总统(原亚当斯总统)	10 533
1921	President Madison, ex-President Garfiled	麦迪逊总统(加菲尔德总统)	10 533
1921	President Harrison	哈里森总统	10 533
1921	President Taylor, ex-President Polk	泰勒总统(原波尔克总统)	10 500
1921	President Lincoln	林肯总统	14 187
1921	President Pierce	皮尔斯总统	14 123
1921	President Taft	塔夫脱总统	14 127
1921	President Wilson	威尔逊总统	14 127
1931	President Hoover	胡佛总统	21 936
1931	President Coolidge	柯立芝总统	21 936
1940	President Monroe	门罗总统	9 261
1941	President Jackson	杰克逊总统	9 273
1941	President Van Buren	范布伦总统	9 260
1941	President Polk	波尔克总统	9 261

① Eugene W. Smith, *Trans-Atlantic Passenger Ships Past and Present*, pp. 8 - 9.

续 表

建立时间	轮 船 名 称	轮 船 名 称	吨 位
1947	President Cleveland	克利夫兰总统	13 359
1948	President Wilson	威尔逊总统	15 359

资料来源：Eugene W. Smith, *Trans-Atlantic Passenger Ships Past and Present*, Boston: George H. Dean, 1947, p. 58.

(六) 中国的航运公司

1915 年，由华人集资设立的中国轮船公司从美国太平洋邮轮公司手里购买了“中国”号轮船，开始了跨洋航行。由于营业旺盛，后又添购了 2 艘万吨级轮船“南京”号和“尼罗”号(又叫“尼路”号)，航行于太平洋两岸。① 上海的中国商人已经意识到依赖于外国航运运输商品的缺点，他们提出成立大型邮轮蒸汽导航公司，并提交交通部审批，希望政府合作或给予金钱援助，最终得到政府的同意。据政府意见：1. 法定资本为 50 000 000 美元，全部由中国股东认购，政府愿意出资五分之二，其余部分供境内外中国资本家认购；2. 采购或建造 50 艘不同吨位的船队，(1) 往返亚洲和欧洲，(2) 往返亚洲和美洲，(3) 往返中国和南方群岛之间，以及(4) 往返中国沿海港口；3. 尽可能开通内陆蒸汽轮船航线；4. 公司名称为中国轮船公司。为了鼓励人们认购资本，政府将不会收取其股份中获得的利息。②

抗战末期，约 1943—1944 年，美国因为海员缺乏，为象征性援助盟邦，曾以自由轮三艘，向我国注册，悬挂中国国旗，改名为“中山”“中正”“中东”，承运军需品行驶各地，并雇用了若干中国海员，组织了一家中国邮船公司(China Mail Steamship Co.)，公司招牌虽悬挂在重庆中国银行内，但各轮的一切运用、指挥、管理权以及其所有权，均隶属于美国战时航运管理局(War Shipping Administration)。后来战事结束，美国收回，其中“中山”一轮，在复员初期，曾经到过上海卸货。这件事与在一战期间，美商与美国籍华侨合办的中国轮船公司(China Mail Line)所拥有的“南京”号、“尼罗”号、“中国”号三轮，以全副外国人事配备行驶中美航线的一段短时间的历史很相似，不能说是真正的中国远洋航业。③

此外有中美合作办理之中美轮船公司。1909 年，职商张振勋等联合美商创设中美轮船股份有限公司，航行中美，额定股本 60 万元，中、美各半，专在中国政府注册，悬挂龙旗，一切均照

① 聂宝璋、朱荫贵编：《中国近代航运史资料》第 2 辑，第 1157—1162 页。

② 原文为英文：“(1) The authorized capital is to be ＄50,000,000, all to be subscribed by Chinese shareholders. The Government is willing to take up two-fifths and the remainder will be offered to Chinese capitalists in the interior and abroad for subscription. (2) Fleet of fifty steamers of various tonnage will be acquired either by purchase or construction; to run (Ⅰ) between Asia and Europe, (Ⅱ) Asia and America, (Ⅲ) China and the South Archipelago, and (Ⅳ) Between coastal ports of China. (3) To inaugurate inland steam-launch lines, as far as possible. (4) The name of the company to be The China Mail Steam-ship Company. To encourage people to subscribe to the capital, the Government will receive no interest on its shares, such as is paid customarily to private shareholders in Chinese companies. ”参见“Chinese Mail Steamship Co.”,《中西商务报》1915 年第 1 卷第 3 期，第 4 页。

③ 王洸：《中华水运史》，台北：台湾商务印书馆，1982 年，第 278—279 页。

中国公司律办理。该公司总理由由两国商人选派,选定华人5员,美人2员。① 1911年,中国政府议每年补助中美汽船公司(即中美轮船公司)15万两,因华侨在南洋各埠者为多,决拟先开南洋航行线。②

三、20世纪上半叶中美航运船期及价格

因为中美航线上的轮船较多,20世纪20年代各航运公司纷纷减价竞争。比如1921年3月,“中国邮船公司,现接消息,减收太平洋船客船费,从该公司之尼罗轮船办起,头等舱本为346金元,现将改为269金元。俾以该公司之‘中国’号轮船一例。惟‘南京’号轮船仍照前价,二等舱仍是150金元,‘尼罗’号于3月4日从旧金山开出,28日可到上海”③。

1926年,留美学生徐正铿指出:“船价则视船身之大小而定,前数年,大船头等舱,每人美金225元。小船头等舱每人美金175元。今则恐已增加数倍矣。惟留学者,总以乘头等舱为宜。盖美人崇拜多钱之观念甚重。其视头等客,必为富贵显达,养尊处优,断无传染疾病之虞。而二、三等,系普通之舱,不得不严为防范。故有繁琐之检验,甚痛苦也。噫势利之见,西人不免轩轾之分,殆由其心理之作用异尔。又船位可任客选择,惟除家属外,男女须分居,此则由公司规定者也。”④

20世纪30年代前后,各国航运公司的轮船纷纷加价。据《申报》记载:1920年,中国邮船公司、昌兴轮船公司、花旗轮船公司、东洋汽船会社、日本邮船会社等五家会同布告。自9月15日起,头二等舱位,赴旧金山、西雅图或温哥华者,加价20%。惟预定之舱位,在12月底以前,仍照旧价计算,不过其价须在9月15日以前一律缴齐。中国邮船公司,小孩在两岁以下者,收成人船费十分之一,十岁以下者收半价,十岁以上者则须缴全价。⑤ 1922年《时报》称:“航线上海、纽约间之各轮船公司,昨在太古公司楼上,召集委员会,议决自明年起,上起纽约间之航运运费,一律加价。惟新加运费价目单,则须俟委员会核定后,正式发表,此项加价办法,准1923年4月起实行。”⑥

表8 1929年上海至欧美各埠船期船价表(上海至旧金山)

开船日期	船 名	抵埠日期	船公司	头等价	二等价	三等价	四等价(国币)
2月1日	格兰总统	2月20日	美邮	346美元	无	无	160元
2月9日	高丽丸	3月1日	日邮	270美元	173美元	无	160元

---

① 聂宝璋、朱荫贵编:《中国近代航运史资料》第2辑,第823页。
② 对此,《中华新报》1911年7月26日有具体报道。参见聂宝璋、朱荫贵编《中国近代航运史资料》第2辑,第824页。
③ 《尼罗号尚在来沪途中》,《新闻报》1921年3月18日,第14版。
④ 徐正铿:《留美采风录》,上海:商务印书馆,1926年,第1—3页。
⑤ 《赴美轮船加价之布告》,《申报》1920年9月3日,第10版。
⑥ 《中美航线运费加价》,《时报》1922年12月30日,第9版。

续 表

开船日期	船　名	抵埠日期	船公司	头等价	二等价	三等价	四等价（国币）
2 月 15 日	克里弗伦总统	3 月 6 日	大来	346 美元	无	无	160 元
2 月 23 日	春洋丸	3 月 15 日	日邮	346 美元	173 美元	无	160 元
3 月 1 日	批亚士总统	3 月 20 日	大来	346 美元	无	无	160 元
3 月 9 日	西百利亚丸	3 月 29 日	日邮	270 美元	173 美元	无	160 元
3 月 15 日	塔虎脱总统	4 月 3 日	大来	346 美元	无	无	160 元

资料来源：《上海至欧美各埠船期船价表》，《旅行杂志》第 3 卷第 2 期，第 69—70 页。

从上表可知，1929 年上海至旧金山的航线上主要是日邮、大来、美邮航运公司的 7 艘轮船，头等舱票价数日邮西百利亚丸、高丽丸最便宜。

表 9　1929 年上海至欧美各埠船期船价表（上海至维多利亚）

开船日期	船　名	抵埠日期	船公司	头等价	二等价	三等价	四等价（国币）
2 月 9 日	林肯总统	2 月 25 日	大来	346 美元	无	无	160 元
2 月 16 日	法兰西皇后	3 月 2 日	昌兴	346 美元	215 美元	125 美元	160 元
2 月 23 日	麦迪逊总统	3 月 11 日	美邮	346 美元	无	无	160 元
3 月 9 日	俄罗斯皇后	3 月 23 日	昌兴	346 美元	215 美元	125 美元	160 元
3 月 9 日	杰克逊总统	3 月 25 日	美邮	346 美元	无	无	160 元

资料来源：《上海至欧美各埠船期船价表》，《旅行杂志》第 3 卷第 2 期，第 69—70 页。

从上表可知，1929 年上海至维多利亚的航线上主要有大来、昌兴、美邮航运公司的 5 艘轮船，各轮船的定价比较一致。

表 10　1929 年上海至欧美各埠船期船价表（上海至西雅图）

开船日期	船　名	抵埠日期	船公司	头等价	二等价	三等价	四等价（国币）
2 月 9 日	林肯总统	2 月 15 日	大来	346 美元	无	无	160 元
2 月 23 日	麦迪逊总统	3 月 11 日	美邮	346 美元	无	无	160 元
3 月 9 日	杰克逊总统	3 月 25 日	美邮	346 美元	无	无	160 元

资料来源：《上海至欧美各埠船期船价表》，《旅行杂志》第 3 卷第 2 期，第 69—70 页。

从上表可知，1929 年上海至西雅图的航线上主要有大来和美邮的 3 艘轮船，各轮船的定价比较一致。

表 11　1931 年赴美轮船船期表(4、5、6 月)

船　名	Vessel	公司	吨位	香港开	上海开	神户开	横滨开	到美日期	登陆口岸	舱　　位
浅间丸	Asima Maru	日邮	17 000	4 月 1 日	4 月 4 日	4 月 7 日	4 月 9 日	4 月 22 日	旧金山	一、二、四等
日本皇后	Empress of Japan	昌兴	26 000	4 月 4 日	4 月 7 日	4 月 9 日	4 月 11 日	4 月 19 日	维多利亚	一、二、三、四等
塔虎脱总统	President Taft	大来	14 000	4 月 5 日	4 月 8 日	4 月 10 日	4 月 11 日	4 月 21 日	西雅图	一、四等
静冈丸	Shidzuoka Maru	日邮	6 270			4 月 15 日	4 月 18 日	5 月 1 日	西雅图	房、统
麦金兰总统	President McKinney	美邮	14 133	4 月 14 日	4 月 17 日	4 月 19 日	4 月 20 日	5 月 5 日	旧金山	一、四等
春洋丸	Shirlye Maru	日邮	13 029	4 月 14 日	4 月 18 日	4 月 21 日	4 月 23 日	5 月 8 日	旧金山	房二等、统
亚细亚皇后	Empress of Asia	昌兴	16 900	4 月 17 日	4 月 20 日	4 月 23 日	4 月 25 日	5 月四日	维多利亚	一、二、三、四等
杰弗逊总统	President Jefferson	美邮	14 133	4 月 19 日	4 月 22 日	4 月 24 日	4 月 25 日	5 月 5 日	西雅图	一、四等
平安丸	Hiye Maru	日邮	11 650	4 月 23 日	4 月 26 日	4 月 29 日	5 月 2 日	5 月 13 日	西雅图	房、客房、统
格兰脱总统	President Grant	美邮	14 133	4 月 28 日	5 月 1 日	5 月 3 日	5 月 4 日	5 月 19 日	旧金山	一、四等
秩父丸	ChichiLu Maru	日邮	17 500	4 月 29 日	5 月 2 日	5 月 5 日	5 月 7 日	5 月 20 日	旧金山	一、二、四等
坎拿大皇后	Empress of Canada	昌兴	21 500	5 月 2 日	5 月 5 日	5 月 7 日	5 月 9 日	5 月 17 日	维多利亚	一、二、三、四等
林肯总统	President Lincoln	大来	14 133	5 月 3 日	5 月 6 日	5 月 8 日	5 月 9 日	5 月 19 日	西雅图	一、四等

续 表

船　名	Vessel	公司	吨位	香港开	上海开	神户开	横滨开	到美日期	登陆口岸	舱　　位
横滨丸	Yokohama Maru	日邮	6 143			5月13日	5月16日	5月29日	西雅图	房、统
克利扶总统	President Cleveland	大来	14 133	5月12日	5月15日	5月17日	5月18日	6月2日	旧金山	一、四等
龙田丸	Tatsuta Maru	日邮	17 000	5月13日	5月16日	5月19日	5月21日	6月3日	旧金山	一、二、四等
俄罗斯皇后	Empress of Russia	昌兴	16 800	5月15日	5月13日	5月21日	5月23日	6月1日	维多利亚	一、二、三、四等
麦迪逊总统	President Madison	美邮	14 133	5月17日	5月20日	5月22日	5月23日	6月2日	西雅图	一、四等
冰川丸	Hikawa Maru	日邮	11 650			5月27日	3月30日	6月10日	西雅图	房、客房、统
批亚士总统	President Pierce	大来	14 133	5月26日	5月29日	5月31日	6月1日	6月16日	旧金山	一、四等
浅间丸	Asima Maru	日邮	17 000	5月27日	5月30日	6月2日	6月4日	6月17日	旧金山	一、二、四等
日本皇后	Empress of Japan	昌兴	26 000	5月30日	6月2日	6月4日	6月6日	6月14日	维多利亚	一、二、三、四等
塔虎脱总统	President Taft	大来	14 133	5月31日	6月3日	6月5日	6月6日	6月7日	西雅图	一、四等
日枝丸	Hiye Maru	日邮	11 600	6月4日	6月7日	6月10日	6月13日	6月24日	西雅图	房、客房、统
约翰逊总统	President Johnson	大来	16 000	6月9日	6月12日	6月14日	6月15日	6月30日	旧金山	一、四等
大洋丸	Taiyo Maru	日邮	14 458	6月9日	6月13日	6月16日	6月18日	7月3日	旧金山	一、二、皮二、四等

续 表

船　名	Vessel	公司	吨位	香港开	上海开	神户开	横滨开	到美日期	登陆口岸	舱　　位
亚细亚皇后	Empress of Asia	昌兴	16 900	6 月 12 日	6 月 15 日	6 月 18 日	6 月 20 日	6 月 29 日	维多利亚	一、二、三、四等
杰弗逊总统	President Jefferson	美邮	14 133	6 月 14 日	6 月 17 日	6 月 19 日	6 月 20 日	6 月 30 日	西雅图	一、四等
静冈丸	Shidzuoka Maru	日邮	6 270			6 月 24 日	6 月 27 日	7 月 10 日	西雅图	房、统
威尔逊总统	President Wilson	大来	14 133	6 月 23 日	6 月 26 日	6 月 28 日	6 月 29 日	7 月 14 日	旧金山	一、四等
秩父丸	ChichiLu Maru	日邮	17 500	6 月 24 日	6 月 27 日	6 月 30 日	7 月 2 日	7 月 15 日	旧金山	一、二、四等
坎拿大皇后	Empress of Canada	昌兴	21 500	6 月 27 日	6 月 30 日	7 月 2 日	7 月 4 日	7 月 12 日	维多利亚	一、二、三、四等
林肯总统	President Lincoln	大来	14 133	6 月 28 日	7 月 1 日	7 月 3 日	7 月 4 日	7 月 14 日	旧金山	一、四等

注：静冈丸、横滨丸从日本神户和横冈起航，不经过香港、上海。大来、美邮两公司将旧金山线扩为纽约班，新改航期表内除上海开船及到美日期根据总公司电告外，其余皆系推算，容有出入。

资料来源：《赴美轮船船期表(四、五、六月)》,《旅行杂志》第 5 卷第 3 期，1931 年，第 108 页。

从上表可知,1931 年往返中美的轮船越来越多。1931 年航行于中美之间的轮船主要有“浅间丸”、“日本皇后”号等 33 艘,属日邮、大来、昌兴、美邮 4 家轮船公司。

1931 年,包括昌兴轮船公司在内的多家轮船公司,自香港往旧金山、西雅图或维多利亚的头等舱都是 346 美元。到 1934 年,昌兴轮船公司船价降低幅度较大,改为头等舱约 173 元。“本埠昌兴轮船公司,闻自明年正月四日开香港之‘加拿大皇后’号起,将各级船票价减低,以优待旅客。头等约收一百七十三元,二等一百二十二元,特别三等四十四元,三等四十元,较以前船价特减去四分之一云。”①降价的原因或许与全球性经济危机以及随之而来的战争隐患相关。

远洋轮船价格在 20 世纪 30 年代初因为各国轮船之间竞争而降价之后,1936 年开始回升。比如 1936 年美国船价增长:“自纽约至南美洲之格策、司门荪、福纳斯三家船公司,自本年八月十五日起,增价十分之一。一九二九年之水平价,即将恢复。在不景气时期中,船价曾增加百分之廿五至三十,目下百物腾贵,故亦不得不增加。”②

1941 年 4 月,因欧战紧张,“各轮多被征用,且航行危险,致在最近数月来,各轮抵沪者极少,有者亦多仅以载客为限,致一切舶来物运华者,几已完全断绝,顷据航业界消息。在最近一个月内,除美澳尚有数轮在途,即将抵华后,其由欧洲来沪后轮,则并无船期,实开欧战以来未有之纪录”③。不过,1941 年 6 月,美国邮船公司仍然新排各轮船期。

客运是中国航运业务的核心。轮船一般分为三等,呈现出差序格局。根据 1946 年《赴美留学指南》:“乘船去美留学,最好是搭二等,既经济,亦舒服,乘头等舱是一种不必要的浪费举动。非万不得已,不可搭三等舱,因为三等舱人多房窄,还是小事。三等旅客上岸时,最麻烦。”不过,“无论哪一条船,头等舱的设施都极尽奢华的能事,二等舱尚好,三等舱则坏极,四等舱简直是水上地狱。惟查头等舱船票价顶多为三等的四倍,但头等旅客在船上的种种享受,已不知高出三等旅客几百倍了。反之,三等旅客在船上所获的待遇,与头等比较之,真有天渊之别,差的太远了”。④

结　语

从中国到美国主要有两条航线:一条是大西洋航线,一条是太平洋航线。大西洋航线走印度洋—好望角—大西洋到达美洲东海岸,与直接横渡太平洋相比,这条航线虽远得多,但需跨越的水域面积却小得多,中途可多次停靠休整,舒适度和安全性均比太平洋航线高。太平洋航线从中国南部口岸出发,北上台湾海峡,开往台湾岛的北端,从日本列岛的东面,在北纬 35—45 度之间横渡太平洋。这条航线航行时间完全依气候条件和洋流的情况而定,一般需两个月左右。随着太平洋邮船公司的复航,一大批美商轮船公司亦竞相开设通向上海的远洋航线。太平洋航线赴西海岸也有两条路线。

一战后,在中美航线上营运的美商轮船公司有华洋轮船公司代理的哥伦比亚公司和苏丹公

① 《昌兴轮船港沪船价减低》,《新闻报》1933 年 1 月 1 日,第 25 版。
② 《海事新闻(乙)航情:美国船价增加》,《新世界》第 108 期,1936 年,第 90 页。
③ 《欧战紧张,航轮来华锐减》,《中国商报》1941 年 4 月 14 日,第 3 版。
④ 刘志宏编著:《赴美留学指导》,第 23 页。

司，其船只从事波特兰至上海间的航线。华茂生洋行代理的佛兰克公司，宝达洋行代理的福泰轮船公司等，也恢复或新辟了美国到上海的航线。① 20世纪30年代，英商主要由怡和代理的爱拉曼轮船公司和太古代理的蓝烟囱公司的船舶航行上海—纽约线。美商则由大来洋行代理的丹波公司17艘轮船自纽约出发沿大西洋海峡折至檀香山后至横滨、朝鲜、大连、青岛、上海一线航行。20世纪上半叶，往返中美之间的远洋航线主要以太平洋航线为主，由美国邮船公司、日本邮船会社、大来轮船公司、昌兴轮船公司、美国总统轮船公司和中国的航运公司承运。此外，日本还有其他一些轮船公司也曾经营中美航线。

20世纪20年代，各国航运公司的轮船纷纷加价，中美航线船价上涨。30年代初，往返中美的轮船越来越多，全面抗战爆发前夕，各航运公司曾展开降价竞争。全面抗战爆发后，特别是珍珠港事件后，很多商用轮船被征用，中美航线上的轮船逐渐减少，直至战后才逐渐恢复。一艘邮轮就是一个移动的社会空间，在轮船上，赴美留学生的生活起居、社交日常、所思所想有助于理解在移动空间中的社会生活形态。留美学生在轮船上或建立社团网络，加强彼此间的交流与联系，结成深厚的友谊；或受到歧视，感受到强烈的民族自尊心；也不乏晕船、无聊的；等等。留美学生从登上轮船起，便开始体验异域风情与等级秩序。他们的船上生活或增强其学成归国以报国之心，或增强其同船之谊。不过关于中国留美学生赴美乘船的感受，笔者拟撰另文论述。

① 樊百川：《中国轮船航运业的兴起》，第423页；王垂芳主编：《洋商史：上海(1843—1956)》，第171页。

解密葡萄牙文“soja”

——从词源学视角看大豆在西方的命名

金国平*

摘　要：大豆是制作豆腐的基本原料。豆腐，这一源自中国的传统美食，其全球传播之路颇为曲折和传奇。起初，豆腐通过宗教、经贸和文化交流的途径，随着中国与邻近的亚洲国家如日本和朝鲜的互动而逐渐扩散。随着时间的推移，海上丝绸之路成为文化传播的另一重要通道。葡萄牙人在1540年左右通过与日本的交流，将豆腐及其制作原料大豆的名称“soja”带到了欧洲。值得注意的是，尽管葡萄牙人早在1513年就已抵达中国沿海，但由于当时实行的“海禁”政策，他们未能直接与中国进行深入交流。这使得葡萄牙人不得不通过日本这一中介，间接地了解并传播包括汉字、茶叶、大豆和豆腐在内的中国文化元素。这一过程不仅展示了文化交流的复杂性，也反映了历史政策对国际传播的深远影响。

关键词：大豆；soja；酱油；豆腐；日本人；葡萄牙人

小　引

大豆，①在葡萄牙文中作“soja”，西班牙文作“soya”或“soja”，英文则作“Soy beans”。② 前两种语言同属罗曼语族，近似性很强；而第三种语言属于日耳曼语族，同属性较弱。但为何三者在大豆的词形上十分相近？想必定有某种共同的语源。

---

* 金国平，暨南大学澳门研究院研究员。

① 较新的英语著作，可见 William Shurtleff, Akiko Aoyagi, *History of Soybeans and Soyfoods in Spain and Portugal (1603 - 2015): Extensively Annotated Bibliography and Sourcebook*, CA: Soyinfo Center Lafayette, 2015。研究书目可见 William Shurtleff, Akiko Aoyagi, *Thesaurus for SOYA: Computerized Bibliographic Database on Soybean Utilization, Processing, Marketing Nutrition, Production, and History, 1100 B.C. to the 1980s*, 2nd. Ed., CA: Soyfoods Center Lafayette, 1986; Empresa Brasileira de Pesquisa Agropecuária—EMBRAPA, Departamento de Difusão de Tecnologia—DDT, Vinculada ao Ministério da Agricultura; Biosciences Information Service, *Bibliografia internacional da soja: Glycine max L. Merrill = International soybean bibliography: Glycine max L.*, Merrill, Brasilia, D.F.: Philadelphia, Pa., 1983。

② 世界各种文字中的写法，可见 Stanley J. Kays, *Cultivated Vegetables of the World: A Multilingual Onomasticon*, Wageningen: Wageningen Academic Publishers, 2011, pp. 157 - 158。

关于大豆的词源,中国学界有一种意见认为:“大豆是我国的特产,现在世界各国栽种的大豆都是从我国传授去的,世界公认中国是大豆的故乡。英、德、法、俄等外文中的大豆名词,都是‘菽子’的音译。”①

大豆古称“菽(shū)”。我们看到,“菽子”与葡萄牙语的“soja”勘音难合,相去甚远。为何会产生这种情况呢?首先,语音无法勘同说明两者之间没有渊源关系;其次,需要寻找“soja”的真正词源。

大豆(学名:*Glycine max*)为豆科大豆属植物,原产中国。根据名从主人的原则,西文表示大豆的词应该源于汉语。可“soja”显然不是汉语的对音。那它可能来自何种语言呢?

纵观西方对大豆的认识,大致经历了三个阶段:1. 接触了解;2. 移植引种;3. 日常食用。

本文主要探讨第一个阶段。众所周知,葡萄牙人是最早东来的欧洲民族。1498 年,达·伽马(Vasco da Gama,1460—1524)抵达古里(Calicute),开通“东印度航线”(Carreira da Índia)。葡萄牙人于 1511 年占领了东西要津马六甲。1513 年,葡萄牙人首次抵达广东沿海,1535 年开始光顾濠镜澳。1557 年,澳门正式“开埠”。在与华人和中国有了接触之后,许多有关中国历史、文化、贸易及军事的信息通过葡萄牙人传播到欧洲。关于大豆的最早信息及其名称也是经过葡萄牙人进入欧洲人的知识范围。

从 1541 年开始,葡萄牙人开始与琉球和日本接触。

一、“Xǒyu”

1603 年,在日本传教的葡萄牙耶稣会士陆若汉②在长崎出版了日葡双语的《日本小文典》(*Vocabvlario da Lingoa de Iapam*)。

图 1 《日本小文典》书影

① 董玉明、董泾青、董恩召、董恩亮编著:《我国古代世界之首》,青岛:中国海洋大学出版社,2018 年,第 27 页。

② 关于此人,可见刘小珊、陈曦子、陈访泽《明中后期中日葡外交使者陆若汉研究》,北京:商务印书馆,2015 年。

这是一本简明日葡词典。它收入了与大豆有关的词汇，约 20 条。其中的一个词是“Xǒyu”：

Xǒyu，一种类似于醋的浓汁，但咸味更重，用于食品调味，另称 Sutate(簀立)。①

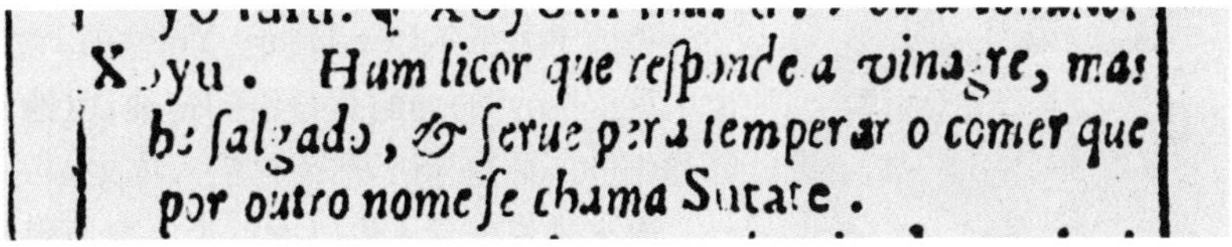
Xǒyu. Hum licor que responde a vinagre, mas bẽ salgado, & serue pera temperar o comer que por outro nome se chama Sutate.

图 2 《日本小文典》“Xǒyu”词条

“Xǒyu”即“しょうゆう shouyuu”，意思是酱油。②

该词典还收了另外一个也表示酱油的词“Sutate”(簀立)：

Sutate，一种用麦子和豆子制造的浓汁，在日本用于食品调味，以增加味道。③

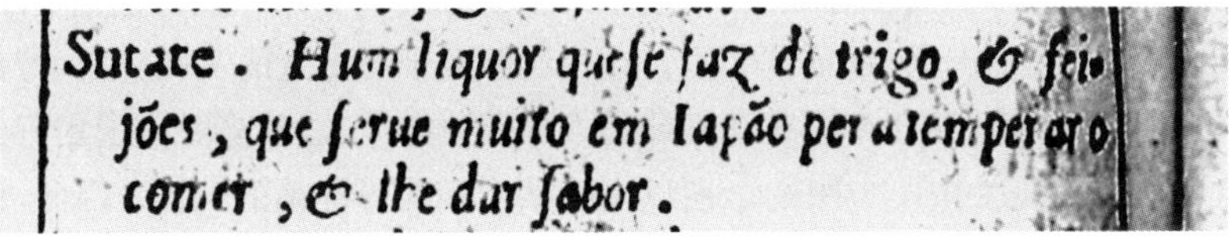
Sutate. Hum liquor que se faz di trigo, & feijões, que serue muito em Iapão pera temperar o comer, & lhe dar sabor.

图 3 《日本小文典》“Sutate”词条

“簀立”(しょうりつ，Sutate)这个词源自日语。这个术语描述的是一个桶状的竹篓，④专门用于从发酵的酱泥中分离出酱油。在更广泛的意义上，“簀立”成为酱油的代名词。

在汉语语境中，用于从酱泥中分离出酱油的竹制工具，除了被称为“竹筛”或“竹篾筛”之外，还有多种称呼，如“竹篓”“竹篮”和“竹筐”。这些工具均由坚韧的竹条精心编织而成，其结构设计巧妙，网眼细密均匀，能够有效地过滤掉酱泥中的固体杂质，只留下纯净的酱油液体。在传统的酱油酿造工艺中，这些竹制工具不仅扮演着至关重要的角色。随着时间的推移，尽管现代

① João Rodrigues, *Vocabvlario da Lingoa de Iapam, com adeclaracão em portugues, feito por alguns Padres e Irmaõs da Companhia de Jesus*, Nangasaqui: no collegio de Japam de Companhia de Jesus, 1603, p. 313.

② 较新的英语和葡语著作，可见 William Shurtleff, Akiko Aoyagi, *History of Soy Sauce (160 CE to 2012): Extensively Annotated Bibliography and Sourcebook*, CA: Soyinfo Center Lafayette, 2012。

③ João Rodrigues, *Vocabvlario da Lingoa de Iapam, com adeclaracão em portugues, feito por alguns Padres e Irmaõs da Companhia de Jesus*, p. 232. 另见 António M. Jorge da Silva《土生料理：缘起和演变》，容嫣莉、杨子秋译，澳门：澳门日报出版社，2020 年，第 132 页。更多资讯可见 http://proto.harisen.jp/mono/mono/shouyu.html[2023-10-28]：“なお室町期の辞書『運歩色葉集』には「簀立(すだて) 味噌汁立簀取之也」とある。味噌の汁を簀を立てて採るということが以前から行われていたことが分かる。”

④ “酱油是中国人的发明。早在三千多年前的商周时期，就出现了‘酱’这个字。不过，很长一段时间里，‘酱’所代表的，还只是昂贵的肉酱。豆酱要到西汉才有明确的文字记载，酱油则更要迟至东汉才出现。中国传统制酱油的方法，是把黄豆、面粉制的曲与盐水拌匀，放入缸里，中间插上竹篓，酱汁渗入竹篓后，每天舀出酱汁浇在四周的发酵物质上。发酵完成后，从竹篓中将酱汁抽出，故称‘抽油’。至今仍有老抽和生抽之分，前者上色、后者增鲜。公元 755 年，鉴真大师东渡日本。为了让日本人‘口服心服’，大师在传经说法之余，还教日本人做酱油。酱油迷住了日本人。有句俗语叫‘和食始于酱油、终于酱油’，由此可见酱油在日本料理中的重要地位。”参见余盛《谁教会日本人做酱油》，氏著《鲁花：一粒花生撬动的粮油帝国》，北京：中华工商联合出版社，2020 年，第 147 页。

图 4 用于分离酱油的竹篓

化的过滤设备已经广泛应用于酱油生产,但这些传统工具仍然在一些坚持传统工艺的酱油作坊中得以保留,成为连接过去与现在的文化符号。

英国学者玉尔(Sir Henry Yule)在 19 世纪末便指出了英语"soy"的词源是日语的酱油,但他没有能够解释是先进入葡萄牙语,然后再借入英文。①

原来是葡萄牙人将以大豆为主要原料酿制的酱油误称为大豆,并将这个错误的命名传播到欧洲和世界许多其他语言中。可以说,葡萄牙人无意中误导了全世界。

我们可以看到,葡萄牙语中的"soja"是日语"Xŏyu"的谐音,因此该词是通过日文而非中文进入葡萄牙语词汇的。

总结来说,西方世界在语言上存在一个有趣的现象:在葡萄牙语以及其他主要欧洲语言中,"soja"一词实际上指的应该是酱油,而非大豆。这一误解源于历史上的文化交流,特别是葡萄牙人通过日本接触到的词汇。由于日本对葡萄牙商人的开放态度,以及当时中国实行的"海禁"政策,葡萄牙人未能深入接触中国和中国人,所以未能从中国获得准确的词汇。因此,他们将日语中的"酱油"(しょうゆ)误认为是大豆的名字,并将其引入欧洲语言并传播至全世界。这一错误沿用至今,导致在西方语言中,"soja"一词与大豆的关联被普遍接受,而实际上,它原本的含义是酱油。这一现象不仅反映了语言传播中的误差,也揭示了历史政策对词汇理解和传播的深刻影响。

在中西交流的历史进程中,日语及葡萄牙语的传播作用还可见于另外一个例子。茶(chá)的名字、茶道(culto de chá)文化,以及茶具名称"chavena"(茶碗)和"chaleira"(茶壶)等,都是由葡萄牙人在与日本接触的过程中传播至西方世界的。

茶的传播不仅仅是简单的物质交换,更是一种文化的传承和演变。在茶的传播过程中,不仅仅是茶叶本身被传播到了世界各地,更重要的是,茶文化随之传播开来。

茶的传播不仅仅是一种文化的交流,更是一种跨国交流的象征。通过茶的传播,不同国家和文化之间建立了联系,促进了彼此之间的了解和交流。茶的传播也反映了人类社会发展的历史进程和文化交融的现象。

二、"Tŏfu"

《日本小文典》还专门收入了两个与大豆有关的词——豆腐和豆腐房,并附有解释:

---

① Henry Yule and A. C. Burnell, *Hobson-Jobson: Being a Glossary of Anglo-Indian Colloquial Words and Phrases and of Kindred Terms Etymological, Historical, Geographical and Discursive*, London: John Murray, 1886, p. 651; Edgar Colby Knowlton, Jr., *Words of Chinese, Japanese, and Korean Origin in the Romance Languages*, a dissertation submitted to the Department of Modern European Languages and the Committee on Graduate Study of Stanford University, in partial fulfillment of the requirements for the degree of Doctor of Philosophy in Spanish, March 1959, pp. 710-712.

Tǒfu，某种以磨碎的豆子制成的食物，类似鲜奶酪。①

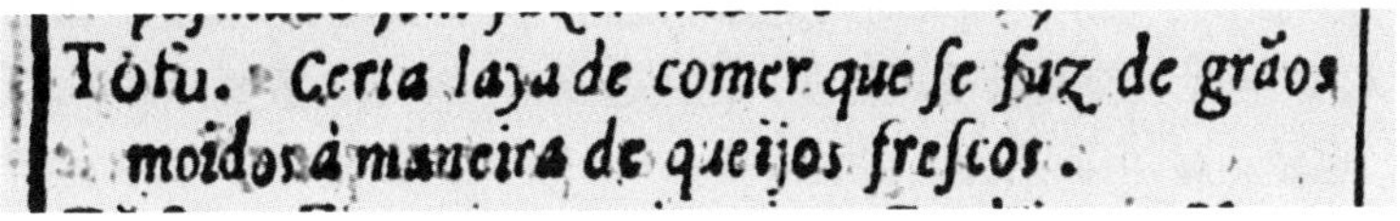
Tǒfu. Certa laya de comer que se faz de grãos
moidos à maneira de queijos frescos.

图 5 《日本小文典》“Tǒfu”(豆腐)词条

Tǒfuya，制作或出售以在水中浸泡后磨碎的豆子制成的鲜奶酪的店铺。②

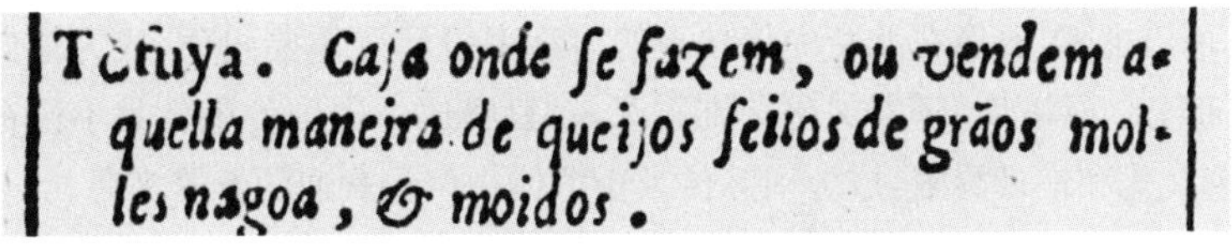
Tǒfuya. Casa onde se fazem, ou vendem aquella maneira de queijos feitos de grãos molles nagoa, & moidos.

图 6 《日本小文典》“Tǒfuya”(豆腐屋)词条

据我们所知，这大概是欧洲文字中首次出现“豆腐”一词的拼音形式。

在同一世纪，一位西班牙传教士闵明我(Domingo Fernández de Navarrete)在其于 1676 年出版的著作《中华王朝历史、政治、伦理及宗教论》(*Tratados historicos, politicos, ethicos y religiosos de la monarchia de China*)中，在 1665 年条内，对豆腐也作了详细的介绍：

16. 因为我在第一卷中有遗忘，所以在开始下一章之前，我将在这里简要说说全中国最平常、最常吃、最便宜的一种食物。在那个帝国里，从皇帝到平民，中国人都吃这种食物。皇帝和大人物当作一种天赐之食，普通人则是为了生存。它被称为豆腐(Teu Fu)，也就是豆面团。我没有看到他们如何制作。他们将豆子磨成豆奶，然后将其凝固，做成像奶酪一样的饼状，有一个筛子那么大，厚有五六指。其质地雪白，看起来精美无比。它可以生吃，但一般要煮熟，并与蔬菜、鱼和其他东西同食。单独吃平淡无味，但如我所说的那样，用黄油炒一下就非常好吃。他们还把它晒干和熏制，并配上香菜，这样更好吃。令人难以置信的是，在中国，这种食品的消费量非常大，很难想象会有这么多的豆子。中国人只要有豆腐、蔬菜和大米，不需要其他吃的就能干活。我认为，人人都可买它，因为在任何地方，只要花一点钱就可以买到 20 盎司的一磅的豆腐。物资匮乏时，豆腐管大事了，且易于保管。豆腐质地很好，在(在广袤无垠的地区)不同的气候和季节里，变化不大，因此，从一个省到另一个省的旅行者都会带着吃。豆腐是中国最有名的东西之一，有很多人愿意用小鸡换它。如果我没有搞错的话，马尼拉的中国人也会做这种东西，但欧洲人不吃它……③

① João Rodrigues, *Vocabvlario da Lingoa de Iapam, com adeclaracão em portugues, feito por alguns Padres e Irmaõs da Companhia de Jesus*, p. 259.

② Ibid.

③ Domingo Fernández Navarrete, *Tratados historicos, politicos, ethicos y religiosos de la monarchia de China: description breve de aquel imperio, y exemplos raros de emperadores, y magistrados del, con narracion difusa de varios secessos ... Añadense los decretos pontificios y proposiciones calificadas en Roma para la mission Chinica, y una Bula de N.M.S.P. Clemente X en favor de los missionarios*, En Madrid: En la Imprenta Real por Iuan Garcia Infançon, 1676, pp. 347 - 348.

这段文字的信息量很丰富。首先突出说明了豆腐价格低廉,贫富皆宜。接着介绍了制作豆腐的工具和工序。最后强调了它是中国人的旅途必备之物。作者强调了豆腐是中国的特产和名产,甚至可以交换鸡类,可见豆腐受喜爱之程度。他还透露出一个十分重要的信息,在马尼拉的"生理人"(sangley)也做豆腐,但西班牙人嗤之以鼻。

这位西班牙传教士还透露出,豆腐是当时在北京宫廷内的耶稣会神父的主要给养之一。"这时,除了肉、鱼和酒,皇帝像对待其他人一样对待我们,因此,提供了米、木柴、蔬菜、油和他们称之为豆腐(Teu Fu)的东西,而且很丰富。所有的东西都送到了我们的住处,因此,当我们离开时,宫廷神父们得到的米、木柴、油和醋的供应可以维持很久时间。"①

从这段话可以推断,豆腐在北京的传教士的生活中扮演了重要角色,成为他们日常饮食中不可或缺的一部分。这表明,随着文化交流的深入,豆腐这一中国传统食品不仅在中国本土受到欢迎,还跨越文化和地理界限,成为国际传教士群体中广受欢迎的营养来源。

三千多年前,中国不仅成功培育了大豆,还创新性地发明了豆腐,这一发明为全球提供了一种宝贵的植物性蛋白质来源。豆腐的诞生,不仅丰富了人类的饮食文化,还对全球营养健康产生了深远影响。

豆腐,作为中国传统饮食文化的核心元素,不仅承载着丰富的历史和文化价值,还以其卓越的营养价值和健康益处受到广泛赞誉。这种由大豆制成的食品,自两千多年前的汉代起就已在中国人的餐桌上占据一席之地,跨越地域和阶层,成为全民共享的美食。豆腐的多样性和适应性使其在不同地区的饮食习惯中都能找到一席之地,无论是作为主菜还是佐料,都能完美融入各种菜肴。在中国,豆腐不仅是日常饮食的常客,更是传统素食文化的重要组成,为追求健康和部分追求宗教信仰的人们提供了理想的蛋白质来源。此外,豆腐的制作和食用方式多样,从简单的凉拌豆腐到复杂的豆腐菜肴,都体现了中国烹饪艺术的精妙和创造力。

豆腐,被誉为"植物肉",在葡萄牙语中被称为"大豆奶酪"(queijo de saja),这一称谓凸显了它在西方饮食文化中的独特地位,堪与牛奶奶酪相媲美。

中国人利用发酵技术对大豆进行深加工,不仅创造了豆腐,还衍生出酱油、豆浆等多种豆制品,极大地丰富了全球的饮食文化,并对人类健康产生了积极影响。

自唐宋时期起,中国的豆酱制品就通过海上丝绸之路传播到世界各地。豆腐的制作技术更是开启了大豆蛋白质高效利用的新篇章。唐代时,随着鉴真和尚东渡日本,豆腐的制作技艺也随之传入日本,并逐渐在朝鲜、东南亚等地流传开来。

在当代,随着中西文化交流的加深以及素食主义和健康饮食趋势的兴起,豆腐在欧美市场也越来越受欢迎,尤其在健康食品店和大型超市中,豆腐已成为常见商品。豆腐不仅丰富了人们的餐桌,也为追求健康生活的人群提供了优质的植物性蛋白质来源。

综上所述,豆腐不仅是中国饮食文化的重要组成部分,更是全球健康饮食的宝贵财富。无论是作为主菜还是配菜,豆腐都能为不同饮食习惯的人们提供营养和美味。在当前这个强调健

---

① Domingo Fernández Navarrete, *Tratados historicos, politicos, ethicos y religiosos de la monarchia de China: description breve de aquel imperio, y exemplos raros de emperadores, y magistrados del, con narracion difusa de varios secessos ... Añadense los decretos pontificios y proposiciones calificadas en Roma para la mission Chinica, y una Bula de N.M.S.P. Clemente X en favor de los missionarios*, p. 353.

康和可持续发展的时代，我们有责任进一步推广豆腐的价值，让更多人了解并享受这一传统美食带来的健康益处，同时将其悠久的制作技艺传承给未来。

余　言

在西方语言中，大豆被误称为“酱油”的现象，自 17 世纪延续至今，这一独特的语言文化现象起源于葡萄牙人。他们最早将这一名称带入西方，而实际上，这一称谓背后隐藏着一段中西交流的轶事。除了大豆，其他中国特色食品，如茶叶，也是葡萄牙语通过日语引入然后再传播至全球，这些词汇的流传映射了东西方文化交融的历史轨迹。

在多语言文化的交流中，由于文化差异和语言演变，产生一些约定俗成的“错误”难以避免，似乎没有必要加以“纠正”。这些“错误”恰恰反映了文化接触中产生的差异和历史演变的过程与结果。无论是哪种情况，它们都为语言学和文化交流的研究提供了丰富的素材。

语言文化交流中的这种“张冠李戴”现象，不仅揭示了不同文化之间的互动与融合，还体现了文化交流中的多样性和复杂性及和语言演变的过程。在全球化日益加深的今天，借词现象愈发普遍，这要求我们更加关注和研究这些历史性的“错误”，以更好地理解语言如何在文化交流中发展和演变。

本文揭示了一个有趣的现象：一些中国特有的文化元素，如汉字、茶叶、大豆和豆腐，并非直接从汉语传入葡萄牙语，而是通过日语作为媒介。尽管葡萄牙人早在 1513 年就已抵达中国珠江口，但由于当时明朝的“海禁”政策，他们直到 16 世纪 80 年代才得以进入中国内地。这一政策限制了葡萄牙人与中国的直接交流，导致他们通过日本这一开放的窗口来了解和传播中国的文化元素。这一历史背景为我们理解中西文化交流中的语言传播提供了新的视角。

（在本文写作过程中，笔者得到了澳门大学人文社科高等研究院林少阳教授在日语方面的指导，特此致谢！）

早期西文地图中杭州相关地名的类型与演化*

林 宏**

摘 要： 15 世纪末至 17 世纪末西文地图上的东亚绘法变化繁复，存在多种杭州相关地名的标注方式，方位不同，拼写各异。基于对地名知识来源的辨析，可归纳为“所传闻”“所闻”“所见”三类，不同类型的地名又时常共存于同幅地图上。17 世纪后期，随着耶稣会士地图的流传及马可·波罗所记“行在”的退场，将单一杭州城放置在相对确切方位上的标注才逐渐成为主流。

关键词： 西文地图；杭州；地名；类型

引 言

自马可·波罗绘声绘色地讲述“行在城”（元代杭州）的富饶景象起，在中世纪后期及文艺复兴时期的欧洲，“行在”与晚出的多种杭州之名长久地闪耀在关于远东的西文地理文献中。近年来，前贤已对西文古地图上的杭州标绘问题作出丰富而精彩的探讨，①在参考先行研究的基础上，借助全球所藏古地图资料可及性飞速提升的东风，本文梳理笔者参与“历代舆图中的杭州”研究项目过程中搜集的图像，尝试进一步探讨 15 世纪末至 17 世纪经纬网体系下的早期西文地图上杭州相关地名标注的演化过程。本文将研究对象统称作“杭州相关地名”，是因为欧洲制图

* 本文系杭州市哲学社会科学规划课题“历代舆图中的杭州”（2021LDHJ3）、国家社科基金青年项目“早期西文中国地图制图方法与谱系研究（1500—1734）”（19CZS078）的阶段性成果。本文得到钟翀教授在资料方面提供的帮助，特此致谢！

** 林宏，上海师范大学人文学院历史系副教授。

① 孔陈焱：《早期来华欧洲人对浙江的认知》，《浙江学刊》2002 年第 4 期；龚缨晏：《欧洲与杭州：相识之路》，杭州：杭州出版社，2004 年；黄时鉴：《马可波罗游记与西方古地图上的杭州》，李治安、宋涛主编《马可波罗游历过的城市 QUINSAY——元代杭州研究文集》，杭州：杭州出版社，2012 年，第 1—19 页；董海樱：《早期西文文献中的杭州初探》，《杭州文史》2015 年第 4 辑，第 18—37 页；周东华：《描述“人间天堂”：20 世纪前西方人对“杭州”的集体记忆》，《晋阳学刊》2018 年第 5 期；邬银兰：《全球化初期欧洲〈行在图〉源流考》，《浙江学刊》2020 年第 6 期；邬银兰：《从“天城”到“杭城”——14—20 世纪中叶欧洲对杭州的认知历程》，《浙江学刊》2021 年第 5 期；邬银兰：《全球化的兴起与“行在”城的北移——文艺复兴时期意大利文献〈行在考述〉研究》，《宁波大学学报（人文科学版）》2021 年第 2 期；龚缨晏：《欧洲中世纪的“世界舆地图”上的“天城”杭州》，《杭州文史》2022 年第 2 辑，第 9—17 页；龚缨晏：《马泰卢斯探求的杭州经纬度》，《杭州文史》2022 年第 3 辑，第 17—21 页。

者在有限知识、图像传承、地理想象、翻译失真等因素影响下，在地图上标注的“行在”等地名有时并非实指杭城本身。本文以类型学方法展开分析，借用儒家“三世说”中“所传闻”“所闻”“所见”语词的字面含义为各类型命名，以强调对地名知识来源的辨析可作为古地图深入研究的有效切入点，展现较长时段古地图谱系研究所能揭示的新、旧知识之错杂与纠缠。

一、所传闻之“行在”

（一）马泰卢斯将“行在”置于东亚海岸偏北处

14 世纪末，托勒密（Claudius Ptolemaeus）《地理学》的文本重新在西欧流传，至 15 世纪后期，各种抄本或印本托勒密世界地图也开始风靡，并促成文艺复兴时期欧洲制图业建立起新标准：世界及区域地图应以某种形式的经纬网体系为框架。在公元 2 世纪的托勒密地理学与世界地图中，涵盖欧、亚、非文明地域的“人居世界”（oikoumene）横跨约 180 个经度，在亚洲东部绘有印度半岛与中南半岛，但图形远非写实，“中南半岛”东侧为“大海湾”（Magnus Sinus），上缘约在北纬 17°，托勒密地图“人居世界”的最东端通常标出南北并立的两个大地名赛里斯（Seres/Serica Regio）、秦尼（Sinae/Sinarum Regio），前者标在高纬度处，后者位于南瞰“大海湾”处，今日学者已确知它们指涉中国地域；①然而，15 世纪末的西欧制图家不明此点，误以为约两个世纪前已主体成型的《马可·波罗游记》（下文简称“《游记》”）中所描述的亚洲东部应是古人未知之地，位于赛里斯、秦尼的更东侧，与福岛零度经线间的经度差应远不止 180°，因此托勒密地图的远东部分亟须依据《游记》改造。②

在上述认识背景下，1490 年、1491 年间，长期在意大利佛罗伦萨工作的制图家马泰卢斯（Henricus Martellus Germanus）绘制了多种具有革新性的世界地图，繁简不一。③ 他在托勒密旧图示的右侧扩展出巨幅陆地，构成亚洲最东部：新扩陆地总体北宽南窄，北半部横跨数十个经度，南半部为虚构的龙尾形大半岛，向南跨越赤道并转西南向伸展很远，南端已近南纬 40°，与托勒密原绘的印度、中南半岛鼎足而立，脱离实情。新扩陆地的形态出自绘图者想象，东亚北部呈东伸三角形，行在（Quinsay）大城位于三角北侧斜边的海岸附近。据杜泽（Chet Van Duzer）对传世马泰卢斯诸图中内容最详细的美国耶鲁藏本之多光谱影像的解读，④行在城周绘湖泊，城边有小段注文，皆得自《游记》的描述，行在城南有“蛮子大省”（magna provintia Mangi）标注、北有契丹（Chatay）城市图形及关于“契丹省”（provintie cathay）的注文，也同《游记》相符。⑤ 耶鲁藏图上，行在城纬度略低于北纬 40°，经度约在福岛以东 230°。

---

① 龚缨晏、邬银兰：《“赛里斯”与“秦尼”：托勒密地图上的中国》，《地图》2003 年第 2 期。

② Angelo Cattaneo，“European Manuscript Maps of East Asia and China from Marco Polo to the Sixteenth Century”，in Marco Caboara（柏恪义），*Regnum Chinae: The Printed Western Maps of China to 1735*，Brill，2022，pp. 64 – 78.

③ Chet Van Duzer，*Henricus Martellus's World Map at Yale* (*c. 1491*)，Springer，2019，pp. 9 – 42.

④ 美国耶鲁藏本扫描及多光谱影像对照专题网站，网址为：https://www.jack-reed.com/projects/martellus/sidebyside/[2023 – 02 – 24]。

⑤ Chet Van Duzer，*Henricus Martellus's World Map at Yale* (*c. 1491*)，pp. 97 – 102.

在传世经纬网式西文地图中,马泰卢斯最早在亚洲海岸偏北处标出行在城,他是从已流传近两个世纪的《游记》文本中认识这座"传闻"之大城的。《游记》原文仅对各城间相对行程作笼统记述,因此马泰卢斯对行在的经纬度定位全无可靠依据。除需考虑对远东地名的整体排布外,他可能还受同时代人对行在纬度方位通行认识的影响,如托斯卡内利(Paolo dal Pozzo Toscanelli)在1474年写给葡王的信中即称,由里斯本向西直航可至行在,①里斯本在北纬38°余,若由此数据推测,则行在城不会过于偏南。

(二)马泰卢斯图问世后百年内欧陆制图上的演化

马泰卢斯开创了融合托勒密体系与地理新知的制图模式,影响深远,但在西班牙、葡萄牙分别向西、向东推进航海探索的背景下,马泰卢斯图问世后百年内(截至16世纪80年代),西文地图中的东亚图景与行在标注时常更新,且差异显著。

错综图示的产生与制图者知识来源的复杂性相关。由欧洲西航,自15世纪末起,产生哥伦布(Christopher Columbus)以降欧洲人对今北美陆地性质的长期争论,也影响亚洲东部的绘法。由欧洲东航,15世纪末至16世纪初,葡船绕过好望角,先后抵达印度半岛与中南半岛,1513年首次驶抵广东,此后数十年间盘桓于北至浙东的中国东南沿海,地理新知不断传回欧洲,并出现各种主要由可利用远东资料的葡萄牙制图家绘制的世界或区域地图(下文简称为"葡制海图"),展现关于"当代"亚洲沿海的直接、间接经验,鲜少标注旧地名,"行在"亦未现身。另一方面,身处欧洲各国、无缘接触一手资料的制图家们则根据由各种途径所获取的新颖图、文信息进行二次或多次创作,绘成"欧陆制图",因包含知识调和与个人理解或想象之异,加剧了此型图示之多变。本小节时段内,欧陆制图中与"行在"标注相关的演化过程要点如下:

1. 16世纪前期沿袭马泰卢斯的地图

瓦尔德斯穆勒(Martin Waldseemüller)著名的1507年世界地图准确地将北美绘作与亚洲分离的陆地,但北美促狭如岛,东亚北半部一如马泰卢斯图上那样大幅延展,"蛮子之城行在"(Quinsaÿ civitas Mangi)约在东经227°、北纬38°,是全球唯一用形象绘法刻画的大城,地位特出。② 此后不少世界地图沿用马泰卢斯、瓦尔德斯穆勒的东北亚三角形轮廓,也多将行在城重点标出,经纬度方位亦接近,如阿比安(Peter Apian)1520年的世界地图③等。1522年,欧洲第一幅专绘亚洲东部的印本区域图登载于弗里泽(Lorenz Fries)在法国斯特拉斯堡出版的托勒密《地理学》修订本中,④东亚图形及行在(Quinsay)方位也同上述世界地图相仿,此图流传颇广。

2. 墨卡托的反复改绘

16世纪欧洲重要制图家墨卡托(Gerardus Mercator)也笃信亚洲同"新大陆"相互分离,他注重搜集在欧流通的各类图、文,秉持杂糅新知旧识的制图路径,使各阶段作品往往新颖而易变。

---

① 参见龚缨晏《欧洲与杭州:相识之路》,第80—81页。

② 美国国会图书馆藏,见"全球地图中的澳门"网站,网址为:http://lunamap.must.edu.mo/luna/servlet/detail/MUST~2~2~582~721[2023-02-25]。

③ Rodney W. Shirley, *The Mapping of the World*, Early World Press, 2001, pp. 51-53.

④ 美国哈佛大学图书馆藏,见"全球地图中的澳门"网站,网址为:http://lunamap.must.edu.mo/luna/servlet/detail/MUST~2~2~572~683 [2023-02-25]。

1538年心形世界地图①上，墨卡托在亚洲东部绘出三个南向半岛，与马泰卢斯同，但印度、中南半岛已据葡制海图显著更新，在中南半岛东侧“大海湾”北缘，墨卡托沿用托勒密、瓦尔德斯穆勒标注的“Sinarum regio”，并注广州城（Cātā）、广东河（Cantā fl.，即珠江），为欧陆制图中首见，应是参考了葡制海图，葡图在此前十余年起已将对中国的全新称呼“China”（或近似拼写）及葡船探访过的广东沿海地名标注在对应方位上，②这意味着墨卡托已将读音近似的葡制译名“China”同古典“秦尼”对应起来，此为所见西文地图中首创。③“大海湾”以东，马泰卢斯跨越赤道的虚构龙尾形半岛被压缩为一虚构方形半岛，南端退至约北纬8°，而东亚北部陆地大增，但行在城的方位与马泰卢斯相似，经度几同，纬度略高，在约北纬41°，且同样临近海岸，蛮子、契丹区域注记列其南北。

1541年，墨卡托制成一架重要的地球仪，④嗜古偏好影响下，甚至在亚洲东部绘出四个南向半岛，较1538图新增者为托勒密的中南半岛旧图示，置于写实的中南半岛与虚构方形半岛间，造成另一重叠床架屋。可注意新添半岛之经度恰与托勒密、马泰卢斯原图相近（南端约东经160°），迫使写实中南半岛西移；广东城一带，墨卡托径直用葡译“China”代替秦尼旧称，注记方位也随写实半岛西移约30°；最东的虚构方形半岛的经度则较1538图西移近20°。亚洲东岸轮廓改变最明显处是将北纬30°附近绘作三角形大湾，虚构方形半岛东岸略倾斜，恰成此湾南岸。这架地球仪上的行在城就位于大湾顶部近岸处，伴注文“行在又称天城”（Quinsay id est civitas coeli），语出《游记》（瓦尔德斯穆勒等人图上也有近似注文），约在北纬28°、东经185°，较三年前旧图大幅向西南移；蛮子注记也相应大幅南移，占据大湾沿岸一带；契丹注记则滞留北方。

墨卡托在1569年制成的巨幅世界地图因创造性的投影方法被学界熟识，⑤相比前述两种作品，对中国的认识也颇有进展。旧图、仪上，墨卡托将契丹、蛮子等《游记》远东地名置于托勒密“人居世界”东限外，虽已准确将“China”与“秦尼”勘同，但《游记》地名仍同“China”悬隔。1569图上，在北纬20度至40余度间注云“蛮子省就是Cin，也就是China，下辖九个王国”（Mangi provincia que et Cin & China in 9 regna divisa est），明确将蛮子与“China”等同，“九王国”得自《游记》描述蛮子国的旧文，“Cin”为阿拉伯人对中国的称呼，这使得托勒密、马可·波罗、葡人、阿拉伯人知识达成四位一体。北方的契丹则被表现为同蛮子/China /Cin并立的另一个大区域。除China外，此图仅在远东沿岸标注极少葡译地名，如宁波（Liompo/Nimpo）、浙江（Chequeam，参见下文）、漳州（Chincheo）等，大量《游记》地名仍遍布远东，甚至掺杂一些托勒密地名，展现厚古薄今的态度。

---

① 美国哈佛大学图书馆藏，见“全球地图中的澳门”网站，网址为：http://lunamap.must.edu.mo/luna/servlet/detail/MUST~2~2~553~712[2023-02-25]。

② Francisco Roque de Oliveira，“China in Sixteenth-Century Portuguese Nautical Cartography”，载[意]柏佫义前揭书，第100—101页。

③ 早在1522年，记述西班牙船队首次环球航行的特兰西瓦努斯（Massimiliano Transilvano）已认为Sine与Chine应是同指。参见Francisco Roque de Oliveira前揭文，第82页。

④ 瑞士卢塞恩大学将所藏地球仪三维电子化，可在线观览，网址为：https://www.arcgis.com/home/webscene/viewer.html?webscene=3fd3b29db53745238f6f5e70dc0911d9[2023-02-25]。

⑤ 法国国家图书馆藏，网址为：https://gallica.bnf.fr/ark:/12148/btv1b7200344k[2023-02-25]。

1569 图上中南半岛及 China 的经度方位同 1541 地球仪相仿，因此与 China 融合的蛮子区域也大幅西移，近海处“蛮子国都城”行在(Quinsay)的经度约为东经 150°，较 1541 地球仪、1538 图分别西移约 30°、70°(1569 图的零度经线较托勒密偏西几度)。延续 1541 地球仪绘法，1569 图同样绘出向东敞口的大湾，但湾区整体北抬 10 余度，使湾顶的行在相应北移至约 40°，恰与马泰卢斯一系及墨卡托 1538 图纬度相近。墨卡托 1569 图的远东绘法与行在标注被此后不少地图沿用，如 1570 年起诸版本奥特利乌斯(Abraham Ortelius)地图集《地球大观》(*Theatrum Orbis Terrarum*)中的椭圆形世界地图、东印度地图，1595 年小墨卡托(Rumold Mercator)地图集中的两半球世界地图等，①并延续至 17 世纪前期各家出版的部分世界或亚洲地图中。

3. 16 世纪前中期“亚美相连”图示

哥伦布相信自己船队西行抵达的今“北美”之处为亚洲东部蛮子国沿海，而非某个欧人未知的全新大洲。16 世纪初，一些制图家依从此说，在马泰卢斯世界地图基础上改绘，将亚洲陆地在高纬地带大幅向东延伸，东北端接近欧洲西岸，较马泰卢斯原图经度东偏 100°左右，此类改造发端于康达利尼(Giovanni Matteo Contarni)1506 年②、卢斯旭(Johann Ruysch)1507 年③、罗塞利(Francesco di Lorenze Rosselli)1508 年④之图，三图均标注行在城，因未受更高纬度处的形变影响，行在的经纬度方位仍同马泰卢斯相近。其中最精详的卢斯旭图上，行在城在约东经 223°、北纬 40°；康达利尼、罗塞利图方位略偏，应是绘制粗略且突出标识的行在巨城图形占地较大造成的。

随着欧人深入北美南部，16 世纪前期，误解更进一层，有人认为墨西哥一带也属马可·波罗所记之地，甚至指认阿兹特克帝国都城特诺奇蒂特兰(Tenochtitlan)就是行在城，因为两城均在湖畔，地势相近。16 世纪 20—40 年代的少数地图或地球仪上不但亚、美相连，且将契丹、蛮子等许多《游记》地名标在实为北美的陆地上，科隆制图家福佩尔(Caspar Vopell)1545 年绘世界地图为其中代表性作品。⑤ 不过此类图上未见标注行在城名者，故不加赘述。

16 世纪中叶，出现另一种更流行的“亚美相连”新图示：欧陆制图家已明了北美洲为极广阔的大陆，而非亚洲的延展，并已初步知晓其西南岸轮廓，但因为欧人对东亚、美洲西部中高纬度海岸仍缺乏实地探查，部分欧陆制图家仍相信亚、美相连，并猜想亚、美间的陆桥自北纬 40°起延伸至北极圈，远宽于世纪初康达利尼等人所绘亚洲东伸地带。

---

① 美国哈佛大学图书馆藏，见“全球地图中的澳门”网站，网址分别为：http://lunamap.must.edu.mo/luna/servlet/detail/ MUST~2~2~137~210[2023-02-25]；http://lunamap.must.edu.mo/luna/servlet/detail/MUST~2~2~429~553[2023-02-25]；http://lunamap.must.edu.mo/luna/servlet/detail/MUST~2~2~411~532[2023-02-25]。

② 英国国家图书馆藏，网址为：https://www.bl.uk/collection-items/first-known-printed-world-map-showing-america[2023-02-25]。参见龚缨晏《世界两端一图相连：〈1506 年康达里尼世界地图〉》，《地图》2008 年第 5 期。

③ 美国国会图书馆藏，网址为：https://www.loc.gov/item/2003626426[2023-02-25]。

④ 英国皇家格林威治博物馆藏，网址为：https://www.rmg.co.uk/collections/objects/rmgc-object-244434[2023-02-25]。参见 Angelo Cattaneo 前揭文，第 74—78 页。Marica Milanesi，“China on European Printed Maps between the Late Fifteenth and Late Sixteenth Century”，载［意］柏恪义前揭书，第 81 页。

⑤ 美国哈佛大学图书馆藏，见“全球地图中的澳门”网站，网址为：http://lunamap.must.edu.mo/luna/servlet/detail/MUST~2~2~391~501[2023-02-25]。参见 Marica Milanesi 前揭文，第 86—87 页；Rodney W. Shirley 前揭书，第 115—117 页。

此类图示中较早的典型案例是威尼斯制图家加斯塔尔迪(Giacomo Gastaldi)1546 年的世界地图①,此图绘中南半岛,经度方位类似托勒密、马泰卢斯图,但图形写实,半岛东北方,东经 170—180°沿海处有“LACHINA”“cautam”等葡译地名,东经 190—200°有较小的南向半岛,或由墨卡托旧图的虚构方形半岛演化;自北纬 20°的小半岛南端起,东经 190—225°,亚洲东岸大体呈西南—东北斜向伸展;更东侧则为西北—东南斜下的美洲西岸;亚美岸线围成南向开口的大湾,湾顶处约北纬 40°,北侧便是宽阔的亚美陆桥。行在(误写作 Guisai)仍近岸,约在北纬 33°、东经 210°,较墨卡托 1538 图偏西南。大区域名也与旧图差异颇多,如蛮子虽距行在不远,但中隔以同样字号标注的“CAMBAL”区域(应为 Cambalu 的误写),指《游记》中的“汗八里”(元大都),后者在早期诸图上未标作区域名,契丹(Catayo)注记较墨卡托旧图大幅度向西南移,纬度降至 40°,经度较旧图大幅西移约 60°。上述地名随东亚轮廓的变动而迁,随意性很强。

4. 加斯塔尔迪 1561 图:行在与京师的结合

1561 年,加斯塔尔迪出版世界地图与亚洲东部图,②重要变化是放弃陆桥观念,明确将亚、美大陆分离,两大洲在北纬 50—60°处以细窄 Anian 海峡分隔,亚洲东北端约在东经 190°,较 1546 年旧图西移约 35°。加斯塔尔迪新、旧图示存在延续性,亚洲东岸均呈倾斜走向,行在城均被突出描绘。也有重要差异,新图的行在(Quinsai)约在北纬 46°,较旧图明显偏北,且因新图的亚洲东北端大幅西移,东岸斜率明显增大。在亚洲东部图上,四个明代沿海省名浙江(Chequan)、南京(Nanqui,即南直隶)、山东(Xanton)、京师(Qvinci,即北直隶)被用作区域名,依次占据中高纬度沿海,③行在成为“京师”区域内的大城,契丹、蛮子、汗八里三个源自《游记》的区域名则偏居内地。

此前,1554 年赖麦锡(Ramusio)出版的亚洲东部图上已标部分明代沿海地名,但图幅北缘仅至北纬 33°,未标行在。④ 笔者管见所及的西文文献中,1561 年加斯塔尔迪最早将“所传闻”的行在同“当代”知识中的“京师”结合起来,不仅在地图中首见,在早于此图年代的文字文献中也未见欧洲作者作此勘同。换言之,加斯塔尔迪在地图上的布置有可能是一种“创制”。制图家对此举未作解释,本文仅推测可能的动因:其一,马泰卢斯等早期图示均将行在标在亚洲东北部;其二,加斯塔尔迪从所获葡人信息中得知中国东南沿海并无“当代”称作“行在”的大城;其三,“Qvinci”与“Quinsai”音近。

加斯塔尔迪 1561 年的新图示至为关键。此前诸图及并行的墨卡托一系图示上,虽然图形各异,但通常遵照《游记》原意,将“行在”置于“蛮子”大区域内,使得“行在”之名仍与马可·波罗笔下的“蛮子国都城”高度相关;站在今人角度,可视为与杭州间存在以《游记》为纽带的间接关联。加斯塔尔迪则将“行在”置于“京师”,切断它与蛮子国的关联,后续地图上“行在”与顺天府标注的结合也根源于此。

---

① Marica Milanesi 前揭文,第 87—90 页。美国耶鲁大学图书馆藏,网址为:https://collections.library.yale.edu/catalog/15234076[2023-02-25]。

② 世界地图收藏于英国国家图书馆,图像见 Marica Milanesi 前揭文,第 88—91 页。亚洲东部图可见以色列国家图书馆,网址为:https://www.nli.org.il/en/maps/NNL_ALEPH990035360880205171/NLI#$FL25570670,[2023-02-25]。

③ 浙江以南无福建、广东,因为此处沿用旧图标注为“China”。

④ 香港科技大学藏,网址为:https://lbezone.hkust.edu.hk/bib/b789677[2023-02-25]。

1567 年,奥特利乌斯出版亚洲地图,远东绘法及行在方位均源自加斯塔尔迪图,这幅亚洲图稍作简化后收入 1570 年《地球大观》。① 图集反复再版,此系东北亚图示又屡经欧陆制图家翻绘,在 16 世纪后期广泛传播。

(三) 16 世纪末至 17 世纪中叶西文图上的行在方位

如上节所示,1570 年版奥特利乌斯《地球大观》所收世界、亚洲各图中,存在关于远东地区的两种迥异岸线轮廓,分别承自墨卡托、加斯塔尔迪;行在的方位也不一致,纬度相差达 10°。同部图集中的自相矛盾充分展现欧人对远东认知的模糊性。这一时期,欧陆制图家所能掌握的"当代"地名信息总量有限,他们又"审慎"地从中少量择用,因此《游记》地名仍占主导。

这种局面在 16 世纪晚期开始转变,1584 年版《地球大观》中收录了一幅中国地图("Chinae")②,据考证,由葡萄牙人巴尔布达绘制(下文简称"巴尔布达图"),此图面貌焕然一新,过时地名退场,代之以大量"当代"府州政区名,绘者应是直接或间接参考了多种中文图、文资料,③部分沿海地名则得自葡制海图(参见下文)。在这幅里程碑式的地图上,此前诸多西文地图上的远东世界级都市行在城骤然消失,这可视为欧洲人中国地理认识逐步进入新阶段的象征。

然而,巴尔布达图刊行后不过数年,自 16 世纪 90 年代起的半个多世纪中,行在又出现在大量不同程度以巴尔布达图为蓝本绘制远东的欧陆制图上,体现出地理知识演化中的延续性。此阶段内,"行在"地名标注于中国沿海中高纬度的不同地点,并常以某个"当代"地名之异名的形式注出。本节归纳几种主要样式。

1. 中国图示基本沿用巴尔布达图,在北纬约 40°沿海处添加行在城

此类最早见于普兰修(Petrus Plancius)1590 年的世界地图,④中国图示袭用巴尔布达图,行在(Quinzay)置于山东省(Xanton)南部北纬 40°处,与墨卡托 1569 世界地图一系乃至更早的马泰卢斯等人地图上的行在纬度一致(东亚轮廓则迥异)。普兰修此图图幅不大,绘制较简,但细看可见行在注记所指之处绘作中有小岛的湖湾之形,可知绘者或兼采前述加斯塔尔迪一系的形象绘法,巴尔布达图相应位置也恰有一个略微展宽的小河口,普兰修巧加利用,将"复置"的行在城嫁接于此。

德约德(Gerard de Jode) 绘制的 1593 年亚洲图、中国图⑤沿用此图示,前者未标山东省名,

---

① 美国哈佛大学图书馆藏,见"全球地图中的澳门"网站,网址为:http://lunamap.must.edu.mo/luna/servlet/detail/MUST~2~2~132~206[2023-02-25]。

② 葡萄牙国家图书馆藏,见"全球地图中的澳门"网站,网址为:http://lunamap.must.edu.mo/luna/servlet/detail/MUST~2~2~1347~11960[2023-02-25]。

③ 巴尔布达所用具体资料待深入探讨。参见周振鹤《西洋古地图里的中国》,周敏民编《地图中国》,香港:香港科技大学图书馆,2003 年,第 1—6 页;黄时鉴《巴尔布达〈中国新图〉的刊本、图形和内容》,《文化杂志》(澳门)第 67 期,2008 年,第 69—80 页;金国平《欧洲首幅中国地图的作者、绘制背景及年代》,金国平、吴志良《过十字门》,澳门:澳门成人教育会,2004 年,第 310—321 页;Vera Dorofeeva-Lichtmann, "The First Map of China Printed in Europe [Ortelius 1584] Reconsidered: Confusions of Its Authorship and the Influence of the Chinese Cartography", in Luis Saraiva and Catherine Jami (ed.), *Visual and Textual Representations in Exchanges between Europe and East Asia 16th-18th Centuries*, Singapore: World Scientific, pp. 139-169。

④ 美国斯坦福大学藏,网址为:https://searchworks.stanford.edu/view/vy302wf1936[2023-02-25]。

⑤ 亚洲图见"Barry Lawrence Ruderman"古地图网站,网址为:https://www.raremaps.com/gallery/detail/61784/asia-partium-orbis-maxima-de-jode[2023-02-25]。中国图见香港科技大学网站,网址为:https://mappasinica.hkust.edu.hk/bib/m5[2023-02-25]。

行在作"Quinzaÿ";后者将省名改为"Schiāton",在湖湾图形中添加大城符号,注此城名为"Suntiĕal quinzay",意即"顺天或名行在"。此类知识应是源自16世纪后期起的部分欧人文字,已知文献中最早见于拉达(Martin de Rada)1575年探访福建后撰写的《记大明的中国事情》,他认为明朝都城顺天(Suntien)又称北京(Pacquiaa),同时也正是马可·波罗的行在。1585年门多萨(Juan Gonzalez de Mendoza)的《中华大帝国史》采信此说,认为大明的首都顺天城就是行在,但他的转述作出简化,并未提及"北京"。①

作为欧陆制图家的一员,德约德当即参考了门多萨简化后的描述,在西文地图上首次将行在与"顺天"关联起来,为此后不少西文地图沿袭。而他应未见过尚未出版的拉达报告,因为在他的中国图上,Paghia(北京)省名②、Paquin(北京)城名皆位于北纬近50°处,与行在城相去很远。德约德其实不知"顺天"就在"北京",也未把行在同"北京"关联起来,实际上只是在依从普兰修1590年世界地图的行在标注的基础上,参考门多萨之书略增注记而已。

2. 中国图示基本沿用巴尔布达图,在北纬近50°沿海处添加行在城

洪迪乌斯(Jodocus Hondius)1607年出版的《小地图集》(*Atlas minor*)中的中国地图由巴尔布达图简绘而成,制作粗略,③省略了一些细节,也有部分增改。其中重要而易被忽略的是在北纬近50°处的海边增加一城,北邻由横向山脉—长城组合图形构成的中国北界东端,标作"Xuntien vel Quijnsay"(顺天或行在),采用全图最大城市符号(由三座城楼连缀),表达此城为首都。此城纬度应参考了加斯塔尔迪一系图示,且归属Quincii(京师)区域,也与加斯塔尔迪一系旧图契合。还可注意洪迪乌斯特意将此城置于巴尔布达"底图"原有的一个小湾边,选址同德约德异曲同工。这部图集在此后多次重印。④

3. 普兰修的新图示,行在城位于渤海湾西北缘北纬48°处

1594年,普兰修再次出版世界地图⑤,中国图示面貌一新,岸线、长城、水系、地名等要素的准确性远胜于巴尔布达图,后者仅在黄河上游河道局部图形上留下影响。这是因为普兰修参考了一种最新的印本中国简图,据推测很可能是由耶稣会士罗明坚(Michele Ruggieri)主要依据中文地图绘制,约于1590年在欧洲出版(下文简称"罗明坚简图")。⑥ 罗明坚简图上确切地展现了明代各直省及省城的相对方位,北京省(Pacouin P.,即北直隶)内标注顺天府(Xuntien Fu),位于生动绘出的渤海湾西北缘(巴尔布达图无渤海湾图形),约在北纬48°处,较北京城实际纬度偏高8°,这是因为截至罗明坚1588年返欧前,入华耶稣会士受前人图、文影响,对他们尚未踏足

---

① [西班牙]拉达:《记大明的中国事情》,[英]C. R. 博克舍编注《十六世纪中国南部行纪》,何高济译,北京:中华书局,1990年,第191页;[西班牙]门多萨:《中华大帝国史》,何高济译,北京:中华书局,1998年,第25页。参见董海樱《早期西文文献中的杭州初探》,《杭州文史》2015年第4辑。

② 巴尔布达图在相同方位标注省名"Qvincii",即京师,德约德图可能参考了门多萨之书,改为"北京"。

③ [意]柏恪义前揭书,第201—203页。

④ 同上。

⑤ 美国哈佛大学图书馆藏,见"全球地图中的澳门"网站,网址为:http://lunamap.must.edu.mo/luna/servlet/detail/MUST~2~2~230~180[2023-02-25]。

⑥ 香港科技大学藏,网址为:https://mappasinica.hkust.edu.hk/bib/m4[2023-02-25]。参见[意]柏恪义前揭书,第178—182页;Marco Caboara(柏恪义),"The First Printed Missionary Map of China: Sinarum Regni Aliorumque Regnorum et Insularum Illi Adiacentium Description (1585/1588)", *IMCOS Journal*, No. 162, 2020, pp. 6-21。

的中国北方地区的纬度估计过高。普兰修 1594 图在相同方位标注"Xuntien al quinzai"(顺天或称行在),便是依据罗明坚简图定位,并沿承前述行在即顺天的认识而标注的,纬度也同加斯塔尔迪一系旧图接近。

1598 年初印的 Pieter van den Keere 中国简图,载于版本众多的"口袋本"地图集 *Caert-Thresoor* 中,行在城的方位及标注与普兰修新图示一致,类似的作品还有 1605 年 Cornelis van Wytfliet 的中国图等。① 另有一些源自普兰修新图但非常简略的图示,如 1603 年奥特利乌斯袖珍地图集中的亚洲图②等,限于尺幅,在中国范围内只标出都城,名作"Quinzay",在简化中只留下了更深入人心的"行在"旧称。

4. 洪迪乌斯图示,两个行在并置

洪迪乌斯(Jodocus Hondius)自 1595 年起出版地图集,在 1606 年版中新增中国地图,将巴尔布达与普兰修(新图示)两种图示结合。其中来自前者的成分占比更大,包括大部分地名、水系、长城绘法等,但得自普兰修的成分中恰有同本文密切相关的内容:准确绘出渤海湾图形,在其西北沿岸北纬 48°处标注"Xuntien al quinzai"。洪迪乌斯添加了一些注文,反驳"许多人认为威尼斯人波罗(P. Venetus)到访的行在已被战火或其他灾难毁灭了"的说法,并称"中国皇帝居此",明确此城为都城。"顺天或行在"位于京师(Qvincii)区域内,与此同时,在山东(Xanton)南部约北纬 39°处,洪迪乌斯在近海小湾图形中增绘一城,标注"Quinsay antiquo"(古行在),该标注上承第一类中普兰修(旧图示)、德约德等人旧图。向前追溯,1606 图上两个行在的纬度分别承自前一世纪后期的两系标注,洪迪乌斯将它们巧妙并置。还可注意,在北侧行在的西南方,另有一城名为"C. Paquin",是沿袭巴尔布达图上的北京城,但同德约德的 1593 图一样,洪迪乌斯也未将它与顺天/行在读作一城。

除了洪迪乌斯此后各版地图集外,此类标注也被一些欧洲制图家沿用,如作品同样畅销的杨松纽斯(Johannes Janssonius)1628 年及此后诸版地图集中的中国图等。③ 1643 年 Jean Boisseau 的中国图尺幅较小,仍有两个行在,略去北行在之注文及南行在之"antiquo"(古)。④ 此系还有变体,在 1614 年 Pieter van den Keere 的亚洲地图与 1616 年 Petrus Bertius 的中国简图上,中国图示类似洪迪乌斯,但北方地区整体纵向压缩,长城等图形下移近 10°,同样位于渤海湾西北缘的行在城(Quinzay)南移至北纬 40°,"C. Paquin""古行在"略去,⑤此种变化是否与远东传教士利玛窦、庞迪我(Didace Pantoja)、鄂本笃(Bento de Goes)等人在 16、17 世纪之交实测所得的明都纬度知识在欧洲传播有关,可作深入探讨。

5. 斯皮德(John Speed)图示,行在城位于渤海湾西侧北纬 43°处

斯皮德 1626 年出版中国地图,其基本内容与洪迪乌斯 1606 图相仿,与本文相关的变化包括去除"古行在"标注,将渤海湾南移,位于海湾西侧的"顺天或行在"(Xuntien al Quinzay)相应南迁至北纬 43°处,省略洪迪乌斯的注文。南迁后的行在城再次落在山东省(Xanton)境内,较洪

① [意] 柏恪义前揭书,第 191—193、196—197 页。

② 美国纽约公立图书馆藏,网址为:https://digitalcollections.nypl.org/items/510d47e4-527f-a3d9-e040-e00a18064a99[2023-02-25]。

③ [意] 柏恪义前揭书,第 225—227 页。

④ 同上,第 246—347 页。

⑤ 同上,第 209—210 页。

迪乌斯图退步。①

在斯皮德同时绘制的亚洲图②上，同样方位上的行在标注愈加复杂，写作“C Samtō vel Xunton Qīzay”，为此城又添“Samtō”(山东)的别称。究其来源，洪迪乌斯 1606 图在山东省内北纬约 41.5°近海处有 C. Samton 城，源自巴尔布达图上北纬 43°处的山东省城/C. Samton(指济南，参见下文)，或因斯皮德下移后的行在城占据原图“山东城”方位，故索性将城名归并连缀。

布劳家族的中国图示由斯皮德改进而成，1635 年约安·布劳(Joan Blaeu)的中国地图③上，也在北纬 43°处标写“C. Samton vel Xuntien al Qinzay”，与斯皮德亚洲图一样一城三名。除斯皮德、布劳的后续地图外，类似的标注还见于 Pierre-Jean Mariett 的 1646 年亚洲图④等，早在 1630 年约安之父威廉·布劳(Willem Janszoon Blaeu)的世界地图⑤上已采用斯皮德图示，但限于纸幅只标“Quinzay”。

二、所闻之“amcheo”与“浙江省城”的登场

16 世纪 80 年代中叶前，以葡萄牙、西班牙人为主体的欧洲航海者已在远东活跃了大半个世纪，但尚无明确资料显示他们曾经踏足杭城。不过，远东的欧洲人较早就将所听闻的“杭州”之名记录下来，同时，部分著述中罗列中国省名，使“浙江”的译名也较早传入欧洲。学界对欧人文字文献中“浙江”“杭州”记载的相关问题已有充分整理，⑥概言之，浙江省名在维埃拉(Cristovao Vicira)1534 年信件、同时期卡尔渥(Vasco Calvo)信件、十余年后伯来拉(Galeote Pereira)《中国报道》、埃斯卡兰特(Bernardion de Escalante)1577 年的《中国报道》、门多萨 1585 年的《大中国志》等文献中均记为“Chequeam”，拉达《记大明的中国事情》写作“Chetcam”；关于杭州城名，最早可能是皮列士(Tomé Pires)1515 年《东方志》中的“Amqm”(但不能确定指向杭州)，伯来拉记为“Ocho”，克路士(Gaspar da Cruz)1570 年《中国志》中写为“Omquom”。关于地图上的“所闻”杭州相关注记，可作进一步梳理。

16 世纪葡制海图的演化与葡人对中国东南沿岸地理知识的积累过程相对应。16 世纪 40 年代以前的海图上，较为写实地绘制葡船探访过的粤、闽沿岸，自福建中部以北的海岸则往往留白。1554 年奥门(Lopo Homem)绘制的世界海图，是首次完整展现中国东部岸线的葡制海

---

① 美国哈佛大学图书馆藏，见“全球地图中的澳门”网站，网址为：http://lunamap.must.edu.mo/luna/servlet/detail/MUST~2~2~288~354[2023-02-25]。

② David Rumsey 古地图特藏，网址为：https://www.davidrumsey.com/luna/servlet/detail/RUMSEY~8~1~285352~90058025[2023-02-25]。

③ 美国哈佛大学图书馆藏，见“全球地图中的澳门”网站，网址为：http://lunamap.must.edu.mo/luna/servlet/detail/MUST~2~2~208~961[2023-02-25]。

④ David Rumsey 古地图特藏，网址为：https://www.davidrumsey.com/luna/servlet/detail/ RUMSEY~8~1~307799~90077690[2023-02-25]。

⑤ David Rumsey 古地图特藏，网址为：https://www.davidrumsey.com/luna/servlet/detail/ RUMSEY~8~1~285940~90058458[2023-02-25]。

⑥ 参见龚缨晏《欧洲与杭州：相识之路》；董海樱《早期西文文献中的杭州初探》，《杭州文史》2015 年第 4 辑。

图。[1] 16世纪40年代,葡人一度盘踞浙东双屿港,开展日本、闽浙、满剌加三角贸易,为此图的诞生提供了历史机缘,但此图并无杭州相关的标注。1563年,路易斯(Lázaro Luís)的远东海图上最早标注"amcheo",即指杭州,此图将葡船缺乏实地探查的远东中纬度海岸想象为朝东南方向敞口的喇叭状大海湾(标作"enseada de Nanquin",即"南京湾"),amcheo标在大湾南岸的一个小河口边,位于北纬31°处,仅较实际略高半度,可知"杭州湾外的陌生人"已能大体把握此城方位,将它认作近海的重要贸易节点。[2] 16世纪60年代末至1580年间,多拉杜(Fernão Vaz Dourado)先后编制多个版本的世界沿海图集,其中的远东图示在路易斯图基础上加工,amcheo标在同样方位上。[3] 16世纪后期至17世纪初的一些西文海图上的远东图示及amcheo方位与路易斯、多拉杜图相仿,如Cornelis Doetsz于1598年、Joannes Oliva于1613年所制的远东海图等。[4]

除源自海图的amcheo外,欧陆制图上有另一种标注指向杭州,为便于叙述概称为"浙江省城",出现时间甚至略早于amcheo。

前文提及的1554年赖麦锡亚洲东部图最早将明代中国直省名用作区域名,但仅有南京(标作"Nanqvi R.",即南直隶)一区,且方位过于偏南。加斯塔尔迪1561年亚洲分区图上标注浙江、南京、山东、京师四区域,均邻海,相对方位大体准确,是更充分地利用了远东省名信息的成果;正是在此图上,最早用城市符号标注"浙江省城",位于"浙江王国"(Cheqvan Regi.)内的沿海岸处,拼作"chequeã",与省名拼写近似,纬度约北纬30°,位于远东葡人更熟悉、近邻双屿港的宁波城(Ninbo)西南侧,相对方位并不准确。此时的欧陆制图家虽仅部分采用远东传回的中国省名,但似已形成一种假想:各省首府与此省同名,这或是由当时远东信息中具体城市名较缺乏所致。除浙江外,在"南京王国"里也标注"Nangui"(南京省城),北方的京师、山东则较特殊。"京师王国"里行在巨城耀眼夺目,如前文所推测,加斯塔尔迪将"行在"(Quinsai)置于东北方可能正因它与"京师"(Quinci)音近;果若如此,则行在城同样符合"同名假想","山东王国"(Xanton Regi.)中的"剌桐城"(zaiton)也可作如是观,它与行在一样来自《游记》,本指元代泉州,非"当代"地名,或因读音与"Xanton"相近,加斯塔尔迪将它北移至约北纬41°,化为山东省城。奥特利乌斯1567年亚洲图沿袭加斯塔尔迪,相同方位的"浙江省城"标作"Chequean",但在稍简略的1570年奥特利乌斯《地球大观》中的亚洲地图上将此城省去。

在墨卡托的系列作品中,1569世界地图上首次标注"浙江省城",此图未采用"当代"省名为区域名,但在北纬30°沿海处绘制"Chequeam"城,置于宁波城西南方,应是参照加斯塔尔迪一系图示添加的。1570年版《地球大观》里的东印度地图也标注此城,椭圆形世界地图则略去。

作为最早的西文印本单幅中国地图,1584年巴尔布达图的图形、注记皆较旧图大幅更新。重大进步是较为完整地标出"当代"中国省名,同时还用大城符号绘出大多数省城,尽管省城名拼写

---

[1] Francisco Roque de Oliveira 前揭文,第95—111页。

[2] 龚缨晏以"杭州湾外的陌生人"为章名,介绍16世纪前中期欧洲人杭州认识的演化。见龚缨晏《欧洲与杭州:相识之路》,第91—109页。路易斯1563图较清晰的图片见Oliveira前揭文,第109页。

[3] 美国亨廷顿图书馆藏,见"全球地图中的澳门"网站,网址为:http://lunamap.must.edu.mo/luna/servlet/detail/MUST~2~2~818~1222[2023-02-25]。参见龚缨晏《欧洲与杭州:相识之路》,第108—109页。

[4] [日]中村拓:《锁国前に南蛮人の作れる日本地图》第3卷,东京:东洋文库,1967年,图版68、69、57。

往往与省名不同，如山东、福建省名为“Xanton”“Foqviem”，省城名为“Samton”“Huquiā”，[①]但省城译名仍源自中文省名，故可视作“同名假想”的变体；浙江省名为“Cheqviam”，省城名为“Chiquiano”，纬度在北纬约 31°。需注意巴尔布达图上同时还标注“Anchiou”，应是海图一系 amcheo 的变体，造成两个指向“杭州”的城市并立，下文将作进一步分析。

三、所见之杭州

晚明耶稣会士入华开启西文中国地图演化的新篇章，催生远较此前作品具体、近实的中国图像。入华先驱罗明坚恰为首位亲历杭城的耶稣会士，他的中国地图上也最早标注出“所见之杭州”。本节择要概述罗明坚以降一些重要西文地图上的杭州标注，绘者或曾探访杭城，或虽未亲至，但完全或部分基于在华耶稣会士信息制图。

罗明坚 1579 年抵达澳门，1583 年起长居广东，1585 年底至次年初曾至浙江活动数月，其间访问杭州，[②]1588 年返欧，至 1607 年去世前，在欧洲制作多种中国地图。

前文提及的约 1590 年印制的简图上标注各省城实际城名，均以“Fu”(府)结尾，杭州记作“Ancheu Fu”，绘在纬度略高于北纬 30°处，方位准确。此图在欧洲有所流传，如英国国家图书馆藏有一幅在 1609 年翻绘的彩色摹本，图形与省名、省城名注记均忠实于原图。[③] 又如前述，中国简图面世后不久就被普兰修 1594 年世界地图吸收，限于空间，略去省名，仅保留省城名，同样以“fu”结尾，“Ancheufu”由此首度出现在世界地图上。

罗明坚还绘制了详细的中国分省地图集，稿本现藏于意大利罗马国家档案馆。[④] 其结构复杂，据笔者研究可分为两种主要类型。1590 年前，已绘成各省“抄摹型”图稿，基本上是对万历十四年宝善堂刻本《大明一统文武诸司衙门官制》(以下简称“《官制》”)中分省地图的翻绘，将地名译为拉丁文，可惜“抄摹型”浙江图已不知下落。1590 年后，罗明坚重起炉灶绘制“改创型”图稿，与“抄摹型”的主要差别是采用《官制》正文所记方位信息重新布设府下政区定点。现存图稿中有两种浙江省图，其中 T.25 图完成度较高，T.28 则较粗略；两者基本内容一致，包括钱塘江河道、圆形西湖(Sicu lacus)等自然地理绘法与《官制》原图相似，杭州以府城符号标出，拼作“Hanceu”，周围环绕府下各县，可注意罗明坚特意将钱塘(Cien tam)、仁和(Gin ho)两个附郭县也用县城符号绘出，这是仅见于“改创型”图稿的绘法。“改创型”图稿中的少数几幅标有个别经纬度，T.25 是其中之一，显示杭州城在北纬 30°、东经 134°，纬度确切，经度知识的依据待查考。罗明坚图稿中另有一幅简略总图“TAMINCVO”(大明国)，据《官制》总图改绘，用符号标出省城方位，仅注省名，杭州位置标“Cechian”，纬度注为北纬 31°。

罗明坚的分省地图集在当时未遇出版机缘，但 1590 年时，他在罗马与意大利制图家内罗尼

---

① 省名、省城名的两套知识分别得自不同来源，需作另文探讨。

② 龚缨晏：《欧洲与杭州：相识之路》，第 114—119 页。

③ 参见[意] 柏恪义前揭 2020 年文，第 11—13 页。

④ 意大利罗马国家档案馆网站藏，网址为：http://www.cflr.beniculturali.it/ruggieri/ruggieri.html[2023 - 02 - 25]。澳门特别行政区文化局：《大明国图志——罗明坚中国地图集》，2012 年。参见林宏“Atlases of China by the Jesuits Ruggieri, Boym and Martini”，载 [意] 柏恪义前揭书，第 122—136 页。

(Matteo Neroni)合作,将"抄摹型"分省地图合并为详细的单幅稿本中国总图,今已不存,幸而法国制图家桑松(Nicolas D'Abbeville Sanson)在 1656 年依据 1590 详图简绘了一幅中国地图,在 1658 年地图集中出版,使今人得见罗明坚、内罗尼作品概貌。该图上标绘杭州府(Hanceu Fu),纬度为北纬 33°,较罗明坚手稿的两种标注偏北,此纬度应是 1590 年时罗明坚、内罗尼拼合分图后基于整体图形设定的,因拼合过程不合理,使杭城北偏。① 1670 年小桑松(Guillaume Sanson)将 1656 图进一步简化后出版,杭州标作"Hanceu",纬度同旧图。② 意大利制图家卢格西(Fausto Rughesi)在 1597 年出版的亚洲地图融合了此前多种西文地图的信息,值得深入探究,③杭州纬度偏北至约北纬 36°,可能受罗明坚-内罗尼总图及卢格西对水系的总体排布之影响;地名拼写为"Anceufu",可能源自罗明坚简图。

罗马耶稣会档案馆新近发现一幅未署名的稿本远东地图,绘于 1651 年,图说称是据一幅 1593 年由远东耶稣会制作的详图简绘的,详图已不存。由 1651 年简图可知详图同《广舆图》高度相关,待深入研究。简图上标注"Hanceu fu",在北纬 34°处,此图纬线是基于整体图形等距布设的,因为当时耶稣会士对中国北方纬度估计过高,连带使杭城偏北。1593 图还有另一个后续版本,由意大利制图家 Carlo Giangolini 简绘,1642 年在罗马出版,杭州注记拼写与 1593 图相同,纬度接近。④

1613—1618 年间,耶稣会士金尼阁(Nicolas Trigault)返回欧洲。1615 年,由利玛窦用意大利文原著、金尼阁用拉丁文翻译的耶稣会中国传教史在德国奥格斯堡发行初版,扉页插图中包含一幅中国地图,从洪迪乌斯图简绘,仅标部分省名,城市皆未注名,次年法国里昂拉丁文版类似。⑤ 但 1617 年德国科隆拉丁文版扉页改用全新中国简图,更接近中文地图,应与在华耶稣会士有关,具体来源仍待追索,⑥图上在确切方位绘出大多数省城符号(无四川),多数符号旁标注省名,遗漏浙江、江西。同年在奥格斯堡又出德文版,扉页上的地图近似科隆拉丁文版,⑦但绘者作出少量补充,添加"Kianti"(江西)、"Suciuon"(四川)省名,还在浙江省城处标注"Hamceu",与全图体例不合,但恰说明可能有熟悉杭州者介入此图的补订。

1625 年,英国人帕恰斯(Samuel Purchas)出版巨著《帕恰斯的巡礼者》(*Puchas His Pilgrimes*,以下简称"《巡礼者》"),登载了一幅中国地图,标注中、英双语图名"皇明一统方舆备览/The Map of China",是对某种大型中文全国总图的简绘。英国东印度公司舰长萨里斯(John Saris)在 1610 年之前从爪哇中国商人处获此详图,返英后售予哈克卢伊特(Richard Hakluyt),

---

① 美国哈佛大学图书馆藏,见"全球地图中的澳门"网站,网址为:http://lunamap.must.edu.mo/luna/servlet/detail/ MUST~2~2~30~407[2023-02-25]。参见林宏《已佚 1590 年单幅中国大地图研究》,《中国历史地理论丛》2020 年第 1 期。

② [意] 柏恪义前揭书,第 345—346 页。

③ 同上,第 32 页。

④ 同上,第 243—245 页。1642 年中国地图藏于德国哥廷根大学,见香港科技大学图书馆网站,网址为:https://mappasinica.hkust.edu.hk/bib/m27[2023-02-25]。

⑤ [意] 柏恪义前揭书,第 204—208 页。

⑥ 同上,第 211—213 页。

⑦ 同上,第 214—215 页。

后者 1616 年去世时将该图移交给帕恰斯。① 帕恰斯编纂《巡礼者》时，特意向读者呈现此新得中国地图，但苦于英国国内难觅识中文者，无法对译原图注记、注文，只能先忠实描摹原图岸线、水系、城市符号等图形，再根据他所累积的得自此前数十年间在华传教士、航海家等人传回欧洲的信息，在翻绘成的无字“底图”上添加少量地名拼音，包括全部省名、10 个城市名及个别地物、边疆及域外地名。先行研究已准确指出帕恰斯简图同万历三十三年刻《备志皇明一统形势分野人物出处全图》（以下简称“《备志》”）图形相应，帕恰斯对所据详图尺寸的描述也与《备志》相符，②不过帕恰斯显然没有重拟图名的能力，故推测他所据之图可能本就题作“皇明一统方舆备览”，与《备志》同系，内容、尺幅近似。③

得自异源文献的地名叠加过程使帕恰斯的添注不尽准确，图上标出“Hamceu”，其拼写应来自耶稣会士记载，但可能因他将中文详图上的钱塘江口图形误读为西湖，故杭州被误标在此“湖”南侧，占据原图绍兴府符号处。可注意在《巡礼者》介绍中国城市的专文中，帕恰斯猜想杭州就是“行在”，在文艺复兴时期欧洲作家中首次准确地将这对地名关联起来。④ 饶有趣味的是，帕恰斯对原图的误解却为确切结论提供了助力：他特意指点读者关注地图上“杭州”北侧的那个“湖”，称这就是《游记》中“行在”近旁的水域——当然帕恰斯还有更直接的文献理据，他认为耶稣会士关于杭州城方位、规模的记载可与《行记》中的行在城比拟，且马可·波罗记“行在”又称“天城”，可与耶稣会士所记苏杭为“天堂”对应。⑤ 帕恰斯图上绘经纬网，自述是“冒险”地在耶稣会士提供信息的基础上笼统添加的，⑥杭州在近北纬 29°处。

耶稣会士曾德昭（Álvaro de Semedo）1613 年入华，1638 年返欧途中在果阿撰成《大中国志》的葡文手稿，该书此后相继有多语种稿本、刊本。英译本在 1655 年出版，书中有一幅英文中国地图，是以帕恰斯旧图为基础加工的，此时曾德昭早已返华，故此图应由英国出版者炮制，⑦以旧图为基础增加了不少地名，方位多不准确，杭州注记、方位依旧。略早时，桑松的 1650 亚洲图与 1652 中国图也曾在帕恰斯图基础上改造，⑧延续旧图的中国总体岸线、水系、省界等绘法，将旧图整体横向压缩，并添加数十个得自其他早期西文地图的陈旧地名，而“Hamceu”注记沿袭帕恰斯图，误置于杭州湾图形南侧，纬度亦同。多产的杜瓦尔（Pierre Duval）在 17 世纪 60—80 年代的作品也属此系，⑨杭州拼作“Hiamceu”或“Hamceu”。

耶稣会士卜弥格（Michał Piotr Boym）在 17 世纪中叶绘制了两种中国分省地图集稿，均为

① ［美］卜正民（Timothy Brook）：《全图：中国与欧洲之间的地图学互动》，台北：台湾“中研院”近代史研究所，2020 年，第 196—200 页。

② 李孝聪：《记 16—18 世纪中西方舆图传递之二三事》，复旦大学历史地理研究所编《跨越空间的文化：16—19 世纪中西文化的相遇与调适》，上海：东方出版中心，2010 年，第 475—479 页。

③ 参见［美］卜正民前揭书，第 199 页。

④ Samuel Purchas, *Purchas His Pilgrimes*, Part 3, London, 1625, pp. 408 - 410，美国国会图书馆藏。

⑤ 马可·波罗听闻“上有天堂，下有苏杭”俗语，但误将苏州解释为“地”，杭州解释为“天”，参见龚缨晏《欧洲与杭州：相识之路》，第 40—41 页。

⑥ Samuel Purchas, *Purchas His Pilgrimes*, Part 3, p. 404.

⑦ ［意］柏恪义前揭书，第 273—275 页。

⑧ 美国哈佛大学图书馆藏，见“全球地图中的澳门”网站，网址分别为：http://lunamap.must.edu.mo/luna/servlet/detail/MUST~2~2~99~1024［2023 - 02 - 25］；http://lunamap.must.edu.mo/luna/servlet/detail/MUST~2~2~119~1023［2023 - 02 - 25］。参见［意］柏恪义前揭书，第 252—254 页。

⑨ ［意］柏恪义前揭书，第 307—310、359—361、367—368 页。

汉字—拉丁拼音对照,绘于他自1650年启程的为南明永历朝廷出使欧洲的漫长途中。较早绘制的图集藏于意大利罗马国家档案馆,晚近才为学者所知,只有分图,无总图,是从卜弥格随身携带的一幅已佚晚明中文总图上逐省摘录的,图形粗略,浙江省图上的杭州拼作“Kam cheu fu”(Kam为Ham笔误),约在北纬30°处。1653年,卜弥格抵达罗马,以所获罗明坚当年使用过的《官制》地图为基础,融合已佚中文总图,创作全新的分省地图集,该集现存于梵蒂冈图书馆;浙江图上,杭州与周围地物的相对方位确切,拼音作“hán cheū”,全国总图上拼音作“Kán cieu”(Kán为Hán笔误),纬度均在北纬近30°处。① 卜弥格1656年返回远东,他在欧洲期间未能如愿将图集出版,至1670年,小桑松(Guillaum Sanson)才将卜弥格的中国总图简化为一幅法文地图出版,②图中杭州拼作“Hamcheu”,纬度也在北纬近30°。

和卜弥格差相同时,卫匡国(Martino Martini)也在返欧途中绘制中国地图。1654年,《鞑靼战纪》初版中附有一幅较粗略的中国简图,标注“Hangcheu”;此书版本众多,这幅简图也被多次翻刻。③ 1655年,卫匡国主要基于《广舆记》地图改绘的《中国新图志》在荷兰阿姆斯特丹由约安·布劳出版,全国总图、浙江省图上杭州均拼为“Hangcheu”,位于根据卫匡国本人直接经验精细绘制的钱塘江下游屈曲河道北岸,同书经纬度表中记杭州纬度为北纬30°27′,与地图上的标注方位相符。笔者另文指出,《中国新图志》经纬度表中的数据绝大多数是据图经过复杂的推算得出的,杭州的纬度也是如此,但与实际相差不远。④《中国新图志》出版后,因为内容详细、制作精良,不仅反复以多种语言再版,其中国图示也被此后半个多世纪内众多欧洲制图家模仿,这使得卫匡国对杭州的拼写广泛流行。

四、同一幅地图上地名层面的“多系并存”

海野一隆曾精要地总结出地图史的四种“普遍现象”:精亡粗存、同系退化、多系并存、旧态隐存,其中将“多系并存”解释为“地图内容并非单向进化,虽处同一时代、同一社会,但所据信息及处理方法的各不相同,导致了地图事实上的‘多系并存’现象”⑤。关于“多系并存”似可有两个层面的认识。其一,从地图谱系的宏观角度,可阐发为:同一历史时期内,描绘相同/相关地理范围,但分属不同谱系,性质迥异的多类地图时常共存,典型案例如前文所述同一部《地球大观》内加斯塔尔迪、墨卡托两系远东图示之并列。其二,从地名这一主要地图要素的微观层面,也可借用“多系并存”展开分析(尽管可能不符合海野氏原意):有时在同一幅古地图内部会同时标注得自不同知识来源、所指却具有关联性的多个地名。作为本文研究对象的文艺复兴时期西文地图正是这种地名层面上“多系并存”现象的频发场域,而杭州相关地名则可视为

① 参见林宏,“Atlases of China by the Jesuits Ruggieri, Boym and Martini”,载[意]柏恪义前揭书,第122—136页。

② [意]柏恪义前揭书,第349—351页。

③ 同上,第257—269页。

④ 参见林宏《卫匡国〈中国新图志〉经纬度数据的来源》,《中国历史地理论丛》2022年第1期。

⑤ [日]海野一隆:《地图的文化史》,王妙发译,北京:新星出版社,2005年,第3—6页。

最典型的实例。①

本文从知识来源的角度，将自15世纪末至17世纪末两百年间西文地图上的杭州相关标注归纳为"所传闻""所闻""所见"三个大类。三类地名渐次出现，又时常"多系并存"。

最早出现的是所传闻的"行在"地名，欧陆制图家将马可·波罗笔下13世纪的元代行在城置于各自想象的方位上，因缺乏定位依据，城址游移不定。16世纪60年代起，所闻的"浙江省城"与"Ancheu"地名几乎同时出现。"浙江省城"来自欧陆制图家初步获得明代中国省名、各省方位知识后的创制，也造成欧陆制图上杭州相关地名最早的"多系并存"现象——"行在"与"浙江省城"并存，首见于1561年加斯塔尔迪图上。如第一节第二部分中所论，此图具有关键意义，由于"行在"与"京师"勘同，且脱离"蛮子"束缚，使此后标注"行在"的同系地图皆将此城置于远东沿海北部，进而促使相当长时期内许多欧洲人认为行在城就是位于"当代"中国北方的都城，远离地图上接近杭州实际方位的"浙江省城"。"Ancheu"源自16世纪前期活跃于浙东近海的葡人之听闻，1563年始见于葡制海图，自1584年巴尔布达图起才被欧陆制图家采用，受葡制海图直接影响，绘在紧靠海岸处，而同时绘出的"浙江省城"则偏居内陆，造成"所闻地名"内部也存在低层级的"多系并存"，且在此后诸多地图上延续（拼写有时因"同系退化"变异）。

16世纪末起，欧陆制图上出现北方的行在、南方的"浙江省城"与"Ancheu"三城并立的情形。与此同时，耶稣会士开始实地探访杭城，且他们凭借语言能力，又可对中文地图作出远较此前欧人深入的利用，由此产出的全新信息，经由不同渠道递至欧洲，促使"所见杭州"出现在欧陆制图中，产生新的"多系并存"现象。1594年普兰修图及同系地图上，"所传闻"的行在与"所见"的杭州并列，1650年桑松图及同系地图上，更有两种"所闻"杭州及"所见"杭州共计三城比邻而居的奇异局面，这是偏好博采众长的桑松采用了帕恰斯图示上的杭州拼写"Hamcheu"，又不知它与"所闻杭州"同指而致误。②

表1　代表性欧陆制图中杭州相关地名的多系并存（16世纪中叶至17世纪中叶）

年代	代表性地图	所传闻地名	所闻地名	所见地名
1561	加斯塔尔迪亚洲分区图	Quinsai	Chequeā	
1567	奥特利乌斯亚洲地图	Quinsai	Chequean	
1569	墨卡托世界地图	Quinsay	Chequeam	
1570	奥特利乌斯图集东印度地图	Quinzay	Chequeam	
1589	Il Gran Regno Della China	Quinsai	Anchieu, Chiecheam	

① 海野一隆将"旧态隐存"解释为"几乎所有的地图都参考了此前已有的地图制作的成果，因而总能在新地图上找到旧有地图的痕迹"，强调地图间绘法的传承性，也与本文主题关联，但本文讨论的地名标注是一种"显性"现象，故不借用这一表述。

② 普兰修图的"Ancheufu"未与"所闻"杭州地名并存，可能是因为与既有的"Ancheu"拼写相近之故。

续　表

年代	代表性地图	所传闻地名	所闻地名	所见地名
1591	马丁内斯东亚地图	Quinsai	Ancheu	
1593	德约德中国地图	Suntie al quinzay	Ancheo, Chiquion	
1594	普兰修世界地图	Xuntien al Quinzai		Ancheufu
1598	Pieter van den Keere 中国地图	Xuntien al Quinzai		Ancheufu
1598	Quad, Matthias 亚洲地图	Quinzay	Aucheo	
1606	洪迪乌斯中国图	Xuntien al Quinsay, Quinsay antiquo	Ancheou, Chiquiano	
1607	洪迪乌斯中国图	Xuntien vel Quinsay	Achiou, C. Chiquiano	
1616	Petrus Bertius 中国图	Quinzay	Ancheu	
1626	斯皮德中国地图	Xuntien al Quinzay	Ancheo, C. Chiquiano	
1626	斯皮德亚洲地图	C Samtō vel Xunton Qizay	Ancheo, C Chigmano	
1626	斯皮德世界地图	C Samto vel Xuntien Quinzay	Ancheo, C Cigmano	
1630	威廉·布劳世界地图	Quinzay	Ancheo, Chiquian	
1635	约安·布劳中国地图	C. Samton vel Xuntien Qinzay	Ancheo, C. Chiquiano	
1650	桑松亚洲图		Aucheo, Chequian	Hamcheu
1652	桑松中国图		Aucheo, Chequian	Hamceu
1672	杜瓦尔中国图		Aucheo, Chequiam	Hamcheu

笔者将16世纪中叶至17世纪中叶代表性的欧陆制图中杭州相关地名的多系并存实例整理为表1(大量衍生性地图则略去),可展现这种现象之常见。然而,并非同时代所有西文地图上均为“多系并存”:16世纪后期的葡制海图通常仅标“所闻”的“Ancheu”;罗明坚等耶稣会士本人之图及一些忠实于耶稣会信息的欧陆制图家(如帕恰斯)作品中仅有“所见”地名(因尚无统一拼音方案,拼法多异)。至卫匡国地图出版并在17世纪中后期迅速流行后,大多数西文地图上,唯一的杭州地名在相对确切的方位固定下来。而行在标注在此期逐步湮灭,当与帕恰斯、卫匡国等人经由详细文字论证将杭州城与“Quinsai”勘同的新观点被欧陆制图家接受有关。①

① 卫匡国认为“Quinsai”是“京师”的音转,并从诸多方面证实杭州同《游记》“Quinsai”的一致性,他的论述虽不尽准确(20世纪前期,中外学者才明确“Quinsai”由“行在”而来),但影响深远,参见邬银兰《从“天城”到“杭城”——14—20世纪中叶欧洲对杭州的认知历程》,《浙江学刊》2021年第5期,第227—228页。

荷兰东印度公司数字人文资源与考据举隅*

郭永钦　王朝星　袁琳熹　周沁楠**

摘　要：荷兰东印度公司档案是研究明清时期中外贸易史、中外关系史的重要材料。其中包含了大量外文书面资料，以及数字化的贸易往来的数据库。目前荷兰，惠更斯研究所和国际社会史研究中心对该材料的数字化工程为我们的研究提供了便利。利用荷兰东印度公司与亚洲的船舶记录及荷兰东印度公司留存的书信、日志，我们对澎湖长官高文律及中荷冲突史迹可作更加深入的研究。通过整理相关资料、应用数字人文技术和量化史学方法，可以拓展全球史研究的广度。

关键词：荷兰东印度公司；数字人文；中荷关系；澎湖危机

引　　言

近年来数字人文的快速发展给予中外关系史研究以新的活力，其中，学者们特别关注如何借助古代档案重建一个可视化、可供分析的数据库，因为一个全面的数据库不仅有利于我们重现历史中的经济社会发展状况，还能提供一个新的视角去看待社会与历史之间的互动。近年来，荷兰联合东印度公司（Verenigde Oost-indische Compagnie，VOC，1602—1799，以下简称"荷兰东印度公司"）的数字化档案系统以过往的出版物、统计资料等贸易数据为基础建立了数据库，这将有助于我们从量化角度理解全球视野下的近代以前的中西交通史。

17 世纪，可称是荷兰人的黄金时代。1602 年荷兰东印度公司的成立，极大地推动了荷兰人在东方海域的扩张。① 荷兰东印度公司于 1602 年正式成立，自此开始了面向全球的贸易计划

---

* 项目情况：国家社科基金重大课题"广州十三行中外档案整理与研究"（18ZDA195），用友基金会"商的长城"项目"广州十三行与荷兰东印度公司贸易数据史料整理研究"（2022-Z05），广东省哲学社会科学重点实验室（广州大学海上丝绸之路重点实验室，GD22TWCXGC15）成果，广州市哲学社会科学发展"十四五"规划 2023 年度共建课题"中荷经贸交往与荷使历次广州—北京出使路线考"（280），广州大学"数字技术与岭南文化艺术"交叉创新平台资助。

** 郭永钦，广州大学人文学院副教授；王朝星，广州大学人文学院硕士研究生；周沁楠，美国杜克大学圣三一文理学院硕士研究生；袁琳熹，广东外语外贸大学经贸学院硕士研究生。

① ［荷］包乐史：《中荷交往史（1601—1989）》，庄国土、程绍刚译，阿姆斯特丹：路口店出版社，1989 年，第 26—37 页。

和实践，其中就包括中国。早在1603年，也就是公司成立的第二年，荷兰东印度公司即派出船只前往澳门。随后荷兰东印度公司通过印尼巴达维亚（Batavia，今雅加达）及中国台湾热兰遮城（Zeelandia）、广州、厦门等贸易港口，与中国建立了深厚的贸易联系。清初虽实施海禁政策，中国依然通过广州港与荷兰东印度公司进行贸易。而按照传统观点，荷兰东印度公司在1684年达到鼎盛，主要是以征服万丹和特尔纳特岛作为标志。① 直到1799年公司破产被国有化之前，荷兰东印度公司一直都是中国对外贸易中的重要伙伴，荷兰东印度公司也通过与中国的瓷器、茶叶等“高价值”商品贸易获取巨利。在此期间，公司留下的大量日记、文献、书信、档案记载，在经过数字化整合之后，对中荷关系史的拓展研究具有重要应用价值。

本文所涉及的荷兰东印度公司数字化资源，大多是可在网络直接获取的相关公开网页和档案资源。具体包括荷兰皇家艺术与科学学院（Koninklijke Nederlandse Akademie van Wetenschappen，KNAW）、阿姆斯特丹大学（Universiteit van Amsterdam）、莱顿大学（Universiteit Leiden）、乌德勒支大学（Universiteit Utrecht）等高校和研究机构，还有荷兰国家档案馆（Nationaal Archief）、阿姆斯特丹市档案馆（Stadsarchief Amsterdam）以及全球与东印度公司存在贸易往来的国家的档案馆内的原始文件。这些资源围绕不同主题将档案进行分类汇总，并形成开放、可供查询的公开学术资源。

一、数字化资源述略

（一）惠更斯荷兰历史研究所数据库

惠更斯荷兰历史研究所（Huygens Institute for the History of the Netherlands）是位于阿姆斯特丹的荷兰皇家艺术与科学学院建立的历史人文研究机构之一。荷兰皇家艺术与科学学院于2016年建立了人文研究项目KNAW Humanities Cluster（Huc），该项目涉及惠更斯研究所、国际社会史研究所（International Institute for Social History，IISH）和梅尔滕斯研究所（Meertens Institute）三个研究机构，两个实验室（NL Lab和Digital Humanities Lab），以及两个部门（数字化基础建设部门、运营管理部门）。其中，惠更斯研究所收集荷兰历史的相关文献和数据资料，国际社会史研究所侧重于国际社会不平等问题起源的历史资料，梅尔滕斯研究所则收集荷兰语言和文化的相关资料。

惠更斯研究所的与荷兰东印度公司相关的文献资料包括荷兰与亚洲（日本、中国台湾、波斯、印度尼西亚）等地的贸易文献，以及与瑞典、意大利、英国、爱尔兰、波罗的海国家等地区的贸易文献。此外还收集了荷兰东印度公司时代摩鹿加群岛（安汶省、特尔纳特省和班达省）的教堂和学校的详细信息，1610—1767年荷兰东印度公司“十七绅士”（Heren Zeventien）的官方信件集和中国台湾热兰遮城的日记等内容。进入数据库后，文献资料存有图片和PDF两种格式，可在“Zoek（搜索）”栏中检索关键词。

数据资料包括荷兰东印度公司的亚洲航运数据（Dutch-Asiatic Shipping）、18世纪巴达维亚

① ［荷］伽士特拉：《荷兰东印度公司》，倪文君译，上海：东方出版中心，2011年，第35页。

簿记员(Bookkeeper-General Batavia)的商品流通记录、亚洲水域的主要船只和海员组成(Generale Zeemonsterrollen)、VOC 海员数据(VOC Opvarenden)四类。可根据船只出发、到达的地点、日期、船名等关键词进行搜索,数据库将根据选择生成对应表格档案。以下仅列举部分惠更斯研究所可能与东亚贸易、航海相关的数字资源。

1. *荷兰东印度公司海员数据库*

最早有关于荷兰东印度公司海员量化方面的研究始于 J. R. Bruijn、F. S. Gaastra 和 I. Schöffer 三位教授。① 在 20 世纪 70 年代,他们首次对巴达维亚的登船记录和下船记录(Ont-en Inschepingen)的档案资料进行了统计。在 J. R. Bruijn 教授的开创性研究中,他主要运用荷兰国家档案馆中有关巴达维亚的资料,展示了过往船只数量与所载人数、海员们的死亡率及其原籍地。另外,还将东印度公司在荷兰本土 19 个城市的海员招聘人数制成表格。② 随后 J. R. Bruijn 用荷兰国家档案馆的资料分析了到达中国的海员人数等。③

以上工作虽筚路蓝缕、嘉惠学林,但数据的呈现角度仍未完善。主要成果或集中于人数,或着重于海员们的身体情况等,而且研究成果大都为数据表格,难以展现其他细节。全面的数据库建设在 2000 年才正式启动。此时,荷兰莱顿大学历史系(主要是 F. S. Gaastra 教授)和根特大学历史系(Universiteit Gent)启动了一项名为"为商会航行:七十万人在海上(Uitgevaren voor de Kamers; 700000 mensen over zee)"的项目。该项目的主要目标是将荷兰东印度公司六个商会的船舶工资簿(Scheepssoldijboeken)数字化,使公众和研究人员能够查阅船舶工资簿中的信息。2011 年,该项目更名为"荷兰东印度公司的海员(VOC-Opvarenden)"并正式结项。他们主要使用的船舶工资簿,资料来源不同于上述研究中的档案数据。上述研究如 J. R. Bruijn 教授在 1976 年的研究,所用史料大多是登船记录,难以反映海员们的岗位流动的情况。④ 而船舶工资簿是荷兰东印度公司人事管理的基础,每艘东印度公司船上所有的带薪船员都会在上面开立一个工资账户,该账户包含了他们的个人信息和工资细节。他们的账户以该船舶离开船厂

---

① 三位教授都任教于荷兰莱顿大学(Universiteit Leiden),都从事海洋史(Maritime History)的研究。其中,I. Schöffer 和F. Gaastra 为师生关系。J. R. Bruijn 教授已于 2003 年退休,I. Schöffer 教授于 2012 年离世,目前 F. Gaastra 教授仍在担任该校名誉教授,中文译名为伽士特拉,其著作《荷兰东印度公司》中文版已由倪文君翻译并于 2011 年于东方出版中心出版。

② Bruijn, J. R., "De personeelsbehoefte van de VOC overzee en aan boord, bezien in Aziatisch en Nederlands perspectief", *BMGN-Low Countries Historical Review*, 91(2), 1976, pp. 218-248. 与 J. R. Bruijn 教授同一期发表的还有 F. S. Gaastra 教授的文章。与 J. R. Bruijn 教授研究的海员不同, F. S. Gaastra 教授展示了往来荷兰本土与亚洲的船舶数量的汇总,该资料同样来源于荷兰国家档案馆。(Gaastra, F. S., "De Verenigde Oost-Indische Compagnie in de zeventiende en achttiende eeuw. De groei van een bedrijf. Geld tegen goederen. Een structurele verandering in het Nederlands-Aziatisch handelsverkeer", *BMGN-Low Countries Historical Review*, 91(2), 1976, pp. 249-272.)该研究后来发展为 J. R. Bruijn 教授、F. S. Gaastra 教授和 I. Schöffer 教授的著作 *Dutch-Asiatic Shipping in the 17th and 18th Centuries*(Springer Science & Business Media, 2013)的一部分。

③ Bruijn, J. R. , "*Schepen van de VOC en een vergelijking met de vaart op Azië door andere compagnieën*", *BMGN-Low Countries Historical Review*, 99(2), 1984, pp. 1-20.

④ 另外还有一份巴达维亚的海陆总名单(Generale land-en zeemonsterrollen),不仅包括了亚洲所有海员的名单,还包括了陆上人员,该名单记录了海员的姓名、出生地或原籍地、抵达东方的年份与所乘船只名称、岗位级别、所属商会。依照东印度公司惯例,亚洲所有的定居点每年都会向巴达维亚发送本地人员的名单,然后巴达维亚方面会将各地名单汇总并报送荷兰本土的六个商会。然而,只有泽兰商会和阿姆斯特丹商会的名单保留了下来,数量也不完善。

的日期为起点,以雇佣期结束时为终点。如果出现某海员从某船只转到另一船只,工资簿上会留下相应的记录。一般而言,船舶工资簿会有两份相同的副本,一份属于巴达维亚,另一份属于荷兰本土的商会。① 目前共有 3 248 卷船舶工资簿保存了下来,其中的主体档案 2 797 卷都被存放在位于海牙(Den Haag)的荷兰国家档案馆中,其余部分船舶工资簿存藏于代尔夫特档案馆(Delft Archief)、韦斯特佛利斯档案馆(Westfries Archief)、泽兰档案馆(Zeeuws Archief)和阿姆斯特丹市档案馆,这一 VOC-Opvarenden 数据库在荷兰国家档案馆网页公开②。

现存的工资簿覆盖了 1699 年至 1794 年将近 100 年,其中只有 198 卷为 17 世纪的(主要在 17 世纪末)。这些工资簿囊括了 18 世纪九成以上的航船,记录了大约 850 000 名从荷兰航行到东印度群岛的人员,其中海员记录共计 774 200 条,海员们的受益人(Begunstigden)共 76 337 条。除此以外,这些船舶工资簿涉及所属船只 3 248 条。在该数据库中检索"China",得到了 1 087 条相关的条目,其中,16 艘船的目的地是中国,一艘船被命名为"China";剩下 1 070 条海员记录也同样与中国有关,或是曾前往该地,或其原籍地为中国。搜索"Canton"则得到了 1 801 条结果,可见也有相当数量的史料与广东(广州)有关,结果在此不赘述。以下将着重描述数据库包含的内容。

首先是海员方面的条目。该数据库收录了他们的姓名、原籍地、职位、就任日期、离岗日期以及离岗原因。③ 以 Adriaen van Renteregem 这名海员为例,直接在数据库中输入全名,该数据库先介绍其姓氏(Achternaam)为 Renteregem,名字(Voornaam)为 Adriaen,原籍地(Herkomst)为瓦森纳尔(Wassenaar)。④ 其入职的时间为 1700 年 5 月 5 日,入职时是一名海员,职责主要有以下几类:值班和掌舵;装货和卸货;清洁、整理货物和放炮;拆帆和升帆;协助军士。他所在的船只名为 Huis te Loo。他离职的时间是 1704 年,在康科迪亚(Concordia)离职,离职原因是被遣送回国(Gerepatrieerd)。他返程始于 1703 年 12 月 25 日,于 1704 年 3 月 30 日经过开普敦,最后在 1704 年 8 月 11 日抵达了泽兰。他签署了债务信(Schuldbrief)与月信(Maandbrief)。⑤ 相应的扫描 PDF 文件链接和回程信息链接也附在数据库中。

其次是海员们的受益人。此处的受益人包括海员们的妻子(40 758 人)、母亲(19 684 人)、父亲(5 393 人)、姐妹(821 人)、子女(559 人)、兄弟(380 人)等。他们都是上述与东印度公司签署了月信的海员们的亲属,海员们通过月信指定他们为资助对象。数据库包含了他们的姓名与身份,以及与之相应的海员。如上述的 Adriaen van Renteregem,该数据库便记录了其妻子 Anna van Renteregem。

---

① 当船只抵达巴达维亚时,会在当地留下自己工资簿的副本。

② https://www.nationaalarchief.nl/onderzoeken/index/nt00444? activeTab=nt.

③ 如果想要有针对性地查询海员中的文职人员和军人,建议查询阿姆斯特丹商会的合格文职与军人名册(Rollen der gekwalificeerde civiele en militaire dienaren)。与海陆总名单相似,合格文职与军人名册也有两份副本,一份在巴达维亚,一份留在荷兰本土的商会。它通常不仅包含了上述海陆总名单所列的信息,还包括个人履历、工资、晋升年份等。

④ 瓦森纳尔是荷兰南荷兰省的一个自治市。

⑤ 债务信也称为债券(Obligatie)、转让票据(Transportbrief),是一种无记名且可转让的债务凭据。它通常用于荷兰东印度公司的招聘阶段,因为许多海员其实身无分文,需要招聘者为他们提供住处等,此时公司会以海员的工资为担保,发给招聘者债务信,承诺将海员的工资支付给招聘者以抵扣生活费用。月信类似于信用凭据,海员一旦签署之后,荷兰东印度公司有义务每年以此为抵押,向他的妻子、父母或孩子支付最多三个月的工资作为经济保障。

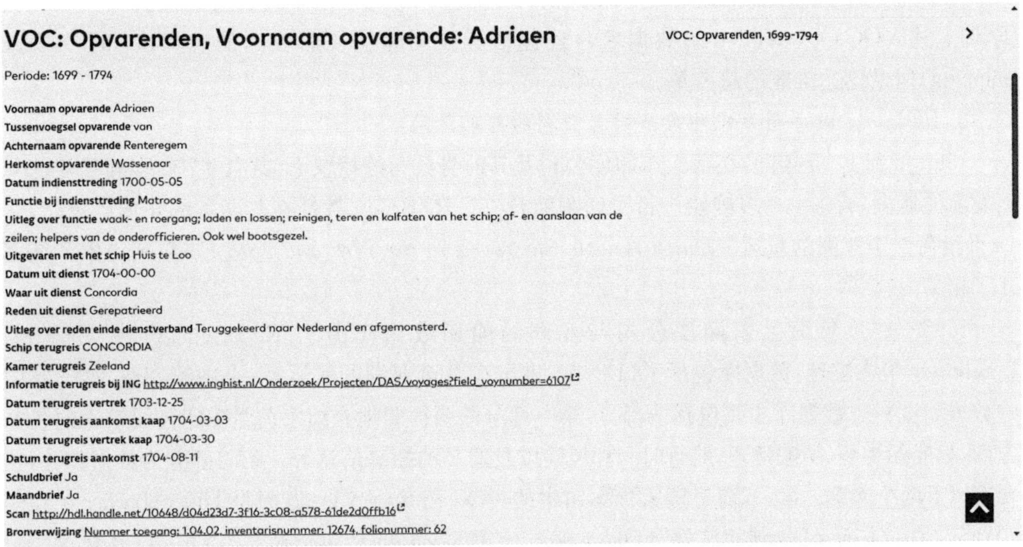

图 1　荷兰东印度公司海员数据库检索"Adriaen van Renteregem"界面(局部)

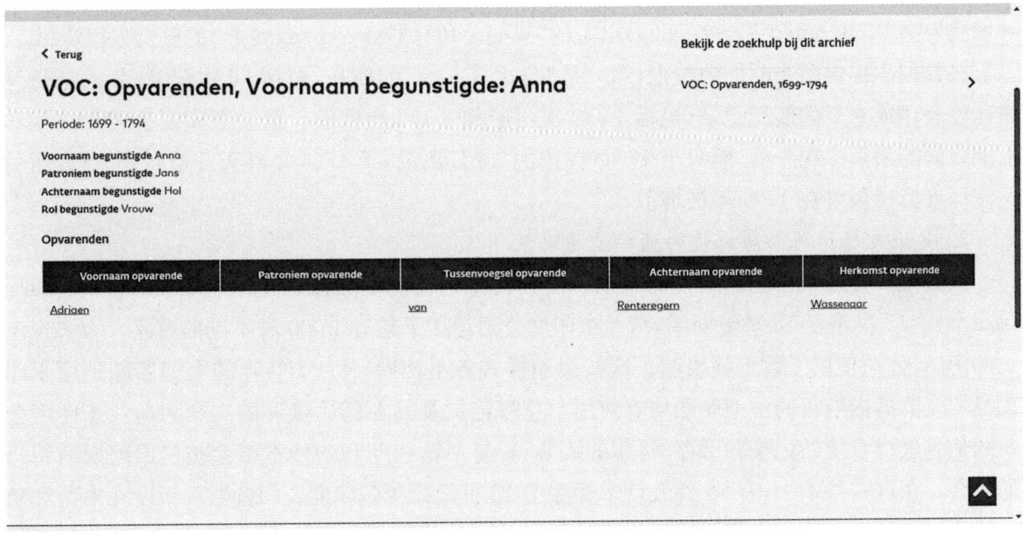

图 2　荷兰东印度公司海员数据库检索"Adriaen van Renteregem"亲属界面

最后是船只。该数据库描述了每一艘船的名称、所属的商会、航次编号等字段。① 每条船的目的地、出发日期、抵达开普敦的日期、离开开普敦的日期、抵达目的地的日期也同时记录在案。更为重要的是该数据库链接了每一条船与其所属的海员,由此可知每条船有哪些海员。

除了以上的船舶工资簿以外,还有其他荷兰东印度公司海员的数据,即荷兰船舶与海员

① 东印度公司船舶的每个航次都有一个编号。出航记录从 0001 开始编号,到 4789 为止;返程航行从 5001 开始编号,到 8401 为止。由此可以直接从编号中看出是出航还是回航。航次编号后面有一个数字,表明该船是第一次、第二次还是第几次航行。

(Dutch Ships and Sailors)数据库。① 该数据库不仅包含了荷兰东印度公司方面的人员招聘数据(即上述 VOC-Opvarenden 的数据库),还包括了公司船舶往返亚洲的航程(Dutch-Asiatic Shipping)以及巴达维亚的总名单。

2. 1595—1795 年荷兰东印度公司与亚洲的船舶记录

1595 年到 1795 年间,在荷兰东印度公司及其前身公司的授权下,共有 4 700 多艘船从荷兰出发前往亚洲,有 3 400 多艘船进行了回程航行。J. R. Bruijn 教授在其所著的 3 册巨著《17—18 世纪荷兰至亚洲的航运》(*Dutch-Asiatic Shipping in the 17th and 18th Centuries*)中系统概述了相关内容。②

1595—1795 年荷兰东印度公司与亚洲的船舶数据库由 J. R. Bruijn、F. S. Gaastra、I. Schöffer 等人整理,数据库包括了《17—18 世纪荷兰至亚洲的航运》一书中第二卷、第三卷内的数据和资料。数据库主要包括两部分,第一部分简明扼要地介绍了荷兰东印公司航运的各个方面,如船舶类型、船舶建造、航行时间和风险以及船员的招募信息等。第二部分为数据部分,主要有以下两个来源。第一,荷兰国家档案馆中的 VOC 档案,它们一方面是 Uitloopboeken③ 和船舶登记,另一方面是“收到的信件”(Overgekomen Brieven en Papieren,OBPs)④,后者包含船只在巴达维亚和其他亚洲港口的到达及离开的定期报告。第二,从一些较为分散的资料中整合得到的数据,包括“来自好望角的信件”(Overgekomen Brieven van de Kaap de Goede Hoop),以及林旭登协会(Linschoten Vereeniging)出版的“早期公司”(Voorcompagnieën)的航行数据资料。

该数据库提供两个时期的数据,第一是“公司成立前”的航行,包括 66 次记录;其次是荷兰东印度公司成立后的航行记录,包括 4 722 次出航和 3 359 次回航。荷兰东印度公司在荷兰和亚洲之间的最后一次外航,船只于 1794 年 12 月 26 日离港,于 1795 年春天开始回程航行,而荷兰东印度公司最终在 1799 年被解散。

3. 18 世纪巴达维亚簿记员的商品流通记录

该数据库使用来自巴达维亚荷兰东印度公司簿记员的商品流通记录(Bookkeeper-General Batavia)。17 世纪至 18 世纪期间,荷兰东印度公司运送了超过 1 000 种不同的商品。为实现庞大的海运,公司使用了数千艘船舶。这些船舶样式各不相同,从 1 150 吨的大型船舶到用于印度尼西亚群岛内航行的小型船舶均有使用。总簿记员及其在巴达维亚的文员为荷兰东印度公司的信息进行系统的记录和保存,每年的账簿、贸易书籍和期刊的抄本都会被送回阿姆斯特丹的商会。在这些抄本中,有 55 件装订本保存了 18 世纪荷兰东印度公司各财政年度在本国和殖民地之间以及在殖民地内部运输的货物数量、类型、价值等。数据库提供搜索的字段包括商品种类、商品名称、会计年度、船名、出发和到达地点、日期等。可呈现的字段除检索字段外,还有商品的数量、价值、海员数量等。在数据库中,只需选取所需字段,即可呈现相关字段的表格文件。相较于前面的航运类的数据库,商品流通记录的时段更短,只有 18—19 世纪内的 55 年。

---

① 还有部分资料如海员的收据(Betaalrollen)及海员和士兵向商会提出的请求书(Verzoekboeken van matrozen en soldaten)等,由于资料较少且未数字化,在此省略不提。

② J. R. Bruijn, F. S. Gaastra, and I. Schöffer, *Dutch-Asiatic Shipping in the 17th and 18th Centuries*, Springer Netherlands, 1979.

③ 指报告船名、吨位、中途停靠站、回程货物价值、荷属东印度公司等船舶航行详情的书籍。

④ 包括从非洲和亚洲寄往荷兰荷属东印度公司的票据、每日登记簿、订单等。

4. 1629—1661 年荷兰东印度公司热兰遮城日志

1629 年至 1661 年间，荷兰在我国台湾岛上建立了定居点，这是荷兰东印度公司首次尝试大规模殖民。热兰遮城是荷兰东印度公司建立的中国海域贸易中心。研究这一时期的最佳史料就是热兰遮城日志(De dagregisters van het kasteel Zeelandia)，它清楚地记录了当地的日常事件，提供了大量关于侦察、传教、教育、贸易、与中国的关系、中国的移民以及最终驱逐荷兰人的信息等。日记共 4 卷。该项目主要由莱顿大学包乐史(J. L. Blusse)教授主持。全 4 卷已由江树生教授主持翻译成中文出版。数据库中可进行相应关键词检索，例如检索关键词“China(中国)”，则在第一卷 1629—1941 年中有 3 条记录，分别为 1629 年 10 月 1 日—1630 年 2 月 22 日中国沿海事件每日摘录、1631 年 2 月 24 日—3 月 5 日中国沿海事件每日摘录、海岸地图等，如下图所示。

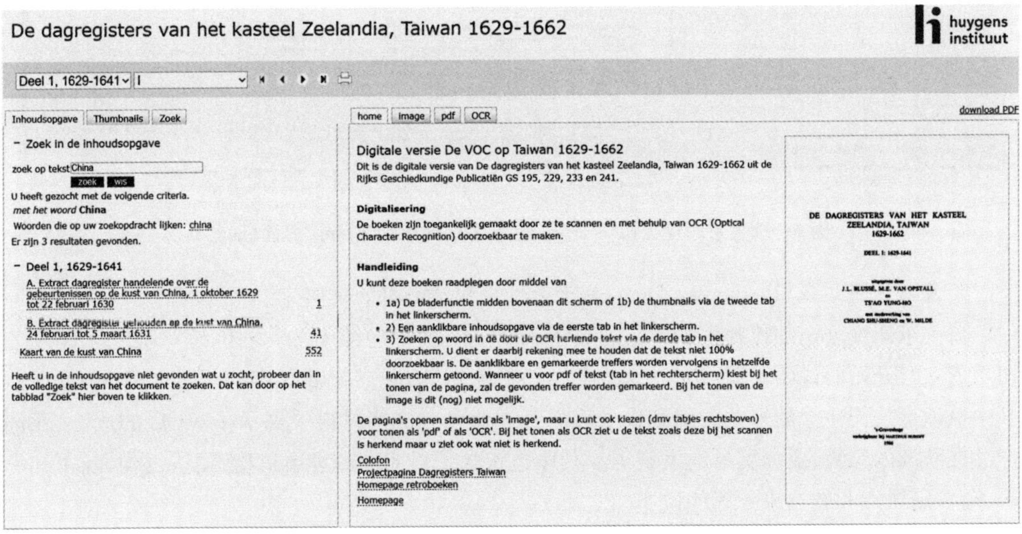

图 4 荷兰东印度公司台湾热兰遮城日志检索“China”界面(局部)

5. 1610—1767 年荷兰东印度公司“十七绅士”官方信件

荷兰东印度公司经荷兰议会授权，获得自非洲南端好望角以东的亚洲贸易垄断权。常设于阿姆斯特丹的荷兰东印度公司核心决策、执行委员会由“十七绅士”构成，成为公司最高管理领导层。17 位董事分别从组成该公司的 6 个城市商会中选出，负责对公司进行全权管理，决定每年的对外投资事宜。“十七绅士”的管理主要分为 3 个阶段：1729—1734 年，“十七绅士”直接管理荷兰到广州的直航贸易；1735—1756 年，巴达维亚政府授权管理巴达维亚—广州—荷兰转口贸易；1757—1794 年，“十七绅士”设立专门机构中国委员会全权管理荷兰到广州得直航贸易。① 因此，这批巴达维亚总督和东印度公司委员会发给“十七绅士”的官方信件(Generale Missiven van Gouverneurs-Generaal en Raden aan Heren XVII der Verenigde Oostindische Compagnie)中包含大量对华贸易史料信息。检索关键词“亚洲”可得 6 条结果，检索关键词“中

① 刘勇：《荷兰东印度公司对华直航贸易档案探析》，《海交史研究》2020 年第 2 期，第 1—19 页。

国"可得 20 条结果,进一步缩小范围检索关键词"台湾"可得 13 条结果,信息包括贸易情形描述、派出船只数量、沉没船只数量、货物价值(以两为单位)等。

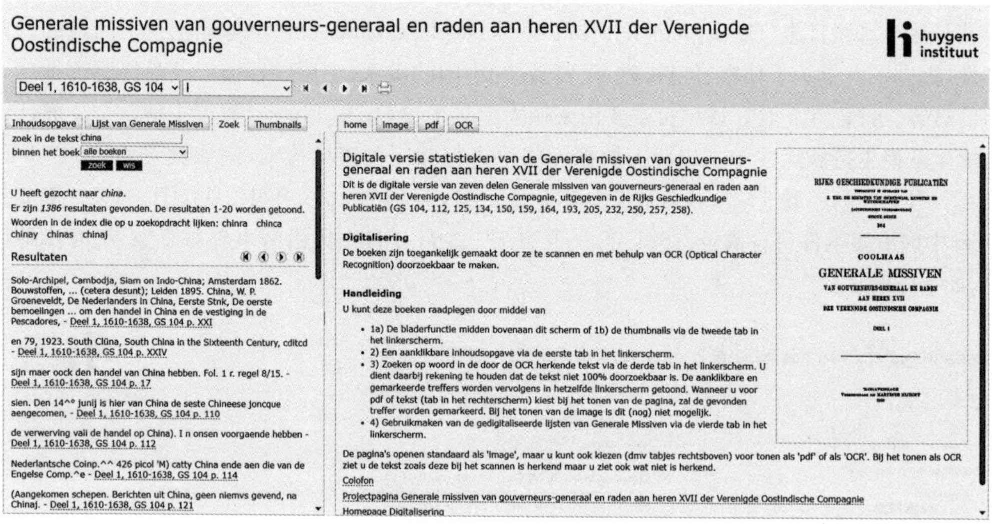

图 5 荷兰东印度公司"十七绅士"官方信件检索"China"界面(局部)

6. 皮特·范达蒙(Pieter van Dam)关于荷兰东印度公司的说明

荷兰东印度公司的律师皮特·范达蒙于 1693 年受"十七绅士"的委托,编写荷兰东印度公司从成立时开始的说明手册(Pieter van Dam's Beschryvinge van de Oostindische Compagnie),其中梳理了公司建立的来龙去脉和成立后的各类业务。这些材料中揭示了 VOC 的成立、亚洲产品在欧洲的销售、亚洲贸易的发展等。其中也包含了对亚洲的理事机构、司法机构、陆军和海军、荷兰定居点和教会事务等的说明。

7. 1652—1676 年荷兰海战相关资料库

该数据库公布了有关荷兰共和国的最重要的欧洲海战文件。莱顿大学的 Tristan Mostert 于 2007 年撰写了硕士论文《1655—1663 年荷兰东印度公司的军事指挥链》,并基于论文制作了 VOC 战争资料库(VOC Warfare)。使用该数据,辅之以共同遗产地图集数据库(Atlas of Mutual Heritage),可以绘制出东印度公司发生过的战争的历史地图。

(二)国际社会史研究所数据库

国际社会史研究所(IISH)是世界上最大的劳动与社会历史档案馆及研究机构之一。该研究所位于阿姆斯特丹,收藏了 100 万册图书和 2 300 份档案。IISH 由 Nicolaas Posthumus 于 1935 年创立,是荷兰皇家艺术与科学学院所属的独立科研机构。国际社会史研究所数据库与惠更斯研究所数据库均为荷兰皇家艺术与科学学院人文研究项目的一部分。该数据库中包含的关于荷兰东印度公司的资料有 1500—2000 年劳资关系档案,1800—1950 年荷属印度群岛、菲律宾和英属马来亚的人口、移民、奴隶制、就业数据;低地国家 1350—1800 年的历史数据;低地国家历史地理信息系统,等等。在数据库中进入对应关键词词条可直接下载表格或 GIS 数据集。

(三) 荷兰东印度公司在线船舶数据库

荷兰东印度公司在线船舶数据于2002年通过互联网公开发布。其中包含荷兰东印度公司的历史沿革,其存在期间使用的2 000多艘船舶的详细信息,其全球贸易站点的列表、地图及介绍,等等。

其主要船舶数据来源于J. R. Bruijn教授《17—18世纪荷兰至亚洲的航运》第二卷与第三卷,此外,它还提供了一些其他一手资料来源。第一,由印度尼西亚国家档案馆公布的巴达维亚城日记(Dagh-Registerhoudt int Casteel Batavia)。第二,平户荷兰人(Hollanders in Hirado)和出岛日记(The Deshima dagregisters),其中记载了日本平户和出岛的船舶记录。两项资料在荷兰国家档案馆中都有保存。此外,该数据库还提供与荷兰东印度公司相关的专有术语词汇查询,及各类一手资料的网站链接和图书等内容。

(四) 欧亚文化交流数据库

该数据库由Wolfgang Michel等人创建,记录了日本平户和出岛的荷兰东印度公司1609—1860年贸易站负责人、医务人员、雇员和奴隶。其中,医务人员、医疗器械、药物等记录来源于日本九州大学机构资料库。此外,还收录了日本古医药文献资料,中国古医药资料,16—19世纪日本在欧洲文献中的记载,荷兰、巴达维亚的部分介绍,以及荷兰与日本的贸易关系等历史资料。

二、数字人文资源用于史学考据举隅:以中荷史料中荷兰船长高文律为例

(一) 史实背景

在与葡萄牙、西班牙这些老牌帝国主义强国的竞争中,荷兰人以后来之势逐渐占据贸易上的优势,在当时被冠以"海上马车夫"的称号时,在海上形形色色的人群中留下了自己的痕迹。① 本文所介绍的《东印度航海记》②,即是当时荷兰东印度公司一位名叫邦特库的船长所留下的航海日记。

威廉·伊斯布尔茨·邦特库是荷兰侯恩人,于1618年12月18日从荷兰西北部的特塞尔起航,经巴达维亚到达东南亚,后在中国沿海参与荷兰东印度公司进攻澳门、侵据澎湖,最后在1625年回到荷兰的泽兰省。他将记录了七年船长生涯的航海日记付梓,这段传奇经历的书写在当时当地受到广泛的欢迎,一再重版。姚楠先生根据C. B. 博德霍奇金森夫人和英国伦敦大学荷兰史教授彼得·盖尔博士由荷兰文文本译出的英译本(*Memorable Description of the East*

---

① 如[荷] 弗里克·克里斯托费尔、[荷] 施魏策尔·克里斯托费尔《热带猎奇:十七世纪东印度航海记》(姚楠、钱江译,北京:海洋出版社,1986年),两位作者分别为荷兰东印度公司的医生和义勇军;[瑞士] 艾利·利邦著、[法] 伊弗·纪侯编注《利邦上尉东印度航海历险记——一位佣兵的日志(1617—1627)》(赖慧芸译,[荷] 包乐史、郑维中、蔡香玉校注,台北:远流出版公司,2012年),作者为荷兰东印度公司佣兵。

② [荷] 威·伊·邦特库:《东印度航海记》,姚楠译,北京:中华书局,1982年。

Indian Voyage 1618 –25)译出中文版。以事件和时间为线索,日记可分为三个部分:第一部分以航队从荷兰出发为开始,以到达巴达维亚为结束;第二部分以邦特库 1622 年 4 月 10 日前往中国为开始,以 1624 年 4 月回到巴达维亚为结束;第三部分则是邦特库船长的归乡事迹。得益于作者的忠实记述,正如姚楠先生所言:"本书不能视为一般游记,而是学术研究的重要资料。"①

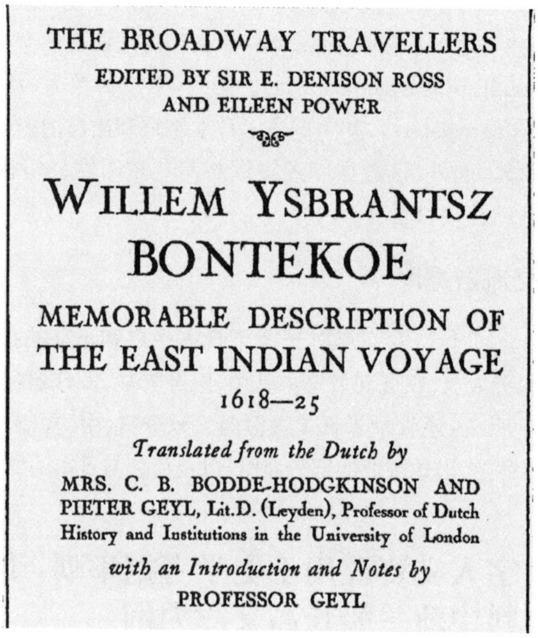

THE BROADWAY TRAVELLERS
EDITED BY SIR E. DENISON ROSS
AND EILEEN POWER

WILLEM YSBRANTSZ
BONTEKOE

MEMORABLE DESCRIPTION OF
THE EAST INDIAN VOYAGE
1618—25

Translated from the Dutch by
MRS. C. B. BODDE-HODGKINSON AND
PIETER GEYL, Lit.D. (Leyden), Professor of Dutch
History and Institutions in the University of London
with an Introduction and Notes by
PROFESSOR GEYL

图 6　1929 年"百老汇旅行家丛书"版《东印度航海记》

日记中可看出,荷兰人热衷于对中国的侵扰,与中、荷双方的早期交往有一定关系。1566 年始,荷兰人民举起反抗西班牙统治的旗帜,至 1581 年,尼德兰北方诸省终于签订《断绝法案》,此一法案"标志着荷兰共和国作为一个联邦国家基本上的创立与形成"②。取得独立的荷兰,于 1602 年整合国内各远洋航运公司,成立荷兰东印度公司,迅速展开与葡萄牙和西班牙的海上竞争,中国成为当时双方力图争取的重要贸易对象。1603 年 2 月 25 日,荷兰东印度公司海姆斯凯克船长在柔佛港外捕获一艘葡萄牙商船"圣·凯瑟琳"号,并将其装载的大量中国生丝与瓷器运回荷兰拍卖,结果在欧洲引起了生丝购买的热潮,荷兰东印度公司获利颇丰。因此,"十七绅士"在 1608 年的指示中明确坚持,"与中国的贸易被认为无论如何都必须进行下去"③。而事实上,中、荷双方早在 1601 年(明万历二十九年)即有官方接触,当时荷兰商队到澳门海域请求贸易,自称"不敢为寇,欲通贡而已"④,后因葡萄牙人作梗而宣告失败,此后数次进攻澳门不成只能转向澎湖。1604 年(万历三十二年),荷兰人韦麻郎(Wijbrant van Warwijk)率领手下

---

① [荷] 威·伊·邦特库:《东印度航海记》译者序,第 3 页。
② 顾卫民:《荷兰海洋帝国史(1581—1800)》,上海:上海社会科学院出版社,2020 年,第 109 页。
③ Glamann, Kristof, *Dutch-Asiatic Trade 1620 –1740*, Springer, 2012, p. 112.
④ 张燮:《东西洋考》,北京:中华书局,1981 年,第 127 页。

船只驶抵澎湖。对于荷兰人的入侵行为，神宗下令："红毛番无因忽来，狡伪巨测，着严行拒回吕宋。"①荷兰人再一次被明王朝拒于门外。此后荷兰人也并未放弃与中国人通商的努力，并在1622年再次侵据澳门失败后攻占澎湖，被福建巡抚南居益等驱逐后又转而侵占台湾，并在台湾筑堡生寨，以之作为沟通中日贸易的中心。邦特库也正是在这一时期来到中国，并在日记中不吝笔墨地记录了这些中外关系史上的重要事件。

从日记的内容上看，它展现了当时荷兰人的战略目的是"尽一切可能同中国人建立一种贸易关系"②。1622年4月9日，莱耶尔策和评议会决定攻击澳门的葡萄牙人，在他们看来，"这与其说是为了澳门，不如说是为了打破葡萄牙的贸易；如果一个人成了这个地方的主人，那么他就可以摧毁它或占领它。如果他们没有得到这个地方，就必须用部分舰队进行封锁来阻止贸易"③。他们对待贸易的态度亦带有强盗思维，在莱耶尔策的设想里，中国方面应当接受"禁止帆船在没有我们签发的通行证的情况下出海，且通行证只发给往巴达维亚船只"④这样的条款。具体则体现为荷兰人在中国海域劫掠人口、捕获船只的海盗行为，邦特库亲身参与其中，并将其写入他的日记当中：

> (1622年11月)四日，"熊"号的小船捕获两艘中国帆船和二十五名船员，纵火烧毁那两艘帆船，把人带到"圣尼古拉斯"号船上。⑤
>
> (1623年3月)三十日，我们夺得了两艘中国帆船和一条渔船，上有二十七人。⑥

以上摘录仅为日记中强盗行为的缩影，这些被捕的中国人要么"变成奴隶，被带到澎湖建城堡，要不就是被带到巴达维亚去，当奴隶被卖掉"⑦，荷兰殖民者将其视为合法商业物资，却不顾他们对当时中国沿海民生的极大破坏。天启三年(1623)八月二十九日南京湖广道御史游风翔奏：

> 闽以鱼船为利，往浙、往粤，市温、潮米谷，又知几十万石。今夷据中流，鱼船不通，米价腾贵，可虞一也。漳、泉二府负海，居民专以给引通夷为生，往回道经彭湖。今格于红夷，内不敢出，外不敢归。无籍雄有力之徒，不能坐而待毙，势必以通属夷者转通红夷，恐从此内地皆盗，可虞二也。⑧

从中可以看到，荷兰人对福建沿海造成了极大的负面影响，而邦特库等人留下的航海日记就是最直接的记录。

其次，邦特库的日记能与现存的档案史料相互补证。1622年6月24日，舰队向澳门葡萄

---

① 《明神宗实录》卷四三〇"万历三十二年十一月丁亥"条。
② [荷]威·伊·邦特库：《东印度航海记》，第68页。
③ Willem P. Groeneveldt, *De Nederlanders in China: eerste stuk: De eerste bemoeiingen om den handel in China en de vestiging in de Pescadores (1601—1624)*, Nijhoff, 1898, p. 64.
④ Ibid., p. 65.
⑤ [荷]威·伊·邦特库：《东印度航海记》，第82页。
⑥ 同上，第92页。
⑦ 杨渡：《澎湖湾的荷兰船：十七世纪荷兰人怎么来到台湾》，台北：南方家园文化事业有限公司，2021年，第245页。
⑧ 《明熹宗实录》卷三二"天启三年八月丁亥"条。厦门大学郑成功历史调查研究组编：《郑成功收复台湾史料选编》，福州：福建人民出版社，1962年，第9页。

牙人开战,但因为“不幸有几桶半桶装的火药着火,乃使我们处于窘境”①,荷兰人遭遇失败,转至澎湖。对于这场战争,据巴达维亚总督科恩 1623 年 6 月 20 日的报告所记,此次战争的发起“(莱耶尔策和评议会)在决议、报告和日记中均未曾提及。他们似乎是为避免被人指责胆小怕事而发起攻击的”②。战争的发起也极为仓促,以致“丧失一百三十人,还有许多人受伤,其中包括科内利斯·莱耶尔策司令”③。邦特库的记述与当时的历史事实基本相符,对战前部署的描述则比荷兰东印度公司档案的记录更为详细。再如双方于厦门谈判一事,《厦门志》记:

> 秋,红夷犯鼓浪屿,浯铜游把总王梦熊击破之。(《府志》、王氏家谱载:鼓浪屿与厦门带水并峙,被红夷烧毁,是秋复至。梦熊率亲丁与战,夺其三艘;夷败走,复率大艅直逼内地。梦熊乃以小艇数十扮渔舟,藏火具,潜迫其旁,乘风纵火,弃艇挟浮具泅归,援以巨舰。焚甲板十余艘,生擒大酋牛文莱律钦等,夷脱于火者,咸溺于水。)冬十月二十四日,福建总兵官谢隆仪,大破红夷于浯屿。④

当时上报中央的文件中同样载有此事:

> 天启三年,抚院南都御史节钺抚临。……遂于本年十一月焚夷巨舰一只,生擒酋长高文律等五十二名,斩首八颗,其夷众死于海涛及辎重沉溺者俱无算。⑤

然对于此中细节,如被扣押的船只名称、被俘的荷酋牛文莱(高文律)是谁,荷方史料能给予我们更清晰的答案。《东印度航海记》中记录:

> 我们于十九日到达漳州河口,见有“格罗宁根”号、“萨姆松”号和“埃拉斯默斯”号三船停泊于此,从而以极大的悲痛得悉“默伊登”号单桅帆船遇难被焚,前往为我方与华人商谈的克里斯蒂安·弗朗斯司令及其他代表亦已被俘。⑥

邦特库记录的这艘“默伊登”(Muyden)号,即中方史料中被焚烧的巨舰;克里斯蒂安·弗朗斯司令(Christiaen Francx)即“高文律”。关于战争经过,利邦上尉的记述则更加详细:

> 我们指派了三位商务员、一艘船和一艘快艇前去,进入漳州河。中国人看到我们前来,作好所有准备,企图歼灭船舰和随行人员。……到了午夜,六七艘帆船从河上迎面而来,载满了火药。船上都仅有一人驾船,直朝我们驶来,一挨近我们的船,就将船点燃,自己跳入一个陶缸内。⑦

值得注意的是,在同一事件中,中、荷双方的立场不同导致了历史书写的差异。中方史料的记载中,中国官员认为自己运用计谋,击退了荷兰的侵略者,维护了明朝海权;而从荷兰人的视角看,中国官员偷袭谈判使者是不折不扣的欺诈行为,双方在记述历史时各有偏重。

---

① [荷]威·伊·邦特库:《东印度航海记》,第 74 页。

② 程绍刚译注:《荷兰人在“福尔摩莎”》,台北:联经出版事业公司,2000 年,第 14 页。

③ [荷]威·伊·邦特库:《东印度航海记》,第 74 页。

④ 厦门市地方志编纂委员会办公室整理:《厦门志》第 16 卷,厦门:鹭江出版社,1996 年,第 528 页。

⑤ “中研院”历史语言研究所编:《明清史料戊编》第 1 册,第 13 页;转引自林逸帆《从明末荷兰俘虏交涉看中荷关系》,《史耘》2010 年第 14 期,第 47 页。

⑥ [荷]威·伊·邦特库:《东印度航海记》,第 104 页。

⑦ [瑞士]艾利·利邦著、[法]伊弗·纪侯编注:《利邦上尉东印度航海历险记——一位佣兵的日志 1617—1627》,第 110 页。

（二）数字资源考据

邦特库《东印度航海记》作为一部航海日记，其研究价值在于记载了当事人所经历的微观事件，研究者可以通过整合事实经过来填补官方史料未见之处。此外，前文论及的数字人文资源数据库也可用于航海日记中相关信息的对勘。

以中文史料中的高文律为例，姚楠先生曾和朱希祖先生就其身份进行争论，姚楠认为高文律即荷方的克里斯蒂安·弗朗斯，朱希祖先生则主张此人为当时一海盗。① 借助《东印度航海记》和后来众学者所译荷方史料，②基本可以确定高文律就是克里斯蒂安·弗朗斯。如果我们想要更进一步了解弗朗斯在谈判前后的事迹，则可通过数字人文资源数据库快速定位所需信息。利用荷兰国家档案馆“VOC：overgekomen brieven en papieren，1609－1795”项目（网址见前文VOC-Opvarenden数据库），如我们在搜索框中输入“Christiaen Francx”，网站便能够检索关键词并给出信件的收发地、年份、档案原文等关键信息。

7 resultaten in ***Zoekresultaten***

Sorteren op: **VOC Hoofdvestiging** ⌄　　Volgorde: **Oplopend** ⌄　　Aantal per pagina: **50** ⌄

Overgekomen brieven en papieren (7)

VOC Hoofdvestiging	Beschrijving	Jaar
Batavia	Verclaringe van 't gepasseerde in de reviere van Chincheo noopende d'onderhandelinge met de Chinesen van Aijmoeij, 't verbranden van 't jacht Muijden ende hoe de commandeur Christiaen Francx met de sijne aldaer verradelijck aengehouden is.	1624
Batavia	Copie verclaringe van 't gepasseerde in de reviere van Chincheo, nopende d'onderhandelinghe met de Chinesen van Aijmoij, 't verbranden van 't jacht Muijden ende hoe den commandeur Christiaen Francx met de sijne aldaer verradelijck aengehouden is, gedateerd 17 Januarij 1624.	1624
Canton	Copie missive van den oppercoopman Christiaen Francx uijt de Piscadores aen de gouverneur generael in dato 26 September 1623.	1623
Canton	Extract uijt het journael gehouden bij de edele Christiaen Francx van 20 Augustus 1623 tot 10 September 1623, gaande uijt de Piscadores na Chincheuw.	1623
Canton	Verclaringe van 't gepasseerde in de reviere van Chincheo noopende d'onderhandelinge met de Chinesen van Aijmoeij, 't verbranden van 't jacht Muijden ende hoe de commandeur Christiaen Francx met de sijne aldaer verradelijck aengehouden is.	1624
Taiwan	Copie missive van den oppercoopman Christiaen Francx uijt de Piscadores aen de gouverneur generael in dato 26 September 1623.	1623
Taiwan	Extract uijt het journael gehouden bij de edele Christiaen Francx van 20 Augustus 1623 tot 10 September 1623, gaande uijt de Piscadores na Chincheuw.	1623

图7　“VOC：Overgekomen brieven en papieren，1609－1795”中“Christiaen Francx”的搜索结果界面

---

① 见朱希祖《中国最初经营台湾事略》《补充中国最早经营台湾事略》和姚楠《和兰高文律扰台湾事略》。

② 如江树生等译《荷兰台湾长官致巴达维亚总督书信集》、程绍刚译《荷兰人在“福尔摩莎”》等译著均包含Christiaen Francx与中方谈判并被俘虏的报告内容。

所显示的书信报告内容,包括巴达维亚方面的报告、高文律在澎湖期间所留下的书信摘录以及它们的副本,这些书信被归类在"荷属东印度寄给'十七绅士'和阿姆斯特丹商会的信件(Overgekomen brieven en papieren uit Indië aan de Heren XVII en de kamer Amsterdam)"一类档案中,均已完成数字化处理,在省去重复信息之后,本次检索得到的内容如下:

档案来源	档案编号	档案年份	档案关键字	档案内容
荷兰东印度公司档案目录 1602—1795(1811)	1081	1623	Piscadores(澎湖);Chincheuw(漳州)	克里斯蒂安·弗朗斯从1623年8月20日至1623年9月10日的日记摘录
荷兰东印度公司档案目录 1602—1795(1811)	1081	1623	Piscadores(澎湖)	克里斯蒂安·弗朗斯1623年9月26日从澎湖致总督信件副本
荷兰东印度公司档案目录 1602—1795(1811)	1090	1624	Chincheo(漳州);Chinesen(中国);Aijmoeij(厦门)	在与福建官员谈判过程中,长官克里斯蒂安·弗朗斯被俘及"默伊登"(Muijden)号①被焚事件报告

注:亦有观点认为Chincheuw、Chincheo应指代福建。

检索结果可与中、荷史料相互对证。如《晃岩集》中记叙南居益、谢隆仪于厦门突袭荷人一事:"隆仪用间计,夜出不意,突击之,擒其酋,火其舰,俘六十余人,焚溺无算,乘胜遂有澎湖之捷。"②所言"擒其酋""火其舰",可以确知"酋"为克里斯蒂安·弗朗斯,"舰"则为"默伊登"号。

而对于船只信息,我们则可以利用"1595—1795年荷兰东印度公司与亚洲的船舶记录(The Dutch East India Company's shipping between the Netherlands and Asia 1595-1795)"数据库来进行检索。此数据库由J. R. Bruijn、F. S. Gaastra、I. Schöffer等人整理,内容包含船舶类型、航行时间、船只人员等关键信息。以邦特库日记中的"新侯恩"号、"格罗宁根"号③以及在厦门一战中被焚毁的"默伊登"号船为例,我们键入三艘船只的名称,可得到如下信息:

船　名	Hoorn	Groningen	Muiden
船　长	Bontekoe, Willem IJsbrand	Adriaansz., Tobias	
船员人数	206		
吨　位	700	700	160
出发地	特塞尔(Texel)	特塞尔	特塞尔

① 即中方史料中所称"大艅""巨舰"。

② 厦门市地方志编纂委员会办公室整理:《厦门志》第16卷,第528页。

③ [荷]威·伊·邦特库:《东印度航海记》,第23、73页。前者为邦特库从荷兰出发时所乘船只,后者曾参与1622年荷兰人对澳门的进攻和克里斯蒂安·弗朗斯领导的封锁漳州河。

续 表

出发时间	1618年12月28日	1620年1月1日	1620年2月27日
离开开普敦时间		1620年7月5日	1620年12月
目的地		雅加达(Jacatra)	雅加达
详　情	在苏门答腊岛以南5.5英里和以西80英里处重新补给时，这艘船起火并被炸毁	1627年从暹罗或日本返程时失踪	1623年这艘船在中国海岸附近被大火烧毁

资料来源：整理自 https://resources.huygens.knaw.nl/das/detailVoyage/91264[2024-03-08]；https://resources.huygens.knaw.nl/das/detailVoyage/91285[2024-03-08]；https://resources.huygens.knaw.nl/das/detailVoyage/91286[2024-03-08]。

借助数据库，我们可以确认邦特库记录的真实性，①并利用这些数据推进新的研究，如在研究“中国对荷兰海战中为何使用火攻战术能够成功”这一问题时，我们可将数据库中所提供的船只吨位信息与战术的选择结合起来，而吨位数据往往是日记、报告中所缺失的；又或者是对文字资料、数据库中船只的出发时间和到达目的地的时间进行统计，考察不同时期船只航行速度和航行路线的变化。总而言之，在个人感性的日记文字材料之外，数据库也是当下中外关系史研究的重要参考，关键在于研究者如何利用它们。

结　论

本文所展示的荷兰东印度公司相关数字人文资源是较为系统、开放、实用的数据库。其数字化资源按照主题分类管理，每个主题性的子数据库左侧均为搜索结果的目录性词条，右侧为原始文件的PDF或图片版本。因此，即使数目庞大的历史资料，也可由时间、主题、关键词进行有效串联，便于学术研究、档案整理和文化传播，也为相关数字人文的应用提供启发性思考和借鉴。

此外，本文通过系统性爬梳相关数据库，显示其主要在以下三个方面推进现有学术研究进展。一是拓展了全球史的视野，使现有与中外关系史、海洋史相关的史学研究可以更为交叉融合。通过将史料中存在的船名、船员名、地名等数据信息相互勾连，挖掘其中隐含关系。二是推动现有的数字人文研究、地理空间信息系统(GIS)、社交网络分析、可视化、建模等方面的工作。三是完善的数据库线索指引，有助于量化史学聚焦于前近代时期的中外关系史、中外贸易史的研究，例如对丰富的荷兰东印度公司的史料进行交叉检索与互证，可以为中荷贸易史提供更多量化史料证据。

① 如邦特库记录出发日期为“一六一八年十二月二十八日”，“新侯恩”号船员人数为“二百零六名”，“格罗宁根”号船长为托比阿斯·埃姆登，均与数据库记录相符。

浪潮之上的上海城市发展

——评《上海：从市镇到通商口岸（1074—1858）》

闫昊宣*

上海，是当今中国具有重要影响力的经济、金融、贸易、航运与科技创新型城市，而早在20世纪20年代初，上海便成为当时中国的工商业中心城市，被誉为“远东第一大都市”；上海也是当今中国同国际交流的重要平台，而早在18世纪中叶，这里便已是中西文明交流碰撞的重要窗口。有人以为“开埠前的上海不过只是个小渔村”，可开埠前的上海假如仅有“渔村”规模，又如何为英国人所关注，与广州、福州、厦门、宁波这些重要港口城市相提并论，成为西人用武力逼迫开埠通商的特殊口岸？必须肯定，开埠之前的上海，已不同于普通的沿海县份，而有着特殊的地域特点和经济优势。上海在近代开埠前的演变，与其开埠后的发展一样，值得深入探究。

由美国密歇根州立大学历史系教授张琳德著、美国哈佛大学设计研究学院硕士严嘉慧翻译的《上海：从市镇到通商口岸（1074—1858）》于2021年由同济大学出版社出版。从书名便可得知，早在北宋时期，上海已发展为具有一定规模的市镇，作者将研究时段的上限定于公元1074年，即北宋熙宁七年。关于这一年，嘉庆《上海县志》记载道：“熙宁七年，改秀州为平江军。缘通海，海艘辐辏，即于华亭海设市舶提举司及榷货场，为上海镇。上海之名始此。”①可见，这一年是史书记载上海设立市镇的确切年份。而有关上海地区最早的港口，则可以追溯到唐朝青龙港。北宋年间，青龙港规模更盛。元丰五年（1082）陈林的《隆平寺经藏记》中提到：“青龙镇瞰松江上，据沪渎之口，岛夷、闽粤、交广之途所自出，风樯浪舶，朝夕上下，富商巨贾，豪宗右姓之所会。”②事实上，不论是唐、宋时期的青龙港，还是后来元、明、清三朝的上海港，古代上海始终面朝大海，紧紧依靠长江水系以及江南地区稠密的水网同外界积极交流。因而，尽管说1843年开埠是上海都市化的开端，但早在北宋熙宁七年，新兴的上海市镇便凭借优越的地理位置开展贸易运输以趋向港口城市化。

学界过去在探究江南地区城市化时，往往将研究重心集中于明、清两朝，这种做法固然有助于读者更为深入地了解明清江南的城市发展，但对于想要系统了解某一城市发展进程的读者而言，似乎显得不够全面。2023年是上海开埠180周年，笔者以为，既然讨论上海开埠，首先就要

---

* 闫昊宣，上海师范大学硕士研究生。

① 嘉庆《上海县志》卷一《志疆域·沿革》，上海：上海古籍出版社，2015年，第833页。

② 《隆平寺经藏记》，至元《嘉禾志》卷一九《碑碣》，清文渊阁《四库全书》本，第8页a—b。

明晰上海在开埠前是怎样的一座城市以及上海为何能够成为首批开埠的通商口岸。《上海：从市镇到通商口岸(1074—1858)》在探究上海城市化过程中，紧紧围绕上海城市的外向性、海洋性展开，有助于读者全面系统认识上海在开埠前的发展历程。

书中将上海城市化进程分为两个历史时期，其一从北宋熙宁七年(1074)上海设镇至清道光二十二年(1842)上海开埠前为止，也就是古代上海城市的演进。第一章主要对由唐至明上海地区的环境变迁以及建置演变进行概述。第二章着重就明清上海城市的支柱性产业——棉花进行系统分析，其中涉及棉花对市镇发展、商品经济以及附加产业等的影响。第三章与第四章则起到对比衬托作用，第三章主要从城市空间形态学的角度出发，考察明代上海县城的空间分布与城市发展，体现明代上海受制于政策的内陆性转向。第四章同样以城市空间形态学的角度出发，探究清代前中期上海的发展脉络。得益于较以往相对宽松的贸易环境与全国商贸的密切往来，清代中期上海城市的外向性与海洋性得以激发。在行会助推下，这一时期成为上海城市建设的高峰期。第五章继而深入考察遍布于上海县城各行会的性质、类别以及这些行会是以何种形式影响并改造上海，进一步深化行会与清代上海城市发展间的密切关系。第六章着重探讨清代上海县城的海洋贸易与商业，并将上海的商贸兴衰同世界市场相联系，以全球史的视角向读者表明：早在开埠前，上海的经贸便已同世界贸易体系相关联，至迟在道光十二年(1832)，上海港已为英国人所关注。

第二部分则上启清道光二十三年(1843)上海开埠，下至清咸丰八年(1858)上海华、洋双重城市格局的形成，这一时期也是上海租界构建的关键期。第七章主要谈论 1843 年上海英租界初步建立的过程以及关税管理条例的拟定。第八章则在上述基础上进一步探究英国在上海的贸易行为，其中既涉及茶叶、丝绸这样的合法贸易，也包括鸦片走私贸易。越来越多西方商人乘着海船来到上海进行贸易的行为也势必深刻改造上海的空间结构。第九章着重就 1846—1853 年商贸扩张所带动的租界、港口等发展进行考察，作者将这一时段生动描述为“上海的国际化时期”。在这一时段，除英租界有较大发展外，法租界与美国居留地也先后建立，这三者同上海县城平行发展。1853 年，发生在上海的小刀会起义深刻影响了上海城市的发展格局。第十章着眼于小刀会起义的成员构成、性质与目的。第十一章主要围绕小刀会起义下，英、美、法为恢复上海正常贸易秩序所建立的包税机构——外籍海关税务司制度展开。这一部分也从侧面反映上海口岸对于西方列强的重要地位。第十二章则落脚于小刀会起义后，租界作为自治城市管理体制的完善以及县城的恢复建设。受制于商贸发展程度与城市治理思想的差异，租界与华界有部分相似之处，但更多体现着两种制度的差异。从 1854 年至 1858 年，上海双重城市格局已初步形成，这种格局要一直持续到 1898 年才会再次发生变化。

一、上海史研究的不断深入：贸易推动下的上海城市变迁

本书研究内容广泛，出彩之处众多。笔者仅就其中几点内容并结合以往上海史相关研究予以说明。首先，本书大胆突破以往上海史研究的时段划定。国内学界有关明清之前的上海史研究相对匮乏，较为系统的仅有马学强著的《上海通史》第 2 卷可供阅读参考。而张琳德选择将研

究时段的上限延伸至1074年,较好地填补了空缺,可以与国内学者笔下的古代上海研究著述互为补充。但需要指出的是,由于史料局限以及本书侧重点更偏向于上海城市的演进,关于明以前的上海,内容仍相对有限。

其次,作者大胆突破中国古代史研究的时段下限,一直延伸至1858年。而目前国内外学界就上海史研究而言,似乎仍呈现古代史与近代史分离的状态。尽管1843年开埠使得上海发展步入新时期,但这并不意味着上海的面貌在一瞬间就发生翻天覆地的变化。至少就开埠早期的上海县城而言,变化仍相当有限。作者通过对长时段下上海城市发展的描述,更加深化读者对上海发展延续性的认知。并且,作者梳理上海城市发展,不仅能够熟练运用大量的国内历史文献,其中还包括《上海大关则例》这类稀见文献,还利用了诸多西文历史文献,诸如《北华捷报》《英国外交部档案》等。通过中西不同视角,为读者呈现更为清晰、全面的上海城市风貌。

此外,本书对不同时期上海城市的空间结构进行细致分析对比,并就差异展开讨论。文中在描述由宋至晚清的上海城市变迁时,穿插展示元初、明万历和清嘉庆、同治年间的上海县城地图,以及1850年租界地图,让读者对上海在不同时期的定位和发展情况产生更为直观的认识。诚然,宋元时期海运的繁荣使得当时上海出现诸多与海运相关的机构,例如宋提举司署、元运粮千户所与元市舶提举司都分布于靠近黄浦江的河道两岸,显示出宋、元朝廷对海上漕运商贸的重视,也反映了上海在宋元时期的海上运输方面有了较大发展。对于明清上海商贸至关重要的棉花种植以及纺织技艺也是元朝时随海船从崖州传播至上海。张忠民在《上海:从开发走向开放(1368—1842)》一书中提到:"上海地区植棉与手工棉纺织的蓬勃发展发生在明中叶的正统、成化年间,但明代上海的棉花、棉布主要是通过运河与陆上运输网络销往其他地区。"①这对于偏处海隅的上海经济发展,无疑是不利的,并且明中叶猖獗的倭乱也使得上海县城遭受进一步打击。因此,作者认为明代上海在以上诸多因素的影响下被迫由海洋转向内陆,这也使得上海的城市形态显得较为封闭,城市内更多呈现彰显士大夫文化的园林与牌坊。

这一较为封闭的城市形态一直延续到清康熙年间,随着康熙二十四年(1685)开海以及江海关移驻上海,上海城市发展进入新阶段。上海港逐渐发展为南北洋商路的中转枢纽,越来越多的商人来到上海县城开展贸易并成立相应的行会。上海的城市界限逐渐突破城墙,延伸到黄浦江边,城市的外向性与海洋性得到激发。正是如此,上海县城得以吸引英国人的目光,成为其开辟通商口岸的目标。上海开埠后,西方商人纷纷来此开展贸易,他们将西方的城市规划理念引入上海租界,宽阔干净的马路与整齐划一的布局,构成与县城差异明显的独立区域。先进的城市管理理念又使得租界发展迅速,并在未来启发华界的管理思路,租界的扩展也从侧面反映上海贸易之繁盛。总之,作者通过一系列文字与图片对比展示出上海城市的动态发展历程,同时通过历史地图,让广大读者能更直观地理解今日上海市黄浦区的南部与北部为何呈现出完全不同的街道规划与建筑风格。

最后,本书对清代上海行会研究的推进也颇有意义。书中对诸如同业联合会与欧洲手工业行会间的关系以及行会是否阻碍资本主义萌芽发展等问题进行讨论,作者的观点较之国内学界主流成果并无二致,笔者在此不作过多赘述。而本书有关行会区分标准的创新对传统行会研究具有启发性意义。目前国内主流学界将行会主要分为会馆以及公所。所谓会馆,即是"专为同

① 张忠民:《上海:从开发走向开放(1368—1842)》,上海:上海社会科学院出版社,2016年,第136—140页。

乡停留聚会或推进业务的场所。狭义的会馆指同乡所公立的建筑，广义的会馆指同乡组织”①。公所则“基本上是以某一地缘商帮为核心，同时也附有一些其他地方的商人，但非同行业商人莫属”②。可见，人员构成是目前国内学界区分行会类型的重要标准。

作者则在此基础上另辟蹊径，张氏认为仅依靠同乡与同业原则难以准确区分，但根据行会在上海县城的地理分布，可作一定区分，即“行会会址是位于城墙内还是城墙外可作为区分行会的重要标准。‘城里人’作为本土居民，大多从事本地贸易服务，因而会址一般在城墙内；而‘外来者’则更多从事大宗贸易与运输，并且由于来自外地，一般难以与‘城里人’地位相抗衡，因而行会会址一般在城墙外”③。尽管乾隆年间属于“外来者”行列的浙绍公所分布于城墙内部，但作者也就这一例外进行了说明。并且，当浙绍公所于嘉庆十二年(1807)开辟新区域时，无论出于什么原因，选址终究位于小东门外。因此，作者以行会所在地理位置进行区分的办法不无道理。范金民曾强调：“客籍人士要在异乡托足，建立在地域乡邦基础上的扩大了的宗族姻亲势力是最可凭借和依赖的力量。”④因而，外籍商帮到达上海后必定要选择一处相对独立但又便于贸易开展的区域，此时上海城墙外靠近黄浦江的空地便成为建设行会的绝佳场地。而相较于外籍商帮，本地商人由于更偏向提供当地商业服务，且本地商人拥有外籍商人所不具备的方言、人脉及土地等优势，故而选址大都位于城墙之内。由此观之，作者依照行会空间分布进行区分的办法为传统行会研究提供了新的思路。

二、歉于深究的遗憾

本书内容覆盖时段之长、涉猎内容之广，有助于读者以较为广阔的视野观察上海城市演进，展示出作者较好的治学功底。不过，书中也有些许明显的讹误以及值得商榷之处，笔者就此作三点讨论。首先，书中讨论有关明清上海县城空间形态学时继承了施坚雅所提出的城市生态模型，即中国古代城市由儒家思想—政府—精英以及市场—商业—商人两个中心构成。具体在上海表现为，城墙内由政治精英统治，城墙外则由商人创造。笔者以为，施氏模型对我们认识中国古代城市有一定启发性，然而问题也在于施氏的城市模型似乎过于理想化与绝对化。如果将清代上海置于模型之下，很显然，上海城墙内的行会以及商帮主导下的城隍庙很难置于政治精英的范畴内；而位于小东门外的江海关也很难划入商业、商人行列，毕竟江海关官员终究是为清廷的税收服务。因此，尽管施氏的城市模型有一定的启发性，但其是否适用于所有的中国古代城市恐怕还值得商榷。

其次，作者在第六章错误地将“江海关”视作“‘江和海的海关’，不同于仅称为‘海关’的其他沿海关卡”⑤。这显然是疏于考究。所谓“江”实际是清代江南(苏)省简称，故江海关全称应为江南(苏)海关。清代海关的构成较为复杂，且各自职能不同。一般来说，分布于广州、厦门、宁

---

① 何炳棣：《中国会馆史论》，北京：中华书局，2017 年，第 12 页。

② 张忠民：《上海：从开发走向开放(1368—1842)》，第 237—238 页。

③ 张琳德：《上海：从市镇到通商口岸(1074—1858)》，严嘉慧译，上海：同济大学出版社，2021 年，第 124—125 页。

④ 范金民：《清代江南会馆公所的功能性质》，《清史研究》1999 年第 2 期。

⑤ 张琳德：《上海：从市镇到通商口岸(1074—1858)》，第 106 页。

波、上海的大关专门负责海洋贸易商船的税收,嘉庆《上海县志》即对上海大关的职能有明确说明:“设江海关,专司海洋商船税钞。”①除大关之外,又于各个水路要道设置若干口岸以配合大关完成收税、挂号、稽查等业务,例如于宝山县胡巷镇所设的吴淞税关“舍人逐日查收税银,于月底报县申解上海关”②,“凡进出海口商船渔船,由此挂号照验,盘查夹带,与上海税关相为联络,或称吴淞口”③。足见下辖内河口岸与大关间的密切联系。除江海关外,其他三大海关也是如此,如闽海关“江西等省客贾并土著商人,俱将各货物运至汀、漳,装舡由同安、海澄等口驾出口,在厦泊舡,经外番各国贸易”④。说明当时由江西来的货物通过陆路至汀州、漳州后装船运往同安、海澄出口,即闽海关同样负责所辖范围内的海洋以及内河贸易。因而,作者关于江海关是“江和海的海关”这一观点是有误的。

最后笔者想就本书的结构安排进行商榷。既然本书目标是剖析开埠前的上海城市历史,那么上海城市与乡村地区的互动也应当是需要讨论的重要部分。可以说,尽管明代上海的海洋性由于政策原因难以彰显,但不代表上海的开放性就因之减弱。明代中叶后流向全国市场的大批棉布正是通过上海与苏州间频繁的商贸往来实现的。这也使得上海西部兴起大批市镇。例如当时的北七宝镇“商贾必由之地。今税课局在焉。镇以寺名,旧有南北二寺,而此为北”⑤,又朱家角镇“商贾凑聚,贸易花布,京省标客往来不绝。今为巨镇。有明远禅寺及太石梁,俱新创制,颇雄丽”⑥,及双塔镇“因商人往来苏松,适中之地,至夕住此停塌,故名商塌。镇民多驾船为生。船遂名双塔”⑦,等等。因此,如果单纯认为明代上海的发展受控于政府官员,便很难解释受倭乱影响较大的上海县为何能够快速恢复,而日后受太平天国运动影响的苏州却难以通过官府力量恢复往日繁盛。这便表明明代上海士人以及到沪采购棉花、棉布的商帮并不因倭乱便大批逃往他乡谋生,侧面反映了上海棉花业对当时江南乃至全国发挥至关重要的作用,同时彰显商贸活动与明代上海城市发展间的紧密联系。

明中叶后,上海“东棉西稻”的区域内交易网络显得更为密集。发展至清代,这种城市与乡村间的互动更为频繁。可以说,除密切的国内国际贸易外,上海内部的商品交易也是推动上海县城不断发展的重要动力。同时,笔者以为书中有关开埠后的内容显得偏离重心。作者想要谈论上海城市的发展,却在论述过程中大量穿插中、美、英、法间的民族矛盾与阶级矛盾,这种结构似乎让读者以为上海国际化与双重都市是建立在冲突与妥协而非商业的基础上。但这些冲突与妥协的本质实则都与商业相关,西方国家希望扩大市场、改变税制,而清廷希望在扩大市场的同时稳固统治。因此,笔者以为,既然本书目的在于讨论上海城市变迁,便不应将大量篇幅聚焦于政治冲突。若能将关注重点转向政治冲突背景下上海商业的发展状况以及上海城市产业的转变或更为契合本书主旨。

---

① 嘉庆《上海县志》卷五《志赋役·关榷》,第924页。

② 乾隆《宝山县志》卷二《建置志·关津》,上海:上海古籍出版社,2012年,第85页。

③ 光绪《宝山县志》卷一《舆地志·疆域》,上海:上海古籍出版社,2012年,第313页。

④ 《科尔申题》(康熙二十四年四月七日),中国第一历史档案馆藏,户科文书229号,转引自陈希育《清代前期的厦门海关与海外贸易》,《厦门大学学报(哲学社会科学版)》1991年第3期。

⑤ 崇祯《松江府志》卷三《镇市》,上海:上海古籍出版社,2011年,第79页。

⑥ 同上,第81页。

⑦ 同上。

三、"江清水落千帆出"：上海城市的外向性与海洋性

探讨上海城市的发展，商贸与海洋是一个必然涉及的议题。开埠后，"上海直接跟欧洲、美洲发生了商务联系，中外贸易取代了埠际贸易在上海商业中的主导地位，一个缤纷多彩的国际化的贸易市场取代了相对单一的国内贸易市场"①。于是国内外资本纷纷流入上海开展投资，上海城市发展也进入前所未有的黄金期。开埠后，商贸与海洋的紧密联系对上海的重要性不言而喻。本书有关开埠前上海城市的演进，也无不体现商贸与海洋的重要影响。笔者以为，商贸可以脱离于海洋存在，但脱离海洋的商贸必定发展缓慢。反映在上海城市发展亦是如此，当商贸与海洋紧密联系时，上海的潜能便可得到充分释放；而当商贸被迫脱离海洋发展时，上海城市的发展便也趋于迟缓。

唐天宝十载(751)，分昆山县南部、嘉兴县东部以及海盐县东北部置华亭县。这是上海地区成立的第一个县级行政区划，尽管华亭偏处海隅，但就其经济地位而言，华亭并不落后。"吴郡税茶盐酒等钱总计 692 000 余贯，华亭为 72 000 多贯，约占全郡的 10%。"②而当时华亭经济地位之所以如此之高，便是因为青龙港的存在。"青龙镇遗址历年考古发掘出土了来自福建、浙江、江西等窑口可复原瓷器 6 000 余件及数十万片碎瓷片，绝大部分为南方窑口，唐代以越窑、德清窑、长沙窑为主，至宋代渐转以福建闽清义窑、龙泉窑、景德镇窑产品为主。其中，大量的福建窑口的瓷器与朝鲜半岛、日本等地发现的瓷器组合非常相似，说明当时许多瓷器产品运到青龙镇后，进而转口外运，主要销往高丽与日本。"③近些年的考古成果反映出，唐代青龙港主要收泊来自湖南、浙江等地的船只；至宋朝，又新增来自福建、江西等地的船只。并且由唐至宋，青龙港还一直负责高丽与日本的转口贸易。陶瓷种类与数量的丰富一方面反映不同时期各地制瓷工艺的发展水平，另一方面也恰好说明唐宋时期青龙港在全国的重要地位。

尽管如此，自然环境的变迁加之庆历年间"吴淞江上游又筑起淞江长堤和吴江大桥"④，这些变化使得吴淞江及其支流青龙江水流减少，易于淤塞。于是地处吴淞江下游且更靠近大海的上海浦周边逐渐"人烟浩穰，海舶辐辏，遂成大市"⑤。至北宋熙宁七年(1074)，因为海洋商贸的发展，上海设立市镇。熙宁十年(1077)，上海务已经成为秀州排名第十的酒务。上海镇的成立说明在海洋商贸的刺激下，上海浦沿岸的人口得到充分增长，人口增多又会进一步刺激商业的繁盛。至南宋咸淳年间，宋廷在上海设立专管海洋贸易的市舶司，这标志着上海港地位的进一步提高。两宋开放的海洋政策对上海港的初步发展具有重要意义，上海自此以港口型市镇的形象出现于史料。

---

① 熊月之主编：《上海通史》第 4 卷，上海：上海人民出版社，1999 年，第 116 页。
② 熊月之主编：《上海通史》第 2 卷，第 66 页。
③ 戴鞍钢：《唐宋青龙港与明清上海港》，"丝路和弦：全球化视野下的中国航海历史与文化"国际学术研讨会论文，2018 年 8 月，第 43 页。
④ 张忠民：《上海：从开发走向开放(1368—1842)》，第 23 页。
⑤ 正德《松江府志》卷一《沿革》，上海：上海古籍出版社，2011 年，第 15 页。

宋元鼎革后,元代延续并发展宋代的海洋贸易网络。元至元十四年(1277),上海再次成立市舶司,“时上海市舶司提控王楠,见客船自泉福贩土产之物者,其所征亦与番货等,遂上言。于是定双抽单抽之制,双抽者番货也,单抽者土货也”①。税制的精细化,说明上海市舶司的贸易已有相当程度。根据至元《嘉禾志》,当时上海务的税课仅次于松江府城,达到657锭63两15钱4分。② 海洋贸易的繁盛吸引大量人口与商贸聚集上海,至元二十九年(1292),上海正式设县。从咸淳年间上海设立市舶司到至元二十九年上海设县不过28年,可以说海洋贸易对上海城市的发展极为重要。总的来说,上海发展之所以如此之快,离不开宋、元两朝对海运的支持,并且元代作为第一个定都北京的朝代,京师的发展建设离不开江南地区的丰厚物产。诸多南货以及上海地区所产的盐巴都是随着海上漕运通道往返于江南与京畿。到元贞年间,棉纺织技术的传入又为上海城市未来经济发展提供新动力。

入明之后,上海城市发展进入新格局,正如作者在书中所阐述的,由于明代的海禁政策,上海城市发展方向被迫转向内陆。此时的上海地区掀起农业商品化与手工业革命的浪潮,作者将其称为中国的“棉花革命”。由于上海“东西两乡,地势高下不同,物产因之而异。西乡地低宜稻,所获常丰;东乡高亢,多栽花、豆,种稻殊鲜”③,因而在上海内部便形成“东棉西稻”的贸易格局,与之相匹配的靛青产业等也得到较快发展。到明代中叶,上海地区所产的棉花、棉布产品已经随着大运河和路上贸易网络远销全国。万历《嘉定县志》记载:“商贾贩鬻,近自杭、歙、清、济,远至蓟、辽、山、陕。其用至广,而利亦至饶。次则绵花,蓝靛菅屦。”④商贸的繁荣也使得上海县城在弘治年间便“益繁益茂,天下之以县称者,自华亭而下莫能先焉”⑤。

不过受制于海禁政策,明代上海县城由于偏处海隅,商业规模始终无法扩张,因而明初上海县城在形态上并未发生重大变化,反倒是周边市镇因为行商往来得到较快发展。至嘉靖年间,由于频繁倭乱,上海县城被迫筑起一道周长9里、高2丈4尺的城墙,建造用时仅花费3月。尽管城墙并非商业性建筑,但对于不产石料的上海地区而言,想要在短时间内修筑一道石制城墙,没有商业资本的参与是不可能实现的。但城墙的修筑并未如作者所言将上海城市功能区内外割裂,相反“城垣之外,当时主要是南门外滨浦临浜的南廓,亦逐渐发展成市肆云集之地”⑥。因此,尽管明代上海县城因海洋性衰弱而发展缓慢,但仍是一座充满商业活力的城市。

明清鼎革间的战乱造成上海地区民生凋敝,海禁政策的实施更是严重阻碍上海的经济发展。康熙二十四年(1685),清廷开海设立闽、粤、江、浙四海关,标志着上海城市进入恢复阶段。开海后,江海关因公廨简陋从漴缺移驻上海县城,这对于上海县城发展的意义重大。因为直至乾隆中期,江南地区最大的港口仍是浏河港,但清廷此前却将江海关移驻上海港,这反映出清廷已经注意到上海港的非凡潜力,极大提升了上海县城的地位,并使得本地区的商业潜能得以释放。从康熙二十四年至乾隆中期前,大量南洋商帮来到上海,他们“皆于东城外列肆贮货。利最

① 嘉庆《松江府志》卷二八《田赋志九·附关榷》,上海:上海古籍出版社,2011年,第697页。
② 至元《嘉禾志》卷六,第12页a。
③ 《奉贤乡土历史》中编,清宣统二年刻本,第18页b。
④ 万历《嘉定县志》卷六《田赋号中·物产》,上海:上海古籍出版社,2012年,第222页。
⑤ 弘治《上海志》后序,上海:上海古籍出版社,2015年,第92页。
⑥ 张忠民:《上海:从开发走向开放(1368—1842)》,第324页。

溥者，为花、糖行”①。这些商帮又将他们所赚取的利润用于行会的建设，大量的商业投资使得上海经济迅速恢复，城市规模扩大。

至乾隆中期，因浏河淤塞，大量北洋商帮也纷纷进驻上海县城，上海的贸易规模得到进一步扩大，城市的发展也相应达到高峰期。根据张忠民的统计，开埠前上海的 27 所行会中有 23 所是在乾隆至道光年间成立的，反映了这一时期上海商业规模的急剧扩张。伴随商业的发展，上海城市不仅规模有所扩大，城市职能也不断丰富。商业资本的注入使得上海城市的公共与慈善机构得以发展，诸如善会善堂、义冢、寺庙（城隍庙、天妃宫）等设施大都由商帮出资建设维护。而城市功能的完善与生活水平的提高又势必进一步带动商业的发展。因而作者将清代上海归纳为由行会建造的城市无疑是准确的。如此繁盛的商业活动以及独一无二的地理区位，无怪乎上海会成为英国人想要开辟的商埠口岸。

随着开埠后西方资本的不断涌入，上海在全球市场中的参与度越发凸显。尽管租界的扩张、国外商品的渗透，催生一系列社会矛盾，但也为上海城市发展带来新机遇。正是上海地区自古以来便拥有的海洋性与外向性，使得上海得以抓住发展的黄金期，一跃成为江南乃至全中国最为重要的城市。可以说，从宋朝上海镇一直到今日的上海市，上海城市始终倚靠优秀的地理区位，不断吸纳外来人口与资本，并及时调整发展策略以扩大市场，以此努力实现城市化、都市化。也正因如此，本书对上海城市历史的探究更好地诠释了上海“海纳百川、追求卓越、开明睿智、大气谦和”的城市精神。

① 王韬：《瀛壖杂志》卷一，上海：上海古籍出版社，1989 年，第 8 页。